装配式建筑项目风险管理

李政道　张宗军　赵宝军　洪竞科　王　琼　赵祎彧　著

科学出版社
北　京

内 容 简 介

本书共 12 章，以风险和风险管理的基本内容开篇，对装配式建筑项目风险管理所涉及的风险特征及风险管理的各环节进行深入、全面的介绍和总结。本书前 6 章内容围绕装配式建筑的特点，从风险识别，风险估计，风险分析与评价，风险应对、监控和管理决策等方面，详细阐述各阶段的概念及机理，介绍风险管理中各类方法的原理及工具；后 6 章内容分别从项目质量、安全、进度、环境、利益相关者、系统动力学与离散事件系统仿真等维度，针对性地分析装配式建筑项目所面临的风险因素及其特点，通过风险评价得到关键风险因素，并进一步提出风险应对措施与建议。

本书可供装配式建筑行业项目管理人员、研究人员和对该领域感兴趣的高年级本科生、开展相关研究的博硕士在读研究生参考。

图书在版编目（CIP）数据

装配式建筑项目风险管理 / 李政道等著. —北京：科学出版社，2024.1
ISBN 978-7-03-078078-2

Ⅰ. ①装…　Ⅱ. ①李…　Ⅲ. ①建筑工程-装配式构件-工程项目管理-风险管理　Ⅳ. ①TU71

中国国家版本馆 CIP 数据核字（2024）第 037980 号

责任编辑：张振华　刘建山 / 责任校对：马英菊
责任印制：吕春珉 / 封面设计：东方人华平面设计部

科学出版社出版
北京东黄城根北街 16 号
邮政编码：100717
http://www.sciencep.com
北京九州迅驰传媒文化有限公司印刷
科学出版社发行　各地新华书店经销
*
2024 年 1 月第　一　版　开本：787×1092　1/16
2024 年 1 月第一次印刷　印张：20 1/2
字数：480 000

定价：198.00 元

（如有印装质量问题，我社负责调换〈九州迅驰〉）
销售部电话 010-62136230　编辑部电话 010-62135120-2005

前　言

改革开放以来，我国建筑业在经济发展、城乡建设、人居环境改善等方面发挥了重要作用，但由于早期的建设方式粗放，也带来一定程度的资源能源浪费、环境污染以及工期延误、质量通病、安全隐患等一系列问题。粗放式的传统建造方式已难以满足现阶段建筑业转型升级及可持续发展的需求。

装配式建筑作为建筑业可持续发展和工业化转型的重要途径之一，有利于提高资源能源利用效率、减少施工污染、提升劳动生产率和工程质量安全水平，也有利于促进建筑业与信息化、工业化深度融合，在我国得到大力推广和实施。2016 年 9 月，《国务院办公厅关于大力发展装配式建筑的指导意见》提出："力争用 10 年左右的时间，使装配式建筑占新建建筑面积的比例达到 30%。" 2020 年 7 月，《住房和城乡建设部等部门关于推动智能建造与建筑工业化协同发展的指导意见》提出："加大智能建造在工程建设各环节应用，形成涵盖科研、设计、生产加工、施工装配、运营等全产业链融合一体的智能建造产业体系。" 2022 年，住房和城乡建设部在《"十四五"建筑业发展规划》中提出将在 2035 年全面实现建筑工业化，大力发展装配式建筑。越来越多的政策及资源向装配式建筑领域倾斜，引导建筑业不断探索和发展，促使建筑业向可持续化和工业化转型。

然而，装配式建筑在发展过程中不可避免地出现各类问题和阻碍，特别是涉及更多的新技术集成及众多利益相关者协同，项目管理问题突出，所面临的风险因素和不确定性也更为复杂，导致装配式建筑项目实施效果不尽如人意，其推广受到阻碍。因此围绕装配式建筑项目进行风险管理，从而规避和减少风险损失、提高项目绩效至关重要。

目前，国内出版的同类书籍虽有介绍项目风险管理，但其多偏重于单一工程项目风险管理，未能针对装配式建筑项目风险管理进行介绍，并且未能系统总结出装配式建筑项目所面临风险的复杂性、动态性和适应性的特点。本书基于作者在装配式建筑领域的相关研究成果，针对装配式建筑项目风险复杂性、动态性和适应性的特点，结合风险管理相关理论，从风险识别，风险估计，风险分析与评价，风险应对、监控和管理决策等方面系统、全面地分析装配式建筑项目在各阶段和各维度所面临的风险因素。本书以研究案例为基础，识别目前装配式建筑项目所面临的关键风险和挑战，探索风险影响机理，并据此提出风险应对措施和建议，从而有效预防和应对装配式建筑项目的复杂风险因素，提高项目管理绩效。

本书由李政道、张宗军、赵宝军、洪竞科、王琼、赵祎彧撰写。具体分工如下：李政道负责全书统筹并撰写第 1 章和第 2 章，张宗军撰写第 3 章和第 4 章，赵宝军撰写第 5 章和第 6 章，洪竞科撰写第 7 章和第 8 章，王琼撰写第 9 章和第 10 章，赵祎彧撰写第 11 章和第 12 章。

本书的撰写与出版得到了众多专家学者的关心与支持。特别感谢李张苗、王宏涛、向中儒、陈永忠、刘洪占、李世钟、彭明、朱福建、杨晨、曾涛、郝晓冬、严计升、朱俊乐等行业专家在项目实践及应用过程中提供的大力支持，特别感谢刘贵文、沈岐平、郑展鹏、谭颖思、黎科、薛帆、彭喆、袁奕萱、王昊、郭珊、梁昕、李骁、滕越、吴恒钦、罗丽姿、于涛、林雪等学者提供的专业技术咨询及指导建议。在撰写本书过程中，作者借鉴和参考了部分国内外专家学者的研究成果，此处未能一一列举说明，谨在此一并表示衷心感谢。此外，陈哲、赖旭露、胡明聪、张丽梅、周美转、熊美琴、李善阳、郭振超、甄宇等多名研究生参与了本书资料收集整理、初稿编撰、校对等基础工作，为本书的出版做出了重要贡献。

本书可以帮助读者了解装配式建筑项目风险管理的发展前沿，认识风险管理在装配式建筑项目管理中的应用价值，同时熟悉并掌握装配式建筑项目风险管理相关的理论体系和应用方法，促进我国装配式建筑相关技术、管理水平提升和人才培养。

本书由国家自然科学基金项目（52078302）、广东省自然科学基金项目（2021A1515012204）、广东省教育厅高校科研项目（2021ZDZX1004）资助出版。

由于作者水平有限，加之我国装配式建筑目前发展迅速，相关理论和实践也日新月异，书中难免存在不足，敬请读者批评指正。

李政道

2024年1月

目　　录

第 1 章　风险管理概述

1.1　风险和风险管理

1.1.1　风险的定义与特点

1. 风险的定义

风险无处不在、无时不有，在人们日常生活中，它是一种比较普遍的社会现象。在字典中，对风险的解释是“损害或伤害的可能性”；人们普遍对风险的理解是“可能发生的危险”。一般来说，风险是指发生损失的不确定性，并且导致风险发生的因素是客观存在的，不以人们的主观意志为转移，随时都有可能发生。但对于这一认识，目前尚未形成一个广泛适用于各领域的公认定义。

（1）关于风险定义的代表性观点

1）美国经济学家弗兰克・奈特（Frank Knight）认为风险是“可测定的不确定性”。

2）美国学者威利特（Willett）认为风险是“不愿发生的事件发生的不确定性的客观体现”。

3）日本学者武井勋认为风险是“在特定环境下和特定期间内存在的导致经济损失的变化”。

4）中国台湾学者郭明哲认为风险是“决策面临的状态为不确定性时所产生的结果”。

5）《韦氏词典》中将风险定义为“遭受损失的一种可能性”，而损失造成的后果可能有多种表现形式，如质量的降低、进度的推迟和成本的增加等。

（2）风险的其他定义

1）风险是指由某些不确定性及其可能引起的偏离预定目标的不良后果的综合。也就是说，风险是不利事件发生的概率及其后果的函数，其计算公式为

$$R = f(P,C) \tag{1.1}$$

其中，R 为风险；P 为不利事件发生的概率；C 为不利事件发生的后果。

2）风险是指事故发生的可能性，这种可能性通常用概率描述。

3）风险是指由将来可能发生的一个事件而产生不良后果的一种状况。

上述关于风险的描述都反映出风险是一种消极的不良后果，风险是不利事件发生的潜在可能性，其通常包括三个构成要素，分别是事件、该事件发生的可能性和该事件发生后产生的不良后果。例如，对现场施工人员而言，预制构件可能存在安装错误的情况，从而导致返工，这就是装配式建筑所面临的一种风险。

另外，风险的定义应与目标相联系。风险是指“起作用的不确定性”，因为它能够影响一个或多个目标，所以首先需要定义什么目标处在风险之中。也就是说，如果风险发生，那么什么目标将会受到影响。如果有些不确定性与目标不相关，那么它们就应该被排除在项目

风险管理活动之外。例如，如果在北京建设一个装配式住宅项目，那么它与大连是否会下雪的不确定性是不相关的；如果住宅项目位于大连，那么它与大连下雪的概率就变得相关了。当面临后面这种情况时，下雪就是一种风险。

如果把风险与目标联系起来，就可以发现风险无处不在。项目风险管理所做的事情都是为了达到一定的目标，包括个人目标、项目目标和企业目标等。一旦确认了目标，在达到目标的过程中就会有诸多风险相伴。

各行各业都有风险。对于建筑工程项目而言，因为项目的体量大、设计形式多样，材料、技术、设备更新比较频繁，生产流动性强，并且受到地域、社会、经济、自然等因素的影响，所以建筑工程项目相对于其他项目来说具有更大的风险性和更为复杂的风险因素或关系，而其中装配式建筑项目所面临的风险又与传统建设项目存在很大不同。

2. 风险的特点

任何事物都具有自己的特点和发展规律，对于建筑项目而言，充分认识工程项目风险的特点对工程项目风险管理人员来说具有非常重要的意义。工程项目风险一般具有以下几个特点。

（1）客观性

自然现象和社会现象都有其自身的发展规律，风险是由客观存在的自然现象和社会现象所引起的，人们只能认识、发现和利用这种规律，但不能改变它。风险是独立于人的主观意愿、不以人的意志为转移的客观存在，也就是说，风险具有客观性的特点。

即使项目风险管理人员认知水平不断提高和对风险事件规律的掌握程度越来越深，人们也只能在一定范围内改变风险发生的条件，降低风险事件发生的概率，减少风险造成的损失，而不可能完全地消除风险。

（2）不确定性

对于一个特定的项目来说，风险事件的随机性决定了风险事件的发生及其后果的严重程度都具有不确定性，风险是各种不确定性因素的综合产物。风险最本质的特征就是其不确定性，这种不确定性表现为由风险所导致的多个不良后果及其发生的可能性等都是不确定的。但是项目风险管理人员可以根据历史数据和相关工作经验对工程项目风险事件发生的可能性和造成损失的严重程度做出一定的分析和预测。

（3）规律性和可预测性

风险的本质特征是其不确定性，但是这种不确定性不是指人们对客观事物的变化全然不知，也不是指人们对风险事件的发生毫无办法。工程项目的实施具有一定的规律性，所以风险事件的发生和影响也具有一定的规律性。项目风险管理人员可以根据历史资料和工作经验，通过详细的分析研究，对风险事件发生的频率和风险事件造成损失的严重程度做出统计分析或主观判断，也就是对可能发生的风险事件进行预测和估计。

（4）可变性

在一定条件下，当引起风险的因素发生变化时，会导致风险发生变化。在项目的实施过程中，各种风险均会发生变化。随着项目的进行，既可能出现风险还未发生就得到控制的情况，也可能出现风险发生之后才得到处理的情况。同时，在项目的各阶段都可能会产生新的风险，风险的可变性体现在风险性质的变化、风险后果的变化和风险因素的变化上。

（5）多样性

在项目的实施过程中，存在各种各样的风险，如政治风险、经济风险、社会风险、技术风险、管理和组织风险等。这些风险之间存在着错综复杂的联系，相互作用、相互影响。因此，项目风险管理人员在对项目的风险进行分析和评价时，应对项目的风险及风险之间的关系进行全面的识别和考虑。

（6）可控制性

项目风险管理的基本任务是先提出可供选择的方案，然后评价每种方案的风险，最后选择并实施最合适的风险控制方案。项目风险管理人员可对项目实施过程中可能产生的风险进行控制，有些控制可能是成功的，有些控制可能是失败的。

一般来说，对风险的控制可分为主动控制和被动控制。例如，某些人造产品（如预制构件等）因设计问题而导致的风险，可以通过采取改进设计的方法减轻或者消除可能产生的不良后果，这称为主动控制；恶劣天气是不可控制的自然现象，但是人们可以通过带雨伞的方式减轻下雨对日常生活产生的不良影响，这称为被动控制。

1.1.2　风险的来源

风险的来源和分类联系紧密，同一来源的风险，其性质往往也是类似的。准确地判断风险的来源，并合理地进行风险的分类，有助于人们更全面地识别风险，更准确地探讨风险所带来的影响。

风险的来源是指可能导致风险后果的因素或者条件的来源，这里的风险后果不仅包括损失，还包括可能存在的收益。在某种意义上，所有风险都源自不同的环境。一般而言，风险的来源主要有两个终端，即自然环境和人为环境，细分后又可分为社会环境、政治环境、操作环境等。这其中有些环境是由客观规律控制的，有些环境则是出自风险管理者的认知。

1. 自然环境

自然环境是最基本的风险来源。例如，地震、海啸、台风、干旱等都可能导致损失，造成财产毁损或人员伤亡。自然环境同时也可能是机遇的来源，如合适的降雨对农作物的生长十分有益。

2. 人为环境

（1）社会环境

社会环境包括道德、信仰、价值观、人们的行为准则、利益相关者的态度等，这些逐渐成为重要的风险来源，特别是利益相关者的态度。

（2）政治环境

政治环境包括一个国家的社会制度、执政党的性质、政府的方针等。政治环境的稳定是进行经济建设和活动的重要基础，反之，政治环境的变化也可能成为非常重要的风险来源，导致风险损失。

（3）操作环境

操作环境是指项目的运作和程序。对雇员进行提拔、雇用和解雇的制度可能产生法律责任，生产过程可能使雇员面临人身风险，企业的活动可能危害环境，根据相应的环境保护法受到惩罚。操作环境也可能带来收益，因为操作环境是企业提供产品和服务的直接来源。

（4）经济环境

企业或项目的很多风险（尤其是市场价格的风险）和经济环境密不可分。从一定程度上来说，虽然经济环境可以直接从政治环境中延伸出来，但经济全球化、金融一体化也导致经济环境中出现了一些前所未有的新变化。政府虽然对经济环境有影响，但并不能完全控制经济环境。经济环境主要包括宏观经济环境和微观经济环境。前者主要立足国家层面，包括国民收入及其变化情况；后者则是构建在企业或项目所在区域层面上的。

（5）技术环境

任何项目的组织活动都需要利用一定的物质条件，这些物质条件反映一定的技术水平。社会的进步程度会影响这些物质条件所反映的技术水平的先进程度，从而影响组织活动的效率。例如，一个工程项目的施工技术与工程的成功与否密切相关，若施工技术不成熟，则可能导致建筑主体产生结构风险，严重的可导致安全风险。

（6）认知环境

风险是客观存在的，但人们对风险的认识不完全是客观的。换句话说，因为人们所掌握的信息有限，或者风险管理者对风险的理解、评估的能力有限，在工程实践中对风险的认识往往掺杂了主观的判断，而当主观判断和客观实际有差别时，就可能给面临风险的组织带来不确定性。这种不确定性不是由本来面临的客观风险造成的，而是由进行风险管理的人员造成的，通常将这种风险的来源称为认知环境。

（7）行为环境

行为环境是指因个人或者组织的过失、疏忽、侥幸、恶意等不当行为而引发的风险来源。

（8）法律环境

在企业经营中，相当一部分不确定性来自司法系统。在一个国家的法律体系中，法律可能会随着市场情况的变化而调整，这些标准的变化很难事先预测。从整个国际环境的角度来看，不同法律体系的存在给企业带来了重大挑战，如果是跨国公司，那么它会面临非常复杂的法律风险。对于产品责任法、环境保护法等与企业经营管理密切相关的法律而言，不同国家的条款可能存在较大差异。

（9）组织环境

组织环境是指因项目有关各方关系不协调及其他不确定性而引发的风险来源。现在的许多合资、合营或合作项目组织形式非常复杂。有的单位既是项目的发起者，又是投资者，还是承包商。由于项目各利益相关者的动机和目标不一致，在项目进行过程中常常出现一些不愉快的事情，影响合作者之间的关系、项目进展和项目目标的实现。组织环境引起的风险还包括项目发起组织内部的不同部门因对项目的理解、态度和行动不一致而产生的风险。例如，某些项目管理组织各部门产生意见分歧或利益冲突，互相推诿责任，严重影响了项目的进度。

1.1.3 风险的分类

1. 按风险是否能带来潜在收益和机会划分

按风险是否能带来潜在收益和机会，可将风险划分为纯粹风险和投机风险。

1）纯粹风险。不能带来机会、无获得利益可能的风险被称为纯粹风险。纯粹风险只有两种可能的结果：造成损失和不造成损失。纯粹风险造成的损失是绝对的损失，活动主体蒙受了损失，全社会也跟着蒙受损失。例如，某建设项目空气压缩机房在施工过程中失火，产生了损失，该损失不仅包括这个工程蒙受的损失，还包括全社会蒙受的损失，没有人从中获得好处。纯粹风险总是和威胁、损失、不幸相联系。

2）投机风险。既可能带来机会、获得利益，又隐含威胁、造成损失的风险被称为投机风险。投机风险有三种可能的结果：造成损失、不造成损失和获得利益。投机风险如果使活动主体蒙受了损失，则全社会不一定跟着蒙受损失，其他人有可能因此而获得利益。例如，私人投资的房地产开发项目失败，投资者要蒙受损失，但是发放贷款的银行可将抵押的土地和房屋收回，等待时机转手高价卖出，不但可收回贷款，而且有可能获得高额利润。

纯粹风险和投机风险在一定条件下可以相互转化，项目管理人员必须避免投机风险转化为纯粹风险。风险不是零和游戏，在许多情况下，涉及风险的所有相关方都会蒙受损失。

2. 按风险发生的形态划分

按风险发生的形态，可将风险划分为静态风险和动态风险。静态风险是指社会经济正常情况下的风险，即静态风险是自然力的不规则作用和人的错误判断、错误行为导致的风险。动态风险是以社会经济的变动为直接原因的风险，即动态风险是社会环境、生产方式、工程技术、管理组织及人们偏好的变化等导致的风险。特别是在当今时代环境下，考虑到社会、经济、工程实践、环境等因素的交互复合影响，人们应重点关注动态风险研究。

3. 按项目风险是否可管理划分

按项目风险是否可管理，可将风险划分为可管理风险和不可管理风险。可管理风险是指可以预测且可以采取相应措施加以控制的风险，如因项目活动导致他人蒙受财产损失或人身伤害而应承担的法律赔偿等。虽然这类风险很难完全避免，但是人们可以通过提前分析、加强管理等措施控制其出现的可能性和所产生的不利影响。诸如自然灾害、地质条件、通货膨胀、国家政策调整、国际形势的变化等环境因素，这些由不可抗力所引发的风险则为不可管理风险。风险能否管理取决于风险不确定性是否可以消除及活动主体的管理水平。要消除风险的不确定性，就必须掌握有关的数据、资料和其他信息。随着数据、资料和其他信息的积累，以及管理水平的提高，有些不可管理风险可以转化为可管理风险。

4. 按影响范围划分

按影响范围，可将风险划分为局部风险和整体风险。局部风险影响的范围小，整体风险影响的范围大。局部风险和整体风险是相对关系，但项目管理组织应特别注意整体风险。例如，项目所有的活动都可能存在拖延的风险，但是处在关键路线上的活动一旦延误，就会导致整个项目的进度滞后，形成整体风险；而非关键路线上的活动延误在许多情况下往往只会影响部分工作范围，是局部风险。

5. 按利益相关者划分

按利益相关者，可将风险划分为项目业主风险、政府风险、承包商风险、投资方风险、设计单位风险、监理单位风险、供应商风险、运输方风险等。这样划分考虑了相关利益方的因素，有助于合理分配风险，提高项目对风险的承担能力。

6. 按项目风险的可预测性划分

按项目风险的可预测性，可将风险划分为已知风险、可预测风险和不可预测风险。

1）已知风险是在认真、严格地分析项目及其计划之后就能够明确经常发生的，而且其后果亦可预见的风险。已知风险发生概率高，但一般损失不严重。项目管理中典型的已知风险有项目目标不明确，过分乐观的进度计划、设计，施工变更，材料价格波动等。

2）可预测风险是根据经验可以预见其发生，但不可预见其后果的风险。这类风险的后果有时可能相当严重。项目管理中典型的可预测风险有业主不能及时审查批准、分包商不能及时交工、仪器设备出现故障等。

3）不可预测风险是有可能发生但其发生的可能性即使是最有经验的人也不能预见的风险。不可预测风险有时也称未知风险或未识别的风险，它们是新的、以前未观察到的或很晚才显现出来的风险。这些风险一般是外部因素作用的结果，如地震、战争、通货膨胀、政策变化、极端天气等。

风险的分类为从项目风险外延的角度考查风险提供了一个有利条件。需要指出的是，由于项目的复杂性、多样性，风险的分类可从不同角度进行，还可以从经济风险与非经济风险、重大风险与特定风险等方面对风险进行分类。表 1.1 列出了一些不同类型的风险，以供参考。

表 1.1　不同类型风险示例

风险事件	风险类型	风险承担主体
通货膨胀、材料价格变动	投机风险、整体风险、不可管理风险	承包方、业主
发生安全事故	纯粹风险、局部风险、可管理风险	承包方、业主、监理等
构件运输不及时	纯粹风险、局部风险、可管理风险	运输方、承包方
工厂管理不到位	纯粹风险、局部风险、可管理风险	构件生产方、承包方等
税收变化、政策改变	投机风险、整体风险、不可管理风险	业主、承包方
工程中采用新技术	投机风险、局部风险、可管理风险	承包方、业主、设计方等

1.1.4　风险管理的含义

风险管理（risk management）是现代项目管理的一项重要内容，是指通过科学的风险管理方法对影响目标实现的各种不确定性因素进行识别、分析和评价，并采取相应措施将风险产生的影响控制在可接受范围内的过程。

美国项目管理协会（Project Management Institute，PMI）在报告中对风险管理进行描述，表明风险管理有以下含义：①风险管理是识别和评估系统中风险因素的形式化过程；②风险管理是能够识别和控制引起风险的潜在邻域和事件的方法；③风险管理是在项目期间识别、分析风险因素，采取必要措施的决策科学和决策艺术的结合。

完整的风险管理体系应包含三大部分的内容：①风险因素识别；②对各风险因素进行系统的评价；③针对关键风险提出方案和措施。

1.2　风险管理的作用与意义

1.2.1　风险管理的作用

有效的风险管理对保障风险管理单位的财产和人身安全具有积极的作用。风险管理的作用主要表现在企业和社会两个方面。

（1）风险管理对企业的作用

企业可以通过风险管理以最小的成本把风险损失降到最低，获得最大的安全保障。风险管理可以提高企业的生产能力，保障其生产经营活动顺利进行，实现企业经营目标。

1）风险管理能够为企业提供安全的生产经营环境。它为广大企业职工提供各种措施，使他们的安全得到保障，从而消除企业及职工的后顾之忧，使其全身心地投入生产经营活动之中，保证生产经营活动的正常进行。有效的风险管理可使企业充分了解自己所面临的风险及其性质和严重程度，及时采取措施避免或减少风险损失，或者当风险损失发生时能够得到及时补偿，从而保证企业生存并迅速恢复正常的生产经营活动。

2）风险管理能够保障企业经营目标的顺利实现。任何企业都把盈利置于首位，而实施风险管理可以使企业获取稳定的不断增长的盈利。风险管理的实施能够促使企业增加收入和减少支出。风险管理可以使企业面临的风险损失降到最低，并能在损失发生后及时合理地得到经济补偿，这就直接或间接地减少了企业的费用支出。这些都意味着企业增加了盈利，从而保障企业首要经营目标的实现。

3）风险管理能够促进企业决策的科学化、合理化，减少决策的风险性。风险管理利用科学系统的方法管理和处置各种风险，有利于企业减少和消除生产风险、经营风险、决策失误风险等，这对企业科学决策、正常生产具有重大意义。

4）风险管理能够促进企业经营效益的提高。风险管理是以最小成本达到最大安全保障的管理方法，它将处置纯粹风险有关的各种费用合理分摊到产品、劳务之中，减少了费用开支在盈利中的扣除，从而起到了间接提高经营效益的作用。此外，风险管理要求企业各职能部门均要提高经营管理效率，减少风险损失，这也促进了企业经营效益的提高。一方面，通过风险管理，可以降低企业的费用支出，从而直接增加企业的经济效益；另一方面，有效的风险管理会使企业上下获得安全感，并增强扩展业务的信心，提高领导层经营管理决策的正确性，降低企业现金流量的波动性。

5）风险管理有利于企业树立良好的社会形象。有效的风险管理有助于创造一个安全稳定的生产经营环境，激发劳动者的积极性和创造性，为企业更好地履行社会责任创造条件，帮助企业树立良好的社会形象。

（2）风险管理对社会的作用

风险管理不但对企业具有重大意义，而且影响着整个经济、社会的发展。

1）风险管理有利于资源的有效配置。风险管理既消极地担当风险，又积极地防止和控制风险。它可在很大程度上减少风险损失，并为风险损失提供补偿，促使更多的社会资源合理地向所需部门流动。因此，它有利于消除或减少风险存在所带来的社会资源浪费，有利于提高社会资源的利用效率。

2）风险管理有利于经济的稳定发展。风险管理的实施有助于消除风险给经济、社会带来的灾害及由此而产生的各种不良后果，有助于社会生产的顺利进行，促进经济的稳定发展和效率的提高。此外，各企业因为通过风险管理降低了管理成本，所以不再为处置风险而储备大量的专用资金，从而间接地增加了国家的税收。由此可见，风险管理对整个经济、社会的正常运转和不断发展起到了重要的稳定作用。

3）风险管理有利于创造出一个保障经济稳定发展的社会经济环境。风险管理通过排除、转移等方式避免风险，提供最大的安全保障，从而消除人们对风险的忧虑，使人们生活在一个安定的社会经济环境中，有助于经济的稳定发展和人民生活水平的提高。

1.2.2 风险管理的意义

风险管理是指通过风险识别、风险分析和风险评价认识工程项目的风险，并以此为基础合理地使用各种风险应对措施、管理方法、技术和手段，从而对项目的风险实行有效的控制，妥善处理风险事件造成的不良后果，以最小的成本保证项目总体目标实现的管理工作。风险管理应该被看作是与项目管理融为一体的必要内容，是对基本项目计划过程的完善，是不可或缺的，并且涵盖了项目的各阶段。总的来说，有效的风险管理能促进项目实施决策的科学化、合理化，有助于提高决策的质量，并促进项目组织经营效益的提高。

近年来，装配式建筑的发展虽然取得了一定成果，但是在当前装配式建筑项目实施过程中成本超支、质量缺陷、进度滞后、安全事故等问题频发，未能充分发挥装配式建筑的显著优势，严重阻碍国内装配式建筑的推广进程。因此，采取科学系统的方法针对装配式建筑项目进行风险管理至关重要。

通过借鉴其他行业成熟的风险管理理论，并将其方法和理论进行科学的整合和融合运用，可以提高装配式建筑相关企业的市场潜在价值和优势，有利于装配式建筑行业的技术融合、创新和资源共享，最终实现整体产业升级。针对风险进行分析并对其进行管理，有利于装配式建筑的相关单位实施科学决策，可为装配式建筑全过程的顺利实施提供科学的设计和指导方案。对于装配式建筑项目而言，风险管理有助于项目管理人员了解风险的不确定性等特征，识别关键的风险因素，为预防和应对风险提供参考建议，从而提高项目管理绩效，实现项目进度、质量、安全、成本四大管理目标。需要指出的是，装配式建筑项目的风险管理不是一蹴而就的，而是一个动态、长期的过程，并且需要风险管理人员及项目各利益相关者的协同合作，以期实现高质量的风险管理。

1.3 风险管理的发展历程

风险管理是社会生产力、科学技术水平发展到一定阶段的必然产物。作为一门管理科学，风险管理是在经济学、管理学、行为科学、运筹学、概率统计、计算机科学、系统论、控制论等科学和现代工程技术的基础上形成的边缘学科，它既涉及一些数理概念，又涉及大量的非数理的文理观点。纵观几十年风险管理的发展历程，风险管理呈现出研究领域和范围不断扩大的趋势。

风险管理思想的萌芽可以追溯到人类最初的生存活动。例如，在灾难发生之前及发生之时，人们试图通过采用一定的手段减少损失。逐渐地，人们产生了原始的风险意识，即互助互济的思想。春秋战国时期的墨子提出“有力者疾以助人”“有力以劳人”，这就是风险的损失分摊思想的雏形。但是，作为系统的科学，风险管理产生于 20 世纪初的西方工业化国家，因此发达国家对风险管理的研究和运用一直处于领先地位。

1.3.1　风险管理在国外的发展历程

风险管理起源于德国。第一次世界大战战败后，德国发生了严重的通货膨胀，造成经济衰退，因此包括风险管理在内的企业经营管理问题被提出。1925 年，法国管理学家亨利 • 法约尔（Henri Fayol）在他的著作《工业管理与一般管理》中提出风险管理的思想，但并没有形成系统的理论思想。

1929～1933 年，美国被卷入了 20 世纪最严重的世界性经济危机，在这场危机中，美国出现了经济大萧条。面对经济衰退、工厂倒闭、工人失业，风险管理问题成为许多经济学家研究的重点。1930 年，在美国管理协会（American Management Association，AMA）发起的第一次关于保险问题的会议上，宾夕法尼亚大学的所罗门 • 许布纳（Solomon Huebner）博士指出：“防患于未然就是最大的保险。”这也表达了现代风险管理的一个重要思想。随后，美国管理协会在 1931 年明确了风险管理的重大意义，在以后的若干年里，人们以学术会议及研究班等多种形式集中探讨和研究风险管理问题。1932 年，纽约保险经纪人协会成立，它主要由纽约几家大公司组织，定期地讨论风险管理的理论与实践问题。该协会的成立标志着风险管理学科的兴起。

风险管理在 20 世纪 30 年代兴起以后，在 50 年代得到推广并受到了普遍重视，风险管理问题在美国工商企业中深受关注，逐步形成企业管理科学中的一门独立科学。当时，美国企业界发生了两件大事：其一为美国通用汽车公司的自动变速器装置引发火灾，造成巨额经济损失；其二为美国钢铁行业因团体人身保险福利问题及退休金问题诱发长达半年的工人罢工，给国民经济带来难以估量的损失。这两件大事促进了风险管理在企业界的推广，风险管理从此得到了蓬勃发展。

1963 年，美国出版的《保险手册》刊载了《企业的风险管理》一文，引起欧洲各国的普遍重视。从此以后，风险管理的研究逐步趋向系统化、专门化，风险管理成为企业管理科学中的一门独立学科，风险管理的教育也逐渐普及。1960 年，世界上第一门风险管理课程在美国的亚利桑那大学企业管理系开设。到 20 世纪 70 年代中期，美国大多数大学的工商管理学院普遍开授风险管理课，并且将传统的保险系纷纷改为风险管理与保险系，教学重点也相应地转移到风险管理方面。美国保险协会（Insurance Institute of America）还设立了风险管理助理（Associate in Risk Management）证书，授予风险管理资格考试合格者。

风险管理在 70 年代迅速发展并形成了系统化的管理科学。在西方发达国家，各企业中均设有风险管理机构，专门负责风险的分析和处理工作。专业风险管理咨询机构和学术研究团体也相继成立，由纽约保险经纪人协会发展而来的全美范围的风险研究所和美国保险及风险管理协会是专门研究工商企业风险管理的学术团体，其会员有几千家大型工商企业。风险管理在工商界的推行改变了人们的观念，风险经理取代了过去的保险经理。这一观念的转化体现了人们开始真正按照风险管理的方式来处置各种风险。风险经理除估计单一风险发生的可能性和风险的复杂性外，还要分析风险可能产生的后果，以及哪些是可控制的风险，对风险进行系统的安排和处理。在现代西方发达国家中，风险管理已成为企业中专业性、技术性较强的经济管理部门，风险管理人员不仅是安全顾问，同时还担负着其他管理职责，通过他们的工作识别风险，为企业最高领导层提供决策依据。

1973 年，欧洲学者共同组成日内瓦协会，由该协会赞助成立的风险及保险经济学家欧洲团体协会，其举办的活动为风险管理在工商企业界的推广、风险管理教育的普及和人才培养诸方面做出了突出的贡献，促进了全球性风险管理运动的发展。

1983 年产生的《101 条风险管理准则》是风险管理发展史上最重要的事件之一。在该年的美国风险与保险管理协会年会上，云集纽约的各国专家学者讨论并通过了《101 条风险管理准则》。作为各国风险管理的一般原则，该准则共分为 12 个部分：风险管理的一般准则、风险的识别与度量、风险控制、风险财务管理、索赔管理、职工福利、退休年金、国际风险管理、行政事务处理、保险单条款安排技巧、交流、管理哲学。各国视自身的经济情况和风险环境可对准则予以修正，用于指导本国的风险管理及其实务。《101 条风险管理准则》的诞生标志着风险管理水平达到一个新的水平。

1984 年，美国项目管理协会制定的 PMBOK（project management body of knowledge，项目管理知识体系）将项目风险管理作为一个重要组成部分，并于 2000 年对其进行了修正，可见美国项目管理协会对项目风险管理的重视。英国南安普敦大学查普曼（Chapman）教授提出了“风险工程”的概念，认为风险工程是对各种分析技术及管理方法的集成。英国形成了成熟的理论体系，许多学者还把风险分析研究成果应用到大型的工程项目当中。英、美两国在风险研究方面各有所长，并且具有互补性，代表了该学科领域的主流。

1986 年，欧洲 11 个国家共同成立了欧洲风险研究会，进一步将风险研究扩大到国际交流范围。风险管理进入了一个新阶段。

1986 年 10 月，在新加坡召开的风险管理国际学术讨论会表明，风险管理运动已经走向全球，成为一种国际性运动。

从 20 世纪 90 年代至今，金融风险管理有了迅速发展，这同时促使危害性风险管理和金融风险管理有了更深层次的整合。

20 世纪 90 年代以后，因使用金融衍生产品不当而引发的金融风暴开始增多，并且损失巨大，如巴林银行事件、日本大和银行事件、美国奥兰治县的财政危机及次贷危机演变而成的金融危机。这促使人们对金融风险管理的认识更加深入，风险价值（value at risk）的提出、“30 人小组（G-30）报告”的产生及全球风险专业协会（Global Association of Risk Professionals，GARP）的成立就说明了这一点。

此外，以危害性风险管理为主的保险市场和以金融风险管理为主的资本市场之间的界线被打破，出现了一些新型风险管理工具，如财务再保险（financial reinsurance）和保险期货（insurance future）等。虽然这些新型工具有的还不太成熟，但保险风险证券化已成为风险管理领域的一个重要发展趋势。理论上已证明，只有整合金融风险与危害性风险的风险管理，才是最适当的决策。

近年来，风险管理的标准化也引起了国际社会的广泛关注，许多国家正在试图通过规范化、标准化的风险管理手段加强风险管理的绩效。澳大利亚、英国、加拿大、日本、奥地利等国家在一般性风险管理标准、风险管理技术等领域，以及在医疗器械、航天系统、软件、项目管理等许多领域制定了相应的风险管理标准，并形成了一定的风险管理标准体系，如英国的《特恩布尔指南》（*The Turnbull Guidance*）和美国的《企业风险管理——与战略业绩整合》（*Enterprise Risk Management –Integrating with Strategy and Performance*）。国际标准化组织（International Standards Organization，ISO）于 1998 年成立了 ISO/TMB①风险管理术语工作组，历时四年制定了《风险管理术语标准用词使用指南》，即 ISO/IEC Guide 73，并在 2009 年推出了新的版本，旨在促进风险管理术语的规范使用，为风险管理行为的实施提供指导，促进国际标准化组织和国际电工委员会（International Electrotechnical Commission，IEC）的成员国在风险管理问题上的互相交流和沟通理解。2009 年，国际标准化组织还推出《ISO 31000：风险管理原则与实施指南》，此国际标准试图为任何规模、类型的组织进行风险管理提供一个最高层次的文件，从而为现存的处理具体风险的标准提供支撑。

目前，在国际上，风险问题的研究已较为深入，工程实践中普遍实行专项研究与评估，项目管理界把风险管理列为项目管理的基础，认为只有管理好风险才能较好地实现工程项目的管理。经过几十年的理论研究和探讨及在实践中的初步应用，国际学术界已对工程风险管理的理论达成较一致的看法，认为工程风险管理是一个系统工程，它涉及工程管理的各方面，包括风险的识别、评价、控制和管理，其目的在于通过对项目环境不确定性的研究与控制，降低损失、控制成本。欧美发达国家都有专业的风险研究报告或风险一览表，一些大型企业或项目咨询公司都有自己的风险管理手册，这为做好风险识别提供了良好的基础。国外主要研究技术风险、设备质量风险和可靠性工程等问题，其研究内容逐步向系统化、专业化方向发展，而学术界的争论主要集中在风险评价方法上，各种方法均有其利弊。

1.3.2　风险管理在国内的发展历程

在 20 世纪 80 年代以前，我国对风险管理的研究几乎是空白的，随着社会经济的不断发展，我国理论界才逐步由“引进”风险管理思想转变为自己综合深入研究风险问题的诸多方面。其中，项目风险管理被“介绍”到我国，应用于大型土木工程项目的管理之中。风险管理在我国的研究与发展大致经历了如下几个阶段。

1）第一阶段为 1980～1982 年，被称为引进阶段。改革开放以后，为了向西方学习经济管理的理论和方法，我国的理论工作者从 1980 年开始向国内介绍包括决策论在内的一系列理论方法。而后，一些文献进一步介绍了风险问题作为其组成部分的决策理论和决策理论学派的形成，以及风险决策的方法——贝叶斯法和决策树法，初步介绍了西方国家企业风险管理的方法。

2）第二阶段为 1983～1985 年，被称为消化吸收阶段。在这一阶段，我国的研究者除了继续介绍西方企业如何进行风险决策的方法，还开始介绍西方的风险企业和风险企业家，并开始具体研究我国的风险问题，提出了风险的定义和分类，总结推广了企业进行市场风险预测和在经营管理过程中运用风险分析方法的做法和经验。

3）第三阶段为 1986～1996 年，被称为综合深入阶段。在这一阶段，我国的研究者除了继续总结和推广如何运用风险分析的经验，还开始研究风险问题的更多方面，如企业家的风险心理素质、经营者风险补偿的定量分析、设立企业风险基金的必要性和实行风险抵押的经

① TMB 即 Technical Management Board，技术管理委员会。

验、风险机制和法律机制的配套运用、汇率风险的避免、科技进步与风险等。

4）第四阶段为从 1997 年到现在，被称为技术高速发展阶段。在这一阶段，以 1997 年亚洲金融危机为契机，我国金融风险问题研究受到人们的高度重视，从研究金融风险出发，一大批与世界同步的风险管理理论和技术在我国得到介绍和应用，如估值理论、资产组合理论、资产定价理论、套期保值理论、期权定价理论、实物期权理论等成为热门话题。同时，各种自然科学的前沿理论和工程技术，如波浪理论、遗传算法人工智能等也应用于风险管理。2002 年 1 月，建设部印发《建设部 2002 年整顿和规范建筑市场秩序工作安排》，其中包括“建立并推行工程风险管理制度，用经济手段约束和规范建筑市场各方主体的行为”，建筑市场的规范化和公平竞争环境的形成，为施工企业加强以风险管理为核心的工程建设项目管理提供了良好的环境。

从风险管理的发展历程来看，我国的风险理论研究的发展是相当迅速的，但主要是在理论上和数理分析模型上，对于在实践中的工程风险管理仍没有规范的专项管理工作，工程风险管理制度还不甚完善，其存在的主要原因是风险处理手段落后、风险识别困难等。这在一定程度上限制了风险管理在实际工程中的应用，因此加强项目风险管理、提高项目的抗风险能力已成为当务之急。加强风险管理的专题研究工作，掌握风险识别技术，开展风险评估与分析，及时防范和化解工程风险，对于提高我国的建设管理水平和投资效益具有重要的意义。对于装配式建筑项目而言，由于我国目前仍处于发展推广阶段，风险管理在装配式建筑项目中的应用较为缺乏，在工程实际中大多依赖人的主观判断，粗放式的风险管理模式存在风险识别不全面、风险评估不及时、应对预案不足等问题。

1.4 本 章 小 结

本章首先阐述了风险和风险管理相关的概念，然后指明了风险管理的作用与意义，有效的风险管理能促进项目实施决策的科学化、合理化，有助于提高决策的质量，并促进项目组织经营效益的提高。具体对装配式建筑项目而言，风险管理能确保项目进度、质量、安全、成本四大管理目标实现，提高项目管理绩效。本章最后介绍了风险管理的发展历程，风险管理在众多领域得到广泛应用，已形成一门成熟学科，然而在工程领域中的应用仍不完善，特别是针对装配式建筑项目这种新型建造方式，仍有许多问题亟待解决。例如，装配式建筑项目涉及的产业链条更长，包含更多的利益相关者，其预制的生产方式所面临的风险因素与传统现浇方式截然不同，等等。这些问题有待后续章节内容进一步探讨分析。

第 2 章　装配式建筑项目及其风险管理

2.1　装配式建筑项目概述

2.1.1　装配式建筑项目的概念

项目是指在一定约束条件下，具有明确目标的一次性任务。装配式建筑项目可以理解为以建设装配式建筑为目标的项目。以往传统的建造方式为我国国民经济的增长做出了重要贡献，带动了一系列附属相关产业的发展。然而，随着人口增加、环境恶化、资源短缺、人工价格升高、土地形势日益严峻及行业竞争压力增大，粗放型的传统建造方式已不能满足当今建筑行业可持续化发展的要求。因此，为提高建筑企业的市场竞争力，推动建筑业向信息化、工业化及可持续化转型，装配式建筑应运而生。2016 年 2 月，《中共中央 国务院关于进一步加强城市规划建设管理工作的若干意见》中明确提出要大力发展装配式建筑，力争用 10 年左右的时间，使装配式建筑占新建建筑的比例达到 30%。2017 年 3 月，住房和城乡建设部印发《"十三五"装配式建筑行动方案》，明确"十三五"期间的"工作目标、重点任务、保障措施"。这些都足以表明装配式建筑是我国建筑业未来发展的方向。2020 年 5 月 8 日，《住房和城乡建设部关于推进建筑垃圾减量化的指导意见》中对于如何实现建筑垃圾减量提出了具体措施：实施新型建造方式，即大力发展装配式建筑，推行工厂化预制、装配化施工、信息化管理的建造模式等。2020 年 8 月 28 日，《住房和城乡建设部等部门关于加快新型建筑工业化发展的若干意见》中提到，要以新型建筑工业化带动建筑业全面转型升级。自 2016 年印发实施《国务院办公厅关于大力发展装配式建筑的指导意见》以来，以装配式建筑为代表的新型建筑工业化快速推进，建造水平和建筑品质明显提高。

装配式建筑是指经过集成化、标准化设计（建筑、结构、给排水、电气、设备、装饰）后，将传统建造方式中的大量现场作业工作转移到工厂进行，在工厂加工制作好建筑所需的部品部件，如楼板、墙板、楼梯、阳台等，将部品部件运输到建筑施工现场，然后通过可靠的连接方式在现场装配安装而成的建筑。装配式建筑主要建造流程如图 2.1 所示。

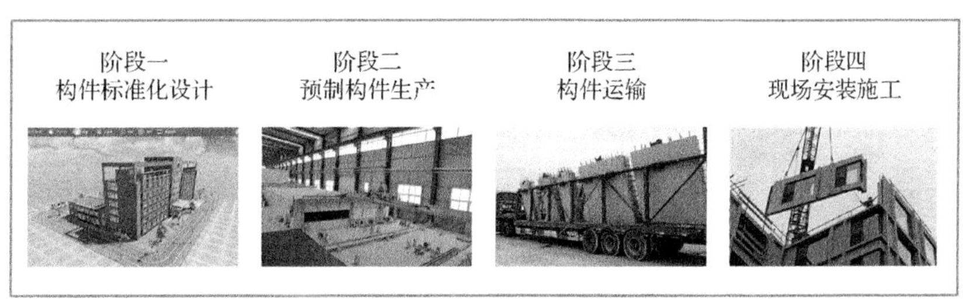

图 2.1　装配式建筑主要建造流程

（1）构件标准化设计

装配式建筑的构件标准化设计主要包括以下几个方面：①施工图设计标准化，即考虑对工业化建筑进行标准化设计，将标准化的模数、构件通过合理的节点连接进行模块组装，最后形成多样化及个性化的建筑整体；②构件拆分设计标准化，即根据设计图纸进行预制构件的拆分设计，构件的拆分在保证结构安全的前提下，尽可能减少构件的种类，减少工厂模具的数量；③节点设计标准化，即预制构件与预制构件、预制构件与现浇结构之间节点的设计，须参考国家规范图集并考虑现场施工的可操作性，保证施工质量，同时避免复杂连接节点造成现场施工困难。预制构件的设计对其生产、运输和安装有着极其重要的影响。在设计阶段，可建设性、可运输性和可施工性都必须考虑在内，设计单位要坚持标准化、规范化的设计原则，确保构件的精准和规范。

（2）预制构件生产

装配式建筑预制构件经过标准化设计后交付给预制构件厂进行生产，主要的流程有：①钢膜制作；②钢筋绑扎；③混凝土浇筑；④脱模与待出厂。常用的预制构件的生产方法包括固定台座法、长线台座法和机组流水法，根据生产线的自动化程度还可将其分为半自动生产线、手控生产线和全自动生产线。

（3）构件运输

预制构件在生产完成后需要运输到施工现场进行装配。预制构件的运输应采用专门的运输车，并根据构件的种类采用不同的固定方式，如预制楼板通常采用堆放式，预制墙板采用斜放式，等等。预制构件的运输还需要做好运输方案，确保运输安全：①运输路线勘探；②运输车辆的适应改装；③成本保护措施；④司机安全教育培训。

（4）现场安装施工

装配式建筑的现场安装施工主要有以下流程。①检查预制构件质量。预制构件到达现场后，须对其进行验收（检查表观，检查平整度、垂直度、构件缺陷，检查预埋吊点、套筒、支撑螺纹，实测检查构件截面几何尺寸、预留预埋钢筋长度）。②卸车与堆码。堆码应该整齐有序、支撑平整，堆码场地硬化后才能堆放预制构件。③吊装。吊装前应当放线校准，一般遵循竖向柱墙构件吊装、水平楼板吊装、梁构件吊装、其他构件吊装的顺序进行。在水平构件吊装后开始将浇筑节点与现浇层的钢筋绑扎、模板安装，待所有预制构件吊装后灌浆浇筑。

2.1.2 装配式建筑的发展及现状

1. 国外装配式建筑的发展及现状

装配式建筑是建筑业对机械化、信息化和粗放式的传统生产方式升级换代的必然要求，具有显著的经济效益和环境效益。相比于传统生产方式，装配式建筑可以提高劳动生产率、产品质量，增强节能减排效果，解决创新能力不强、资源约束强化、用工荒等问题。

装配式建筑起源于欧洲，最早可追溯到 1891 年法国尝试在楼房建设中采用预制混凝土构件。第二次世界大战（以下简称二战）结束后，许多欧洲国家经历了战争的摧残，大量战后重建工作成为当时欧洲国家的首要任务。在此背景下，欧洲采用装配式建筑的建设方式建造了大批房屋建筑以供房屋需求，经过不断发展，形成了一整套完善的装配式建筑建设及管理体系。之后，装配式建筑被逐渐推广到美国、日本、瑞典、新加坡等发达国家，各国家也结合自身的实际情况发展装配式建筑，具体如表 2.1 所示。

表 2.1　发达国家的装配式建筑发展汇总表

国家	发展历程
美国	美国的住宅建筑市场发展得比较完善，装配式建筑起源于 20 世纪 30 年代的汽车房屋；50 年代，由于二战后大量移民及军人复工，住宅需求量剧增，联邦政府提倡将汽车房屋改建为装配式住宅，并大力发展装配式建筑；70 年代，美国住房和城市发展部陆续出台了《国家工业化住宅建造及安全法案》等一系列要求严格的行业标准规范，引导装配式建筑向标准化方向发展，这些标准规范沿用至今。目前，装配式建筑在美国应用广泛，其中在住宅市场发展最为完善，预制产部品标准化、通配化和商品化程度非常高。这在很大程度上降低了建设成本，大大提高了建筑施工的可操作性（系便利性）。此外，近年来，美国建筑业大力发展数字化环境下的装配式建筑集成设计，持续深化计算机及信息技术辅助建筑设计，采用数控机械设备生产构件
日本	日本的装配式建筑发展经历了以下几个时期。1950～1970 年为发展初期，该时期日本面临大量战后重建工作，各类建筑亟待建设，开始探索以装配式施工的生产方式。1970～1985 年为提升时期，该时期日本装配式住宅由基本需求向宜居需求发展，其中重点发展楼梯、整体厨房卫生间、室内整体全装修等。1985 年至今为成熟时期，90 年代之后，日本住宅大多使用装配式施工方式建造。近年来，日本推出了采用部件化、建筑内部结构可变、一体化装修的装配式建筑，进一步提高了生产效率，住宅设计也向高附加值、资源循环利用的方向发展。同时日本政府发布了许多相关的政策法律及技术标准，包括建筑标准法及质量管理相关标准等，如《预制混凝土工程》（JASS10）和《混凝土幕墙》（JASS14）等
瑞典	20 世纪 50 年代起，许多瑞典的企业、工厂开始研究、生产混凝土墙板的装配式构件，同时形成了瑞典装配式建筑的“瑞典工业标准”。现如今，瑞典的新建住宅中使用的通用构件已经高达 80%，节能率达一半以上，较传统建筑能源消耗大大降低
新加坡	新加坡的装配式建筑发展经历了三次尝试。20 世纪 60 年代，建设局尝试推动建筑工业化，但是当地承包商的经验不足，导致建设项目实施结果与预期效果相差较大，第一次建筑工业化尝试失败。70 年代，新加坡再次尝试建筑工业化转型，但是承包商不适应当地的管理方式，同时 1974 年石油价格高涨使建筑成本上升，导致承包商财务危机严重，最终合同终止，第二次建筑工业化尝试失败。80 年代，新加坡政府总结经验教训，决定在公共住宅项目中推广装配式建筑，建设局分别与澳大利亚、日本、法国及当地的承包商签订合同，要求采用不同的装配式建筑体系，生产 6.5 万套装配式建筑住宅，由于预制构件标准化程度高，显著提升了建设项目生产效率，项目的建设时间缩短 4～10 个月不等，建设成本也具有明显优势，第三次建筑工业化尝试成功。通过三次工业化尝试，新加坡对工业化的生产方式进行了全面的总结，决定采用预制混凝土构件，如预制梁、外墙、楼板，并配套使用机械化模板体系，新加坡建筑工业化逐步向全国推广。通过近 20 年的努力，装配式建筑已在新加坡得到广泛应用，以剪力墙结构的高层建筑为主。新加坡达士岭公共住房项目以装配式建筑的方式建设了 7 座住宅大楼，共 50 层，预制率达到 94%，是新加坡迄今为止最为成功的公共住房

由此可见，美国、日本、瑞典、新加坡等发达国家的装配式建筑发展走在前列，不但形成了完备的装配式建筑技术规范和标准体系，而且预制率高，部分国家和地区已成功实现预制构件的标准化和通配化。总体而言，国外大部分发达国家已将装配式建筑成熟应用于房屋住宅、工业厂房等工程项目，有力推动了建筑业的转型升级和可持续化发展。

2. 国内装配式建筑的发展及现状

相比于发达国家，我国在 1950 年后才开始提出装配式建筑的概念。20 世纪 80 年代，装配式混凝土建筑应用达到高峰，大量单层厂房采用预制混凝土构件。但是到 90 年代中期，装配式建筑相关施工技术不足，导致建筑存在许多质量问题，同时现浇混凝土机械化生产技术发展迅速，装配式建筑逐渐被全现浇混凝土建筑全面取代，除装配式单层工业厂房应用较为广泛外，装配式建筑体系应用极少。2015 年，我国开始大力推动装配式建筑的发展，一系列政府指导意见或通知颁布，并对发展要求做出了明确指示，修订和修编了大量政策条例，以其为推手推动装配式建筑发展。与其他发达国家和地区发展装配式建筑的背景不同，我国发展装配式建筑的原因主要归结于对绿色可持续化发展和建筑业粗放式管理转型的迫切需求。结合我国经济发展不协调和政策实施不一致的现状，装配式建筑目前仅在经济发达的一线或新一线城市落地实施较快，其广泛应用在我国还有很长一段路要走。

与新加坡类似，中国香港的装配式建筑发展与公共房屋（公屋）息息相关。20 世纪 60 年代中期，大量人口从内地迁往香港，导致香港住房紧张，许多人只能聚居于寮屋或非常残破的旧楼。因此，香港迫切需要兴建大量房屋，满足庞大的住房需求和改善住房质量。80 年代起，香港在公屋中采用预制混凝土构件，以加快建设速度。起初采用后装法，即先现浇主体结构，后吊装预制构件，但由于当时从业人员素质不足和技术有限，建筑连接处经常出现渗水等质量问题，所以改进为先装工法，即先吊装预制构件，将预制构件与主体结构预留钢筋连接并同时浇筑。该工法可解决预制尺寸精度不高的问题，降低构件生产难度，提高房屋的质量和各项性能。外墙预制构件取得一定的成功后，香港房屋委员会进一步推动装配式工业化施工，将楼梯、内墙板、整体厨房和卫生间都改为预制生产，并规定公屋建设必须使用预制构件。20 世纪 90 年代，由于公屋的需求不断增加，为解决预制构件的堆放问题，香港开始将预制构件生产厂搬迁至内地（如中山、顺德、深圳、东莞等地）。承包商在内地开设预制工厂，并用陆运或水运的方式运输至施工现场，之后由于水运须在码头重复装卸构件，陆运预制构件逐渐变为主流。此外，香港房屋委员会以预制建筑房屋的方式在 2016～2020 年提供了多达 93 400 套公共住房，以解决香港严峻的住房问题。

整体来看，我国装配式建筑还处于起步阶段，在全国新建筑中所占比例不足 5%。根据中投顾问发布的《2017—2021 年中国装配式建筑行业深度调研及投资前景预测报告》显示，2015 年我国装配式建筑面积约为 4400 万平方米，装配式建筑规模约为 858 亿元，相关配套产业（如清洁能源、一体化装饰、智能家居等）产值规模约为 429 亿元。2015 年，我国装配式建筑行业总产值约为 1287 亿元。

2016 年，中共中央、国务院发布的《关于进一步加强城市规划建设管理工作的若干意见》中提出：要大力推广装配式建筑，减少建筑垃圾和扬尘污染，缩短建造工期，提升工程质量；制定装配式建筑设计、施工和验收规范；完善部品部件标准，实现建筑部品部件工厂化生产；鼓励建筑企业装配式施工，现场装配；建设国家级装配式建筑生产基地；提出“建筑八字方针”，即适用、经济、绿色、美观；力争用 10 年左右的时间，使装配式建筑占新建建筑的比例达到 30%。建筑工业化的发展除了科技创新，还需要管理流程创新，包括设计流程、建造流程和政府监督流程等。

目前，国内关于装配式建筑的研究大多是从政策、经济、安全、效益评估和技术等角度分析我国装配式建筑项目在实施中所遇到的问题或阻碍因素。总体而言，国内现阶段对装配式建筑的研究还处于简单的政策推广、效益分析和阻碍因素分析阶段，局限于如何提高装配式建筑技术水平，较少涉及从实际项目管理层面提升装配式建筑项目风险管理的水平和项目管理绩效。

2.1.3 装配式建筑项目的特点

装配式建筑的采用使得建筑行业由传统的建造转变成制造。这就意味着装配式建筑在社会化与工业化的分工基础上，将制造业批量生产理论和管理方法成功运用到建筑建造过程中，并通过充分准备，对过程及资源进行科学管理，最终交付产品给用户。装配式建筑项目有以下特点。

（1）建筑设计标准化

装配式建筑项目通过对建筑图纸的标准化设计和深化设计，遵循精细化原则，可以对设计方式实现变革。结构的拆分设计首先要经过结构计算分析，然后将结构设计图纸结合生产和施工装配的标准要求，合理地拆分为预制和现浇部分。

（2）构件生产专业化

大部分构件可在工厂预制车间内完成，免去了很多不必要的施工现场作业程序，现场作业为预制车间产线作业和机械吊装所取代，使得生产过程更为可控。工厂化生产的方式可以提高构件质量标准、降低环境污染、缓解人力成本压力，同时也减少了现场的不确定性与风险，保证现场施工质量与安全。

（3）结构装修一体化

装配式建筑项目具有显著的系统性特征。系统性主要体现在结构装修一体化上，即在建造安装的过程中，主体结构、机电设备和装饰装修可通过多专业协同和主体技术的不断优化，最终精确无误地组装成装配式建筑。

（4）现场施工机械化

装配式建筑项目在施工过程中主要采取机械设备吊装构件进行现场安装，类似于搭积木的方法，将各构件进行拼装组合连接成一个整体。机械化的现场施工可以提高建造效率，同时保证项目质量。

（5）施工过程信息化

高度的信息化集成是装配式建筑项目的一大特点，在信息技术应用的驱动下，预制构件从生产到最终结构装修一体化得以实现。信息化管理平台的建立可以很好地解决从设计生产到安装过程中脱节的问题，最终能够实现项目各参与方的信息共享与协同。

（6）绿色可持续

装配式建筑项目的可持续性体现在对环境、社会及经济的影响上。在环境方面，装配式建筑项目可以减少资源的浪费，有效控制碳排放和能源消耗；在社会方面，装配式建筑项目产生的废弃物远远小于传统建筑项目，同时较少的现场工作对施工现场周围环境的影响（如粉尘污染、噪声污染等）较小；在经济方面，纵观项目的各阶段，装配式建筑项目的成本较低，具有良好的经济效益。

2.1.4　装配式建筑项目管理

1. 装配式建筑项目管理的概念和特点

装配式建筑项目管理属于工程管理的范畴，工程管理的本质是工程建设者运用系统的观点、理论和方法，对工程建设进行全过程和全面的管理，优化生产要素的配置，为用户提供高品质的产品。因此，装配式建筑项目管理是以交付满足用户需求的装配式建筑为目标，在一定条件下，对人力、财力等资源进行计划、组织、指挥、协调和控制的过程。装配式建筑项目管理相较于传统建筑项目管理主要有以下特点。

（1）场外与场内的隔断式建筑过程

装配式建筑的建筑过程分为场外与场内两个地点，虽然这样可以减少现场工作，保证质量与安全，但在项目管理过程中容易受到时间与空间上的阻碍，出现信息断裂的可能性，增加了管理挑战性。

（2）大量的现场装配工作

预制构件的种类主要有墙面板、内墙面板、层压板、阳台、空调、楼梯、预制梁、预制柱、预制板等，一个项目用到的预制构件不但类型繁多，而且数量众多，容易出现构件安装错误的情况。

（3）注重供应链管理

装配式建筑项目更加注重预制供应链的管理（制造—运输—装配阶段管理），因为预制构件的制造、运输、装配分别在不同的场景，所以存在信息延迟的可能性。因此，供应链管理需要集成各阶段信息，从而控制装配式建筑建造进程。

（4）装配式建筑项目与信息化技术手段相契合

装配式建筑项目管理信息化程度较高，相应会增加一定的前期成本投入，但信息化的管理手段会显著提高管理效率，产生无形收益。

（5）多个利益相关者参与项目

装配式建筑项目涉及业主方、设计方、总承包方、构件生产方、构件安装方、物流运输方、政府部门，涉及的利益相关者数量较多，加大了项目管理的难度。

2. 装配式建筑项目管理存在的问题

（1）对传统建设管理模式依赖性强

传统建设管理模式在我国应用多年，其在合同管理、风险管理、争议解决等问题上具备一套完整的管理规范和处理办法，在工程计量、验工计价、工程结算及行政审批等方面建立起了完善的工作制度和工作机制，无论是政府相关监管部门，还是项目的建设、施工及专业分包等实操单位，都具有丰富的传统建设管理经验。但目前国内装配式建筑项目相关法律法规及配套管理制度等尚未完善，部分地区没有形成完整的项目管理和审批流程，进一步加深了各主体单位对传统建设管理模式的依赖性。

（2）缺乏系统的管理体制和机制

装配式建筑项目的核心工作之一是装配式预制构件的标准化设计。良好的施工图设计和深化设计方案需要具备以下两个条件：一要满足生产、施工的要求，有效减少施工变更带来的索赔、工期延误、合同变更等问题；二要实现规模化生产，降低预制构件生产的成本，从而全面降低项目成本。装配式建筑项目是建筑、安装、结构等多专业的集成，要求管理人员必须具备较高的综合素质，对项目施工全过程都十分了解，管理工作可以深入项目的各环节。目前，国内由于缺少综合管理人员，装配式建筑项目没有成熟的管理流程，也没有明确的责任划分，同时也缺乏合理的利益分配方案。在这种承包模式下，各管理主体离散程度高，项目管理组织化、协同化程度低，没能形成系统的管理体制和机制，没有明显的优越性。

（3）管理流程不清晰，利益分配难平衡

在国家政策驱动下，装配式建筑项目已经全面提速，不仅要求工艺上的进步，更是对其建设管理提出了全面变革的要求。目前，涉及设计标准、审图制度、定额指标、工程监理、质量检测、验收标准等与装配式建筑项目相关的配套制度还有待完善。另外，装配式建筑项目建造主体中加入了预制构件生产商，其与一般的供应商有很大的区别，预制构件生产商需要深度参与项目的设计和施工，生产的预制构件对项目的成本、质量、工期等有着重要的影响。因此，如何打破传统的利益分配格局、对原有利益分配模式进行调整至关重要。在分配过程中，急需解决项目中的各环节利益与价值及资源分配的问题，保证装配各阶段利益合理、分配均衡。

2.1.5　风险管理与项目管理

风险管理较长时间以来被广泛地认为是项目管理的一部分，项目管理中许多好的习惯做法都可以看作是风险管理。例如，在项目计划的编制、各种资源的协调及工程变更的控制程序中都包括了针对普遍存在的风险来源的应对措施。20 世纪 80 年代后期，美国项目管理协会一直推广风险管理是项目管理知识体系的一部分。从风险管理的目的来看，风险管理和项目管理都是要保证项目的成本、时间、质量、安全和环境等目标的完整实现。但是，风险管理着重于处理项目实施过程中各种不确定性可能对项目系统目标实现所产生的影响，也就是说，风险管理的标的是风险，着重于不确定性的未来，而项目管理的标的是各种有限的资源，着重于各种资源配置的现实效果。风险管理需要配合一些诸如决策树、概率统计及随机模拟等特定的专业技术。显然，风险管理和项目管理在管理的对象、着重点和所依赖的专业技术等方面有较大的区别，各自已经迅速形成了比较完整和系统的知识体系。当然，风险管理的实质仍然是针对项目进行过程中的各种各样的风险事件，在合理分析评估的基础上采取合理的对策，促进项目管理目标的实现。

风险管理应该贯穿项目建设的全过程，特别是在项目的可行性研究和计划阶段，风险管理的应用尤为重要，这一点和项目管理是完全一致的。在项目的前期阶段面对的不确定性因素较多，因此在这一阶段推行风险管理对提高项目计划的准确性和可行性有极大的帮助。

2.2　装配式建筑项目风险管理

2.2.1　装配式建筑项目风险管理的目标

对于装配式建筑项目来说，参与项目建设活动的不同主体和不同阶段均存在不同程度的风险，均需要进行风险管理。众所周知，装配式建筑项目中存在许多风险，风险对项目的影响巨大，所以风险管理是装配式建筑项目管理的重要内容。装配式建筑项目风险管理也是一种管理活动，要想真正做好项目的风险管理，就必须确立具体的目标，制订具体的指导原则，规定风险管理的责任范围。装配式建筑项目风险管理的目标是以最小的成本尽可能地使项目安全地进行。但装配式建筑项目风险管理不仅需要关注安全问题，还需要识别风险、评估风险和处理风险。

1. 装配式建筑项目风险管理的目标的设置要求

装配式建筑项目风险管理的目标与风险管理主体的目标应该一致，装配式建筑项目的目标主要是围绕成本、进度、质量、安全、环境来展开的，装配式建筑项目风险管理各目标的设置应该满足以下要求。

1）目标的现实性，即确定的目标应该是实际能够达成的。

2）目标的明确性，即正确选择和实施各种方案，并对其效果进行客观的评价。

3）目标的层次性，从总体目标出发，根据目标的重要程度，分清主次、逐一达成，有利于提高风险管理的效果。

2. 装配式建筑项目风险管理的具体目标

装配式建筑项目风险管理的具体目标要与风险发生联系，从另外一个角度分析，它可以分为损前目标和损后目标两种。损前目标是指通过风险管理避免或降低风险发生的可能性的目标；损后目标是指通过风险管理对已经产生的损失采取措施，使损失降到最低或使项目得以恢复的目标。

1）损前目标的作用：①减少风险发生的可能性；②采用合理、经济的方法预防潜在损失的发生；③减轻企业、家庭和个人对风险及潜在损失的忧虑，为企业创造良好的生产经营环境，为家人提供良好的生活环境。

2）损后目标的作用：①减轻损失的危害程度，损失一旦出现，管理者应及时采取措施进行补救和抢救，防止损失的扩大和蔓延；②及时提供经济补偿，使项目恢复正常的秩序。

装配式建筑项目从策划、实施到投入使用需要一个较长的过程，在这个过程中，不同阶段项目风险管理的处境及所追求的目标不同，面临的风险因素不同，风险管理的重点和方法也会有所不同。例如，一个装配式建筑项目在进行投资决策时，投资者最为关心的是该项目完成后能否推出并取得盈利，因此，投资者应分析市场、政策、法规等不确定或不稳定因素。当项目进入实施阶段后，如何避免项目在合同、技术、供应链及施工环境等方面的风险因素就成为风险管理的主要问题。不同阶段风险管理的目标不一致，因此，对于装配式建筑项目来说，风险管理的目标并不是单一不变的，而应该是一个有机的目标系统，在总的风险控制的目标下，不同阶段需要有不同阶段的风险管理目标。当然，风险管理目标必须与项目管理的总目标一致，包括项目的盈利、形象、信誉及影响等；同时，风险管理目标必须具有明确性和现实性。

要实现风险管理目标，就必须明确项目组织内部风险管理职能的分目标和总目标，规定风险管理部门的任务、权力和责任，协调组织内各部门之间的风险处理，建立和改进信息渠道和管理信息系统，以保证风险管理计划正常执行。对于装配式建筑项目来说，风险管理要考虑各利益相关者之间的风险管理组织和职能，因为在装配式建筑项目中，各利益相关者的关系犹如链条，一旦有一方风险管理不到位，就容易对其他方造成影响。装配式建筑项目风险管理的具体目标可以更加具体地表述为在保证建设过程安全的前提下，实现投资、进度和质量的控制要求。显然，项目风险管理的总体目标和基础设施项目管理的目标是一致的，从某种意义上来说，风险管理是为目标控制服务的，而风险管理的基本理论是建设工程项目管理理论的一个组成部分。

装配式建筑项目无论大小、简单或复杂，都可以进行风险管理。当然，从成本效益的角度来说，并不是所有装配式建筑项目的实施过程都必须进行风险管理。但是，对从事项目管理的人员来说，必须具备风险意识，提高对风险的警觉，在装配式建筑项目的生命周期内，正确地运用风险管理可以取得较好的效果。

（1）投资准备阶段

投资准备阶段项目变动的灵活性最大，需要确定装配式建筑项目的基本特征，考虑预制率与装配率。在这一阶段，通过风险分析可以了解项目可能会遇到的风险，并检查是否采取了所有可能的步骤来减少和管理这些风险。在做出必要的定量风险分析之后，还能够知道实现项目各种目标的可能性，如费用、时间和功能等，这时若做出减少项目风险的变更，则代价小且有助于选择项目的最优方案。

（2）项目实施阶段

装配式建筑项目的实施阶段包括设计阶段、生产阶段、运输阶段及施工阶段，这几个阶段在时间和空间上都是断开的，在实施过程中容易产生不确定性及风险。通过风险分析，可以建立风险监控系统，及早采取预防措施，也可以查明项目不同参与主体是否认识到项目可能会遇到的风险，以及这些风险因素对自身的影响程度，在此基础上判断是否能够完成项目的总体目标。

（3）投入使用阶段

项目投入使用后，运维阶段的装配式建筑与传统建筑存在差异，风险管理对运维管理问题有非常积极的意义，做好风险管理工作可避免许多损失，从而降低成本、增加利润。

传统建筑项目风险的来源、风险的形成过程、风险的影响范围及风险的破坏力等错综复杂，何况装配式建筑项目这种较为先进的生产方式，运用传统单一的工程、技术、财务、组织、教育和程序等管理手段难以达到预期的效果。因此，装配式建筑项目风险管理是一种综合性的管理活动，其理论和实践涉及自然科学、社会科学、工程技术、系统科学、管理科学等多种学科。

2.2.2　装配式建筑项目风险成本与效益

在装配式建筑项目进行过程中，采用风险管理可以降低风险对其的影响，但风险管理是需要投入成本的，故应该权衡风险管理成本以及风险管理为装配式建筑项目所带来效益之间的关系，并在此基础上把风险控制在一个合理的水平。

1. 装配式建筑项目风险成本

装配式建筑项目风险管理的目标是通过风险管理措施达到降低风险产生的可能性和减少对项目的不利影响，但这个过程是需要资源投入的，人们将此部分的投入称为装配式建筑项目风险管理成本。实际上，无论采取怎样的风险管理措施，都无法消除风险给项目带来的影响。所以装配式建筑项目风险成本实际上包括装配式建筑项目风险管理成本和装配式建筑项目风险损失成本两个方面，其中，装配式建筑项目风险管理成本包括风险管理人员工资、外部咨询和鉴定费用、内部风险抑制费用、损失防范与控制费用等；装配式建筑项目风险损失成本包括直接损失成本和间接损失成本。直接损失成本为实质性损失，如自然灾害对装配式预制构件的破坏、施工现场的破坏等，直接损失成本根据现有状态的破坏直接确定。间接损失成本是指风险事件导致的未来成本增加或效益减少的一类损失，如进度延迟导致不能履行合同而造成违约赔偿等。

2. 装配式建筑项目风险效益

效益是对人类有目的的活动所带来的利益和结果的度量，在衡量付出和收获的关系中，出现了效益这个概念。效益概念的关键是把注意力放在结果上，根据各方案为目标服务的效果衡量其好坏。然而效益是十分复杂的，既包含物质产品，又包含对外部事物的无形影响等，所以完全精准地计量效益几乎是不可能的。

装配式建筑项目风险效益是指冒着风险产生的收益或在风险管理下产生的增益和减损的效果。冒着风险产生的收益主要来源于市场竞争过程中，人们倾向于规避风险，使得复杂项目的竞争不如常规项目的竞争激烈，风险管理能力强的企业就可以选择这种竞争不太激烈的复杂项目来获得超过社会平均收益率的收益额。通过风险管理可以创造更有保障的工作条件，保证经济增值，还可以通过风险预防和应对措施减少风险发生的可能性及其所带来的损失，如减少人员伤亡、减少机械设备损失等。在经济分析中，可以将效益表达为风险效益与风险成本的差，被称为总效益；风险效益与风险成本的商被称为平均效益。

3. 装配式建筑项目风险成本与效益间的关系

在装配式建筑项目各阶段，不确定性大小不一。装配式建筑项目风险成本与效益间的关系如图 2.2 所示，在项目的可行性研究阶段，不确定性较大，但风险成本较低，说明在此阶段进行低成本的风险管理就能有效地避免风险对项目产生的影响；随着项目的实施和投入使用，不确定性逐渐降低，风险成本不断增加，表明在这个阶段，风险管理的难度将越来越大，风险成本将越来越高，风险管理的效益降低；在拆除阶段，风险成本处在较高水平。综上所述，可以得出在项目早期阶段进行风险管理的效果最好。

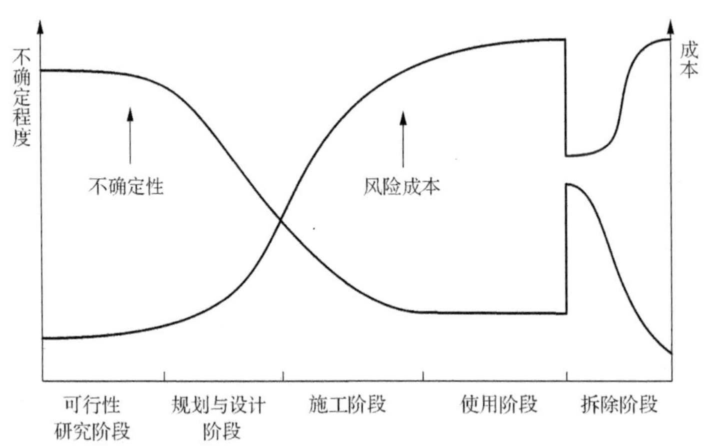

图 2.2　装配式建筑项目风险成本与效益间的关系

2.2.3　装配式建筑项目风险管理的重点

装配式建筑项目具有规模大、场外生产、场内装配技术复杂、参与方多、外部环境不确定因素多的特点，其风险的发生概率比一般项目高，存在成本、进度、质量及安全等方面的风险问题，并且在项目生命周期的任何一个阶段各种风险都可能发生，一旦风险发生，就会导致项目的经济效益降低，甚至可能导致项目失败。因此，进行装配式建筑项目的风险管理是非常必要的。对于从事风险管理的不同主体来说，风险管理的侧重点会有所不同，不同的项目，风险的因素和控制的方法也会有所差异。但是，无论是什么项目，有一点是相同的，即越是在项目的早期进行风险管理，效果就越好，越能更好地完成项目目标。

在装配式建筑项目风险管理过程中，应该尽力达到以下四个阶段性目标。

1）尽早识别项目风险。在风险潜伏阶段尽早识别各种可以预见的风险，因为对风险识别得越早，越能够掌控风险的动态情况，得到风险管理的主动权，越能有效地减少风险带来的不利后果。

2）尽量避免风险。在风险潜伏阶段，除了要对风险进行识别，还应该尽量避免风险事件的发生。

3）降低风险造成的损失。在风险发生阶段，对发生的风险应该采取合适的措施策略，最大限度地减少风险对项目带来的危害。

4）总结风险管理过程。在风险管理过程结束后，要对项目的风险管理过程及时做出总结，总结经验和教训，为以后发生相同风险的项目提供参考，避免造成损失。

在风险管理目标实现过程中，务必做到尽早识别、尽量避免、尽量降低、尽责总结，只有这样，才有可能将风险的损失降到项目可接受的范围内。

2.2.4　装配式建筑项目风险管理的过程与原理

装配式建筑项目风险管理是指为了保证项目目标的顺利实现，利用科学的理论和方法，对可能出现的风险进行预测和分析，最后提出相应的风险管理计划措施的一种系统的管理方法。具体而言，装配式建筑项目风险管理主要过程包括风险识别、风险估计、风险分析与评价、风险应对、风险监控和风险管理决策。

1. 风险识别

风险识别是装配式建筑项目风险管理的基础，主要是找出风险源，明确哪些风险可能会影响项目的正常运行，并确定风险的来源、产生条件，以及描述风险因素所含有的特性，是一个对既有风险或潜在风险进行鉴别、判断和归类的过程。针对装配式建筑项目进行风险识别的目的是深入研究装配式建筑各阶段的运行过程，从而在财产、责任和人身出现损失之前就系统、连续地发现它们。

风险识别需要系统地进行，每个装配式建筑项目的风险都是多方面存在的，任何一个风险因素未处理好，都可能给项目带来损失。因此，如何把握全局、正确识别全部风险是理论研究和实践调查中必须考虑的实际问题，需要运用科学的方法进行多角度、多层次的识别和分析。

风险识别是一项连续性的工作，由于装配式建筑项目是一个发展的过程，建设环境情况不断地发生变化，风险因素也相应发生变化，在项目的实施过程中伴随着风险的消减和新风险的产生。同时，从项目概念阶段到收尾阶段，项目的信息越来越多，在项目初期由于信息等条件限制可能得到的结果是初步的，随着项目的进行，人们对风险的认知也越来越深入，风险识别的结果越来越可用、可信。所以，风险识别不是一次就可以完成的，而是需要在项目整个生命周期内连续不断地进行。

风险是不可避免的，所以能够正确地进行风险识别，对风险管理起着重要的作用，它可以为后期的风险分析与风险监控提供必要信息，有利于提升项目组成员的信心，为建设项目的成功打下坚实的基础。进行风险识别的方法有德尔菲法（Delphi method）、头脑风暴法、核对表法、情景分析法、流程图法、事故树分析法等，第 3 章将详细讨论风险识别的方法与技术。

2. 风险估计

风险估计又称风险衡量、测定和估算，是在风险识别的基础上，采用定性与定量相结合的方法，对项目各阶段风险事件发生的可能性大小、后果严重程度、事件发生的频率进行估计的过程。风险估计对后续的风险评价和风险管理决策有着非常重要的作用。

3. 风险分析与评价

风险分析是在风险识别的基础上，对收集到的大量数据采用定性或定量分析的方法，并对项目单个风险发生的概率和对项目目标的影响程度进行衡量，并对项目中的风险按大小进行排序的过程，主要包括对风险的发生时间、发生概率与结果、损失及级别四个方面的分析。风险分析首先要对风险可能出现的时间进行预测，分析出风险在项目的哪个阶段、哪个环节；其次要估算风险事件发生的概率与结果，其中分析风险概率的方法有主、客观两种，主观的风险估计主要是依据人的经验和主观意愿，客观的风险估计主要是依据历史数据和资料，而由于项目的复杂性、不确定性，目前采用较多的是主观的风险估计，但应该在主观分析的基础上加入客观方法，使得分析更具有说服力；再次确定风险损失，其中主要是对项目成本、质量及进度三个方面的影响，有些风险发生概率高，但损失小，而有些风险发生概率低，但损失大，因此应谨慎分析风险损失；最后确定风险级别，风险级别的确定有利于确定各风险因素需要投入的时间和精力。

风险评价是基于风险分析的结果，考虑风险因素之间的相互联系及对项目的综合影响，从项目整体出发，做出决策，决定先后需要处理的风险的过程。风险评价的实施步骤如下：首先确定项目的风险评价标准，风险评价标准是项目主体针对每种风险后果确定的可接受水平；其次确定项目的风险水平，包括单个事件的风险水平和项目整体的风险水平，并在确定项目整体风险水平时，分析清楚各风险因素之间的联系和作用；最后比较项目的风险水平与评价标准，确定该工程项目风险是否在可接受的范围之内。第 5 章将详细讨论相关的内容。

4. 风险应对

风险应对是针对风险评价的结果，为降低项目过程风险的负面影响而制定风险应对措施的过程，即对项目风险提出处置意见和办法。风险应对要综合考虑风险的严重程度、项目目标及风险应对所需的成本，为项目选定合适的风险应对措施，以降低风险发生的概率及风险事故发生后所带来的损失。详细内容将于第 6 章详细阐述。

5. 风险监控

装配式建筑项目风险监控是指在整个项目过程中，根据项目风险管理计划和项目实际发生的风险及项目发展变化所开展的各种监视和控制活动。风险不是一成不变的，它随着项目的内外部环境的变化而变化，所以风险监控实际上是监控项目进展和环境，即项目情况的变化。风险监控的主要内容包括对项目已识别的风险进行跟踪，对项目残余风险进行监视并识别出新的风险，在项目实施过程中根据监控情况及时修改风险管理计划，确保风险计划的实施，从而达到降低风险不利影响的效果。

6. 风险管理决策

装配式建筑项目风险管理决策是指根据项目风险管理的目标，在风险识别、风险估计和风险评价的基础上对各种风险应对措施和管理方法进行合理的选择与组合，进而制订出风险管理的最佳方案，以最小的成本保证项目总体目标实现的管理工作。

2.2.5　装配式建筑项目风险管理的方法

由于装配式建筑项目管理活动的复杂性和不确定性，在装配式建筑项目风险管理过程中，使用适合的风险管理方法识别、度量和应对项目风险，能有效解决风险对项目组织实施的困扰，实现对项目风险有效的管理与控制。

从项目风险有无预警性信息来看，项目风险管理方法可分为两种。第一种是对无预警信息项目风险的管理方法，这类项目风险难以提前识别、跟踪和应对，故而无法准确地识别和预见项目风险及其结果，并且无法提前采取有效的项目应对措施，所以通常情况下只能在项目风险发生时或发生后及时采取“坐等变化”式的管理方法开展风险管理，是一种相对消极的风险管理方法，如遇到恶劣天气、政策标准发生变化。第二种是对有预警信息项目风险的管理方法，其中包括在项目风险潜在阶段、项目风险发生阶段和项目风险结果阶段消减和转移项目风险不利结果的方法，以及努力抓住和增加项目风险有利结果的方法。

1）在项目风险潜在阶段，人们可以采用项目风险预防的方法，这类方法通常被称为积极的项目风险管理方法。实际上项目风险的发生多是因为在项目风险潜在阶段未能正确识别和度量出风险，所以如果潜在的项目风险能够被提前识别并预见其不利结果，就可以及时采取各种规避项目风险的办法而避免对项目造成损失。对于会给项目带来收益的风险来说，人们应该努力抓住这种项目风险机遇，去获得和扩大项目的项目风险收益。因为风险发生后对项目带来的影响有消极和积极之分，所以识别出风险后应先对风险进行鉴别判断，而不是一味地规避项目风险。

2）在项目风险发生阶段，人们可以采用项目风险转化与化解等具体管理方法，这类方法通常被称为项目风险转化方法。人们不可能识别所有的项目风险和预见所有的项目风险结果，因此在项目发展进程中一定会有一些项目风险进入项目风险发生阶段。此时如果人们能立即发现项目风险并找到应对和解决它的方法，则该类项目风险可能不会造成不利结果，所以人们可以设法转化项目风险的结果。这种转化包括减少项目风险结果中的不利结果和损失，增加项目风险结果中的有利结果和收益。

3）在项目风险结果阶段，人们可以采取消减或扩大项目风险结果的措施，消减项目风险所造成的不利结果和扩大项目风险带来的有利结果，这类方法通常被称为项目风险结果增减方法。实际上有很多情况使得人们不但无法在项目风险潜在阶段识别和度量全部项目风险，而且无法在项目风险发生阶段化解全部项目风险，所以总有一些项目风险最终会进入项目风险结果阶段。此时人们只能采取措施来应对项目风险结果，人们采取的措施包括积极抓住项目风险的有利结果而将项目收益扩大到最大或足够大，以及积极应对项目风险的不利结果而将项目损失消减到最小。

从装配式建筑项目风险管理方法本身来看，可分为定性分析、定量分析、定性分析与定量分析相结合三大类。定性分析是一种系统性、综合性较强的系统分析方法，擅长把握事物整体及发展演变动态，侧重解决面上的问题。定量分析是相对定性分析而言的一种方法，基于大量数据的收集整理，建模仿真，建立数学模型、搭建评估系统等，进行系统的统计分析，深化对事物的认识，侧重解决点上的问题。但对于充满复杂性、不确定性的项目管理领域，许多因素难以用数字、模型来量化，如人员的心理活动、行为习惯、决策方式等，因而必须将定性分析与定量分析相结合，形成一个“定性描述—定量分析—定性描述”完整的闭合回路，提高解决问题的有效性。

从装配式建筑项目风险处理过程来看，如果不考虑保险，则装配式建筑项目风险管理方法可以归纳为两大类，即项目风险控制方法和项目风险的财务安排。项目风险控制方法直接对项目风险加以改变，改变项目风险的途径一般有两种：一是通过改变损失达到项目风险控制的目的，二是不改变损失（保持损失不变）而直接改变风险。项目风险的财务安排不试图改变风险，只是在项目风险中的损失发生时，保证有足够的项目资源来补偿。项目风险的财务安排是以财务方式应对项目风险的方法，这类方法又被称为损失补偿的筹资措施，其关键是要有恰当的筹资方式，保证项目风险的损失发生后补偿资金的可得性。项目风险的财务安排一般包括风险自担的筹资安排、利用合同的筹资措施等。

保险是一种特殊的装配式建筑项目风险管理方法，也是一种应用非常广泛的装配式建筑项目风险管理方法。保险既有项目风险控制方法的特征，也有项目风险财务安排的思想，为避免混淆，可以将一般的项目风险控制方法视为非保险的项目风险控制方法（特别是非保险的项目风险转移方法），一般项目风险的财务安排方法也被称为非保险的财务安排。

2.2.6 装配式建筑项目风险管理组织

装配式建筑项目风险管理组织主要指为实现项目目标而设置的组织机构，如果没有一个健全、合理和稳定的组织结构，则风险管理活动容易陷入混乱之中，难以有效地进行。

装配式建筑项目风险管理组织的设立、方式、规模取决于多种因素，但决定性因素是项目风险的分布特点。风险存在于项目的各阶段和各方面，从任一时间点来看，项目各参与方都在进行各自的风险管理，因此项目风险管理职能分散于项目管理的所有方面，管理组织的所有成员都负有一定的风险管理责任。但是项目风险管理仍需专人专职承担相应的责任，并且风险的利害关系影响着整个项目，因此，装配式建筑项目风险管理组织既有分散性又有集中性。

此外，风险的复杂和严重程度、项目的规模、项目管理层的态度、政策与法令等因素对风险管理组织机构的建立有一定的影响。一般来说，风险越复杂、越严重，管理组织机构越需要完善健全；项目的规模大小同时也决定了风险管理组织机构的大小和复杂程度；项目管理层能否正确认识到风险的严重性，对待风险能否有一个正确的态度并对项目风险管理投入相应的精力，这些直接影响风险管理组织的形态选择的合适程度；按国家政策和法令的规定设置风险管理组织，这为风险管理组织的机构建设、人员配备、技术装备提供了保障。风险管理组织机构的类型和特点如表 2.2 所示。

表 2.2　风险管理组织机构的类型和特点

类型	管理形式	权力安排	适用对象
直线型	单一领导管理	较为集中	小型项目
职能型	多头领导管理	按职能分配	大中型项目
直线-职能型	单一、多头相结合	权限划分明确	大中型项目

（1）直线型风险管理组织机构

由少数专职人员负责的项目一般采用直线型风险管理组织机构。在直线型风险管理组织机构中，项目风险简单，管理者的命令和安排直线传递，能迅速、完全地传达下去，每个人只须对他的直接上级报告工作，权力相对集中，责任明确。但这种组织机构对风险管理者的要求较高，须同时具备专业技术能力和管理能力，在通常情况下，小型项目多采用这种组织机构。

（2）职能型风险管理组织机构

对于大中型项目而言，项目的环境较为复杂，风险发生的概率较大，此时须设立专门的风险管理职能部门，配备专职的管理人员。职能型风险管理组织机构的应用，使项目风险管理科学化、标准化；同时在风险管理过程中，权责划分明确，专业指挥具体。但风险管理职能部门在与其他职能部门的协调上存在问题，易形成本位主义，忽视项目总体目标。职能型风险管理是多头领导管理的管理形式，容易导致管理的秩序紊乱。

（3）直线-职能型风险管理组织机构

在直线-职能型风险管理组织机构中，风险管理部门是项目的一个职能管理部门，是项目高级管理层的参谋和咨询机构，对下属单位没有命令和指挥权，只有业务上的指导权。

项目风险管理组织最上层应该是项目经理，对项目风险管理负首要责任，其主要职责有：①参与项目风险的识别、分析、估计、评价工作；②制订项目风险管理措施，选择项目风险管理方案，编制项目风险管理计划及应急工作计划；③组织实施项目风险管理计划，全面安排项目各项保险事务。

2.3　装配式建筑项目风险管理研究主要进展

2.3.1　装配式建筑项目风险识别

风险只有被识别后才能被管理，如果项目管理人员未能充分识别各种潜在的风险因素，就难以采取应对或防范措施，进而可能会给项目实施造成不可估量的损失。因此，风险识别是风险管理中的必要前提，而对风险进行系统全面的识别至关重要。目前，大多运用问卷调查法、专家访谈法、文献回顾法和案例分析法对装配式建筑项目风险进行识别与分类。Wuni 等（2019）对 39 项有关模块化集成建筑项目风险的实证研究进行了系统的回顾，确定了 30 个关键风险因素，并且根据事件发生的频率，对模块化集成建筑项目前 10 个关键风险因素进行了分析和讨论。其中，最为关键的五个风险因素为：利益相关者分散和管理的复杂性，初始资金成本较高，供应链整合不良及混乱，模块化构件运输到施工现场延迟，以及政府支持不足。Wu 等（2019）对中国建筑行业相关的专业人员进行问卷调查，评估他们对装配式建筑项目风险的看法。该研究从概率和影响程度两个方面对风险进行分析，作者共计得到 112 份有效问卷，并在此基础上进行了统计分析，包括相对重要性指数分析、内部一致性分析、单因素方差分析等。Wang 等（2019）根据文献回顾，制订了中国预制建筑相关风险的初步清单，并通过与相关专家的访谈对其进行了改进，然后对选定的行业专业人员进行问卷调查，征求对中国预制建筑关键风险的专家意见。研究结果表明，未来应重点关注的风险包括分解体系不当，工厂管理水平低，质量保证体系不健全，规范偏差，预制构件、组件系统缺陷，缺少建筑零部件目录，预制建筑在运行阶段适应性差、缺乏实效性等。齐宝库等（2016）从全寿命周期理论出发，运用专家访谈法和问卷调查法，识别了 76 项与装配式建筑项目相关的风险，并根据全寿命周期的不同阶段划分类别。

2.3.2 装配式建筑项目风险分析与风险评价

风险识别解决是否存在风险、有何风险的问题，风险分析是将识别的单一风险采用数理方法进行量化的过程，风险评价是在确定风险和量化单一风险后，对整个项目的风险进行系统和整体的分析和评价的过程。通过风险评价，得到单一风险对项目的共同作用或综合影响，以确定关键的风险因素、各风险的影响程度和项目风险等级，为后续的风险应对和防范提供支撑。

（1）社会网络分析法

考虑到风险因素之间的影响，Li 等（2016）运用社会网络分析（social network analysis，SNA）对香港的预制房屋建筑项目中与利益相关者相关的进度风险因素进行了识别和研究，确定并分析了在构建整个预制房屋建筑项目网络中关键的风险因素和风险之间的作用关系。社会网络分析结果表明，与客户、设计人员、主承包商和制造商相关的风险相对集中，说明这些利益相关者对预制房屋建筑项目的影响很大。Luo 等（2019）运用社会网络分析，构建香港装配式住宅项目供应链风险网络模型，从利益相关者的视角分析供应链风险的重要程度。研究结果表明，该项目缺乏对资源和进度的规划，对施工工作流程控制不足和利益相关者信息共享不足是主要的风险因素。Jiao 和 Li（2018）针对装配式住宅设计过程，结合风险矩阵（risk matrix）对其经济效益、环境效益和社会效益进行了分析。研究发现，采用预制混凝土作为建筑材料可以提高施工效率、减少环境污染和节约能源。王柔佳和王成军（2019）通过文献分析整理得到装配式建筑项目风险清单，构建风险网络模型，基于社会网络理论进行风险分析，识别出的关键风险为：设计方案集成性差、施工过程中的目标变更和预制构件连接工艺复杂等，同时提出了应对策略和措施。

（2）系统动力学

系统动力学（system dynamics，SD）由美国麻省理工学院的福瑞斯特（Forrester）教授于 1956 年所提出。系统动力学是以反馈控制论、信息论、系统论、决策过程论为基础，借助计算机技术，分析研究信息反馈系统，解决复杂动态行为与结构的综合学科。相对于专家调查法、层次分析法（analytic hierarchy process，AHP）、模糊综合评价法（fuzzy comprehensive evaluation，FCE）等传统的风险分析和评估方法，系统动力学下的风险管理具有直观成本低、可靠性和系统整体性较强的优势。汤彦宁（2015）针对装配式建筑住宅施工阶段，识别了施工安全风险，并通过系统动力学理论构建风险反馈模型，然后通过系统仿真进行风险测度。

研究结果表明，人为风险优先级最高，其次是吊装作业和预制构件安装风险。随后，在 2018 年，Li 等通过将混合系统动力学和离散事件模拟相结合的方法，建立混合动态模型，评估和模拟所识别出的进度风险对预制房屋建筑项目工期进度的影响，该模型考虑了风险因素潜在的相互关系与交互，以及风险的不确定性。Li（2020）通过系统动力学建模对装配式建筑项目投资风险进行了分析，将风险因素分为六类，即经济风险、内部风险、技术风险、政策风险、法律风险和市场风险，并提出了相应的风险控制策略。王江华（2019）借助约束理论，通过系统动力学对装配式建筑供应链风险进行研究，研究结果表明，开发商风险、信息风险被识别为关键因素。

（3）层次分析法

层次分析法是由美国匹兹堡大学教授塞提（Saaty）于 1970 年初在研究课题时所提出的一种决策方法。层次分析法主要通过决策的目标、准则及方案，按照相互之间的关系将决策问题分解成不同的组成因素，并依据不同组成因素相互之间的隶属关系及影响聚集整合成最高层、中间一层、多层及最低层的一个多层次的分析评价结构模型，使决策问题能够转换成为确定最低层中的组成因素相对于上层的权重，即对决策目标的影响程度大小的问题，使决策过程系统化、简洁明了，使决策结果科学明确、合理有效。Li 等（2013）利用模糊层次分析法对加拿大模块化建筑施工相关的风险进行了研究，作者对模块化建筑施工风险因素进行识别，并评估所识别风险因素对项目成本和建筑使用年限的影响。丁彦和田元福（2019）通过层次分析法和 ABC 分析法对装配式建筑施工质量与安全风险进行研究，研究结果表明，安全防护设施、操作人员技术水平、机械设备的维护与保养和结构及节点安装技术成熟度属于 A 级风险，应当重点关注，做好应对措施。王乾坤和王亚珊（2018）对多项目战略风险进行研究，对项目的维度进行了扩展研究，研究构建进度、经济、安全、质量风险等指标体系，并通过网络层次理论进行权重计算，从而对风险进行评价。王越等（2020）首先建立了装配式建筑构件风险指标体系，主要包括深化设计、构件生产和运输维护风险因素三个维度，然后结合三角模糊数和层次分析法对风险进行评估，评估数据则是来自德尔菲法专家打分数据，研究结果表明，深化设计的技术因素、构件生产的现场管理因素和运输维护的运输方案因素权重占比较高，需要得到关注。王红春等（2019）围绕供应链风险因素进行风险评价，首先从任务、关系和资源三个维度识别和整合风险因素评价指标体系，然后采用熵权法确定指标权重，并通过模糊层次分析法评价某案例项目供应链风险水平。

（4）蒙特卡洛模拟法和贝叶斯网络分析法

蒙特卡洛模拟法（Monte Carlo simulation）又称统计实验法或随机模拟法，于二战时期由匈牙利数学家创立。该方法主要通过将评价对象中存在的风险作为变量，将评价对象的目标作为因变量，建立一个数据模型，风险因素变量用概率分布来表示，然后通过计算机根据概率分布产生随机数或伪随机数，重复不断运算模型后便可以获得目标变量值（包括概率、方差在内的各项数据）。将数据绘制成图可以直观地观察出对目标影响较大的风险，为风险管理者提供决策管理的有效依据。蒙特卡洛模拟法使用计算机对项目的过程进行模拟，能够在较短时间内进行多次数值模拟实验，适用于对具有随机性质的事物或者物理实验过程进行描述，比大多数的模拟方法成本更低、效率更高、结果更精确，也被广泛应用于人口流动分析、股票市场波动预测、量子力学分析等多个方面。

王宇（2018）围绕装配式建筑施工安全风险，基于历史资料数据并结合贝叶斯网络分析法，分析风险概率大小和损失程度，然后对风险优先级排序，并提出相应的风险防范措施。研究表明，施工现场管理不当、预制构件风险、施工吊装风险等因素重要程度较高。吴溪等（2019）针对施工安全风险，通过结合马尔可夫链和贝叶斯网络，对风险发生概率进行测算，并结合实际情况给出合理的配置策略。王凯（2017）则通过贝叶斯网络分析法，从风险发生概率的角度进行风险评价，总结了基坑施工、构件吊装、施工装运和构件安装四类安全风险。Rausch 等（2019）通过蒙特卡洛仿真，研究了预制构件装配过程中尺寸变化的容忍度风险，并通过优化制造工艺，使得与尺寸变化相关的返工风险降低了 65.5%。

（5）失效模式与影响分析

失效模式与影响分析（failure mode and effects analysis，FMEA）首先将产品生产过程进行分解，然后分析各组成部分失效的可能性及其影响，从而防范风险的发生，近年来一些学者也采用该方法进行风险分析。Lee 和 Kim（2017）利用失效模式与影响分析方法，从韩国模块化建筑建设公司的角度出发，识别出模块化建筑施工全生命周期中导致成本增加的关键因素。研究结果表明，施工成本的增加在设计阶段的风险较高，强调了模块化建筑项目初步规划和确定方向的重要性。王志强等（2019）将模糊逼近理想解排序法（technique for order preference by similarity to ideal solution，TOPSIS）及失效模式与影响分析方法结合，并引入惩罚性变权法构建风险评价模型，对装配式建筑质量风险重要程度进行排序，研究结果得出，主要风险来源为预制构件的强度和钢筋骨架的安装。

（6）其他评价方法

李强年和王乔乔（2020）围绕装配式建筑施工过程的吊装安全风险进行研究，研究首先从人、设备、技术、环境、管理五个方面识别了吊装安全风险并进行耦合形成体系，然后通过相互作用矩阵法确定风险因素之间的权重取值，最后提出了基于建筑信息模型（building information model，BIM）和窄带物联网（narrow band internet of things，NB-IoT）的风险管理平台。

2.3.3 装配式建筑项目风险应对研究综述

风险应对指在项目风险分析、识别、估计和评价的前提下，选择和制订科学合理的项目风险应对策略和措施，以提高项目管理者和决策者的项目风险管控能力，确保项目风险管理目标的顺利实现。风险应对的基本任务是把风险发生后所造成的实际影响尽可能地控制在最小的范围之内，将风险后果和损失限制、管控在可以接受的合理水平之内，其中应对策略主要包括降低、转移、回避、自留和预防等。沈楷程等（2020）分析了装配式建筑的返工风险，并通过案例项目从人工、材料、机械、工艺和环境的角度提出了风险应对策略，其中强调管理人员应当通过信息平台共享交流，提高施工效率。徐娜娜（2020）通过建立指标体系对设计-采购-施工总承包模式（engineering-procurement-construction，EPC）下的装配式建筑风险管理进行了深入分析，并根据评价结果针对性地给出了风险管控措施，包括管理风险、设计风险、采购风险、施工风险、经济风险应对措施等；通过采用风险自留、转移、规避等策略减少风险所带来的损失；同时根据 EPC 项目管理模式的特点提出了风险应对系统框架，突破风险信息流传递低效的不足。梅江钟（2018）围绕装配式建筑安全风险管理提出了基于本体-知识推理的风险应对方法，该方法通过案例匹配的模式，推理得到最为合适的风险应对措施，从而提高风险应对的效率。杨主张（2019）首先基于决策实验与评估实验室的方法分析了装配式建筑的作业空间风险，然后通过贝叶斯网络分析了风险的耦合作用，并根据研究结果提出了提高人员素质、加强构件吊装管理、改善施工环境、建立信息化平台和标准化体系、培养相关技术人才等应对措施。刘占坤（2020）基于系统动力学方法构建了施工风险评价体系，并根据研究结果提出了事故实行责任制、加强安全防护措施、保证预制构件强度和刚度、采用新的构件连接技术、关注自然环境等应对措施。已有研究根据其研究结果均从多个角度系统性地总结和提出了风险应对措施，丰富了装配式建筑项目风险管理知识体系，为本书的风险应对措施提供了参考。

2.3.4　装配式建筑项目风险管理相关研究评述

通过分析和整理收集到的国内外相关研究文献，得到的研究综述图如图 2.3 所示。本书根据风险管理的主要内容和研究侧重点将其分类为风险识别、风险分析与评价及风险应对三个方面。其中在风险分析与评价方面，大多数研究采用层次分析法、模糊综合评价法、失效模式与影响分析、结构方程模型等静态分析方法，研究深度大多只局限于风险重要程度排序和策略应对，较少涉及对风险模拟仿真、风险损失量化和项目绩效管理的影响分析，分析和评价方法也不够全面和深入。

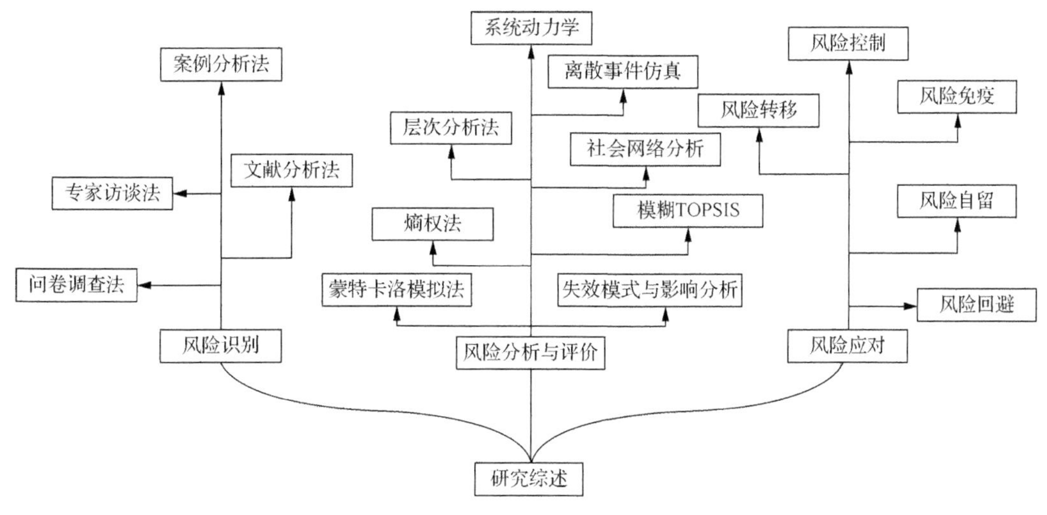

图 2.3　研究综述图

目前，装配式建筑项目风险管理研究虽然取得了一定成果，但研究仍然较为薄弱，并且实际工程中成本超支、进度延后等问题层出不穷，仍须对其进行深入探讨和研究。近年来，装配式建筑项目风险管理研究内容逐渐从风险因素识别深入到风险分析评价与风险不确定性分析；研究方法也逐渐从基础的问卷调查过渡到社会网络分析、系统动力学、蒙特卡洛模拟法等复杂理论和方法。尽管已有研究取得了一定的成果，然而现有研究仍然存在着不足，主要包括以下几点。

1）虽然近年来风险管理相关的研究逐年增多，但是对比传统的建筑项目，装配式建筑项目的研究仍然较为薄弱。同时随着装配式建筑项目的规模不断扩大，如大型基础设施项目、项目群等，未来装配式建筑项目风险管理将会面临更为复杂多变的情况，进而可能对项目造成较大风险损失，影响项目绩效管理。因此，装配式建筑项目风险管理研究未来更应当受到研究人员的重视。

2）现有的装配式建筑项目风险识别局限于装配式建筑项目的某个阶段或方面，未能从装配式建筑项目全过程角度出发对装配式建筑项目风险因素进行识别。风险只有被识别才能被分析评价与应对，全面识别装配式建筑项目各阶段的风险因素有助于对项目的风险管理。

3）现有的装配式建筑项目利益相关者和风险管理的相关研究相对较为分散，并且认为项目风险因素是静态的、相互独立的，惯用静态研究方法，如层次分析法、失效模式与影响分析、灰色聚类分析法等，缺乏从动态的视角对利益相关者协同管理项目风险进行研究。

4）缺乏复杂系统视角下的研究。现有研究方法主要采用传统风险管理研究方法（模糊综合评价法、层次分析法），研究方法单一、风险分析与评估不够全面，未能从复杂系统理论角度出发研究装配式建筑项目多利益相关者视角下的风险因素之间作用关系、风险测度及仿真。装配式建筑项目涵盖设计、生产、运输、装配和运维阶段，涉及众多利益相关者，风险网络复杂多变，具有高阶次、多回路和非线性的特征，因此需要从复杂系统的视角出发揭示风险反馈结构机理。

2.4 本章小结

装配式建筑项目风险是影响装配式建筑项目目标实现的所有不确定因素的集合。装配式建筑项目风险管理是在项目全生命周期中识别、评估各种风险因素，并采取必要对策消除或有效控制能够引起不希望的变化的潜在领域和事件。装配式建筑项目风险管理的目的就是把有利事件的积极结果尽量扩大，而把不利事件的结果降低到可接受的范围内。

本章从系统和过程的角度对装配式建筑项目的概念和特点、装配式建筑项目风险管理的范围和研究进展进行了详细介绍，阐述了装配式建筑项目风险管理过程，包括装配式建筑项目风险的识别、分析、评价等活动。风险管理是项目管理的有机组成部分，通过装配式建筑项目风险管理，装配式建筑项目管理人员能有效地确定项目实施的关键因素，保证目标控制的顺利进行，最终使项目的总目标可靠、高效、最佳地实现。

第3章 风 险 识 别

3.1 风险识别概述

3.1.1 风险识别的含义和作用

风险识别是项目风险管理中的首要工作，是项目风险分析与评价、项目风险控制、项目风险应对措施等项目管理工作的基础。如果不能全面识别项目所面临的风险因素，就无法对其采取风险应对措施，特别是重大风险被忽略，一旦这类风险事件发生，会使工程项目管理方措手不及，进而造成不可估量的损失。风险识别是对存在于项目中的各类风险源或不确定性因素，按照其产生背景、表现特征和预期后果进行界定和辨识，并对项目风险因素进行科学分类的过程。

风险识别是项目管理者识别风险来源、确定风险发生的条件、描述风险特征、评价风险影响的过程。一般而言，风险识别需要确定以下几个方面的内容：①存在的或者潜在的对项目有影响的风险因素；②给项目带来积极或消极影响的事件；③识别风险可能引发的后果，影响的大小和严重性；④风险发生的可能性、可能的时间；⑤风险来源，如社会、技术、经济、环境等；⑥项目与环境之间的相互影响。

需要指出的是，与风险相关的另外一个概念是约束，风险是不确定会发生的事件，然而约束是确定会发生的事件，因此在本质上风险和约束是不同的，需要区别对待，而且风险和约束随着项目的不同也在动态变化。例如，台风对于北京的项目来说是一种风险，但是对于深圳的项目来说则是一种约束，因为根据历史气象数据可知北京很少会出现台风，但是深圳平均每年夏天都会出现台风。

风险识别是风险管理的基础，没有风险识别的风险管理是盲目的。只有通过风险识别，才能使理论联系实际，把风险管理集中到具体的项目上。风险识别也是制订风险应对计划的依据，其作用主要有以下几点。

1）风险识别可以找出最重要的合作伙伴，为项目风险管理打下基础。

2）风险识别是进行风险分析的第一步，为风险分析提供必需的信息，提高风险分析的有效性，是风险管理的基础性工作。

3）风险识别是系统理论在工程项目管理中的具体表现，是项目规划与控制的重要基础性工作。

4）通过风险识别，可以树立项目组成员的信心。

3.1.2 风险识别的特点

（1）风险识别的全员性和独立性

每个项目组成员的工作都会有风险存在，每个项目组成员都有各自的项目经历和项目风险管理经验。因此，风险识别活动不仅是项目经理或项目风险管理小组的工作，还是项目成员参与并共同完成的任务。风险识别活动的参加者主要由项目经理、项目团队人员、项目实施组织的风险管理人员、项目业主方、相关领域专家、终端用户及其他相关利益主体构成，涵盖众多利益相关者，并且尽可能鼓励所有项目人员参与识别潜在的风险因素。此外，参与风险识别的成员应当做到尽可能客观独立地识别项目的风险因素。进行风险识别活动时，可聘请项目风险管理专家及项目外部参与人员，如项目顾客和最终用户等，参与项目风险识别，确保风险识别的独立性。

（2）风险识别的系统性

项目风险始终存在于项目的全生命周期的各阶段，无处不在、无时不有。项目全生命周期中的全部风险都属于风险识别的范围。风险识别涉及项目的方方面面，包括客户需求、解决方案、预算、项目计划、项目价值、决策体系、竞争对手、资源协调等要素。

（3）风险识别的动态性

风险识别是一个可循环的过程，并不是一次性的，它是一项贯穿项目全过程的风险管理工作，在项目计划、实施及收尾交付阶段都需要进行风险识别活动。项目风险并不是一成不变的，项目的内外部环境变化的同时会导致风险也随之变化，因此，风险识别具有动态性。根据项目内部条件、外部环境，以及项目范围的变化情况，特别是在项目开始、每个项目阶段中间、主要范围变更批准之前，适时对项目进行周期风险识别工作，这也是风险识别的一个重要特性。

（4）风险识别的信息性

风险识别需要做许多基础性的工作，其中首要的工作是收集项目相关的信息。收集信息的全面性、时效性、准确性和动态性决定了风险识别工作的质量和识别结果的可靠性及准确性。

（5）风险识别的综合性

风险识别是一项综合性较强的工作，不但体现在参与人员、信息收集和工作范围上，而且风险识别所用到的方法和工具也具有综合性，即风险识别过程中需要根据具体项目，综合应用各种风险识别的方法和工具。

3.1.3 风险识别的依据

正确识别项目的风险因素，首先需要具备全面真实的项目相关资料，然后对收集到的资料进行认真细致的分析和研究。一般而言，风险识别的依据有以下几点。

（1）风险管理计划

风险管理计划是用于规划和设计风险管理的活动过程，包括界定项目组织架构及成员，确定风险管理的实施方案及方式，选择符合项目实际情况的风险管理方法。具体对风险识别而言，风险管理计划需要确定以下内容：①风险识别的范围；②信息获取的渠道和方式；③项目组成员在风险识别中的任务分工和责任分配；④重点调查的项目参与方；⑤项目组风险识别可采用的方法及其规范；⑥风险管理过程中应当何时并由谁进行风险重新识别；⑦风险识别结果形式、信息通报和处理程序。

（2）项目规划

项目的目标、任务、范围、进度计划、安全、质量、造价、资源计划等涉及项目进行过程的计划和方案都是风险识别的依据，特别是这些计划中的各种假设条件和约束条件，项目承包方、业主方和其他不同参与方的相关利益，以及对项目绩效管理的期望值等。

（3）项目历史资料

已有相关项目或类似项目的历史资料包括：项目的风险应对计划、风险清单或评估资料、文件记录事件教训、生命周期成本分析、进度计划等档案文件，这些是进行风险识别重要的信息和依据；其他的统计、出版文献资料（如商业数据库、统计年鉴、学术研究成果、各类相关标准、书籍、报刊等）。同时，项目风险管理人员的知识和经验也是进行风险识别的重要依据之一。

（4）风险种类

风险种类指那些可能对项目产生正面或负面影响的风险源。一般的风险类型包括技术风险、质量风险、环境风险、管理风险、组织风险、经济风险及法律法规变更等。项目的风险种类可以反映项目所处行业及应用领域的特征，掌握了风险种类的特征规律，也就掌握了风险辨识的有力工具。

（5）制约因素与假设条件

一般而言，工程项目的建议书、可行性研究报告、设计等项目计划和规划性文件都是以若干假设和前提为基础估计或预测编制而成的。这些假设和前提在项目实施期间可能成立，也可能不成立。因此，这些项目的假设和前提之中隐藏着潜在的风险因素。

此外，项目的存在并不是独立的，必然受到内外部许多因素的制约和影响。其中，项目所处国家的法律法规和规章等因素都是项目活动主体无法控制的，这些构成了项目的制约因素，项目管理人员无法对这些因素进行控制，但其中也隐藏着潜在的风险因素。

3.2 装配式建筑项目的风险因素

一般来说，工程项目的建设周期较长，客观上会存在较多的风险因素，加之项目所处环境的复杂性，给风险识别工作带来了较多困难。在实践中，风险识别的方法可能会与风险管理理论有所出入，因此本部分以装配式建筑项目全生命周期为基础，从决策、设计、构件生产和运输、施工、运营阶段及其他角度出发，对可能影响装配式建筑项目目标的风险因素进行全面识别。

3.2.1 决策阶段的风险因素

项目的决策阶段是整个工程项目开展的前期阶段，是建设单位在调查分析的基础上，按照其需要对投资方向、投资规模、投资结构进行决策，以确定工程项目的建设必要性、技术可行性、经济合理性，进而做出投资决策的关键时期。因此，该阶段的风险识别至关重要，它对项目长远经济效益和战略方向起着决定性的作用，任何一项决策的失误都有可能导致整个项目建设的失败。

项目决策阶段只是对项目轮廓的初步描绘，对项目的范围、质量、进度、资源等的定位不是非常准确，缺乏可利用的相关信息，相对其他阶段而言，风险识别的困难度较高。因此，该阶段更多地依赖德尔菲法或项目相关人员的经验进行风险识别。该阶段的风险包括以下几个方面。

1. 政治风险

政治风险是指国家政局、政策变化，政权更替，罢工，国际局势变化，战争，动乱，等等，引起社会动荡而造成财产损失及人员伤亡的风险，政治风险是一种非常重要的风险源。可以说，不论建设项目的建设地点在什么地方，也不论项目参与什么方面，都可能发生政治风险。政治风险包括宏观和微观两个方面。宏观风险是一个国家内所有经营都存在的风险，一旦发生这类风险，大家都可能受到影响，如全局性、政治性事件；微观风险则仅是局部受影响，一部分人受益而另一部分人受害，或仅有一部分行业受害而其他行业不受影响的风险。

2. 经济风险

经济风险是指人们在从事经济活动时，因经营管理不善、市场预测失误、贸易条件变化、价格波动、供求关系转变、通货膨胀、汇率或利率变动等因素而导致经济损失的风险，是一个国家在经济实力、经济形势及解决经济问题的能力等方面潜在的不确定因素构成的经济领域的可能后果。经济风险主要由以下因素构成。

（1）宏观经济

国家的经济发展不景气、外贸业务实力较弱、市场价格竞争力差、经济结构不合理、债务繁重等原因可能导致宏观经济的变化。宏观经济形势不佳，往往进一步导致通货膨胀，物价不稳，利率、汇率、税收变化等。

（2）投资环境

工程项目建设的投资环境包括交通、电力、通信等硬环境和法治建设、政府支持力度、工作效率等软环境。

3. 社会文化风险

社会文化风险包括不断变化的文化水平、道德信仰、价值观、审美观点等。社会文化风险影响面极广，它涉及各个领域和各种行业。文化水平会影响居民的需求层次，道德信仰会禁止或限制某项活动的进行，价值观会影响居民对项目目标、组织活动和项目存在与否的认可度，审美观点会影响人们对项目成果、项目组织活动方式及内容的态度。

4. 技术风险

技术风险是指伴随科学技术的发展而来的风险，如地基条件复杂、资源供应条件差或变化、项目施工技术专业难度高，一般表现在方案选择、工程设计及施工过程中，是因技术标准的选择、计算模型的选择、安全系数的确定等方面出现偏差而形成的风险。除此之外，在新技术的使用中也会存在风险，主要包括以下内容：新技术可能会使用新机器或新材料，从而提高项目的成本；新技术使用经验不足，工人使用需要学习成本，如果工人培训时间不足、熟悉程度不够，就容易造成工程延误风险和安全风险；新技术的检测成本较高。

5. 决策风险

决策风险主要是在投资决策、总体方案确定、设计施工队伍的选择等方面的风险，若决策出现偏差，则将会对项目产生决定性的影响。

3.2.2 设计阶段的风险因素

从设计原理和概念的角度出发，装配式建筑设计和传统建筑工程设计是相同的。其中，设计内容主要包括规划、建筑结构、给排水、电气、设备和装饰等；设计流程主要包括方案设计、初步设计和施工图设计。但装配式建筑的构件生产是在工厂里面进行的，只有构件标准化才能使工厂生产达到特定的规模。因此，装配式建筑设计具有集成化、标准化的特点，更加追求绿色可持续发展。设计阶段的工作围绕招投标、勘察设计与设计审批、概算预算等工作展开。该阶段的风险一般包括以下几个方面。

1. 设计风险

设计风险是指因设计过程中出现的失误、错误、变更、设计的复杂性等引发工程事故而导致损失的不确定性。例如，设计过程中未充分考虑构件标准化、多样化的特点可能导致后续预制构件生产成本增加、施工进度拖延等。因此，若发生设计风险，则将直接影响到后续预制构件工厂生产和现场施工，对工程项目造成很大的影响。

2. 概预算风险

设计方案的选择会影响到设计概预算，在概预算中，表现出的风险事件主要有预算人员收集的信息资料有误或不全面、选用的估算模式不恰当、预算定额标准不科学，从而导致项目概预算不准确，进而使得项目筹集的资金短缺或不足，导致资金低效率运用风险或高负债风险，影响其对投资金额的控制。当预算人员专业水平有限，不能合理估计到未来市场经济环境的变化趋势（如利率的变动、物价的波动）时，就可能使得工程项目的概预算难以体现价值，增大财务风险。

3. 合同风险

合同风险包括合同签订程序、合同文件防范、合同内容、合同担保、合同履行、合同救济等方面。一般而言，装配式建筑项目体量较大，合同范围涉及较广、内容也较为复杂，并且已有的标准合同不一定适用于装配式建筑项目，一旦出现合同纠纷等情况，就会对项目实施带来不利影响。因此，在项目实施过程中，应加强合同风险管理，确保项目预期目标实现。

3.2.3 构件生产和运输阶段的风险因素

构件生产和运输阶段是装配式建筑不同于传统建筑的关键环节，特别是工厂生产环节是装配式建筑建造中特有的环节，也是构件由设计信息变成实体的阶段。在施工现场使用的所有构件都必须预先在构件厂按照一定的规格进行工厂化生产，再运输至现场组装。这个阶段的风险直接影响构件的质量，从而对构件安装甚至建筑的安全性造成威胁。该阶段的风险包括以下几个方面。

1. 构件生产风险

构件生产风险主要是指在生产过程中构件生产数量不足、构件尺寸存在较大误差、构件生产质量未通过检验、生产过程中监管不足、生产管理体系不完善等方面的风险。若出现这些风险，则其可能会对项目后续现场装配施工产生较大影响。

2. 构件运输风险

构件生产完成后需要运输至施工现场进行吊装。在运输的过程中，同样存在着很多风险，如构件生产厂或施工现场装卸工人的操作不规范、装卸器具使用不合理、构件的堆放不合理、成品构件的保护措施不合理、构件在运输车上的绑扎不牢固和运输车超高或超载、构件未能及时送达施工现场、构件运输进度规划不足等。需要指出的是，传统现浇建筑项目的管理模式已经不再适用于装配式建筑项目的管理，人们迫切需要构建一个全新的管理模式来支撑装配式建筑项目的有序进行。

3.2.4 施工阶段的风险因素

1. 组织与管理风险

组织风险是指因项目有关各方关系不协调及其他不确定性而引起的风险。项目有关各方参与项目的动机和目标不一致将会影响合作者之间的关系、项目进展和项目目标的实现。组织风险还包括项目组织内部不同部门对项目的理解、态度和行动不一致而产生的风险，以及项目内部对不同工程目标的组织安排欠妥，缺乏对项目优先目标的排序，不同项目目标之间发生冲突而造成工程损失的风险。管理风险是指项目管理人员管理能力不强、装配式建筑经验不足，工人素质低、劳动积极性低，管理机构不能充分发挥作用所造成的风险。

2. 责任风险

在建设项目的整个开发过程中，所有项目参与主体的行为是基于合同当事人的责任权利和义务的法律行为，任何一方都需要承担相应的责任。同时，工程项目会涉及社会大众的利益，因此，项目参与方还须对社会负有一定义务。责任风险是指因项目管理人员的过失、疏忽、侥幸、恶意等不当行为而造成财产毁损、人员伤亡的风险。

3. 安全风险

在安全管理的背景下，安全风险可以被定义为潜在伤害发生的可能性和结果。施工过程中的安全问题主要表现在两个方面，即机械设备的意外损坏和现场人员的意外伤亡。同时，在项目建设过程中，安全风险的发生会受到其他风险因素的影响。例如，自然灾害引发结构破坏，造成人员伤亡；设计人员结构设计失误，造成结构垮塌，砸伤施工人员；现场管理不当，安全教育培训不足，造成施工人员操作不当，导致安全事故。当前，国家对于建设项目的施工安全尤为重视，国家和各地区也相应制定了有关安全施工的条例，如《建设工程安全生产管理条例》等。各施工单位也在建设过程中不断制定安全防范措施，加强工人的安全教育力度。

4. 进度风险

影响工程项目进度的因素有很多，涉及面很广，包括建设环境、项目业主、装配式建筑项目设计、生产、运输和施工等。一般而言，进度风险包括施工进度安排不合理、施工审批手续延迟、缺少标准化预制构件、缺少经验丰富的装配工人等。这些因素都会直接或者间接地影响项目实际进度。

3.2.5 运营阶段的风险因素

运营阶段是预期目标的实现阶段，可以通过核查运营效果明确是否达到预期设计目标。该阶段的风险主要包括对设备维护不到位、物业公司经验不足、最终客户对装配式建筑认可度较低、项目与新技术结合较为复杂、各参与方缺乏信息共享与合作、装配式建筑性能稳定性差、没有达到预期效果等。

3.2.6 其他风险因素

1. 自然风险

自然风险是因大自然的影响而造成的风险，一般包括三个方面的风险：①恶劣的天气情况，如严寒、台风、暴雨、高温等，这些都会对工程建设产生影响；②未曾预料到的工程水文地质条件，如洪水、地震、泥石流等；③其他未曾预料到的不利影响条件，如大规模传染病等公共卫生事件。

2. 环境风险

环境风险是由人类活动或人类活动与自然界的运动过程共同作用造成的，通过环境介质传播的，能对人类社会及其生存、发展的基础——环境造成破坏、损失乃至毁灭性作用等不利后果的事件的发生概率。例如，施工过程中的粉尘会严重污染大气质量，对人的呼吸道造成损害；施工过程中的噪声会严重影响周边居民的生活、工作和学习；部分工程项目会对当地的生态和气候环境造成负面影响；某些工程项目会侵占绿地资源，对土地产生不可逆的影响。

3.3 风险识别的原则与方法

3.3.1 风险识别的原则

风险识别的方法有很多，如工作风险分解法、德尔菲法、头脑风暴法、情景分析法等。在工程实践中，需要根据项目特点、风险性质，灵活多变地选择风险识别的方法，任何能够发现风险信息的方法都可以作为风险识别的工具，而不同方法各有其优缺点和适用范围，有时甚至需要多种方法相结合进行风险识别。但是总的来说，风险识别的重点在于不遗漏风险因素，特别是可能对工程项目产生重大影响的风险因素。因此，风险识别及其方法的应用需要参照一定的原则，以确保风险因素识别的全面性、系统性和有效性，正确认识风险之后，就能进一步衡量和评估风险因素。具体而言，风险识别包括以下几个方面的原则。

1）实时性原则。风险因素随着项目的进展会不断发生变化，一次大规模的风险识别工作完成后，经过一段时间又会产生新的风险。风险管理部门需要根据实时信息随时关注风险的变化，制订连续风险识别计划，并及时调整风险管理策略。否则，滞后的风险管理系统将难以适应风险环境的瞬息万变。

2）系统性原则。系统性原则要求按照风险活动的内在流程、顺序、内在结构关系识别风险。项目主体活动的每一个环节、每一项业务都可能带来一种或多种风险。除对其进行独立分析外，还应特别注意各个环节、各项业务之间的紧密联系。项目主体面临的整体风险可能大于小于其单个风险的总和。风险管理部门应根据实际情况及时调整风险应对措施，以充分分散风险，将整体风险控制在可接受的范围之内。

3）重要性原则。重要性原则指由于风险管理的投入产出及资源的稀缺性，风险识别应有所侧重。首先是风险属性，着力把一些重要的风险，即期望风险损失较大的风险识别出来，对于影响较小的风险可以忽略，这样有利于节约成本，保证风险识别的效率；其次是风险载体，即对整个活动目标都有重要影响的工作结构单元，必然是风险识别的重点。

4）经济性原则。风险的识别和分析需要花费人力、物力和时间等，风险管理收益的大小则取决于因风险管理而避免或减少的损失大小。一般来说，随着风险识别活动的进行，识别的边际成本会越来越大，而边际收益会越来越小，所以，风险识别要遵循经济性原则，要权衡成本和收益，从而选择和确定最佳的识别程度和识别方法。对于影响项目系统目标比较明显的风险而言，需要花费较大的精力、用多种方法进行识别，最大限度地掌握情况；但对于影响小的风险因素而言，如果花费较大的费用进行识别就失去了经济意义。

5）综合考虑采用识别方法。任何一个建设项目都可能遇到各种不同性质的风险，因此，采用唯一的识别方法是不可取的，应当把几种方法结合起来，相互补充。对于特定活动和事件，采用某种识别方法比其他方法更有效。例如，对于混凝土的浇筑质量问题，采用因果分析法就比较适当。

6）项目的风险管理人员应尽量向有关业务部门的专业人士（如其他熟悉项目风险的单位及专家等）征求意见以求得对项目风险的全面了解。

7）资料的不断积累是开展风险管理的重要基础，而在风险识别时产生的记录则是主要的风险资料之一。因此，在风险识别的过程中需要做好准确记录。这就要求人们在识别工作开始前应准备好将要用到的记录表格，在完成识别工作后将所获取的相关资料整理保存。

3.3.2 工作风险分解法

工作风险分解法（WBS[①]-RBS[②]）是首先把工作分解形成工作分解树，把风险分解形成风险分解树，然后用工作分解树最低层次上的子活动和风险分解树最低层次上的子事项交叉构成的 WBS-RBS 风险识别矩阵，对工作和风险事项组合逐一进行风险识别的方法。

1. 工作风险分解法风险识别的过程

1）把工作分解形成工作分解树，主要是根据项目主体与子部分之间的结构关系和工作流程进行分解。工作分解树如图 3.1 所示。

---

① WBS 即 work breakdown structure，工作分解结构。

② RBS 即 risk breakdown structure，风险分解结构。

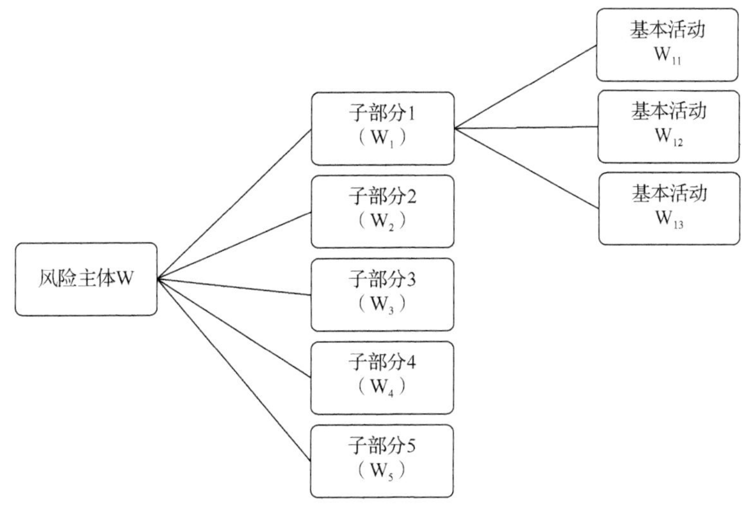

图 3.1　工作分解树

2）把风险分解形成风险分解树。风险识别的主要任务是找到风险事件发生所依赖的风险因素，而风险事件与风险因素之间存在着因果关系。风险分解树则建立了风险事件与风险因素之间的因果关系模型。风险分解首先将风险事件分为内、外两类，内部风险产生于项目内部，而外部风险源于项目环境因素；其次将风险事件分别按照内、外两类事件继续往下细分，每层风险都按照其影响因素的构成进行分解；最后分解到基本的风险事件，将各层风险分解组合形成风险分解树，如图 3.2 所示。

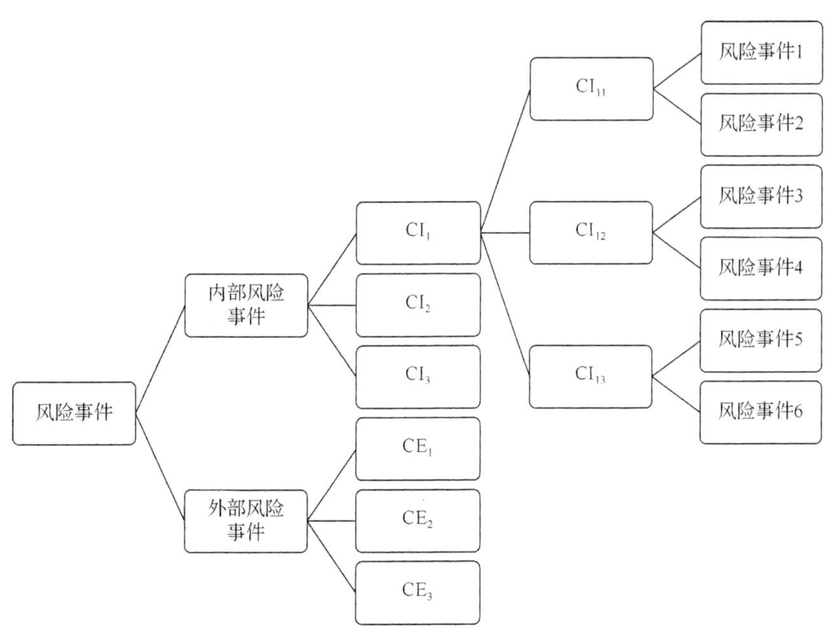

图 3.2　风险分解树

3）在完成工作分解与风险分解之后，将工作分解树与风险分解树交叉，构建 WBS-RBS 风险识别矩阵，如表 3.1 所示。WBS-RBS 风险识别矩阵的行向量是工作分解到最底层形成的基本工作包，列向量是风险分解到最底层形成的基本风险子因素。风险识别过程是按照矩阵元素逐一判断某一工作是否存在该矩阵元素横向所对应的风险。

表 3.1 WBS-RBS 风险识别矩阵

	基本工作包		基本风险子因素							
	子部分	基本活动	内部风险事件				外部风险事件			
风险主体	W_1	W_{11}	CI_{11}	CI_{12}	…	CI_{nm}	CE_{11}	CE_{12}	…	CE_{nm}
		W_{12}								
		W_{13}								
	W_2	W_{21}								
		W_{22}								
		W_{23}								
	⋮	⋮	⋮	⋮	⋮	⋮	⋮	⋮	⋮	⋮

2. 工作风险分解法的优势

从工作风险分解法风险识别的原理中可以看出，同其他风险识别方法相比较，其优势表现在以下三个方面。

1）工作风险分解法符合风险识别的系统性原则。在运用工作风险分解法进行风险识别时，要按照各项工作在施工工艺和工程结构上的关系逐级进行分解，形成工作分解树，将风险源逐级地呈现在工作分解树上，从而不容易漏掉某些重要的风险源，并且将风险进行系统的分解，这样也可避免漏掉某些风险因素。总之，工作风险分解法用于风险识别完全符合系统性原则。

2）工作风险分解法满足风险识别的权衡原则。在工作分解形成工作分解树的过程中，人们可以估计出各层次工作的相对权重，从而根据工作的相对重要程度（相对权重）有所侧重地识别风险。因而工作风险分解法用于风险识别符合风险识别的权衡原则。

3）与其他风险识别方法相比，工作风险分解法能使定性分析过程更加细化，更加接近量化分析的模式。WBS-RBS 风险识别矩阵纵向（或横向）的工作分解树和横向（或纵向）的风险分解树经过分解将工作和风险的初始状态细化，在一定程度上规避了其他方法笼统地凭借主观判断识别风险的弊端。工作风险分解法是一种既能把握风险主体的全局，又能深入风险管理的具体细节的风险识别方法，虽然它是一种定性的风险识别方法，但是以定量的思路将工作进行层层分解细化，使风险识别变得简单易行，从而比较容易全面识别项目风险。同时，该方法适用于较为复杂的风险识别系统。

3.3.3 德尔菲法

德尔菲法又称专家调查法，由美国学者赫尔姆（Helme）和达尔克（Dalke）于 20 世纪 40 年代提出，经过不断研究和应用，已发展成较为完善的体系，并在经济、社会、工程技术等领域得到广泛的关注和应用。德尔菲法主要基于所要进行分析的工程项目，首先由工程项目风险管理人员选定和该项目相关的领域专家，并与之建立直接的函询联系，通过制订函询调查表收集所有专家的意见，对专家意见结果进行梳理归纳和总结；然后匿名将整理所得结果返回咨询专家再次征求意见，并继续收集、整理、归纳、统计。如此反复多轮后，专家之间的意见会趋于一致，可作为最后预测和识别的依据。该方法的优点在于可以避免群体决策中声音最大或者地位最高的专家掌控整个群体、一直处于引导地位的弊端，使每个意见征求的对象的观点都会受到重视，充分发挥各位专业人士的作用，能够集思广益，将多位专家意见中的统一之处取出，有分歧的地方慎重对比分析，从而使预测的结果趋于准确。经验表明，采用该方法预测的时间不宜过长，否则准确性会变差，而且分析结果往往受到组织者、参与者的主观因素影响，因此会产生偏差。

德尔菲法应用过程中的重要一环就是制订函询调查表，该表制订的好坏会直接影响预测结果的质量。在制订函询调查表时，问句应该以封闭型的问句为主，将问题的答案罗列，由专家根据自己的经验和知识进行选择判断，在问卷的最后，往往加入几个开放型的问题，让专家发挥其自身的主观能动性，充分表述自己的意见和看法。

1. 具体的问句设计应该注意的内容

1）应该在函询调查表中对调查的目的和方法做出简要说明，因为并非每个被调查的对象都对德尔菲法有具体的了解。

2）问题要集中，用词要确切，排列要合理，问句的内容要明确而具体，避免产生歧义的同时引起专家回答问题的兴趣。

3）函询调查表要简化，问题的数量要适当，问题太少起不到调查的目的，太多则容易引起人们厌倦，导致收集结果产生偏差，一般以 20～30 个为宜。

4）避免把两个以上的问题放在一起来提问，如果一个事件包括两个方面，一个方面是专家同意的，而另一个方面是专家不同意的，这时就很难回答。

5）若问题涉及某些可能的数据，则需要给出预测的范围，让专家容易选择。

6）如果需要进行敏感性问题的调查，则应注意问句表述的技巧和方式。

2. 在使用德尔菲法的过程中需要注意的内容

1）所挑选的专家一定要在相关专业领域有丰富的经验，具有代表性和权威性，对于所要调查的内容非常熟悉。

2）专家的人数根据调查问题及涉及面的大小而定，调查问题和涉及面越大，所需要的专家就越多，但专家的人数应控制在 20 人以内。

3）采用匿名和“背靠背”的方式进行调查，专家和专家之间不能进行沟通与交流，以确保专家做出独立的判断。

4）每次调查都需要将专家的意见进行汇总、统计分析、绘制图表，并将统计结果反馈给专家。

与传统的头脑风暴法或仅遵循某一个人的意见相比，运用德尔菲法所获得的结论的准确度和可信度会更高，不但避免了各专家之间的直接冲突和互相影响，而且能引导专家们进行独立思考，从而有助于逐渐形成统一意见。近年来，德尔菲法在国内外都得到了广泛的应用，这种方法实际上是集中许多专家意见的一种方法，从根本上说是一种以多数意见为正确意见的方法，容易偏于保守，可能会妨碍新思想的产生。同时，应用德尔菲法一般需要经过四到五轮的调查统计过程，过程繁杂，存在最后结论不收敛的可能。

对于函询调查表确定的主要风险因素，还可以设计更加详细的风险识别问卷，选择若干风险因素进行进一步调查，着重摸清风险可能发生的时间、影响范围、来源等问题。这一类的问卷往往采用开放式的提问，必须选择该领域具有丰富实践经验的专家进行，因此，人数不宜过多，由于回答工作量较大，调查可以由风险管理人员采用面对面提问记录的方式进行。

示例 3.1 德尔菲法在风险识别中的应用

某装配式建筑项目工程在施工前需要进行风险识别，现通过德尔菲法进行调查。装配式建筑风险识别问卷调查表如表 3.2 所示。

表 3.2 装配式建筑风险识别问卷调查表

风险因素	存在	原因
项目筹集资金不足		
业主方工程付款延迟		
发生设计变更		
设计错误		
在设计阶段缺乏标准化设计		
利益相关者之间的沟通不足		
构件生产厂管理水平不足		
工人的培训不足		
未能及时将预制构件运输至现场		
天气干扰		
预制构件价格上涨		
缺乏预制构件存放空间		
发生安全事故		
构件保存维护不当		
施工现场的临时设施的安全性和功能性不足		
专业知识和经验有限		

以邮件的形式将问卷调查表发送给事先所选择的专家，由专家对表格中的内容进行补充，收到专家第一轮反馈意见后对意见进行整理，得到的第一轮统计结果如表 3.3 所示。

表 3.3 第一轮统计结果

风险因素	人数	总数	比例/%
项目筹集资金不足	4	10	40
业主方工程付款延迟	5	10	50
发生设计变更	6	10	60
设计错误	3	10	30
在设计阶段缺乏标准化设计	4	10	40
利益相关者之间的沟通不足	8	10	80
构件生产厂管理水平不足	3	10	30
工人的培训不足	4	10	40
未能及时将预制构件运输至现场	7	10	70
天气干扰	7	10	70
预制构件价格上涨	3	10	30
缺乏预制构件存放空间	3	10	30
发生安全事故	3	10	30
构件保存维护不当	3	10	30
施工现场的临时设施的安全性和功能性不足	4	10	40
专业知识和经验有限	4	10	40

对统计结果进行整理后，将结果和专家针对自己选择的风险因素所做出的原因解释反馈给各位专家，继续进行第二轮调查。每位专家针对其他专家的原因解释可以更改选项或继续保留自己的意见，同时继续在选项后补充原因。经过多轮数据收集与反馈，专家的意见最终达到一致，得到的最终统计结果如表 3.4 所示。

表 3.4　最终统计结果

风险因素	人数	总数	比例/%
项目筹集资金不足	10	10	100
业主方工程付款延迟	10	10	100
发生设计变更	10	10	100
设计错误	0	10	0
在设计阶段缺乏标准化设计	0	10	0
利益相关者之间的沟通不足	10	10	100
构件生产厂管理水平不足	0	10	0
工人的培训不足	10	10	100
未能及时将预制构件运输至现场	10	10	100
天气干扰	10	10	100
预制构件价格上涨	0	10	0
缺乏预制构件存放空间	0	10	0
发生安全事故	0	10	0
构件保存维护不当	0	10	0
施工现场的临时设施的安全性和功能性不足	0	10	0
专业知识和经验有限	10	10	100

最终得到该项目的风险因素为项目筹集资金不足、业主方工程付款延迟、发生设计变更、利益相关者之间的沟通不足、工人的培训不足、未能及时将预制构件运输至现场、天气干扰及专业知识和经验有限。

3.3.4　头脑风暴法

头脑风暴（brain storming，BS）法又称智力激励法、自由思考法，是由美国创造学家 A. F. 奥斯本（A. F. Osborn）于 1939 年首先提出、1953 年正式发表的一种激励创造性思维的方法，之后在 20 世纪 50 年代开始受到广泛的关注与应用，是目前最为常用的风险识别方法。这种方法通过小型会议的形式，邀请评价对象相关的专业人士及评价项目的管理人员参与，按照准备阶段、热身阶段、明确问题阶段、重新表述问题阶段、畅谈阶段及筛选阶段等程序进行讨论、座谈，充分发挥激发激励、联想反应、相互热情感染、相互潜意识的竞争及个人自由发言的欲望。这种方法能够打破传统会议规矩，激发会议参与人员的思考积极性，无所顾虑尽言其言，阐述自己的想法，通过会议参与人员之间的相互交流、相互启迪、相互补充激发各自脑海中的创造型风暴，能够识别和确定项目各种可能发生的风险事件，从而使风险识别的结果趋于准确，也可为制定风险应对措施提供依据。头脑风暴法的运用步骤如下。

（1）筛选参与人员

参加头脑风暴会议的人员主要由风险分析专家、风险管理专家、项目相关专业领域的专家及具备较强逻辑思维和总结分析能力的会议主持人组成。主持人在会议中起到关键作用，通过其引导和启发，可以使每个参与者的经验和智慧得到最大限度的发挥。主持人要尊重所有参与者的意见，积极鼓励参与者参与讨论，并且具备较高的素质和综合能力，特别是反应敏捷、理解能力强并善于归纳总结的能力，忠实地记录会议内容，确保会议讨论的真实性，营造和谐开放的会议气氛。

（2）明确并突出会议中心议题

会议中心议题可以包括：如果承包某个工程项目，则可能会遇到哪些风险，这些风险的危害程度如何等。议题可以请参与者复述，以确保参与者能正确理解议题的含义并对议题达成共识，以免产生歧义而影响讨论结果。

（3）参与者轮流发言并记录

头脑风暴法的应用需要遵守的重要原则包括：发言过程中没有讨论，不进行判断性评论，无条件接纳任何意见。在轮流发言时，任何一个参与者都可以先不发表意见而跳过。应尽量原话记录参与者所提出的每条意见，主持人在记录的同时与发言人核对表述是否正确。轮流发言的环节可以多轮进行，一般可以将每条意见用大号字写在白板或大白纸上。

（4）发言终止

当参与者都曾在发言中跳过（暂时想不出意见）时，发言即可停止。

（5）对意见进行评价

参与者在轮流发言停止之后，共同评价每条意见，最后由主持人总结出重要结论。所以头脑风暴法需要主持人具备较高的素质和较强的归纳、综合能力。

有组织地进行头脑风暴会议，可以启发参与者的思路、活跃会场气氛，其中使用提示列表可以促进对特殊风险的识别，从而确保对项目风险因素的全面识别。表 3.5 为某装配式建筑项目头脑风暴会议提示列表。

表 3.5　某装配式建筑项目头脑风暴会议提示列表

装配式建筑设计、生产、运输、现场施工提示列表		
构件节点连接	变更	标准化
成本	预算	高空坠楼
市场价格	堵车	临时设施
交流	竞争	塔吊
团队工作	组织管理	运输车辆
规章制度	安全	实用性
可靠性	可比性	故意破坏
利息	分包	装配错误
限值空间	工艺	维护性
地震	暴雨	洪水
污染	债务	耐久性
建筑废弃物	工厂管理	维护
交通	数据	专业知识
可能出现的问题		
工期紧张；专业知识和经验有限；缺少熟练的工人；项目参与人员的沟通不足；供应链相关信息存在差异和不一致性；缺乏标准构件；缺乏装配式建筑相关的标准和规范；施工阶段工人不足；项目总成本估算不够准确；低效的设计数据转换；构件质量不达标；质量保障体系失效；运输车辆受损；意外交通事故；项目管理不当；项目承包人破产		

3.3.5 情景分析法

情景分析法又称前景描述法或者脚本法，于20世纪60年代末首次由荷兰皇家壳牌集团（Royal Dutch）公司的沃克（Wack）正式提出并进行研究及应用。情景分析法实际上是一种假设分析方法，主要在假定预测对象将以现在的某种趋势持续到未来的基础上，通过系统地分析预测对象可能出现的情况或者可能引起的后果等相关问题，假想出多种预测对象在未来可能发生的事件，设计出多种可能的未来情景，对预测对象的系统发展态势做出自始至终的情景与画面的描述，通过探究未来发展的多种可能，检查可能的选择，为未来决策提供选择框架。这种方法特别适用于以下几个方面：提醒决策者注意某种措施和政策可能引起的风险或不确定的后果；建议进行风险监控的范围；确定某些关键因素对未来过程的影响；提醒人们注意某种技术的发展所带来的风险。情景分析法具有灵活性、针对性、动态性、整体性、形象性等特点，该方法在假定关键影响因素有可能发生的基础上，构造多种情景，提供多种未来的可能结果，在未来变化不大的情况下能够给出比较准确的风险识别结果。

一般而言，情景由四个要素构成，即最终状态、故事情节、驱动力量和逻辑。最终状态是指情景最终阶段的战略状态或结果；故事情节代表为了达到最终状态需要采取的行动；驱动力量是指塑造或推动情节发展的力量，如目标、竞争力、文化等；逻辑则是指解释某一驱动力量或主体的行为动机。这四个要素互相交织，构成不同情景。

在风险识别过程中，情景分析法可以通过筛选、监测和诊断，给出某些关键因素对于项目风险的影响。情景分析法用于风险识别，包括以下内容。

（1）筛选

筛选是按一定的程序将具有潜在风险的产品过程事件、现象和人员进行分类选择的风险识别过程。筛选具体包括仔细检查、征兆鉴别、疑因估计。

（2）监测

监测是在风险出现后对事件、过程、现象、后果进行观测记录和分析的过程。监测具体包括疑因估计、仔细检查、征兆鉴别。

（3）诊断

诊断是对项目风险及损失的前兆、风险后果与各种起因进行评价与判断，找出主要原因并进行仔细检查的过程。诊断具体包括征兆鉴别、疑因估计、仔细检查。

情景分析法的工作步骤如图3.3所示。

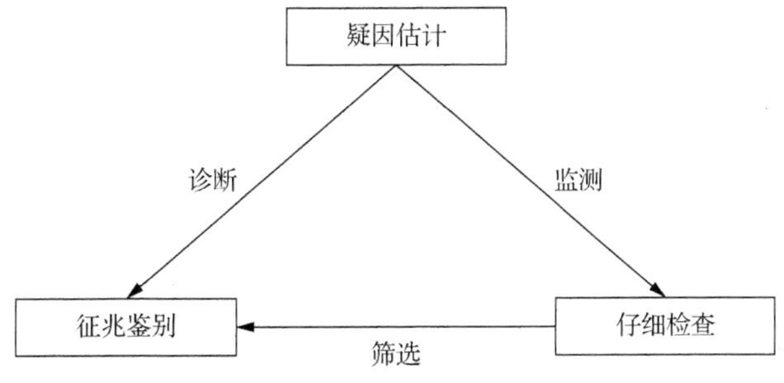

图3.3 情景分析法的工作步骤

3.3.6 检查表法

检查表法又称核对表法，是一种十分常见和有效的风险识别方法，被作为风险识别的工具。该方法的实质就是把项目可能发生的许多潜在风险事件及其来源罗列出来，写成一张检查表，供识别人员进行检查核对，用来判断项目是否存在表中所列或类似风险。检查表中所列都是以往类似项目发生过的风险，包括项目环境、项目产品、技术资料及内部因素等。该方法的优点在于可以使风险识别工作变得较为简单、更具可行性；缺点在于对单个风险的描述不足，没有揭示风险来源之间的互相依赖关系，对指明重要风险的指导力度不足，而且受制于以往项目的经验，有时不够详尽，容易遗漏未列入检查表中的风险因素。表 3.6 所示为某装配式建筑项目总体风险核查表示例。

表 3.6 某装配式建筑项目总体风险核查表示例

风险因素		识别标准	核查结果
1. 项目管理风险	项目管理技术 项目管理人员的经验和专业知识水平 装配式建筑项目咨询力度 ……	技术是否可行 经验和专业知识是否丰富 咨询是否到位	存在/不存在
2. 进度风险	预制构件运输 预制构件生产数量 施工进度安排 ……	预制构件运输是否及时 预制构件生产数量是否充足 进度安排是否合理	存在/不存在
3. 项目人员	基本素质 现场施工人员经验 项目监督人员 ……	经验是否丰富 监督是否到位 素质是否达到要求	存在/不存在
4. 项目环境	政府的干涉 项目组织结构 政策的支持程度 ……	干涉程度的大小 组织结构是否合理稳定 支持程度大小	存在/不存在
5. 成本估算	项目估算 构件价格 合同条件 ……	是否会延迟付款 估算是否准确 构件价格是否变动	存在/不存在

3.3.7 事故树分析法

事故树分析法又称故障树分析法（fault tree analysis，FTA），起源于 20 世纪 60 年代，由美国贝尔电话研究所的沃森（Watson）和默恩斯（Mearns）为分析核预测民兵式导弹发射控制系统安全性时所提出，并由美国原子能委员会运用于对核电站事故的风险分析评价，美国原子能委员会所撰写发表的评价分析结果报告为项目提供了极大的帮助。此后，事故树分析法开始受到很多部门和研究人员的关注。事故树分析法主要用节点表示某个提示物，用连线及事件符号或逻辑符号表示事物之间的某种特定的关系，若干的点和连线、符号组合成树状的图形，从而针对特定项目从顶层开始向下逐层分析风险因素的所在或风险事件发生的原因。事故树分析法对评价对象的表现形象直观，能够在简单地观察出评价对象中风险发生的直接原因的同时，也能够通过分析识别出风险发生的潜在原因。使用事故树的形式表现事故的因果关系，既简单形象、直观明了、思路清晰，又具有很强的逻辑性，可以很好地、详细地描述一个复杂的系统或工程项目流程，也可以使管理者注意到复杂系统中容易被忽略的风险因素，还可以运用逻辑推理的方法，沿着风险产生的路径，求出风险发生的概率，并提供各种控制风险因素的方案，容易做出更全面的分析。

示例 3.2　基于事故树分析法的安全风险因素识别

某装配式建筑项目借助事故树分析法进行安全风险因素识别，得到人的不安全行为、物的不安全状态、管理因素和环境因素四个方面共 15 个安全风险因素，如图 3.4 所示。图中的矩形表示顶上或中间风险事件；椭圆形表示基本风险因素；“⊙”表示事故树中的与门，只有当输入事件 B1、B2 同时发生时，输出事件 A 才会发生；“⊕”表示事故树中的或门，当输入事件 B1 或 B2 中任何一个事件发生时，都可以使输出事件 A 发生。

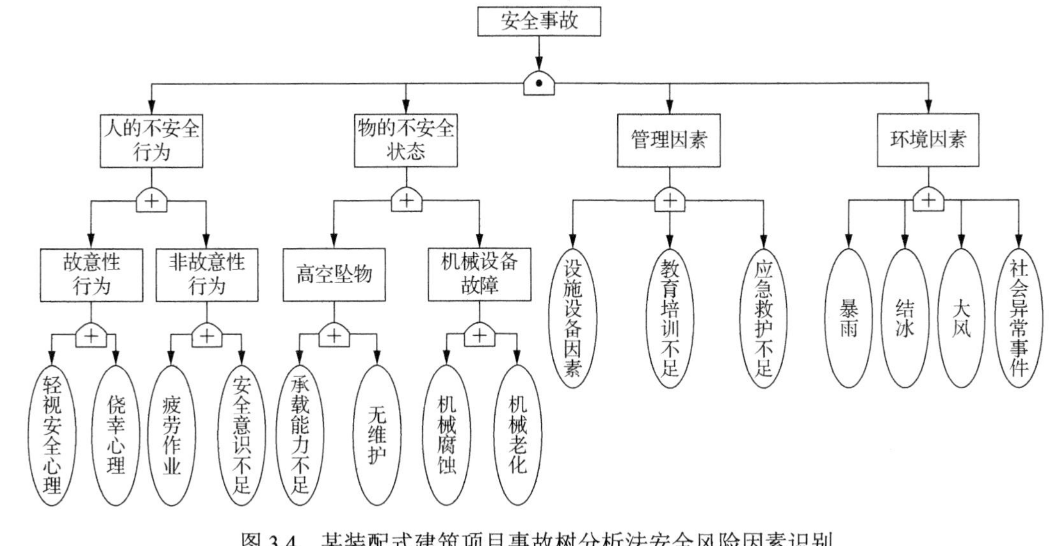

图 3.4　某装配式建筑项目事故树分析法安全风险因素识别

3.3.8　流程图分析法

流程图分析法又称流程系统分析法，是一种项目风险识别时常用的工具，其用一些标准符号来取代表示工程建设流程、产品生产流程或者管理流程的操作或者动作，直观地将工程建设或者产品生产经营等的整个过程按照运作顺序或阶段步骤以若干个模块形式绘制成流程图。例如，产品生产流程分为材料选择、材料购买、产品制造、产品包装、货物储存、产品发售、产品运输及售后服务管理等部分，在各模块中均标示出了该阶段中可能存在的风险因素、可能造成的风险事件，能给予风险管理者和决策者一个清晰的总体框架。流程图绘制完成后，由项目决策者结合项目中的实际情况和相关历史资料，对流程图进行静、动态相结合的风险因素分析。静态分析是对图中的每个环节逐一进行调查，找出潜在的风险，并分析风险可能造成的损失后果；而动态分析则着眼于各环节之间的关系，并找出关键的环节。

流程图分析法十分直观、一目了然，并且灵活，便于查阅和评价，可应用于风险因素及其成因的定性分析。按照流程内容，流程图可分为内部流程图和外部流程图，在工程项目风险识别中，主要使用的也是内部流程图和外部流程图。绘制项目流程图的步骤如下。

1）确定工作过程的起点（输入）和终点（输出）。

2）确定工作过程经历的所有步骤和判断。

3）按顺序连接成流程图。

流程图用于描述项目工作标准流程，与网络图的不同之处在于：流程图的特色是判断点，而网络图不存在闭环和判断点；流程图用于描述工作的逻辑步骤，而网络图用于确定项目工作时间。

3.3.9 SWOT 分析法

SWOT 分析法是一种环境分析方法，由哈佛商学院 K. J. 安德鲁斯（K. J. Andrews）于 1971 年在《公司战略概念》中提出。SWOT 分析法中的 S 代表 strength（优势），W 代表 weakness（劣势），O 代表 opportunity（机遇），T 表示 threat（威胁）。SWOT 分析法的出发点是对企业内外部环境的优劣势分析，然后对环境做出准确的判断，从而制定企业的发展战略和策略，后被用于项目管理中进行项目战略决策和系统分析。SWOT 分析法是一种定性的分析方法，可操作性强，其作用在于把外界的条件和约束与项目自身的优缺点结合，以分析项目所处的位置，并随着环境变化进行动态系统分析，减少决策风险，其主要思想是：抓住机遇、强化优势、避免威胁、克服劣势。除此之外，SWOT 分析法还可以与多米诺法结合，依据机遇、优势、劣势和威胁为各战略决策打分。SWOT 分析法的分析步骤一般可分为五步，具体内容如下。

1）列出项目的优势、劣势、可能的机遇和威胁，并填入 SWOT 矩阵表中，如表 3.7 所示。

表 3.7 SWOT 矩阵表

	Ⅲ 优势 列出项目所具备的优势	Ⅳ 劣势 列出具体弱点
Ⅰ 机遇 列出现有的机会	Ⅴ SO 战略 抓住机会、发挥优势的战略	Ⅵ WO 战略 利用机会、克服弱点的战略
Ⅱ 威胁 列出项目目前所面临的威胁	Ⅶ ST 战略 利用优势、减少威胁的战略	Ⅷ WT 战略 弥补弱点、规避威胁的战略

2）将内部优势与外部机遇相结合，形成 SO 战略，制定抓住机会、发挥优势的战略，填入道斯矩阵Ⅴ区。

3）将内部劣势与外部机遇相组合，形成 WO 战略，制定利用机会、克服弱点的战略，填入道斯矩阵Ⅵ区。

4）将内部优势与外部威胁相组合，形成 ST 战略，制定利用优势、减少威胁的战略，填入道斯矩阵Ⅶ区。

5）将内部劣势与外部威胁相组合，形成 WT 战略，制定弥补弱点、规避威胁的战略，填入道斯矩阵Ⅷ区。

3.3.10　风险识别方法之间的对比与选择

本节所介绍的风险识别方法在研究及工程实践领域都得到了广泛的应用，每种风险识别方法都具有其优缺点。在实际工程中，选取风险识别方法时应尽量扬长避短，在必要的时候可以将多种风险识别方法相结合。表 3.8 罗列了本节所提到的风险识别方法的优缺点，供研究者和实践者参考。

表 3.8　风险识别方法的优缺点

风险识别方法	优点	缺点
工作风险分解法	符合风险识别的系统性原则；满足风险识别的权衡原则；与其他风险识别方法相比，工作风险分解法能使定性分析过程更为细化，从而更加接近量化分析的模式	风险识别工作较为复杂，耗费时间和精力，适用于较为复杂的风险识别系统
德尔菲法	充分发挥每位专家的作用，具有较好的准确度和可信度；避免专家之间的直接冲突或互相影响，防止权威人士对其他人员的影响	对专家的要求较高，需要筛选合适的人员组成专家小组；不能完全消除问题陈述的模糊性或专家经验的不确定性；容易忽视少数专家的意见，使得结果偏离实际；对集成结果缺乏可信的测度方法，因此难以检验集成结果的可靠度；应用德尔菲法一般需要经过四到五轮的调查统计，过程烦琐，有可能出现最终结论不收敛的情况
头脑风暴法	操作简单，有助于发现全新的风险及对应的解决方案，能够获得较为全面的结果，参与者的积极性和灵感可以得到极大的调动	对参与者要求较高，特别是主持人的会议控制能力，否则可能出现较权威的专业人士引导会议流向的情况发生；实施的时间成本和费用成本较高
情景分析法	具有灵活性、针对性、动态性、整体性、形象性等特点，对于未来变化不大的情况能够给出比较精确的模拟结果，适用于对可变因素较多的项目进行风险预测	如果需要设计多种未来可能情景，则会导致较高的时间和资金成本；对分析者的要求较高，并且依赖数据的真实有效性，操作难度大
检查表法	操作简单、容易掌握，同时可以较为系统、完整和全面地进行风险识别；可以按照重要性原则对风险因素进行排序，从而能够将有限的风险管理资源用于关键风险因素的应对，提高风险管理效率	对单个风险的来源描述不足，没有揭示风险来源之间的互相依赖关系，容易产生遗漏
事故树分析法	形象直观、逻辑性强、能简单观测出风险发生的原因；可以详细描述复杂系统或工程项目流程，从而使管理者注意到复杂系统中容易被忽略的风险；可以进行定性和定量分析，从而掌握和控制风险的关键点	分析结果具有局部性；对分析人员的综合素质要求较高，因此不同人员的分析结果可能存在较大差异；对于复杂项目而言，操作难度较大
流程图分析法	直观，便于查阅和评价，有利于从过程角度识别风险	依赖分析人员及决策者在相关领域的专业知识水平；不适用于较为复杂的工作项目，随着项目工程复杂程度上升，流程图的复杂程度也会上升，不利于决策管理者分析流程中的风险因素及其成因
SWOT 分析法	比较简单、容易理解、便于推广；辩证地分析项目的机遇和风险，在项目前期阶段分析其危害性和可能的后果，适用于项目立项阶段进行项目决策分析和系统分析	将优势、劣势、机遇、威胁简单孤立起来，未能全面考虑因素之间的复杂联系；各类要素的确定受主观影响较大，可能产生一定的错误判断；不能分析复杂情形

3.4 风险识别的成果

风险识别的成果是进行风险分析和评估的重要依据，同时，风险识别可以增强对风险控制的信心。风险识别活动的主要成果是风险清单。风险清单是记录和控制风险管理过程的一种方法，并在项目管理人员决策时起到重要作用。风险清单的基本内容包括风险因素、风险来源、可能造成的后果、风险发生的概率、可采取的措施。风险清单如表 3.9 所示。

表 3.9 风险清单

<table>
<tr><td>项目名称</td><td></td><td>编号</td><td></td><td>日期</td><td></td><td>审核</td><td></td><td>批准</td><td></td></tr>
<tr><td>序号</td><td colspan="2">风险因素</td><td>风险来源</td><td colspan="2">可能造成的后果</td><td colspan="2">风险发生的概率</td><td colspan="2">可采取的措施</td></tr>
<tr><td>1</td><td colspan="2"></td><td></td><td colspan="2"></td><td colspan="2"></td><td colspan="2"></td></tr>
<tr><td>2</td><td colspan="2"></td><td></td><td colspan="2"></td><td colspan="2"></td><td colspan="2"></td></tr>
<tr><td>3</td><td colspan="2"></td><td></td><td colspan="2"></td><td colspan="2"></td><td colspan="2"></td></tr>
<tr><td>4</td><td colspan="2"></td><td></td><td colspan="2"></td><td colspan="2"></td><td colspan="2"></td></tr>
<tr><td>5</td><td colspan="2"></td><td></td><td colspan="2"></td><td colspan="2"></td><td colspan="2"></td></tr>
<tr><td>6</td><td colspan="2"></td><td></td><td colspan="2"></td><td colspan="2"></td><td colspan="2"></td></tr>
<tr><td>7</td><td colspan="2"></td><td></td><td colspan="2"></td><td colspan="2"></td><td colspan="2"></td></tr>
<tr><td>8</td><td colspan="2"></td><td></td><td colspan="2"></td><td colspan="2"></td><td colspan="2"></td></tr>
<tr><td>9</td><td colspan="2"></td><td></td><td colspan="2"></td><td colspan="2"></td><td colspan="2"></td></tr>
</table>

根据工程项目的实际情况或要求，当风险识别的深度足够时，可以对风险清单的内容进一步扩展，如风险类别、风险成本效益、残留风险、风险的可接受性或重要性等方面的内容。

需要指出的是，风险清单的建立是一个系统化的过程，在风险识别之前必须对风险管理的系统环境进行明确的界定，同时，应该将工程项目全生命周期和利益相关者的影响结合起来。此外，风险因素并非一成不变，某些风险因素会在项目生命周期中的不同阶段反复出现，一部分风险极有可能在很多阶段发生，因此，风险清单需要及时更新，以便进行后续的风险管理工作。

3.5 本 章 小 结

本章介绍了风险识别概述、装配式建筑项目各阶段所面临的相关的风险因素及风险识别的原则与方法。需要指出的是，风险识别作为风险管理的开端，其重要性毋庸置疑，项目风险管理人员在实际工程中应当尽可能全面地识别项目可能发生的各类风险，从而在后续环节中有效分析、评估和应对风险。此外，风险识别的方法有很多，项目风险管理人员应当因地制宜，根据项目特点和要求选取合适的方法，并收集整理形成完善的项目风险管理文件资料。

第4章 风 险 估 计

4.1 风险估计概述

4.1.1 风险估计的含义

风险估计又被称为风险衡量、测定和估算，是在风险识别的基础上，采用定性与定量相结合的方法，对项目各阶段风险事件发生的可能性大小、后果严重程度、事件影响范围及发生时间进行估计的过程。风险估计对后续的风险评价和制定风险应对措施有着非常重要的作用。

风险估计的对象通常是项目的单个风险，而非项目的整体风险。风险估计大多采用统计、分析和推断的方法，通过对大量风险事件发生的统计分析，发现其结果呈现一定的必然性和规律性，以此可以类推出其他风险事件发生的规律性。

（1）风险事件发生可能性的估计

风险估计的首要任务是对风险事件发生的可能性进行估计，主要包括以下三个方面。

1）充分利用历史资料和已获得的信息确定风险事件的概率分布。

2）利用理论概率分布。不同的理论概率分布需要用不同的参数来确定，一般用数学期望和方差两个参数确定理论概率分布。由于项目的独特性，在许多情况下只能根据个数有限的样本对风险发生的概率及其造成后果的数学期望和方差进行估计。

3）主观概率估计。主观概率是相对于客观概率的概念，一般无法通过试验或统计的方法验证其准确性。主观概率估计即在一定的条件下，根据以往项目的经验对未来风险事件发生可能性的一种主观上的度量。

（2）风险事件后果严重程度的估计

风险估计的第二项任务是对风险事件发生后造成后果严重程度的估计，一般包括项目进度、成本和质量损失的估计。有些风险发生的概率很高，但造成的损失比较小；而有些风险虽然发生的概率很低，但会对项目造成毁灭性的损失。因此，每个风险发生造成的后果都要谨慎分析。

（3）风险事件影响范围的估计

风险估计的第三项任务是对风险事件发生后造成影响范围的估计，包括分析风险事件可能影响的部位、方面和工作等。

（4）风险事件发生时间的估计

风险估计的第四项任务是对风险事件发生时间的估计，即估计风险事件可能在项目的哪个阶段或什么时间发生。越早发生的项目风险就越应该得到优先控制，针对相对较迟发生的项目风险，则可以对其进行跟踪和观察，以便后续采取措施进行控制。

4.1.2 风险估计与概率分布

风险一般是未来发生不利事件的可能性，是指不确定性的存在导致项目实施后不能达到预期目标的可能性。风险估计指估算风险事件发生的概率及其后果的严重程度，以采取措施应对其不确定性。因此，风险与概率密切相关，概率是研究项目风险管理的基础。

概率反映随机事件出现可能性的大小，随机事件是指在一定的条件下，可能出现也可能不出现的事件。其中，事件概率为 1，被称为必然事件；事件概率为 0，被称为不可能事件；一般的随机事件概率在 0～1 之间，记为 $0 \leqslant P(A) \leqslant 1$，其中 A 代表任一随机事件。概率分布是指用于表述随机变量取值的概率规律，在风险估计中，概率分布被用来描述各风险事件及其后果发生可能性大小的分布情况，常用的概率分布有均匀分布、二项分布、泊松分布和正态分布等。

风险事件发生的概率和概率分布是风险估计的基础。因此，风险估计的首要工作是确定风险事件的概率和概率分布，即风险事件发生可能性的大小及其分布情况，这是风险估计最重要的一项工作，通常也是最困难的一项工作。

在项目风险管理活动中，人们经常会遇到以下两种类型的随机变量。一种随机变量的全部可能取值是有限个或无穷多个，这种随机变量被称为离散型随机变量。例如，随机向上抛掷一枚硬币，可能出现的结果只有正面和反面，这就是一种离散型随机变量。常见的离散型随机变量分布有二项分布、泊松分布和超几何分布等。另一种随机变量的全部可能取值是一个区间，这种随机变量被称为连续型随机变量。例如，一个灯泡的使用寿命为 1000～1200 小时，即取值区间为[1000，1200]，可能出现的结果是不可数的，这就是一种连续型随机变量。常见的连续型随机变量分布有均匀分布、指数分布和正态分布等。总之，如果可用随机变量表示项目风险导致的结果，那么随机变量的概率分布就可作为风险事件的概率分布。

一般来说，在研究风险事件的概率分布时，需要充分利用历史资料和已获得的信息来确定。但是，由于项目风险管理活动的独特性很强，特别是对于一些前所未有的新项目，根本就没有可利用的数据，那么就需要根据主观判断或近似的方法预测风险事件的概率或概率分布。所以，具体采用何种分布应根据项目风险自身的特点而定。

一般来说，估计项目风险事件的概率分布有以下三种方法：①利用历史资料确定风险事件的概率分布；②利用理论概率分布确定风险事件发生的概率；③利用主观概率分布分析风险事件发生的概率。

风险分析中采用较多的还是主观方法，但应该在主观分析的基础上加入客观方法，使分析结果更具说服力。

4.1.3 风险估计的计量标度

当对项目风险事件进行估计时，为了取得有关数值或顺序排列，需要对项目风险进行计量。同时，项目风险后果的多样性决定了计量标度的不同，目前常用的计量标度包括标识标度、序数标度、基数标度和比率标度。

（1）标识标度

标识标度用来标识对象或事件，可以区分不同的风险，但不涉及数量，不同的颜色或符号均可以作为标识标度。例如，在项目建设时期，可以用不同的颜色表示项目进度的拖延程度，如果进度拖延比较严重，则可以用橘色标识；如果进度拖延很严重，则可以用红色标识；如果进度拖延非常严重，则可以用紫色标识。

（2）序数标度

序数标度是事先确定的一个基准，根据与这个基准差距的大小将风险事件排出先后顺序。序数标度可以区分出各风险之间的相对大小和重要程度，但无法判断各风险之间的具体差别大小。例如，将风险分为已知风险、可预测风险和不可预测风险就是一种序数标度的应用。

（3）基数标度

基数标度指用相对的或抽象的计量单位计算出项目风险的大小，不仅可以把项目的各种风险区别开，还可以用来表示它们彼此间差别的大小。

（4）比率标度

比率标度不仅可以表示风险之间差别的大小，还可以确定一个计量起点。例如，某风险事件发生的概率就是一种比率标度的应用。

4.1.4　风险的度量

1. 单一风险的度量

在项目风险管理活动中，单一风险的度量是进行项目整体风险估计的基础，单一风险的度量可以用式（4.1）来描述。

$$R = F(O,P) \tag{4.1}$$

其中，R 为某一风险事件发生后影响项目管理目标的程度，即风险度；O 为该风险因素的所有风险后果集；P 为相对应于所有风险后果的概率值集。

也有人认为，单一风险的度量除要考虑风险发生的概率和风险的后果外，还需要将人们对风险的感觉考虑在内，因为这种感觉往往会影响人们的决策。例如，在选择交通工具时，人们往往认为搭乘飞机的风险要远远大于乘坐客车，所以很多人宁愿多浪费一些时间和忍受客车的不舒适而不愿搭乘飞机。但统计结果却表明，在运送同等数量乘客的情况下，客车造成的伤亡人数远远高于飞机，也就是说，乘坐客车的风险要远远大于飞机。所以，人们对风险的估算有时并不是理性和正确的。因此，在考虑风险的影响时，应将人们对风险的感觉考虑在内。如果将人们对风险的感觉考虑在内，那么式（4.1）可修改为式（4.2）。

$$R = F(O,P,L) \tag{4.2}$$

其中，L 为项目管理人员对风险的感觉。

风险事件发生的概率及后果严重程度的判定将直接影响风险度量结果的准确性。通常，风险事件概率的确定方法有两种：一种由项目管理人员根据大量的试验数据用统计的方法进行确定，得到的概率是客观的，不以项目管理人员的意志为转移，这样得到的概率称为客观概率，因为客观概率的确定需要大量的试验数据，所以常应用于金融、保险等领域；另一种是项目管理人员根据以往项目的经验对未来风险事件发生可能性的一种主观上的度量，称为主观概率。在项目风险管理活动中，人们往往需要对未来可能发生的风险进行估计，所以不可能做出完全准确的估计，更难以计算风险发生的客观概率。因此，当进行风险估计时，可由项目风险管理人员及相关领域的专家根据以往项目的经验对某些风险因素出现的概率进行主观的估计，这是一种在掌握少量信息和数据的情况下做出的主观估计的方法。

在日常生活中，经常有人混淆主观概率与客观概率的概念，想当然地将主观等同于错误，将客观等同于正确。然而，在计量学中，主观与客观的区别与测量标准有关，人们根据既定标准进行的测量是客观的，但客观的测量并不等同于正确。例如，用一把尺子来测量一段长度，显然这是一件客观的事，但是根据测不准原理及测量精度的原因，这又是一件不准确的客观实践；然而，一个有经验的工程师根据既往工作经验对某些风险做出的主观判断往往是正确的。实际上，即使在过去大量的统计资料或试验数据的基础上进行精密的计算，我们也不能计算出绝对反映客观实际的概率，因为即使是根据过去大量的统计资料或试验数据计算出来的数字，也总是有限的、相对的，并不能包括所反映的全部客观事实。并且，作为计算依据的统计资料和试验数据总是曾经的，而时间、环境、条件和市场等时时刻刻都在发生着变化，曾经的资料并不能完全反映现在和将来，只能作为过去的演化规律用以判断和预测未来。

另外，由于每个人的主观认知能力、知识水平、工作经验等不同，对同一事件在同一条件下出现的概率，不同的人可能会提出不同的数值，而且主观概率的正确性是无法核对的。在项目风险管理活动中，运用主观概率来度量风险是十分普遍的。实践证明，只要应用得当，这就是一种十分有效的概率确定方法。当然，如果要把主观概率视为有效的和可信的，就必须对专家的估计过程进行认真的管理，通常应遵循以下原则。

1）做好向专家求证的准备。在向专家进行调查咨询时，需要做好充分的准备，向专家阐明风险因素对项目的重要性，咨询的表格应该易于填写，便于专家对风险进行定量的概率估计。

2）事先对风险因素进行分类归纳，便于清楚地说明不同风险因素的限制条件。

3）对要评估的风险变量进行详细的定义，减少歧义。定义风险变量的过程可以由专家和项目管理人员共同参与，可以通过会议讨论的形式来获得专家的帮助。

4）事先给出描述风险变量的尺度，为专家提供风险估计的依据。

5）首先把风险变量分解为基本的风险变量因素，然后判断基本的风险变量因素的概率，最后用数学方法综合结果。

2. 整体风险的度量

在项目风险估计中，比较多的是对单一风险的度量，即对单个的风险因素进行分析和度量。但对项目的决策者来说，更为重要的是如何综合各单一风险因素对项目目标的影响，从而对项目整体风险进行度量。一般来说，单一风险的度量只考虑了风险事件发生的概率及负面结果对项目目标的影响程度，并没有考虑如何综合各单一风险对项目目标的整体影响。因为影响项目的各种风险存在着相互联系，并且各种风险因素对项目目标的影响大小也不一样，所以对项目整体风险的度量不能够简单地把各单一的风险因素的效果相加。

在实际的项目风险管理活动中，项目整体风险的度量方法通常有定性方法及定量方法。定性方法指项目风险管理人员自己或聘请相关专家凭借以往的项目经验对主要的风险因素进行的主观判断，并判断这些风险可能产生的后果是否可以接受；定量方法则是采用特定的计算方法对风险进行度量，常用的定量方法有专家调查打分法、蒙特卡洛模拟法等。

4.1.5 风险估计与效用

某些风险事件造成的收益或者损失的大小很难进行计算，或者不同的人对于这些收益或者损失的承受能力和感受不同。这时，可以引用效用、效用函数和效用曲线对风险事件的后果进行估计。

（1）效用

效用指功效和作用，也指效劳、发挥作用，效用是经济学中最常用的概念之一。一般来说，效用是指消费者通过消费使自己的欲望得到满足的一个度量。在项目风险管理中，效用常用来度量风险管理人员的风险观念。

由于个体的多样性，人们对于风险的满足和感受程度彼此不同。因此，效用是一个相对概念，其数值也是一个相对值。效用的度量方式一般有两种：一种是序数效用，可以给出效用的排列顺序；另一种是基数效用，可以给出效用的量化计算值。

（2）效用函数

在经济学中，效用函数一般是用来表示消费者在消费中所获得的效用与所消费的商品组合之间数量关系的函数，用来衡量消费者从消费既定的商品组合中获得满足的程度。在项目风险管理中，人们对风险的信念、风险后果的承受能力随着风险后果的大小、环境的变化而有所变化。这时，可以用效用函数 $u(x)$来表示这种变化。

效用函数可以用来衡量人们对风险和其他事物的主观评价、态度、偏好和倾向等。效用函数的定义是，设 f 是定义在消费集合 X 上的偏好关系，如果对于 X 中任何的 x、y、xfy 当且仅当 $u(x)\geqslant u(y)$，则称函数 $u:X\rightarrow \boldsymbol{R}$（定义域 $\boldsymbol{R}$ 为全体实数）是表示偏好关系 f 的效用函数。

（3）效用曲线

项目管理人员对待风险的态度可以用效用曲线来表示。如果将项目管理人员对待风险的态度的变化关系用曲线表示，这种曲线就叫作项目管理人员的效用曲线。如图 4.1 所示，在直角坐标系中，如果用横坐标表示收益或损失的大小（即损益值），用纵坐标表示效用值，则可以构建出常见的三种效用曲线。

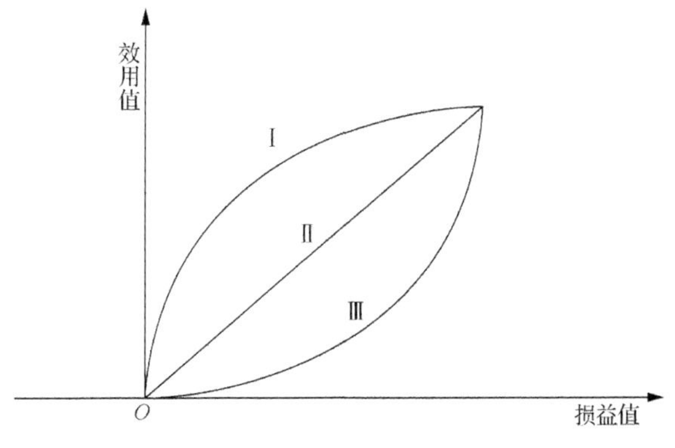

图 4.1 效用曲线类型

在图 4.1 中，曲线Ⅰ称为保守型效用曲线，该类型项目管理人员对损失变化的反应比较敏感，而对收益变化的反应比较迟缓，属于一种规避风险、谨慎小心、不求大利的保守型决策者。

曲线Ⅱ称为中间型效用曲线，该类型项目管理人员将取得的收益与效用值看成是正比例关系，属于愿意承担一定风险、按照收益期望值做决定的决策者。

曲线Ⅲ称为冒险型效用曲线，该类型项目管理人员对损失变化的反应比较迟缓，而对收益变化的反应比较敏感，正好与曲线Ⅰ保守型效用曲线相对立，属于一种不畏风险、谋求高收益的进取型决策者。

综上，在项目风险管理中，用效用、效用函数和效用曲线反映项目管理人员对于风险的态度是非常重要的。

4.2 风险估计的过程

风险估计的过程是在风险识别的基础上，采用定性与定量相结合的方法，对项目各阶段风险事件发生的可能性的大小、后果的严重程度进行排序的过程。

4.2.1 风险估计过程的目标

风险估计过程需要实现下列目标。

1）能够采用成本效益的方式估计项目的各个风险。

2）能够确定项目各个风险发生的可能性。

3）能够确定项目各个风险的发生对目标的影响程度。

4）能够确定风险的优先排列顺序。

4.2.2 风险估计过程活动

风险估计过程活动是把之前识别的项目风险转变为按顺序排列的风险列表所需的活动。风险估计过程活动主要包括以下内容。

1）详细研究项目风险背景信息。

2）详细研究已辨识项目中的关键风险。

3）使用合适的风险估计方法和工具。

4）确定风险发生的概率及其对目标的影响程度。

5）对风险做出主观判断。

6）对风险的重要程度进行排序。

4.3 风险估计的方法

风险是指未来发生不利事件的可能性。不确定性的存在会使项目的预期值与未来的实际值出现偏差，但是这种偏差可能好于预期值，也可能劣于预期值。所以，风险具有不确定性，而不确定性不一定构成风险。项目决策者需要关注的是如何对劣于预期值结果的可能性进行估计，即对项目风险进行估计。一般来说，风险估计要考虑以下三个方面：①风险事件发生的概率；②风险事件造成后果的严重程度；③项目风险管理人员对风险的主观判断。项目风险管理人员对项目风险进行估计时，应综合考虑这三个方面的影响。

风险估算的方法包括定性估算法和定量估算法，根据掌握历史资料和相关信息的不同，通常有确定型、随机型、不确定型三种类型的风险。风险估计方法的理论基础包括大数定律、类推原理、概率推断原理和惯性原理等。

4.3.1 确定型风险估计

确定型风险是指有准确、可靠的历史信息资料支持的风险，此类型的项目风险出现的概率为 1，其后果是完全可以预测的。确定型风险的特征包括决策的问题有明确的决策目标、确切知道解决问题有哪些可行方案和每种方案只有一种结果。确定型风险估计常用的估计方法有盈亏平衡分析和敏感性分析。

1. 盈亏平衡分析

在项目风险管理中，盈亏平衡分析研究项目的盈亏平衡点，通过研究项目投产后正常生产年份的产量、成本和利润三者之间的平衡关系，确定产出产品在产量、价格和成本等方面的盈亏界限，确定项目适应产出产品变化的能力，判断项目在各种不确定因素作用下的抗风险能力。盈亏平衡点越低，表明项目的抗风险能力越强。进行盈亏平衡分析通常应基于以下几点假设：①项目只生产单一产品，若生产不止一种产品，则应选用其主要产品进行分析；②产品的销售价、固定成本、单位产品可变成本在项目的寿命周期内不变；③生产量等于销售量且无产品积压；④产品的数据来源为项目的正常生产年份。

因为销售收入与销售量之间存在着线性和非线性两种关系，所以盈亏平衡分析一般分为线性盈亏平衡分析和非线性盈亏平衡分析。盈亏平衡分析可应用在项目设备生产能力扩大决策、提高产品售价决策和压缩固定成本总额决策中。

（1）线性盈亏平衡分析

利润（E）一般由销售收入（R）和总成本（C）决定，销售收入和总成本都与项目正常生产年份的产品销售量（Q）有关。销售收入在单位产品价格一定的情况下与产品的销售量成正比，总成本与销售量之间也有相关性。

总成本可分为固定成本（C_F）和变动成本（C_V）两部分。固定成本是指在一定的生产规模内不随产销量变化的成本。随着产品销售量的增加，单位产品所负担的固定成本逐渐下降。变动成本是指随着产品的产销量变化而成比例增减的成本，但单位产品变动成本保持不变。在计算项目的利润时还要考虑应缴纳的税金总额（rQ，r 为单位产品的销售税金及附加等）。项目的利润可用式（4.3）表示。

$$E = R - C = PQ - (C_F + C_V \cdot Q + rQ) \tag{4.3}$$

其中，P 为单价；Q 为销售量。

盈亏平衡点的表示方法分为用产量表示的盈亏平衡点和用生产能力利用率表示的盈亏平衡点两种。

1）用产量表示的盈亏平衡点。线性盈亏平衡图如图 4.2 所示。当盈亏平衡时，项目利润为零，此时对应的产量被称为盈亏平衡点产量，计算公式为

$$\text{BEP}_Q = \frac{C_F}{P - C_V - r} \tag{4.4}$$

其中，BEP_Q 为盈亏平衡点产量。

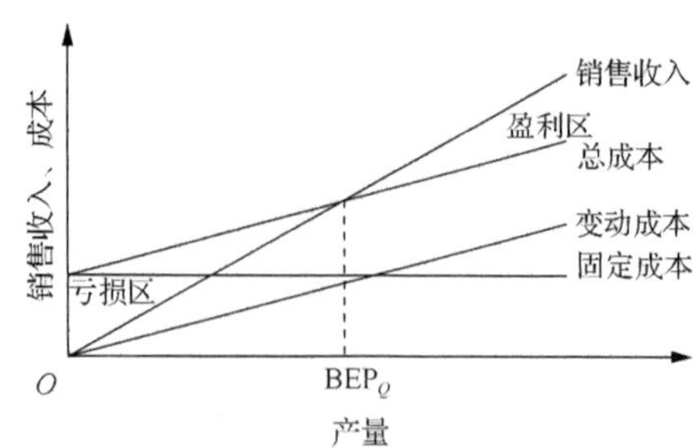

图 4.2　线性盈亏平衡图

盈亏平衡点产量越小，项目的抗风险能力就越强。

2）用生产能力利用率表示的盈亏平衡点。当已知盈亏平衡点产量时，可以计算盈亏平衡点的生产能力利用率（BEP_y）。这个指标表示在盈亏平衡点时实际的生产能力占项目设计生产能力的比率。显然，这个比率越小，项目的抗风险能力越强。

生产能力利用率表示的盈亏平衡点的计算公式为

$$BEP_y = \frac{BEP_Q}{Q_s} \times 100\% \tag{4.5}$$

其中，Q_s 为设计生产能力。

示例 4.1　线性盈亏平衡分析

某项目每件产品的价格为 600 元，单位变动成本为 200 元，年设计生产能力为 15 万件，单位产品税金为 150 元，年固定成本为 1800 万元。

试问：1）该项目最大利润是多少？

2）用产量表示的盈亏平衡点和用生产能力利用率表示的盈亏平衡点分别是多少？

【解】1）当项目达到最大生产能力时利润最大，即

$$\begin{aligned} E &= R - C \\ &= PQ - (C_F + C_V \cdot Q + rQ) \\ &= 600 \times 15 - (1800 + 200 \times 15 + 150 \times 15) \\ &= 1950（万元） \end{aligned}$$

2）用产量表示的盈亏平衡点为

$$\begin{aligned} BEP_Q &= \frac{C_F}{P - C_V - r} \\ &= 1800 \div (600 - 200 - 150) = 7.2（万件） \end{aligned}$$

用生产能力利用率表示的盈亏平衡点为

$$\begin{aligned} BEP_y &= \frac{BEP_Q}{Q_s} \times 100\% \\ &= (7.2 \div 15) \times 100\% = 48\% \end{aligned}$$

将以上计算的结果与项目的预期值进行比较，可以判断项目的抗风险能力的强弱。同时通过公式可以发现：固定成本的占比越高，盈亏平衡点产量就越高，盈亏平衡点单位变动成本越低。较高的盈亏平衡点产量和较低的盈亏平衡点单位变动成本意味着项目的抗风险能力较弱。

（2）非线性盈亏平衡分析

在市场自由竞争的状态下，随着项目产品销售量的增加，市场上产品的销售价格下降，使得产品的销售收入与销售量呈现一种非线性的关系。同时，材料的价格、人工费等各种因素的影响也使产品的总成本与销售量之间为非线性关系，使得产品不只有一个盈亏平衡点。

示例 4.2 非线性盈亏平衡分析

某项目的年固定总成本为 8 万元，单位产品变动成本包含税金为 40 元。如果每多生产一件产品，单位产品变动成本就可以降低 0.01 元；单位产品销售价格为 100 元，如果销量每增加一件，产品销售价格就下降 0.02 元。

试问：1）该项目的盈亏平衡点是多少？

2）怎样安排产量计划才能使项目不亏损？

【解】1）单位产品的销售价格为

$$P = 100 - 0.02Q$$

单位产品的变动成本为

$$C_V = 40 - 0.01Q$$

则利润为

$$E = PQ - (C_F + C_V Q)$$

当 $E = 0$ 时，盈亏平衡点有 $PQ = C_F + C_V Q$，即

$$100Q - 0.02Q^2 = 80\,000 + (40 - 0.01Q)Q$$

$$0.01\,Q^2 - 60\,Q + 80\,000 = 0$$

解得

$$Q_1 = 2000\text{（件）} \qquad Q_2 = 4000\text{（件）}$$

所以，该项目的盈亏平衡点有两个，分别是销量 2000 件和 4000 件。

2）通过计算可得，当产量低于 2000 件或者产量高于 4000 件时，项目均处于亏损状态。所以，项目的产量计划安排在 2000 件和 4000 件之间才能使项目不亏损。

2. 敏感性分析

敏感性分析是项目的经济评价中常用的研究不确定性的方法，通过分析预测各种不确定因素发生变化时对项目评价指标的影响程度，从中找出对评价指标影响程度比较大的因素，从而确定项目对不同风险的承受能力。

项目管理活动一般处在一种相对复杂的环境中，所以一般要进行敏感性分析。在项目的寿命周期中存在着多种不确定因素，通过敏感性分析，可研究相关因素的变化引起项目评价指标的变动幅度。有些因素很小的变化就会引起项目评价指标较大的变动，这些因素被称为敏感性因素；而有些因素即使在较大的范围内变化，也只引起了项目评价指标很小的变动，这些因素被称为不敏感性因素。敏感性分析的目的是在诸多的不确定因素中找出敏感性因素，分析敏感性因素对项目活动的影响程度，从而使项目管理人员掌握项目的抗风险能力水平。

（1）敏感性分析的作用

1）帮助项目管理人员了解项目的抗风险能力水平。

2）找出影响项目效果的关键因素。

3）揭示敏感性因素可承受的变动幅度。

4）比较各备选方案的风险水平，从中找出抗风险能力水平最高的方案。

5）估计项目变化的临界数值，确定控制措施。

（2）敏感性分析的步骤

1）确定敏感性分析指标。敏感性分析指标是指敏感性分析的具体对象。在项目的经济评价中，常用的指标有内部收益率、净现值（net present value，NPV）等。

2）选取不确定因素，并设定不确定因素的变化幅度和范围。

3）计算不确定因素的变化对项目评价指标的影响程度。

4）找出敏感性因素。对项目的评价指标影响最强的因素即为敏感性因素。

（3）敏感性分析的分类

1）单因素敏感性分析。单因素敏感性分析是指对项目中单一因素进行分析，假设各不确定因素之间相互独立，每次只考查其中一个因素，其他因素保持不变，只分析一个可变因素对项目评价指标的影响程度。

不确定因素对项目评价指标的影响程度大小可用敏感度系数 S_k 表示，其计算公式为

$$S_k=\frac{\Delta A/A}{\Delta F/F} \tag{4.6}$$

其中，$\Delta A/A$ 为不确定因素 F 发生 $\Delta F/F$ 变化时，评价指标 A 的变化率；$\Delta F/F$ 为不确定因素 F 的变化率。

示例 4.3　单因素敏感性分析

某装配式构件生产厂钢材的设计生产能力为 1.8 万吨/年，每吨钢材的销售价格为 5500 元，单位产品变动成本为 3200 元/吨，总固定成本为 4140 万元，使用期限为六年，按平均年限法分摊。

试问：1）用生产能力利用率表示的盈亏平衡点是多少？

2）当价格±10%时对用生产能力利用率表示的盈亏平衡点的影响为多少？

3）价格、固定成本和变动成本三者中哪个是敏感性因素？

【解】

1）
$$\mathrm{BEP}_Q=\frac{4140\div 6}{5500-3200}=0.3$$

$$\mathrm{BEP}_y=\frac{0.3}{1.8}\times 100\%\approx 16.7\%$$

则用生产能力利用率表示的盈亏平衡点是 16.7%。

2）当价格 +10% 时，$\mathrm{BEP}_y=\dfrac{4140\div 6}{5500\times 1.1-3200}\div 1.8\times 100\%\approx 13.45\%$。

当价格 −10% 时，$\mathrm{BEP}_y=\dfrac{4140\div 6}{5500\times 0.9-3200}\div 1.8\times 100\%\approx 21.9\%$。

3）当价格 +10% 时，$S_k=\dfrac{\Delta A/A}{\Delta F/F}=\dfrac{(13.45\%-16.7\%)\div 16.7\%}{10\%}\approx -1.946$。

同理，当固定成本 +10% 时，$\mathrm{BEP}_y=18.33\%$，$S_k=\dfrac{\Delta A/A}{\Delta F/F}\approx 0.976$。

当变动成本 +10% 时，$BEP_y = 19.36\%$，$S_k = \dfrac{\Delta A/A}{\Delta F/F} \approx 1.59$。

综上，因为价格的敏感度系数的绝对值最大，所以价格是敏感性因素。

敏感度系数的正负只表示评价指标与不确定因素变化方向的关系。当敏感度系数为正时，表明评价指标与不确定因素变化方向相同；当敏感度系数为负时，表明评价指标与不确定因素变化方向相反。敏感度系数绝对值的大小可以反映不确定因素的敏感程度，据此可以识别出敏感性因素。

2）多因素敏感性分析。多因素敏感性分析指对项目中多个因素进行分析，即同时分析多个因素的变化对项目活动的影响。多因素敏感性分析要考虑各种风险因素可能发生的不同变化幅度的多种组合，分析起来比较困难。在通常情况下，多因素敏感性分析会假定同时变动的因素是相互独立的。多因素敏感性分析的分析原理与单因素敏感性分析的分析原理大致相同。

示例 4.4 多因素敏感性分析

若某装配式建筑项目固定资产投资为 1500 万元，年销售收入为 300 万元，年经营费用为 45 万元，项目的寿命周期为 10 年，固定资产残值为 50 万元。基准收益率取 ic=10%，若取关键的不确定因素为投资和年销售收入，则以项目的 NPV 为评价指标进行敏感性分析如下。

【解】由题意可知，该示例为双因素敏感性分析，则可建立二维直角坐标系分析投资变化率和年销售收入变化率的组合情况，具体分析过程如下。

设 x 表示投资变化率，y 表示年销售收入变化率。

当基准收益率取 ic=10%时，NPV 为

$$\begin{aligned}\text{NPV} &= -1500(1+x) + 300(1+y)\times(P/A,10\%,10) - 45(P/A,10\%,10) + 50(P/F,10\%,10)\\ &= -1500x + 1843.38y + 86.2\end{aligned}$$

若 NPV≥0，则 $-1500x + 1843.38y + 86.2 \geqslant 0$，即 $y \geqslant 0.81x - 0.05$。

若把上述不等式用二维直角坐标系表示，则双因素敏感性分析如图 4.3 所示，直线 $y = 0.81x - 0.05$ 为 $\text{NPV} = 0$ 的临界线，直线以上区域 $\text{NPV} > 0$，直线以下区域 $\text{NPV} < 0$。

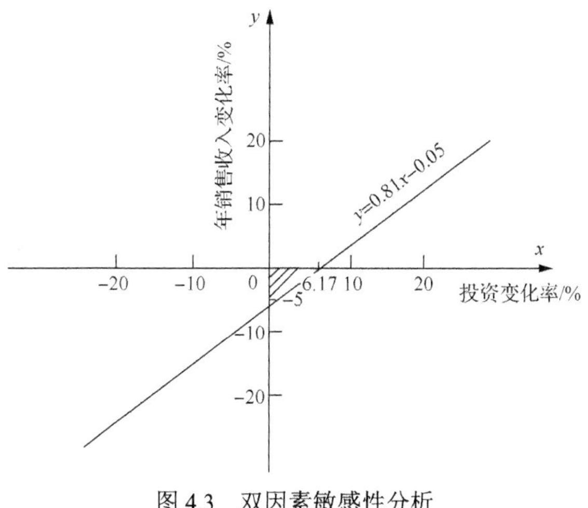

图 4.3 双因素敏感性分析

如图 4.3 所示，若要保持项目的 NPV 大于等于零，则图中斜线阴影区域为满足此要求的投资增加变化率和年销售收入减少变化率的范围。因为此阴影区域比较小，所以说明投资和年销售收入这两个因素的变化对项目的 NPV 评价指标来说影响较大。也就是说，项目对这两个影响因素的变动比较敏感，项目的风险比较大。反之，如果满足要求的阴影区域比较大，则风险比较小。

另外，通过公式 $\text{NPV}=-1500x+1843.38y+86.2$ 可以看出，x 的系数为 -1500，y 的系数为 1843.38，表明当 x、y 变化相同的数值时，y 的影响程度更大，即项目对年销售收入的变化更加敏感。所以，在进行双因素敏感性分析时，可比较两个不确定因素前面的系数绝对值的大小，系数的绝对值越大，说明该因素对项目相关评价指标的影响程度越大。

通过敏感性分析，可以帮助项目风险管理人员找出影响项目整体目标的关键风险因素，并将注意力集中于这些关键风险因素，以减少项目的风险。

综上，盈亏平衡分析和敏感性分析在进行风险估计时都没有考虑到参数变化的概率。因此，这两种分析方法虽然可以回答哪些参数变化对项目影响比较大，但是不能回答哪些参数最有可能变化及变化的概率。

4.3.2 随机型风险估计

随机型风险是指风险出现的各种状态已知，并且这些状态发生的可能性大小也已知的风险，这种类型的风险估计被称为随机型风险估计。随机型风险估计的方法一般包括期望收益值最大法和期望效用值最大法。

1. 随机型风险估计的步骤

1）选取合适的估计方法和原则。
2）根据确定的方法和原则整理已知条件。
3）按照选取的方法进行解题。
4）根据结果判断并给出结论。

2. 随机型风险估计的应用范围

有些风险事件造成的损失后果很难计算，或者即使能够计算出来，同一数额的损失在不同人心中的主观感受也不一样。为了反映价值观念方面的差异，在进行随机型风险估计时应考虑不同的适用原则，根据不同的适用原则有不同的结果。

随机型风险估计更加精确的方法就要用到效用值和效用函数。效用值是一个相对的曲线，不同的人有不同的效用曲线，效用函数可以用来衡量人们对风险的主观评价、态度、偏好和倾向等。

示例 4.5　随机型风险估计

某项目计划投产甲、乙两种产品，但由于受到资金的限制，只能投产其中之一，两种产品的销路好的概率均为 0.7，销路差的概率均为 0.3，两种产品的年收益情况如表 4.1 所示。假设两种产品生产期均为 10 年，产品甲须投资 30 万元，产品乙须投资 16 万元。试问：投产哪种产品的收益更好？

表 4.1　两种产品的年收益情况

方案	概率	
	销路好	销路差
	0.7	0.3
产品甲	10 万元	−2 万元
产品乙	4 万元	1 万元

【解】根据题意，计算两种产品 10 年内的收益情况如下。

产品甲：

销路好时的收益=10×10−30=70（万元）

销路差时的收益=−2×10−30=−50（万元）

产品乙：

销路好时的收益=4×10−16=24（万元）

销路差时的收益=1×10−16=−6（万元）

则产品甲的期望收益值=70×0.7+（−50）×0.3=34（万元）；产品乙的期望收益值为 24×0.7+（−6）×0.3=15（万元）。

根据期望收益最大原则，选择产品甲进行投产收益更好。

4.3.3　不确定型风险估计

不确定型风险是指出现的各种状态发生的概率未知，并且会出现哪些状态也不能完全确定的风险。这种情况下的风险估计被称为不确定型风险估计。

1. 不确定型风险估计遵循的准则

（1）等概率准则

等概率准则又称为拉普拉斯准则。该准则认为既然无法确定各种状态出现的概率，那么便假定每种状态出现的概率是相等的，然后根据此概率计算期望效用值的大小，并选择期望效用值最大的方案。

（2）乐观准则

乐观准则又称为大中取大准则。该准则认为项目管理人员应对项目的前景保持比较乐观的态度，并愿意争取一切获取最好结果的机会。也就是说，首先需要找出每个方案所有情况下的最大收益值，然后比较每个方案的最大收益值的大小并且选取最大的收益值，其对应方案即为最后选择的方案。

（3）悲观准则

悲观准则又称为小中取大准则。该准则认为项目管理人员应对项目的前景保持比较悲观的态度，从事小心谨慎，从最坏处着想。一般首先需要从每个备选方案中选择最坏的结局，然后从每个结局中选择最优的作为最佳方案。也就是说，首先找出每个方案所有情况下的最小收益值，然后比较每个方案的最小收益，最后选择收益值最大的方案，该方案即为最后选择的方案。

（4）折中准则

折中准则又称为乐观、悲观混合准则。该准则认为项目管理人员对项目前景的态度应介

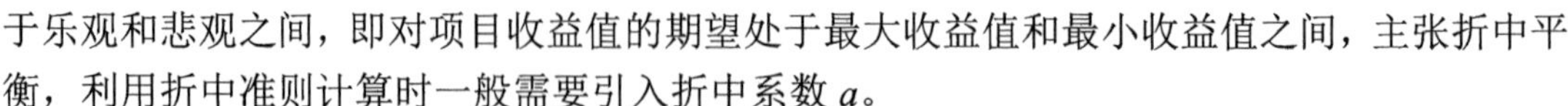

于乐观和悲观之间，即对项目收益值的期望处于最大收益值和最小收益值之间，主张折中平衡，利用折中准则计算时一般需要引入折中系数 a。

（5）遗憾准则

遗憾准则又称为最小的后悔值准则。因为项目的独特性和复杂性，以及项目管理人员风险观念的不同，所以最终选择的项目方案不一定为最优的方案，导致最后的项目收益值不一定是最大的。项目各方案实际的收益值与项目期望的收益值之间存在着一个差值，这个差值就称为后悔值，一般用 R 表示。在诸多方案中，后悔值最小的那个方案就是最后选择的方案。后悔值最小，说明实际的收益值与期望的收益值的差值最小，也就是说，实际的收益值最接近期望的收益值，因此该方案的风险最小。

2. 不确定型风险估计准则的比较和选择

不确定型风险估计准则的侧重点各有不同，反映了不同的项目管理人员对风险的认识和态度。等概率准则主要适用于判断项目各方案出现概率相等的项目管理人员；乐观准则主要适用于对有利的情况估计比较有信心的项目管理人员；悲观准则主要适用于相对保守的、害怕承担较大风险的项目管理人员；折中准则主要适用于对形势判断不乐观也不悲观的项目管理人员；遗憾准则主要适用于对判断失误的后果看得比较重的项目管理人员。

示例 4.6　不确定型风险估计

某装配式建筑构件生产厂项目方案损益表如表 4.2 所示。

表 4.2　项目方案损益表

方案	自然状态	
	销路好/万元	销路差/万元
大厂	200	−20
中厂	150	20
小厂	100	60

试问：1）若遵循等概率准则，则最优决策方案是什么？

2）若遵循乐观准则，则最优决策方案是什么？

3）若遵循悲观准则，则最优决策方案是什么？

4）若遵循折中准则，则最优决策方案是什么？

5）若遵循遗憾准则，则最优决策方案是什么？

【解】1）若遵循等概率准则，则可假设销路好与销路差的概率均为 0.5，最大期望收益值的计算如下。

$$E(\text{大厂})=200\times0.5+(-20\times0.5)=90\text{（万元）}$$

$$E(\text{中厂})=150\times0.5+20\times0.5=85\text{（万元）}$$

$$E(\text{小厂})=100\times0.5+60\times0.5=80\text{（万元）}$$

在各方案中选取期望收益值最大者作为最优决策方案，最大期望收益值为 90 万元，即建设大厂方案为最优决策方案。

2）若遵循乐观准则，则最大期望收益值的计算如下。

$$E(\text{大厂})=\max(200,-20)=200\text{（万元）}$$

$$E(\text{中厂})=\max(150,20)=150\text{（万元）}$$

$$E(\text{小厂})=\max(100,60)=100\text{（万元）}$$

在各方案中选取期望收益值最大者作为最优决策方案，最大期望收益值为200万元，即建设大厂方案为最优决策方案。

3）若遵循悲观准则，则求出每一方案在各自然状态下的最小期望收益值。具体计算过程如下。

$$E(\text{大厂})=\min(200,-20)=-20\text{（万元）}$$

$$E(\text{中厂})=\min(150,20)=20\text{（万元）}$$

$$E(\text{小厂})=\min(100,60)=60\text{（万元）}$$

在各方案中选取期望收益值最大者作为最优决策方案，最大期望收益值为60万元，即建设小厂方案为最优决策方案。

4）若遵循折中准则，则可以引入一个折中系数a。假设a=0.8，计算各方案在自然状态下的期望收益值如下。

$$E(\text{大厂})=200\times0.8+(-20\times0.2)=156\text{（万元）}$$

$$E(\text{中厂})=150\times0.8+20\times0.2=124\text{（万元）}$$

$$E(\text{小厂})=100\times0.8+60\times0.2=92\text{（万元）}$$

在各方案中选取期望收益值最大者作为最优决策方案，最大期望收益值为156万元，即建设大厂方案为最优决策方案。

5）若遵循遗憾准则，则两种自然状态下的最大期望收益值的计算如下。

$$E(\text{销路好})=\max(200,150,100)=200\text{（万元）}$$

$$E(\text{销路差})=\max(-20,20,60)=60\text{（万元）}$$

各方案的最大后悔值的计算如下。

$$G(\text{大厂})=\max(200-200,60+20)=80$$

$$G(\text{中厂})=\max(200-150,60-20)=50$$

$$G(\text{小厂})=\max(200-100,60-60)=100$$

在各方案中选取最小的最大后悔值作为最优决策方案，最小的最大后悔值为50万元，即建设中厂方案为最优决策方案。

在具体的项目方案选择过程中，依据不同的准则进行选择可能会有不同的最优决策方案。一般来说，具体选择哪种准则和方法应该根据实际情况，以项目所处的客观条件为基础，也可同时选择多种准则和方法，以保证风险估计的可靠性。

4.3.4 贝叶斯概率估计

在项目风险管理活动中，先验概率一般存在着很大的不确定性，为了减小这种不确定性，项目管理人员需要先进行资料收集、市场调查和计算机模拟试验等工作，在获得了一些相关信息之后，再利用概率论中的贝叶斯公式对风险出现的后果进行估计，这就是贝叶斯概率估计的含义。贝叶斯概率估计最关键的步骤是利用贝叶斯公式结合新的调查信息及以前的先验概率，得到更为准确的概率。贝叶斯概率估计的结果在很大程度上依赖先验概率，而且不是完全接受或拒绝假设，只是在观察到较多的数据或者进行进一步的调查后增大或减小了假设的可能性。

1. 先验概率与后验概率

（1）先验概率

在概率论中，先验概率是指事件还没发生时，相关人员根据以往的经验和分析得出的概率。例如，随机向上抛掷一枚硬币，出现正面的概率为 0.5，这就是根据以往的经验得出来的结论，其中的 0.5 就是先验概率。先验概率是“由因求果”的体现。

（2）后验概率

后验概率是指事件已经发生了，但是引起事件发生的可能原因有多种，判断事件的发生是由哪一种原因引起的概率。例如，小明上学迟到的原因有两个，分别是天气不好和起床晚了，那么现在已知小明上学迟到了，求天气不好原因导致迟到的概率，这个概率就是后验概率。后验概率是“执果索因”的体现。

2. 全概率公式与贝叶斯公式

在概率论中，全概率公式和贝叶斯公式（逆概率公式）分别是先验概率和后验概率的体现，二者既有联系又有区别。如果把事件的起因分别记为一个完备事件组 A_1、A_2、A_3…A_n，事件的结果记为目标事件 B，那么二者的关系如图 4.4 所示。

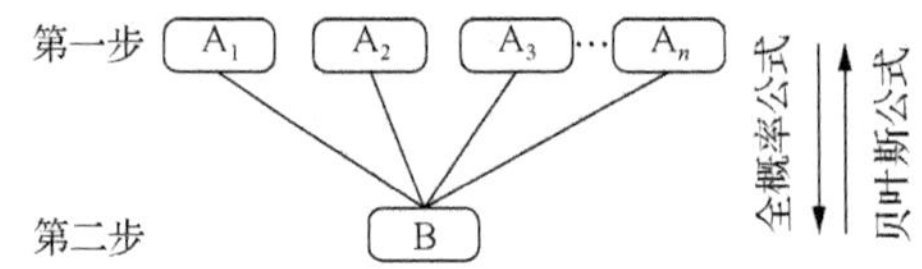

图 4.4　全概率公式与贝叶斯公式的关系

示例 4.7　全概率公式与贝叶斯公式

假设甲袋子中有 4 个白球、4 个红球，乙袋子中有 6 个白球、4 个红球。先从两个袋子中任取 1 个袋子，再从选取的袋子中任取 1 个球。

试问：1）取到的球是白球的概率是多少？

2）如果已知取到的是白球，则白球来自甲袋子的概率是多少？

【解】1）根据题意可构建完备事件组如下。

A_1= “取到的袋子是甲”　 A_2= “取到的袋子是乙”

目标事件 B= “取到白球”

根据全概率公式有

$$
\begin{aligned}
P(\mathrm{B})&=P(\mathrm{A}_1)\times P(\mathrm{B}|\mathrm{A}_1)+P(\mathrm{A}_2)\times P(\mathrm{B}|\mathrm{A}_2)\\
&=0.5\times 0.5+0.5\times 0.6\\
&=0.55
\end{aligned}
$$

则取到的球是白球的概率为 0.55。

2）根据贝叶斯公式有

$$P(A_1|B)=P(A_1)\times P(B|A_1)/P(B)$$
$$=0.5\times 0.5\div 0.55$$
$$\approx 0.45$$

则已知取到的是白球，白球来自甲袋子的概率为 0.45。

4.4　风险估计的技术和工具

4.4.1　风险可能性和后果分析

风险的大小是由风险事件发生的可能性和风险事件发生后造成后果的严重程度所决定的，针对这两个方面，在项目前期可以做一些定性的描述来表示风险的危害程度。在装配式建筑项目前期，风险管理人员针对项目的费用、进度、质量和范围等目标进行的风险危害程度分级如表 4.3 所示。

表 4.3　风险危害程度分级

目标	很低（$P<0.05$）	低（$0.05<P<0.1$）	中等（$0.1<P<0.2$）	高（$0.2<P<0.4$）	很高（$0.4<P<0.8$）
费用	费用增加不明显	费用增加<5%	费用增加介于 5%～10%	费用增加介于 10%～20%	费用增加大于 20%
进度	进度推迟不明显	进度推迟<5%	进度推迟介于 5%～10%	进度推迟介于 10%～20%	进度推迟大于 20%
质量	质量下降不明显	不得不进行的质量下降	经客户同意后的质量下降	客户不能接受的质量下降	结束时项目已不能使用
范围	范围更改不明显	范围更改<5%	范围更改介于 5%～10%	范围更改介于 10%～20%	范围更改大于 20%

4.4.2　风险坐标图

在直角坐标系中，以风险事件发生可能性的高低作为横坐标，以风险事件发生后对目标的影响程度作为纵坐标绘制出来的图形，称为风险坐标图。一般来说，对风险事件发生可能性的高低和风险事件发生后对目标的影响程度的度量方法有定性方法和定量方法两种。定性方法是项目风险管理人员自己或聘请相关专家凭借以往的项目经验对主要的风险因素进行的主观判断，并判断这些风险可能产生的后果是否可以接受。例如，“很低”“低”“中等”“高”“很高”等就是对风险的一种定性的判断。定量方法则是用具体的数量表述风险事件发生的可能性的高低和风险事件对目标的影响程度。例如，风险事件发生的可能性用概率表示，风险对目标的影响程度用损失的金额表示。在对风险事件发生可能性的高低和风险事件发生后对目标的影响程度进行定性或定量的评估之后，依据评估结果可以绘制出风险坐标图。

示例 4.8　风险坐标图

某装配式建筑项目的项目风险管理人员对其项目的九种风险事件发生的可能性及风险事件发生后对目标的影响程度进行了定性评估，分别如表 4.4 和表 4.5 所示。依据风险评估表绘制风险坐标图。

表 4.4　各风险事件发生的可能性

可能性	描述	风险事件
很高	频繁出现	⑧⑨
高	在关注的期间出现几次	③⑤
中等	在关注的期间偶尔出现	①④⑦
低	有很小的可能出现	②
很低	不可能出现	⑥

表 4.5　各风险事件发生后对目标的影响程度

影响程度	描述	风险事件
很高	项目破产	⑦
高	既定目标无法完全达到，损失超过风险准备费用	①
中等	损失超过预计的范围，对项目有较大的影响	③④
低	损失在预计的范围之内，对项目有一定的影响	②⑤⑧
很低	损失很小，对项目几乎没有影响	⑥⑨

【解】根据表 4.4 和表 4.5 绘制的风险坐标图如图 4.5 所示。

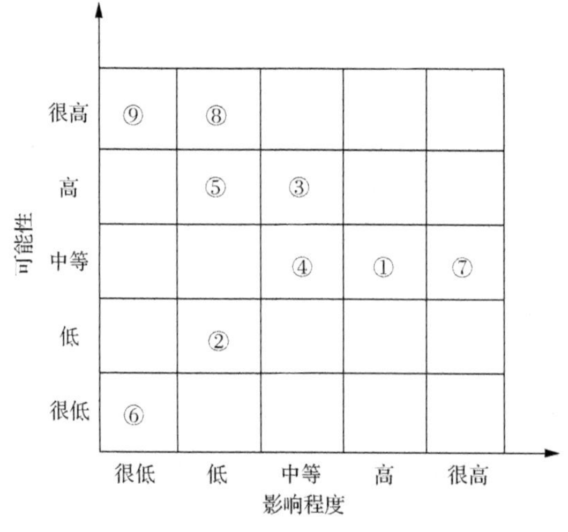

图 4.5　风险坐标图

如果用定量方法进行估计，那么风险坐标图中的横轴“影响程度”可以用“损失的金额”表示，纵轴“可能性”可以用“风险事件发生的概率”表示。

在项目风险管理活动中，绘制风险坐标图的目的是对项目的众多风险进行直观的比较，从而确定各个风险管理的优先顺序和策略。例如，在风险坐标图中，位于左下角区域的风险出现的概率比较低，对目标的影响程度也比较低，那么对于这类风险可以不增加控制措施；位于右上角区域的风险出现的概率比较高，对目标的影响程度也比较高，那么对于这类风险应该优先安排各项防范措施对其进行规避和转移；对于位于中间区域的风险需要制定各项控制措施。

4.5 本 章 小 结

风险估计指在风险识别的基础上对各个风险事件发生的概率及其对项目目标的影响程度进行估计，进一步加深对项目的风险及后果的认知程度，为后续项目风险评价和制定相关的风险防范措施奠定基础。

本章根据风险估计的基本要求，首先阐明了风险估计的含义、风险估计与概率分布、风险估计的计量标度、风险的度量和风险估计与效用；然后讨论了一些不同类型的风险估计的方法，包括确定型风险估计、随机型风险估计、不确定型风险估计和贝叶斯概率估计；最后介绍了一些风险估计的技术和工具，如风险可能性和后果分析、风险坐标图等。

第 5 章　风险分析与评价

风险识别解决是否存在风险、有何风险的问题；风险估计将识别的单一风险采用数理方法进行量化。在确定风险和量化单一风险后，最重要的是在此基础上对整个项目的风险进行系统和整体的分析与评价。通过风险分析与评价，得到单一风险对项目的共同作用和综合影响，以确定关键的风险因素，以及各风险的影响程度和项目整体风险等级，为风险应对和监控的相关决策提供依据。本章将介绍风险分析与评价相关内容、风险分析与评价的过程，并具体梳理风险分析与评价的方法与工具，阐述它们在装配式建筑项目风险分析与评价中的应用。

5.1　风险分析与评价概述

5.1.1　风险分析与评价的含义

在工程项目实施过程中会存在各种风险因素，这些风险因素将对项目目标的实现产生影响。风险识别仅是使人从定性的角度去了解和认识风险因素，要控制并管理风险，就必须在识别风险因素的基础上对其进行进一步的分析和评价。具体做法：一方面，对这些风险因素可能带来的后果有一个比较清楚的认识；另一方面，清楚分析和评价的量化过程，以更清楚地辨识主要的风险因素。量化分析的结果有利于管理者采取更有针对性的对策和措施，从而减少风险对项目目标的不利影响。

分析与评价既有联系又有区别。分析是评价的基础，主要是指对单一风险因素的衡量，包括估计其发生的概率、影响的范围及可能造成损失的大小等；而评价主要决定哪些风险需要处置及处置的优先顺序。二者的界限是很难严格区分的，所使用的某些具体方法也是互通的。

风险分析与评价往往采用定性与定量相结合的方法来进行，这二者不是相互排斥的，而是相互补充的。具体来说，定量方法是在占有比较完备的统计资料的条件下，把损失频率、损失程度及其他因素综合起来考虑，找出有关变量之间的规律性联系，作为分析预测的重要依据的方法。但是任何数学或统计方法的应用都是以过去的信息资料为基础的，如果某些因素出现了重大变故，如政府政策改变或出现了过去的信息资料没有反映的其他重要情况，则应根据新产生的因素对定量结果加以修正，这时就需要运用定性方法来进行。可见，只有将定性方法和定量方法合理地结合起来，使它们相互补充、相互检验和修正，才能取得比较好的效果。

5.1.2　风险评价的目标

风险评价是一种人们进一步认识风险并用相应方法管理风险的主动行为，通过建立评级体系和模型尽可能地把握不同风险的特征，以便采取针对性的措施来应对和控制风险。风险评价的主要目标包括风险因素排序、探究风险间的耦合关系、分析不同风险间相互转化的条件及量化项目整体风险。

1）风险因素排序。风险因素排序即将经过风险识别和风险估计后的风险清单中的诸多风险进行比较分析和综合评价，通过建立风险评价指标和风险评价模型，确定众多风险的先后顺序，找到影响项目的关键风险。

2）探究风险间的耦合关系。一个项目的风险因素有很多，特别是建筑项目，涉及的不确定性因素更多，相应的风险也更多、更复杂。众多的风险因素之间往往存在内在的联系和影响，表面上毫不相关的风险因素，实质上可能是由一个共同的风险源所造成的或者所处的环境类似。因此，风险评价需要从项目的整体出发，深度挖掘各风险因素之间的耦合关系，确保项目风险管理符合实际工程项目且更具科学性。

3）分析不同风险间相互转化的条件。各风险因素之间可能存在内在联系，即存在相互转化的可能。风险间的相互转化可以说是一种新的风险，转化的方式和条件会影响风险评价，甚至项目管理的整个进程。因此，结合相关的项目资料和分析软件及工具，研究风险间相互转化的条件，将风险转化为机会，有利于明确项目风险的实质和潜在影响。

4）量化项目整体风险。进一步量化已识别风险的发生概率和损失程度，在项目整体和目标上进行综合分析，明确风险评价中的不确定性，预判项目风险水平，为后续的风险应对和监控提供决策依据和管理策略。

5.1.3　风险评价的依据

装配式建筑项目的风险管理需要很多支撑依据和实际情况资料，对于风险评价而言，主要的依据包括以下内容。

1）装配式建筑项目的相关资料。相关资料如项目的规模和性质、利益相关者的资质、项目的勘察设计文件、项目的合同文件等。

2）风险管理计划。风险管理计划是用于规划和设计风险管理的活动过程，包括界定项目组织架构及成员，确定风险管理的实施方案及方式，选择符合项目实际情况的风险管理方法。风险管理计划一般是通过召开计划编制会议来制订的，在计划中，应该对项目生命周期内的风险识别、风险评估、风险量化、风险应对及风险监控等进行详细的阐述。

3）装配式建筑项目的进展情况。项目所处的阶段不同，所面临的风险因素和风险程度也会不同，因此需要根据项目进展情况，动态地进行风险评价的相关工作。

4）风险识别的结果。已识别的项目风险是风险评价的基础，风险评价依据风险识别清单进行进一步的比较分析和综合评价。

5）数据来源和其准确可靠程度。对数据来源需要做好记录，因为数据的准确性和可靠性都会影响项目风险评价的结果，所以要对数据或信息的准确性和可靠性进行评估。此外，还需要尽可能地收集相关的数据并做好记录。

5.1.4　风险评价的原则

风险评价是风险管理和项目管理中的关键环节，评价项目风险的整体水平和相应影响，对项目的管理和决策活动具有重大作用。因此，在进行风险评价时，管理人员需要遵循相对统一的评价原则，提高风险评价的可靠性。

（1）风险权衡原则

项目涉及的风险因素众多且复杂，需要将其划定为可接受风险、不可避免风险，并对风险因素进行综合权衡。因此，风险权衡原则用于界定可接受风险和不可避免风险，确定可接受风险的限度。

（2）风险规避原则

规避风险是风险管理中常用的方法，也是风险评价中最基本的原则。项目风险管理人员应根据界定的风险限定，采取相应的措施有效控制或完全规避不同风险，降低项目的整体风险，提高风险抵抗能力。

（3）风险处置经济性原则

可接受风险包括两类：一是小概率或小损失风险；二是付出较小的代价便可规避的风险。第二类风险的处置需要花费一定的成本，因此在应对这类风险时，人们希望能以低处置成本达到风险控制的效果。

（4）风险管理价值工程原则

对项目进行风险管理的一大目标是达成项目的成本、进度、质量方面的目标。但在采取风险应对措施时，需要额外投入资源（如人力、物力和资本），如何平衡新的投入与风险处置后带来的产出效益是风险评价时应考虑的管理原则之一。在实际的项目活动中，项目风险等级一般与风险收益成正比，面临的风险越大，风险应对成功后获得的回报越高，因此需要衡量好风险的“价值”。衡量价值多取决于决策者对风险的态度及留存给风险处置的空间和成本。

（5）社会效益最优原则

项目的建设和使用需要体现对社会的道德责任。在进行风险评价时，要考虑相关的社会效益因素，如环境、人员健康等。在承担社会责任和履行相关义务的同时，也存在不同程度的风险，此时还需要对项目的社会效益与风险进行权衡。

5.2 风险分析与评价的过程

5.2.1 风险分析与评价过程的定义

风险分析与评价是风险管理中的重要环节，作为一个单元，具体展现单元的输入和输出在机制作用下如何控制风险的运作流程。装配式建筑项目的风险分析与评价过程如图 5.1 所示。

（1）风险分析与评价过程的输入

风险分析与评价的依据即风险分析与评价过程的输入，主要包括风险识别清单、风险估计值、风险事件、风险评价标准、装配式建筑项目资料。另外，项目管理者对风险的意识态度也至关重要，是决定输出效果的关键因素。根据风险分析与评价过程的输入，通过管理机制和风险控制完成风险分析与评价过程，进而得到输出结果。

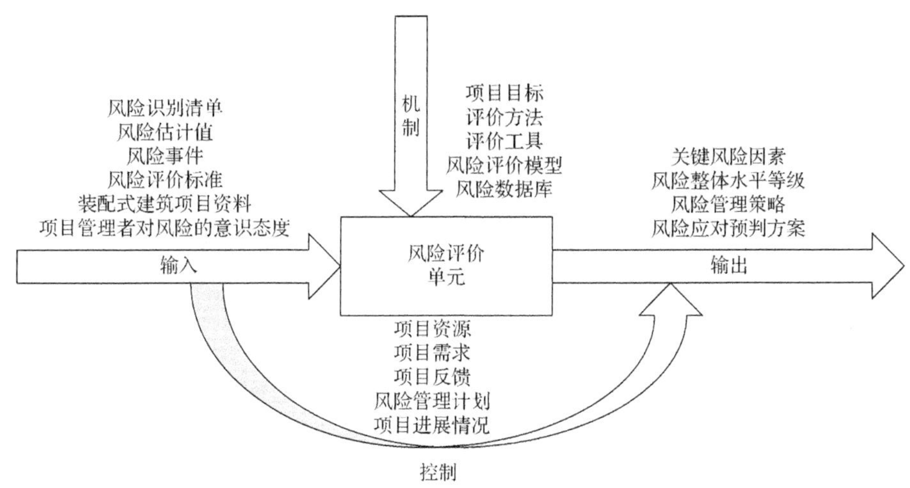

图 5.1　装配式建筑项目的风险分析与评价过程

（2）风险分析与评价过程的机制

风险分析与评价过程的机制主要包括项目目标、评价方法、评价工具、风险评价模型、风险数据库。风险分析与评价过程的机制主要通过方法、工具和数据为过程活动提供达成目标的手段，为风险评价的有效性和可靠性提供科学的保障和支撑。

（3）风险分析与评价过程的控制

对风险分析与评价过程需要进行动态的控制，根据项目进展情况和风险管理计划，结合项目资源和项目需求控制过程，并使分析与评价过程形成项目反馈。

（4）风险分析与评价过程的输出

1）关键风险因素。根据风险分析与评价模型，综合分析风险的概率和影响程度，将其总结梳理为风险表。风险表按照高、中、低类别对风险因素进行详细的划分和解释，从而识别出项目的关键风险因素。另外，风险表还可以按照项目风险的紧迫程度、项目风险的成本、风险的不同类别进行单独的风险排序和评估。

2）风险整体水平等级。通过针对性的评价指标和评价模型，对所识别的风险因素进行全面的比较分析和综合评价，从而评估多个风险因素对项目整体的影响作用，对项目的整体风险程度做出评价。这一输出结果将用于后续的风险应对和监控决策。

3）风险管理策略。对不同重要程度的风险分别进行详细的分析和评价，针对性地进行阐述和提出管理建议。

4）风险应对预判方案。结合项目的整体风险等级水平，进行初步应对方案的组合和建议，预判决策者倾向的风险应对策略。风险应对预判方案的作用体现在两个方面：一方面，为决策者提供一定的参考；另一方面，比较预判方案和实际方案的差距，丰富预判经验。

5.2.2　风险分析与评价过程的目标

根据项目的整体目标，制订风险分析与评价过程须达到的具体目标，并引导风险评价过程的输入结果和效果。风险分析与评价过程的目标有以下几个。

1）对风险因素进行比较分析，确定风险排序和风险关键因素。

2）使用适合项目的风险评价方法或工具，有效地综合评价项目整体的风险水平。

3）确定项目风险管理的实施途径。

4）根据项目需求和资源，确定项目风险的优先等级。

5.2.3 风险分析与评价过程的步骤

风险分析与评价是一个同时具有主观性和客观性的过程，为保障其可靠性，需要借助实践和经验来提高风险分析与评价的有效性。因此，根据大量的研究和实证分析，可以将风险分析与评价的流程总结为以下六个步骤。

（1）考虑决策者的风险态度

在进行风险管理时，首先需要考虑决策者对于风险的态度属于什么类型。不同的人会用不同的态度去评估风险，或者站在不同的立场进行风险管理，导致使用同样的数据也会得到不同的结果。因此，应在风险分析与评价前先了解项目决策者对风险的态度（厌恶、中立、接受），再进行风险评估和处理应对。

（2）明确风险的特征

对于已识别的风险，要再次进行分析，对其进行界定和划分，确定是否可控及影响程度如何，对不同风险因素的特征进行详细的总结分析。

（3）选择适用的方法

风险分析与评价的方法和工具有很多，在进行风险分析与评价时应选择最适合该项目类型及项目目标的方法，并考虑方法实施的可行性，但在风险分析与评价之前应对所有不同的方法进行考虑。

（4）建立风险分析与评价模型

根据选择的方法和工具，结合项目风险管理的目标和实际情况，建立风险分析与评价指标和风险评价的综合模型，进行定性或定量或综合的测量和评估。模型可以是已经建立过、得到使用验证的模型，也可以是根据项目专门建立的新模型。

（5）解释结果，得出项目风险水平

对整个风险分析与评价过程中的输入和输出数据进行同步的解释。最主要的是对风险分析与评价后得出项目风险等级水平的相关结果进行深入的解释，挖掘潜在的要点，进行阐释说明。

（6）做出决策，预判方案

风险分析与评价过程的最后阶段为决策者提供了有效的数据。该阶段明确决定哪些风险可以接受保留，哪些风险需要规避，哪些风险需要进行优先处理，等等，并进行初步的预判。

5.3 风险分析与评价的方法和工具

装配式建筑作为建筑工业化革命的主要建造方式，需要人们对其进行全面的了解和研究。现阶段，国内对于装配式建筑的研究大多集中在进度、成本、质量及施工连接方式等与效益有关的方面，然而对于这类新兴建筑，还需要人们对风险有清晰的认识。因此，对装配式建筑进行风险分析与评价成为目前项目管理的主要工作之一。目前，国内外的研究人员从不同的方向对风险分析与评价进行了研究，探讨了装配式建筑项目风险分析与评价的理论基础。在探索过程中，运用了不同的风险分析与评价的方法和工具，建立风险分析与评价模型并应用于实际案例中，加强理论与实践的结合。风险分析与评价方法与项目风险管理的有效性、科学性相关，随着管理技术的提升，风险分析与评价方法也相应地从单一维度向多维度过渡发展，更加注重指标因素间的关联性和项目的整体性。目前，风险分析与评价方法一般可分为定性、定量、综合（定性与定量结合）三类，常用的有层次分析法、模糊综合评价法、主观评分法、风险评估矩阵法、蒙特卡洛模拟法、社会网络分析法、系统动力学分析法等。但值得注意的是，尚未有各类风险评价都适用的方法，即每种方法或工具并不适用于任何项目和项目的任何阶段，每种方法或工具都有其优缺点，在实际应用时要结合项目的规模、类型、目标等进行综合考虑。

5.3.1　层次分析法

层次分析法是 20 世纪 70 年代末国外提出的一种新的系统分析方法，适用于结构较为复杂、决策准则多且不易量化的决策问题，能把主观和客观的因素有机地结合起来。这种方法可以有效地应用在风险估计和风险评价方面。

1. 层次分析法的应用步骤

层次分析法首先根据问题的性质和要求提出一个总的目标，然后将问题按层次分解，对同一层次内的诸多因素通过两两比较的方式，确定出相对于上一层目标的各自的权系数，以此往复，直至最后一层，即可给出所有因素相对于总目标而言的重要程度排序。层次分析法的运行步骤如图 5.2 所示。

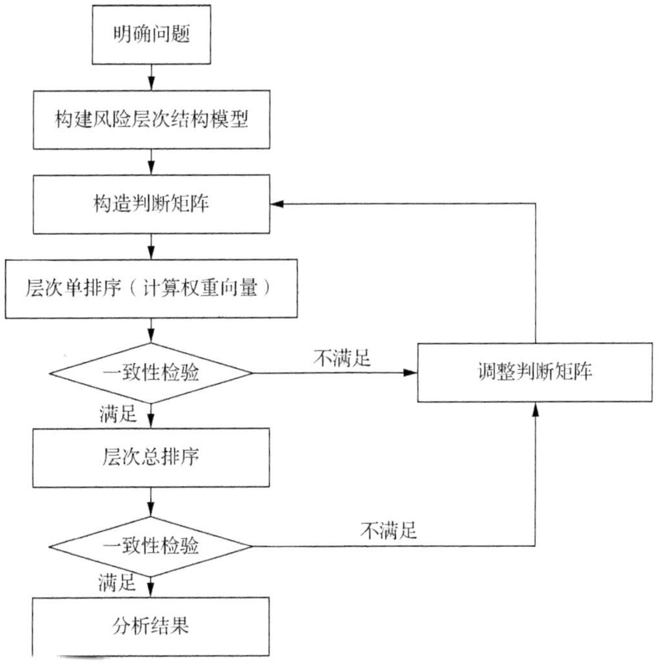

图 5.2　层次分析法的运行步骤

（1）明确问题

将项目的目标系统分解成可管理的若干组成部分（目标子系统），对每个组成部分的活动进行详细的风险分析。

（2）构建风险层次结构模型

在确定项目风险管理目标后，分析问题层次，构建风险层次结构模型，即风险递阶层次结构。项目通常为复杂的系统，可以按照目标或者其他要求分解为多个组成部分或者因素，这些因素可以按照属性分为若干组，每个因素又受到一些子因素的影响。由目标、因素、子因素及它们相互之间的关系共同构成一个递阶层次结构。在风险评价中，各种风险因素就是子因素，风险的类别为组成部分或者因素，项目的风险管理目标为目标，这样便构成一个风险层次结构模型。在该模型中，通常自上而下包括目标层、准则层、方案层等。目标层反映的是最终期望达成的目标和结果；准则层是用以判别目标结果的评价标准或者衡量准则，在风险评价中主要反映的是参与评价的各种风险因素；方案层也称对策层，是指要达到决策者所期望目标结果需采取的方案措施。在建立装配式建筑项目风险层次结构模型时，必须根据项目的特点按照实际需求划分层次。

在层次分析法中，风险层次结构模型的层次划分和结构构造是否合理准确是评价能否有效和成功的关键。风险层次结构模型按照层次的内部关联关系可以分为完全相关结构、完全独立结构和部分相关结构。

完全相关结构是指在比较不同的项目实施方案时，任何一个风险因素都有可能对其中任何一个方案产生影响的结构，如图 5.3 所示。

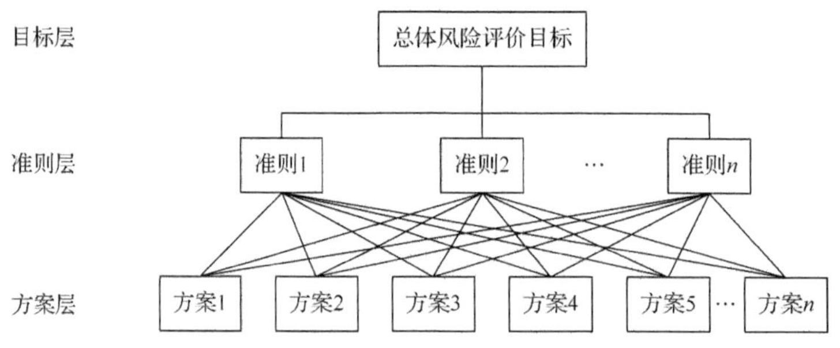

图 5.3 风险层次结构模型（完全相关结构）

完全独立结构是指上一层的风险因素都各自有独立的、完全不同的下层方案的结构，如图 5.4 所示。

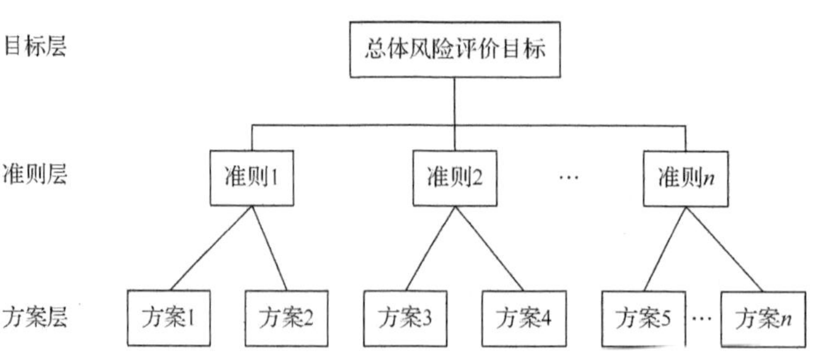

图 5.4 风险层次结构模型（完全独立结构）

部分相关结构是完全相关结构和完全独立结构的结合，是一种既非完全相关又非完全独立的结构，如图 5.5 所示。

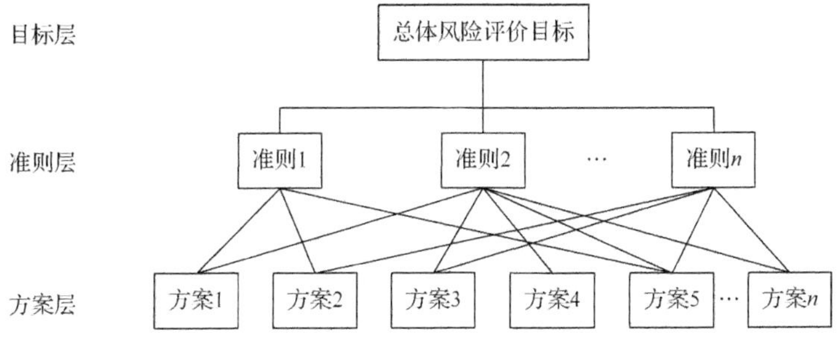

图 5.5 风险层次结构模型（部分相关结构）

（3）构造判断矩阵

层次分析法需要根据每个元素的重要程度确定每层因素的相对权重，最终以数值的形式表达为判断矩阵。对风险层次结构模型中的各因素进行权重赋值是进行装配式建筑项目风险综合评价的关键一步。通常这一步需要通过专家调查、问卷调查和头脑风暴等方法进行数据收集。

1）判断尺度。层次分析法中构造判断矩阵的方法是一致矩阵法，即不把所有因素放在一起比较，而是两两相互比较。对此可以采用 1-9 标度法判断相对尺度，尽可能减少性质不同因素相互比较的困难，提高准确度。1-9 标度法判断等级划分如表 5.1 所示。

表 5.1 1-9 标度法判断等级划分

标度值	定义	说明
1	同样重要	对上层某元素而言，下层两元素同样重要
3	稍微重要	对上层某元素而言，i 元素比 j 元素稍微重要
5	明显重要	对上层某元素而言，i 元素比 j 元素明显重要
7	重要得多	对上层某元素而言，i 元素比 j 元素重要得多
9	绝对重要	对上层某元素而言，i 元素比 j 元素绝对重要
2，4，6，8	重要性在上述相邻标度值之间	须在上述两个尺度之间折中时的定量标准
倒数关系	反比较	若 i 与 j 相比为 c_{ij}，则 j 与 i 相比即为 $\frac{1}{c_{ij}}$

2）判断矩阵。判断矩阵表示将上一层某一因素作为判断标准，对下一层因素进行两两比较确定的元素值。假定有 n 阶判断矩阵 $\boldsymbol{A}(a_{ij})_{n\times n}$，则其形式如表 5.2 所示。判断矩阵中的元素 a_{ij} 表示因素 A_i 对因素 A_j 的相对重要性。

表 5.2 $\boldsymbol{n}$ 阶判断矩阵 $\boldsymbol{A}$ 示意

Hs	A_1	A_2	A_3	…	A_n
A_1	a_{11}	a_{12}	a_{13}	…	a_{1n}
A_2	a_{21}	a_{22}	a_{23}	…	a_{2n}
⋮	⋮	⋮	⋮		⋮
A_n	a_{n1}	a_{n2}	a_{n3}	…	a_{nn}

（4）层次单排序及一致性检验

层次单排序即计算各层次因素的权重，根据判断矩阵的特点，各因素的权重与判断矩阵的最大特征根（$\lambda_{\max}$）的特征向量有关。因为判断矩阵是人为赋予的，故须进行一致性检验，以评价判断矩阵的可靠性。

1）层次单排序。首先计算判断矩阵 $\boldsymbol{A}$ 的特征向量 $\boldsymbol{W}$，经过归一化（使向量中各元素之和等于 1）处理后即得到相对重要度。$\boldsymbol{W}$ 的元素为同一层次元素对于上一层因素中的某因素相对重要性的排序权重，这一过程被称为层次单排序。在对风险层次结构模型中每个因素的权重进行计算排序时，主要有方根法与和积法两种计算方法。

① 方根法。

a．计算判断矩阵每一行元素的乘积 M_i，计算公式为

$$M_i = \prod_{j=1}^{n} a_{ij} \quad (i=1,2,\cdots,n) \tag{5.1}$$

b．计算 M_i 的 n 次方根 $\bar{W}_i$，计算公式为

$$\bar{W}_i = \sqrt[n]{M_i} \quad (i=1,2,\cdots,n) \tag{5.2}$$

c．对向量 $\boldsymbol{W}=[\bar{W}_1,\bar{W}_2,\cdots,\bar{W}_n]^{\mathrm{T}}$ 进行正规化，即归一化，计算公式为

$$W_i = \frac{\bar{W}_i}{\sum_{i=1}^{n} \bar{W}_i} \quad (i=1,2,\cdots,n) \tag{5.3}$$

则 $\boldsymbol{W}=[W_1,W_2,\cdots,W_n]^{\mathrm{T}}$，即所求的特征向量。

d．计算判断矩阵 $\boldsymbol{A}$ 的最大特征根 $\lambda_{\max}$，计算公式为

$$\lambda_{\max} = \sum_{i=1}^{n} \frac{(\boldsymbol{AW})_i}{nW_i} \tag{5.4}$$

其中，$(\boldsymbol{AW})_i$ 为 $\boldsymbol{AW}$ 的第 i 个元素。

② 和积法。

a．将判断矩阵每一列正规化，计算公式为

$$\bar{a}_{ij} = \frac{a_{ij}}{\sum_{k=1}^{n} a_{kj}} \quad (i,j=1,2,\cdots,n) \tag{5.5}$$

b．每列经正规化后的判断矩阵按行相加，计算公式为

$$\bar{W}_i = \sum_{j=1}^{n} \bar{a}_{ij} \quad (i=1,2,\cdots,n) \tag{5.6}$$

c．对向量 $\boldsymbol{W}=[W_1,W_2,\cdots,W_n]^{\mathrm{T}}$ 进行归一化，计算公式为

$$W_i = \frac{\bar{W}_i}{\sum_{i=1}^{n} \bar{W}_i} \quad (i=1,2,\cdots,n) \tag{5.7}$$

所得到的 $\boldsymbol{W}=[W_1,W_2,\cdots,W_n]^{\mathrm{T}}$，即所求的特征向量。

d．计算判断矩阵的最大特征根 $\lambda_{\max}$，计算公式为

$$\lambda_{\max} = \sum_{i=1}^{n} \frac{(\boldsymbol{AW})_i}{nW_i} \tag{5.8}$$

2）一致性检验。对项目的风险相关因素进行重要性判断和排序时，运用的主要是专家调查法、问卷调查法、头脑风暴法这类偏主观的定性方法，不能完全精确地判断出权重比值，只能根据收集的数据进行估计。因此，为确认层次单排序的可靠性，应进行相容性和误差分析，即进行一致性检验。一致性检验指确定判断矩阵 $\boldsymbol{A}$ 不一致的允许范围，其中，n 阶一致矩阵的唯一非零特征根为 n；n 阶正互反矩阵 $\boldsymbol{A}$ 的最大特征根 $\lambda_{\max} \geqslant n$，当且仅当 $\lambda_{\max} = n$ 时，$\boldsymbol{A}$ 为一致矩阵。最大特征根大于 n 且大很多时，判断矩阵 $\boldsymbol{A}$ 的不一致性很大，所求结果的偏差也很大。一致性指标为 CI，其表达式为

$$\mathrm{CI} = \frac{\lambda_{\max} - n}{n-1} \tag{5.9}$$

其中，n 为判断矩阵的阶数。

在式（5.9）中，若 CI=0，则有完全的一致性；若 CI 接近 0，则有满意的一致性。CI 越大，不一致越严重。

为衡量 CI 的大小，引入随机一致性指标 RI，RI 与判断矩阵的阶数有关。通常矩阵阶数越大，出现一致性随机偏高的可能性也越大。RI 与矩阵阶数的关系如表 5.3 所示。RI 的计算式为

$$\mathrm{RI} = \frac{\mathrm{CI}_1 + \mathrm{CI}_2 + \cdots + \mathrm{CI}_n}{n} \tag{5.10}$$

表 5.3　RI 与矩阵阶数的关系

矩阵阶数 n	1	2	3	4	5	6	7	8	9	10
RI	0	0	0.58	0.90	1.12	1.24	1.32	1.41	1.45	1.49

计算一致性比率 CR，其表达式为

$$\mathrm{CR} = \frac{\mathrm{CI}}{\mathrm{RI}} \tag{5.11}$$

若一致性比率 CR<0.10，则认为判断矩阵的一致性可以接受，矩阵的特征向量 $\boldsymbol{W}$ 也可以接受。

（5）层次总排序及一致性检验

在计算了层次单排序后，须从上到下求出各层因素对于项目总体的综合重要度，即合成单排序的权重，得到各因素对于项目整体目标的权重总排序，从而对项目风险因素（或实施方案）进行优先排序。具体分析计算过程如下。

设第二层为 A 层，有 m 个因素（准则）A_1，A_2，…，A_m，它们关于上一层（即总体目标层）的权重分别为 a_1，a_2，…，a_m。第三层为 B 层，有 n 个因素 B_1，B_2，…，B_n，它们关于上一层某一因素（准则）A_i 的相对重要程度分别为 b_1^i，b_2^i，…，b_n^i，则第三层的风险因素 B_j 对于上层 A_i 的综合重要程度为

$$b_j = \sum_{i=1}^{m} a_i b_j^i \quad (j = 1,2,\cdots,n) \tag{5.12}$$

由式（5.12）可知第三层 B_j 的综合重要程度是以上一层因素的综合重要程度（即第二层对第一层的综合重要程度）为权重的相对重要程度的加权和。以此计算过程对第三层的全部因素的综合重要程度进行计算，得到层次总排序，如表 5.4 所示。

表 5.4　层次总排序

B_j	A_i				
	A_1	A_2	…	A_m	B 层次总排序权重
	a_1	a_2	…	a_m	
B_1	b_1^1	b_1^2	…	b_1^m	$b_{w1}=\sum_{i=1}^{m}a_ib_1^i$
B_2	b_2^1	b_2^2	…	b_2^m	$b_{w2}=\sum_{i=1}^{m}a_ib_2^i$
⋮	⋮	⋮		⋮	⋮
B_n	b_n^1	b_n^2	…	b_n^m	$b_{wn}=\sum_{i=1}^{m}a_ib_n^i$

风险层次总排序同样需要进行一致性检验，从上到下逐层进行检验。如果 B 层次某些因素对于 A_j 单排序的一致性指标为 CI_j，相对应的平均随机一致性指标为 RI_j，则 B 层次总排序随机一致性比率的计算公式为

$$CR=\frac{\sum_{j=1}^{m}a_jCI_j}{\sum_{j=1}^{m}a_jRI_j} \tag{5.13}$$

类似地，当 CR<0.10 时，认为层次总排序结果符合一致性要求，否则需要重新调整判断矩阵的元素值。

2. 层次分析法的优缺点

（1）层次分析法的优点

1）系统性。层次分析法把研究对象作为一个系统，按照分解、比较判断、综合的思维方式进行决策，并且考虑问题解决的过程。

2）实用性和有效性。层次分析法把定性方法和定量方法结合起来，能处理许多用传统的最优化技术无法着手的实际问题，应用范围广。层次分析法可使决策者与决策分析者相互沟通，决策者甚至可以直接应用它，增加了决策的有效性。

（2）层次分析法的缺点

1）没有新方案。层次分析法是从备选方案中选较优者，并没有对所有方案的整体性及不足做分析比较。

2）定性数据。层次分析法的权重决定主要是通过定性的方法从专家或者相关人员处综合打分而来的，带有一定的主观色彩。

3）指标复杂。采用层次分析法解决较普遍的问题时，可能需要选取的指标数量增加，使得统计量大，指标两两之间的重要程度判断可能出现困难，导致权重难以确定。

4）层次分析法要求指标之间是相互独立的，但在实际中指标之间往往是相互关联依存的，即存在反馈关系，层次分析法没有反映出这一现象。

3. 层次分析法的应用

层次分析法在工程项目管理领域的应用较多，主要是对各种因素和目标进行评价，从而选取最佳方案，如环境评价、项目安全评价及项目风险评价等。在装配式建筑领域，层次分

析法常被应用于项目的风险评价中，通过建立风险评价模型，结合主观判断和客观推理，供决策者综合考虑项目的风险水平和解决方案。下面通过示例说明层次分析法的具体计算分析过程和应用。

1）分析 BIM 技术应用于装配式建筑项目实施阶段的风险，在通过风险识别后，将数据进行分析整理，得到风险识别清单（表 5.5），为后续应用层次分析法进行风险评价提供数据基础。

表 5.5 BIM 技术应用于装配式建筑项目实施阶段的风险识别清单

一级指标	二级指标	风险说明
设计阶段风险 A_1	政治风险 B_1	政治局势的稳定对项目至关重要，政策的支持和社会的认可对项目影响深远
	环境风险 B_2	环境风险包括自然灾害、气象条件、地震风险等，只有在合适的环境下项目才能进行
	质量风险 B_7	设计质量的好坏决定构件生产质量和现场能否顺利施工
	进度风险 B_8	设计进度直接影响项目整体进度
	成本风险 B_9	设计阶段对成本的高低有决定作用
	设计风险 B_{11}	设计的深度、精度、合理性等决定了施工的质量和进度
生产阶段风险 A_2	政治风险 B_1	政治局势的稳定对项目至关重要，政策的支持和社会的认可对项目影响深远
	环境风险 B_2	环境风险包括自然灾害、气象条件、地震风险等，只有在合适的环境下项目才能得以进行
	成本风险 B_9	构件的生产成本决定构件的价格和质量，决定项目的造价
	产品质量风险 B_{12}	预制构件产品质量对项目的质量和进度有影响
施工阶段风险 A_3	政治风险 B_1	政治局势的稳定对项目至关重要，政策的支持和社会的认可对项目影响深远
	环境风险 B_2	环境风险包括自然灾害、气象条件、地震风险等，只有在合适的环境下项目才能进行
	利润风险 B_4	利润决定了承包商对项目的态度，与质量直接挂钩，合理的利润能让项目更好地完成
	组织风险 B_5	有经验的管理者对施工的管理至关重要
	管理风险 B_6	施工阶段管理行为对项目质量和进度至关重要
	施工技术改革风险 B_{13}	技术改革直接影响项目质量、安全、进度
	工程机械风险 B_{14}	施工阶段工程机械使用较多，尤其是在吊装作业时，工程机械对安全和进度至关重要

2）使用层次分析法确定权重系数并进行风险评价。

① 构建风险层次结构模型，如图 5.6 所示。

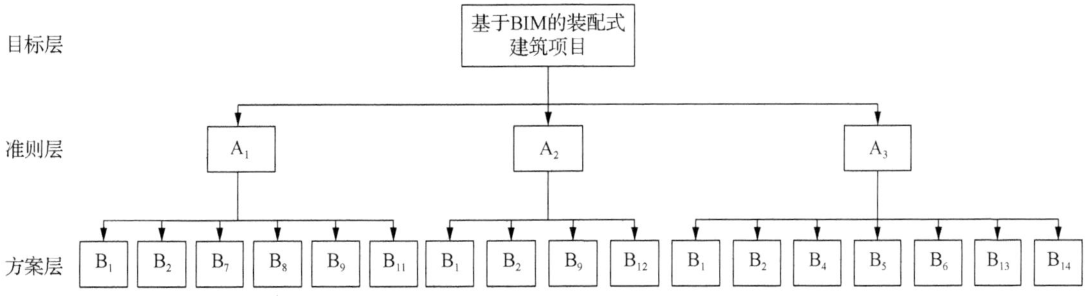

图 5.6 风险层次结构模型

根据表 5.5，构造一级判断矩阵 $\boldsymbol{A}$，如表 5.6 所示。

表 5.6　一级判断矩阵 *A*

	设计阶段风险 A_1	生产阶段风险 A_2	施工阶段风险 A_3	W_i	一致性检验
设计阶段风险 A_1	1	1/3	1/8	0.082	$\lambda_{max}=3.002$
生产阶段风险 A_2	3	1	1/3	0.236	CI = 0.001
施工阶段风险 A_3	8	3	1	0.628	CR = 0.002

② 层次单排序及一致性检验。通过两两比较的方法构造判断矩阵后，最大特征根的计算可采用方根法或和积法。在本示例中，最大特征根采用方根法计算。

计算每行的乘积 M_i 后，计算 M_i 的 n 次方根 $\bar{W}_i$。具体计算过程如下。

a. $M_i=\prod_{j=1}^{n}a_{ij}$（$i$=1,2,3）时：

$$M_1=1\times\frac{1}{3}\times\frac{1}{8}\approx 0.042$$

$$M_2=3\times 1\times\frac{1}{3}=1$$

$$M_3=8\times 3\times 1=24$$

b. $\bar{W}_i=\sqrt[n]{M_i}=\sqrt[3]{M_i}$ 时：

$$\bar{W}_1=\sqrt[3]{\frac{1}{24}}\approx 0.347$$

$$\bar{W}_2=\sqrt[3]{1}=1$$

$$\bar{W}_3=\sqrt[3]{24}\approx 2.884$$

c. $W_i=\bar{W}_i\Big/\sum_{i=1}^{n}W_i$ 时：

$$W_1=0.347/(0.347+1+2.884)=\frac{0.347}{4.231}\approx 0.082$$

$$W_2=1/4.231\approx 0.236$$

$$W_3=2.884/4.231\approx 0.682$$

所得的 $\boldsymbol{W}$=(0.082,0.236,0.682)^{T} 为该层的层次单排序。

d. 矩阵的最大特征根 λ_{max} 的计算如下。

$$\lambda_{max}=\sum_{i=1}^{n}\frac{(\boldsymbol{AW})_i}{n\bar{W}_i}\approx 3.002$$

e. 一致性检验。

一致性指标：

$$\mathrm{CI}=\frac{3.002-3}{3-1}=0.001$$

查表得同阶平均随机一致性指标 RI=0.58。

一致性比率：

$$\mathrm{CR}=\frac{\mathrm{CI}}{\mathrm{RI}}=\frac{0.001}{0.58}\approx 0.002<0.1$$

因此该判断矩阵通过一致性检验。

③ 分别计算第三层的各风险因素关于第二层准则的二级判断矩阵，计算结果分别如表 5.7～表 5.9 所示。

表 5.7 设计阶段风险下的二级判断矩阵

A_1	政治风险 B_1	环境风险 B_2	质量风险 B_7	进度风险 B_8	成本风险 B_9	设计风险 B_{11}	W_i	一致性检验
政治风险 B_1	1	7	6	5	3	1/3	0.262	$\lambda_{max}=6.530$ CI = 0.106 CR = 0.085
环境风险 B_2	1/7	1	1/3	1/5	1/6	1/8	0.026	
质量风险 B_7	1/6	3	1	1/3	1/5	1/7	0.044	
进度风险 B_8	1/5	5	3	1	1/3	1/6	0.080	
成本风险 B_9	1/3	6	5	3	1	1/5	0.145	
设计风险 B_{11}	3	8	7	6	5	1	0.444	

表 5.8 生产阶段风险下的二级判断矩阵

A_2	政治风险 B_1	环境风险 B_2	成本风险 B_9	产品质量风险 B_{12}	W_i	一致性检验
政治风险 B_1	1	3	1/3	1/5	0.116	$\lambda_{max}=4.093$ CI = 0.031 CR = 0.035
环境风险 B_2	1/3	1	1/5	1/8	0.052	
成本风险 B_9	3	5	1	1/3	0.259	
产品质量风险 B_{12}	5	8	3	1	0.573	

表 5.9 施工阶段风险下的二级判断矩阵

A_3	政治风险 B_1	环境风险 B_2	利润风险 B_4	组织风险 B_5	管理风险 B_6	施工技术改革风险 B_{13}	工程机械风险 B_{14}	W_i	一致性检验
政治风险 B_1	1	1/5	1/3	1/7	1/9	1/6	1/4	0.022	$\lambda_{max}=7.623$ CI = 0.104 CR = 0.079
环境风险 B_2	5	1	4	1/4	1/5	1/3	3	0.036	
利润风险 B_4	3	1/4	1	1/6	1/7	1/5	1/3	0.036	
组织风险 B_5	7	4	6	1	1/3	3	5	0.245	
管理风险 B_6	9	5	7	3	1	4	6	0.393	
施工技术改革风险 B_{13}	6	3	5	1/3	1/4	1	4	0.152	
工程机械风险 B_{14}	4	1/3	3	1/5	1/6	1/4	1	0.058	

每个二级判断矩阵的一致性比率均小于 0.1，符合一致性的要求。最后汇总得到层次总排序，如表 5.10 所示。

表 5.10 层次总排序

准则层	权重	方案层（指标层）	权重	总排序权重	排序
设计阶段	0.082	政治风险 B_1	0.262	0.022	11
		环境风险 B_2	0.026	0.002	17
		质量风险 B_7	0.044	0.003	16
		进度风险 B_8	0.080	0.006	15
		成本风险 B_9	0.145	0.012	13
		设计风险 B_{11}	0.444	0.037	8

续表

准则层	权重	方案层（指标层）	权重	总排序权重	排序
生产阶段	0.236	政治风险 B_1	0.116	0.027	9
		环境风险 B_2	0.052	0.012	14
		成本风险 B_9	0.259	0.061	6
		产品质量风险 B_{12}	0.573	0.135	3
施工阶段	0.682	政治风险 B_1	0.022	0.015	12
		环境风险 B_2	0.036	0.064	5
		利润风险 B_4	0.036	0.025	10
		组织风险 B_5	0.245	0.167	2
		管理风险 B_6	0.393	0.268	1
		施工技术改革风险 B_{13}	0.152	0.104	4
		工程机械风险 B_{14}	0.058	0.040	7
合计	1			1	

根据层次分析法计算的结果，可知 BIM 技术应用于装配式建筑项目实施阶段的主要风险有 B_6、B_5、B_{12}、B_{13}，即施工阶段的管理风险、组织风险和施工技术改革风险，生产阶段的产品质量风险。因此，在风险管理过程中，应该加强管理人员的培训和考核，选择对装配式建筑项目和 BIM 技术有一定了解和实践应用的管理者；预制构件生产时，应加强过程监督，实行生产过程验收、出厂检验和进场验收制度，制订完善的物流运输计划和应急预案，严格把控生产环节的质量。现场的装配技术应充分应用 BIM 技术可视化和全生命周期信息化的特点，解决装配连接、管道安装等施工难题。设计阶段应加强各专业的交流，结合 BIM 模型和 BIM 技术的信息化，加强技术交底效果，减少设计错误。

5.3.2 模糊综合评价法

在项目风险评价中，有些活动对象或者影响要素是清晰的，但有些是模糊的、不确定的，对于后者的分析只能用模糊集合来进行描述。因此，模糊数学在项目风险评价中的应用不可或缺。

模糊数学（fuzzy mathematics）是美国加利福尼亚大学的扎德（Zadeh）教授在 1965 年提出的，它以崭新的视角和独特的方法冲破精确数学的局限，巧妙地处理客观世界中存在的模糊现象。通过近 60 年的发展，这门学科已有了质的发展，在自然科学和社会科学领域得到广泛应用，并且被验证了有效性，显现出强大的适用性和渗透力。在各类项目的风险评价中，对有些事件的风险程度不能进行有效的精确描述，如风险水平高、施工安排合理、装配方案完善、承包经验丰富等，“高”“合理”“完善”“丰富”均属于界定不清晰的含义，即模糊概念。诸如此类的概念或者事件，既没有物质上的确切含义，又不能用数学形式精确地表达。因此，在项目风险评价时，评估的结果往往不能通过单一指标完全表述，需要考虑多个因素，如评级标准和自然状态模糊等情形，从而进行综合评估，而采用模糊综合评价法可以较好地解决这些问题。

模糊综合评价法是一种基于模糊数学和最大隶属原则的评价方法，可以对受多因素影响的系统做出全面有效的综合评价。其中，评价是指按照制定的评价标准对评价对象的优劣进行评比、判断，综合是指评价过程和评价条件包括多项因素。

装配式建筑项目具有周期长、施工过程复杂且庞大、上下游利益相关者众多、不确定性大等特质，进而导致影响项目管理和进展的风险因素众多。此外，在装配式建筑项目风险评价指标体系建立过程中，对许多指标的风险状态程度和描述无法进行精确的表达，难以准确对其定义，存在较多边界不清的模糊概念。因此，适合用模糊综合评价法对装配式建筑项目的风险管理进行分析和评价。

1. 模糊综合评价法的应用步骤

模糊综合评价法的基本思路是：首先确定风险评级的评价目标、评价标准和风险因素，综合考虑所有风险因素的影响程度，并建立隶属度区别各因素的重要程度；然后构建一个风险模糊综合评价矩阵模型，运用模糊数学推算风险水平的各种可能性程度；最后根据可能性程度得出风险评价的等级。模糊综合评价法主要的应用步骤如下。

（1）建立指标因素集

对评价对象产生影响的因素所组成的集合为指标因素集。项目的风险评价往往是一个复杂的系统，需要考虑的因素有很多，因此将因素分成若干层次进行分析，形成指标因素集，设为 $\boldsymbol{U}=\{U_1,U_2,\cdots,U_m\}$，其中 $U_i(i=1,2,\cdots,m)$ 为因素集中的第 i 个因素，m 为因素集中因素的总个数。一般来说，因素集中的因素具有一定程度的模糊性。

（2）建立评语集

根据项目风险评价的目标要求确定风险的评估等级是整个评价成功进行的关键。评价对象可能做出的各种评价结果或评价等级所构成的集合，即评语集，通常用程度类语言表示，设为 $\boldsymbol{V}=\{V_1,V_2,\cdots,V_n\}$，如{很好，较好，一般，较差，很差}。

（3）构建模糊关系矩阵

按照评语集中的各种评价结果，对指标因素集中的各风险因素进行单独评价，建立从 $\boldsymbol{U}$ 到 $\boldsymbol{V}$ 的模糊关系矩阵 $\boldsymbol{R}$。在模糊集合理论中，评价对象的指标因素对一个模糊子集的关系不再是属于和不属于的简单从属关系，而存在着模糊性。该模糊子集的隶属程度大小存在不确定模糊性，隶属度取值区间为 0～1。

$$\boldsymbol{R}=\begin{bmatrix} r_{11} & r_{12} & \cdots & r_{1n} \\ r_{21} & r_{22} & \cdots & r_{2n} \\ \vdots & \vdots & & \vdots \\ r_{m1} & r_{m2} & \cdots & r_{mn} \end{bmatrix}$$

（4）确定各因素权重

根据指标因素的影响程度，确定每个指标因素相应的权重，由这些权重构成的集合被称为权重集，记为 $\boldsymbol{W}=(w_1,w_2,\cdots,w_m)$。

（5）运用模糊数学计算方法确定综合评价成果

确定风险因素、模糊关系矩阵及权重集后，运用模糊数学的运算方法，确定合适的模糊判断算子，将权重集 $\boldsymbol{W}$ 和模糊关系矩阵 $\boldsymbol{R}$ 结合并进行合成运算，最后根据最大隶属度原则确定风险的等级，确定综合评价的结果 $\boldsymbol{S}$。$\boldsymbol{S}$ 的计算公式为

$$\boldsymbol{S}=\boldsymbol{WR} \tag{5.14}$$

根据计算和分析的结果，结合项目风险评价的总体目标和项目的需求，确定项目的整体风险水平，为后续的风险应对和风险监管提供参考依据。

2. 模糊综合评价法的优缺点

模糊综合评价法运用模糊数学原理，对项目中的模糊事件进行定性和定量相结合的分析与评价。在风险评价中使用模糊综合评价法得到的评价结果能够综合考虑评价因素的模糊性，与实际情况更为契合，并且不需要大量的历史数据。但是该方法在评价过程中主要还是依靠专家评判、问卷调查等方法确定风险因素的权重，具有较强的主观性，可能和实际结果存在偏差。

3. 模糊综合评价法的应用

装配式建筑项目虽然可以保障质量、节约资源、提高效率、缩短工期等，但同时存在施工不连续、各环节互操作性差及缺乏实时信息反馈等缺点，这些缺点会对装配式建筑的发展产生不利影响。因此，对装配式建筑项目的实施全周期进行风险管理显得尤为重要，识别出影响装配式建筑项目的关键风险因素后，有利于提出针对性的管理方法，并且在项目实施前后做好风险管控，保证项目目标得以实现，减少损失，进一步促进装配式建筑项目的健康持续发展。

通过模糊综合评价法对装配式建筑进行全生命周期的风险评价，确定关键风险因素，进而探寻信息化技术在装配式建筑中的应用可行性和实操方案。下面通过示例说明模糊综合评价法的具体分析过程。

1）通过查找装配式建筑风险相关文献及访谈调查的相关结果，按照全生命周期阶段划分，得到风险因素识别清单，如表 5.11 所示。

表 5.11 装配式建筑全生命周期风险因素识别清单

阶段	风险因素
规划设计（A）	A_1 方案选用欠缺
	A_2 结构与管线之间物理碰撞
	A_3 相关信息保存不当，交底不彻底
	A_4 预制构件的拆分设计不合理
	A_5 政策的不利变化
	A_6 项目结构复杂导致设计阶段耗时久
	A_7 勘察工作不到位，信息采集不完整
	A_8 机电设备管道等的预留洞口设计不合理
构件生产（B）	B_1 对预制构件的低效检验
	B_2 构件生产难度大、效率低
	B_3 预埋件、混凝土或连接构件的强度或性能不满足要求
	B_4 混凝土紧缩使孔洞尺寸偏差大
	B_5 对设计加工图的理解错误，导致生产无用构件
运输库存管理（C）	C_1 运输途中因不可抗力导致进度延误
	C_2 运输车辆不符合要求
	C_3 大批构件出入库管理困难
	C_4 装车与卸载杂乱导致构件损坏
	C_5 构件查找困难，库存量难以统计
	C_6 对构件储存不当产生磨损、破坏

续表

阶段	风险因素
现场安装（D）	D_1 构件损坏重新制作
	D_2 已安装构件数量难以统计
	D_3 缓慢的质量验收程序
	D_4 机械设备出现故障、工人受伤
	D_5 机械作业位置不当
	D_6 不同构件安装混淆
	D_7 参与方之间信息传递不及时导致停工或者返工
运营维修与拆除（E）	E_1 隐蔽部位管线埋设走向及周围结构难以确定
	E_2 发生灾害后的损失无法判断
	E_3 发生灾害时人员疏散方案欠妥
	E_4 无法确定哪些材料可重新加工利用
	E_5 运输效率低下
	E_6 拆除方案选取不当
	E_7 建筑物的损耗情况难以判断
	E_8 发生灾害时救援路线规划不当

2）确定评价指标的因素集与评语集。根据表 5.11，装配式建筑风险评价因素集 $\boldsymbol{U}$={规划设计阶段 A，构件生产阶段 B，运输库存管理阶段 C，现场安装阶段 D，运营维修与拆除阶段 E}。其中：$A=\{A_1,A_2,\cdots,A_8\}$；$B=\{B_1,B_2,\cdots,B_5\}$；$C=\{C_1,C_2,\cdots,C_6\}$；$D=\{D_1,D_2,\cdots,D_7\}$；$E=\{E_1,E_2,\cdots,E_8\}$。

根据风险的性质，并结合装配式建筑项目的风险等级，将评语集定义为 $\boldsymbol{V}$={极小，轻微，中等，较大，严重}，并与对应的模糊语言赋值得到 $\boldsymbol{V}$={100，90，80，70，60}。

3）统计隶属度向量，构建模糊关系矩阵。对各风险因素进行单独评价，设计装配式建筑各阶段的风险评价表，然后邀请领域内的专家学者和工作人员对风险因素等级进行打分，统计后，按照隶属原则得到各阶段的模糊关系矩阵 $\boldsymbol{R}$，分别如表 5.12～表 5.16 所示。

表 5.12　规划设计阶段隶属度（模糊关系矩阵 $\boldsymbol{R}_A$）

隶属度 评价指标	等级				
	极小（100）	轻微（90）	中等（80）	较大（70）	严重（60）
A_1	0.05	0.25	0.4	0.2	0.1
A_2	0.15	0.4	0.3	0.15	0
A_3	0.25	0.55	0.15	0.05	0
A_4	0.2	0.25	0.35	0.15	0.05
A_5	0.1	0.35	0.4	0.1	0.05
A_6	0.05	0.2	0.65	0.1	0
A_7	0.2	0.2	0.3	0.25	0.05
A_8	0.05	0.6	0.15	0.2	0

表 5.13　构件生产阶段隶属度（模糊关系矩阵 R_B）

隶属度 评价指标	等级				
	极小（100）	轻微（90）	中等（80）	较大（70）	严重（60）
B_1	0	0.15	0.25	0.55	0.05
B_2	0.2	0.05	0.35	0.4	0
B_3	0.05	0.25	0.15	0.45	0.1
B_4	0.15	0.25	0.15	0.35	0.1
B_5	0.15	0.3	0.25	0.3	0

表 5.14　运输库存管理阶段隶属度（模糊关系矩阵 R_C）

隶属度 评价指标	等级				
	极小（100）	轻微（90）	中等（80）	较大（70）	严重（60）
C_1	0.05	0.3	0.35	0.25	0.05
C_2	0.15	0.25	0.45	0.15	0
C_3	0.15	0.15	0.3	0.3	0.1
C_4	0.2	0.25	0.35	0.2	0.05
C_5	0.1	0.2	0.5	0.2	0
C_6	0.25	0.35	0.35	0.05	0

表 5.15　现场安装阶段隶属度（模糊关系矩阵 R_D）

隶属度 评价指标	等级				
	极小（100）	轻微（90）	中等（80）	较大（70）	严重（60）
D_1	0	0.15	0.25	0.55	0.05
D_2	0.15	0.25	0.15	0.35	0.1
D_3	0.15	0.25	0.25	0.3	0.05
D_4	0	0.1	0.5	0.25	0.15
D_5	0.1	0.15	0.25	0.45	0.05
D_6	0.15	0.2	0.35	0.25	0.05
D_7	0.15	0.2	0.35	0.25	0.05

表 5.16　运营维修与拆除阶段隶属度（模糊关系矩阵 R_E）

隶属度 评价指标	等级				
	极小（100）	轻微（90）	中等（80）	较大（70）	严重（60）
E_1	0.25	0.35	0.35	0.05	0
E_2	0.2	0.3	0.4	0.1	0
E_3	0	0.2	0.6	0.15	0.05
E_4	0	0.1	0.45	0.3	0.15
E_5	0.3	0.25	0.35	0.1	0
E_6	0.15	0.25	0.4	0.2	0
E_7	0.25	0.3	0.35	0.1	0
E_8	0.1	0.15	0.45	0.2	0.1

4）确定权重向量。确定权重的方法有很多，如层次分析法、熵权法等，本示例运用熵权法确定权重。同样，通过问卷形式，得到七位专家对各阶段每项指标的打分值（风险高得分为 5，风险较高得分为 4，风险适度得分为 3，风险较低得分为 2，风险低得分为 1，其余相邻区间取相邻值的中值）。用 $\boldsymbol{X}_1$、$\boldsymbol{X}_2$、$\boldsymbol{X}_3$、$\boldsymbol{X}_4$、$\boldsymbol{X}_5$ 分别表示装配式建筑规划设计、构件生产、运输库存管理、现场安装和运营维修与拆除阶段的评价分值矩阵，具体内容如下（每行表示一位专家对该阶段不同风险因素的打分）。

$$\boldsymbol{X}_1=\begin{bmatrix}4.5 & 3.0 & 3.5 & 4.0 & 4.0 & 5.0 & 4.5 & 3.0\\5.0 & 3.0 & 3.0 & 4.5 & 4.0 & 4.5 & 5.0 & 2.0\\4.0 & 3.5 & 3.5 & 4.0 & 3.5 & 4.5 & 4.5 & 2.5\\4.0 & 3.5 & 5.0 & 4.0 & 4.5 & 5.0 & 4.0 & 3.0\\3.5 & 2.5 & 3.0 & 4.5 & 4.5 & 4.0 & 4.0 & 2.5\\4.5 & 2.0 & 3.0 & 4.5 & 4.5 & 4.5 & 4.5 & 2.5\\4.0 & 3.0 & 2.0 & 4.0 & 4.0 & 4.0 & 4.5 & 2.0\end{bmatrix}$$

$$\boldsymbol{X}_2=\begin{bmatrix}2.5 & 3.5 & 4.0 & 3.0 & 2.0\\2.0 & 4.0 & 3.5 & 4.0 & 2.0\\2.0 & 4.0 & 3.5 & 3.5 & 2.5\\3.0 & 3.5 & 3.5 & 4.0 & 2.0\\2.5 & 4.0 & 4.0 & 4.5 & 2.5\\2.0 & 3.5 & 3.5 & 4.0 & 2.5\\2.0 & 4.5 & 3.0 & 4.0 & 2.0\end{bmatrix}$$

$$\boldsymbol{X}_3=\begin{bmatrix}5.0 & 2.0 & 4.5 & 4.0 & 2.5 & 3.5\\5.0 & 2.5 & 4.0 & 3.5 & 2.5 & 3.0\\4.5 & 2.0 & 2.5 & 4.0 & 3.0 & 2.5\\4.5 & 3.5 & 4.0 & 3.5 & 3.0 & 2.5\\5.0 & 2.0 & 5.0 & 3.5 & 2.5 & 3.0\\4.0 & 2.0 & 4.5 & 3.0 & 2.5 & 3.0\\4.0 & 2.0 & 4.5 & 3.5 & 2.5 & 3.5\end{bmatrix}$$

$$\boldsymbol{X}_4=\begin{bmatrix}5.0 & 2.0 & 3.0 & 5.0 & 3.5 & 3.5 & 2.0\\5.0 & 2.5 & 2.5 & 4.5 & 4.0 & 4.5 & 2.0\\4.5 & 2.0 & 3.0 & 4.0 & 3.5 & 4.0 & 2.5\\4.5 & 3.0 & 3.5 & 5.0 & 3.5 & 4.5 & 2.0\\5.0 & 2.5 & 4.0 & 4.5 & 3.5 & 3.5 & 2.5\\4.0 & 2.0 & 3.5 & 4.5 & 4.0 & 3.0 & 2.0\\4.0 & 2.0 & 3.5 & 5.0 & 4.0 & 3.5 & 2.0\end{bmatrix}$$

$$X_5=\begin{bmatrix}4.0&2.5&4.0&2.0&4.5&3.5&2.5&3.5\\3.5&2.0&3.5&2.0&4.5&3.0&3.0&2.0\\3.5&3.0&3.5&2.5&5.0&3.0&2.5&4.5\\4.0&3.5&4.0&2.5&4.0&3.0&2.5&4.5\\3.5&2.5&4.0&2.0&5.0&3.5&2.0&4.0\\4.0&2.0&3.5&3.0&4.5&3.0&2.0&4.0\\4.0&2.5&3.0&2.5&4.0&3.0&2.5&4.5\end{bmatrix}$$

按照熵权法的运算法则，对矩阵进行标准、归一化的处理，得到的装配式建筑各阶段的每个风险因素特征权重如下。

$$P_1=\begin{bmatrix}1/11&1/8&1/8&1/4&1/5&0&1/8&0\\0&1/8&1/6&0&1/5&1/6&0&2/7\\2/11&0&1/8&1/4&2/5&1/6&1/8&1/7\\2/11&0&0&1/4&0&0&1/4&0\\3/11&1/4&1/6&0&0&1/3&1/8&1/7\\1/11&3/8&1/6&0&0&1/6&1/4&1/7\\2/11&1/8&1/4&1/4&1/5&1/6&1/8&2/7\end{bmatrix}$$

$$P_2=\begin{bmatrix}1/10&2/9&0&1/3&1/4\\1/5&1/9&1/6&1/9&1/4\\1/5&1/9&1/6&2/9&0\\0&2/9&2/6&1/9&1/4\\1/10&1/9&0&0&0\\1/5&2/9&1/6&1/9&0\\1/5&0&1/3&1/9&1/4\end{bmatrix}$$

$$P_3=\begin{bmatrix}0&3/17&1/12&0&1/5&0\\0&2/17&1/6&1/6&1/5&1/7\\1/6&3/17&5/12&0&0&2/7\\1/6&0&1/6&1/6&0&2/7\\0&3/17&0&1/6&1/5&1/7\\1/3&3/17&1/12&1/3&1/5&1/7\\1/3&3/17&1/12&1/6&1/5&0\end{bmatrix}$$

$$P_4=\begin{bmatrix}0&1/5&1/5&0&1/4&1/5&1/5\\0&1/10&3/10&1/5&0&0&1/5\\1/6&1/5&1/5&2/5&1/4&1/10&0\\1/6&0&1/10&0&1/4&0&1/5\\0&1/10&0&1/5&1/4&1/5&0\\1/3&1/5&1/10&1/5&0&3/10&1/5\\1/3&1/5&1/10&0&0&1/5&1/5\end{bmatrix}$$

$$P_5=\begin{bmatrix} 0 & 1/8 & 0 & 2/9 & 1/7 & 0 & 1/8 & 2/5 \\ 1/3 & 1/4 & 1/5 & 2/9 & 1/7 & 1/5 & 0 & 1/5 \\ 1/3 & 0 & 1/5 & 1/9 & 0 & 1/5 & 1/8 & 0 \\ 0 & 1/8 & 0 & 1/9 & 2/7 & 1/5 & 1/8 & 0 \\ 1/3 & 1/8 & 0 & 1/9 & 0 & 0 & 1/4 & 1/5 \\ 0 & 1/4 & 1/5 & 0 & 1/7 & 1/5 & 1/4 & 1/5 \\ 0 & 1/8 & 2/5 & 1/9 & 2/7 & 1/5 & 1/8 & 0 \end{bmatrix}$$

确定好特征权重后，计算熵值和熵权。熵的大小反映数据的真实特征，表示各指标的竞争激烈程度。一个指标的熵值越小，说明该指标在总体样本中的权重越大，而熵权便反映这一现象，即表示各指标的权重。按照熵权法的计算方式，可得到每个阶段各风险因素的熵值与熵权，如表 5.17～表 5.21 所示。

表 5.17　规划设计阶段熵值与熵权

指标	熵值	熵权
A_1	0.8840	0.0745
A_2	0.7679	0.1492
A_3	0.9057	0.0606
A_4	0.7124	0.1842
A_5	0.6846	0.2026
A_6	0.8020	0.1272
A_7	0.8905	0.0703
A_8	0.7965	0.1308

表 5.18　构件生产阶段熵值与熵权

指标	熵值	熵权
B_1	0.8983	0.1219
B_2	0.8917	0.1299
B_3	0.8020	0.2374
B_4	0.8618	0.1658
B_5	0.7124	0.3449

表 5.19　运输库存管理阶段熵值与熵权

指标	熵值	熵权
C_1	0.6833	0.2726
C_2	0.9159	0.0724
C_3	0.8136	0.1604
C_4	0.8020	0.1704
C_5	0.8271	0.1489
C_6	0.7965	0.1752

表 5.20　现场安装阶段熵值与熵权

指标	熵值	熵权
D_1	0.6833	0.2080
D_2	0.8983	0.0688
D_3	0.8714	0.0844
D_4	0.6846	0.2071
D_5	0.7124	0.1889
D_6	0.8002	0.1312
D_7	0.8271	0.1136

表 5.21　运营维修与拆除阶段熵值与熵权

指标	熵值	熵权
E_1	0.5646	0.2460
E_2	0.8905	0.0619
E_3	0.6846	0.1782
E_4	0.8917	0.0612
E_5	0.7965	0.1150
E_6	0.8271	0.0977
E_7	0.8905	0.0619
E_8	0.6846	0.1782

因此各阶段的指标权重向量如下。

$$\boldsymbol{W}_{\mathrm{A}}=(0.0745,0.1492,0.0606,0.1842,0.2026,0.1272,0.0703,0.1308)$$

$$\boldsymbol{W}_{\mathrm{B}}=(0.1219,0.1299,0.2374,0.1658,0.3449)$$

$$\boldsymbol{W}_{\mathrm{C}}=(0.2726,0.0724,0.1604,0.1704,0.1489,0.1752)$$

$$\boldsymbol{W}_{\mathrm{D}}=(0.2080,0.0688,0.0844,0.2071,0.1889,0.1312,0.1136)$$

$$\boldsymbol{W}_{\mathrm{E}}=(0.2460,0.0619,0.1782,0.0612,0.1150,0.0977,0.0619,0.1782)$$

5）计算综合评价向量和综合评价值，具体计算过程如下。

$$\begin{aligned}\boldsymbol{S}_{\mathrm{A}}&=\boldsymbol{W}_{\mathrm{A}}\boldsymbol{R}_{\mathrm{A}}\\&=\begin{bmatrix}0.0745\\0.1492\\0.0606\\0.1842\\0.2026\\0.1272\\0.0703\\0.1308\end{bmatrix}^{\mathrm{T}}\times\begin{bmatrix}0.05&0.25&0.4&0.2&0.1\\0.15&0.4&0.3&0.15&0\\0.25&0.55&0.15&0.05&0\\0.2&0.25&0.35&0.15&0.05\\0.1&0.35&0.4&0.1&0.05\\0.05&0.2&0.65&0.1&0\\0.2&0.2&0.3&0.25&0.05\\0.05&0.6&0.15&0.2&0\end{bmatrix}\\&=[0.1253\quad 0.3466\quad 0.3526\quad 0.1447\quad 0.0303]\end{aligned}$$

$$\mu_{\mathrm{A}} = \boldsymbol{VS}_{\mathrm{A}}^{\mathrm{T}} = \begin{bmatrix} 100 \\ 90 \\ 80 \\ 70 \\ 60 \end{bmatrix}^{\mathrm{T}} \times \begin{bmatrix} 0.1253 \\ 0.3466 \\ 0.3526 \\ 0.1447 \\ 0.0303 \end{bmatrix} = 83.879$$

重复以上步骤，分别计算构件生产、运输库存管理、现场安装、运营维修与拆除阶段的综合评价向量和综合评价值，计算结果分别如下。

$$\boldsymbol{S}_{\mathrm{B}} = [0.1145 \quad 0.2290 \quad 0.226 \quad 0.3873 \quad 0.0464], \qquad \mu_{\mathrm{B}} = 79.763$$

$$\boldsymbol{S}_{\mathrm{C}} = [0.1413 \quad 0.2576 \quad 0.3715 \quad 0.1998 \quad 0.0382], \qquad \mu_{\mathrm{C}} = 83.312$$

$$\boldsymbol{S}_{\mathrm{D}} = [0.0669 \quad 0.1784 \quad 0.3196 \quad 0.3668 \quad 00684], \qquad \mu_{\mathrm{D}} = 78.094$$

$$\boldsymbol{S}_{\mathrm{E}} = [0.1563 \quad 0.2249 \quad 0.4265 \quad 0.1365 \quad 0.0359], \qquad \mu_{\mathrm{E}} = 83.5$$

6）综合决策。根据计算结果，并按照评语集中的风险等级划分标准，对于示例中的装配式建筑全生命周期中五个阶段的风险评价结果为：构件生产阶段和现场安装阶段的风险评价结果为较大；规划设计、运输库存管理、运营维修与拆除三个阶段的风险评价结果为中等。通过模糊综合评价法得到的风险评估结果，确定了项目各阶段的风险等级，为后续制订风险应对方案提供了可靠依据。

5.3.3　主观评分法

主观评分法是一种最为直接和简单的风险评价方法，主要是通过采用专家们的经验和预测能力等隐性知识来判断项目中存在的风险因素，并且通过打分的形式对单一风险因素赋予相应的权重。例如，规定在 0～10 中选择一个数进行打分，0 表示没有风险，10 表示风险最高，先将各个风险的权重加起来，再与设定的风险评价基准进行比较分析。

1. 主观评分法的应用步骤

若将项目分为若干过程或工序，则须对每个过程或工序中的各类风险因素进行评价分析，具体步骤如下。

1）确定工程项目中的各风险因素。

2）对项目风险进行评分。邀请专家按照规定的评分规则（评分范围和分值等级）对风险因素进行评分。

3）对项目风险进行评价。

① 将该项目每个工序中的评分权重依次相加，记和为$\sum \mathrm{A}_i$。

② 将对每个风险类别的评分权重依次相加，记和为$\sum \mathrm{B}_j$。

③ 将所有工序的风险权重累加，并将所有风险类别的评分权重相加，$\sum \mathrm{A} = \sum \mathrm{B}$，记为$\sum n_{ij}$。

④ 计算最大风险权重。用风险类别总个数 n 乘以工序总个数 p，再乘以评分中最高的风险权重，设为$a_{\max}$，则项目的最大风险权重为$n \times p \times a_{\max}$。

⑤ 计算项目的整体风险水平。用项目的总风险权重和（$\sum n_{ij}$）除以项目的最大风险权重，其结果为项目的整体风险水平，表达式为

$$S=\frac{\sum n_{ij}}{n\times p\times a_{\max}} \tag{5.15}$$

⑥ 设定项目的整体评价基准值，记为 R。

⑦ 将项目的整体风险水平与设定的整体评价基准值进行比较分析。若 $S>R$，则项目风险水平过高，项目实施存在高风险，不建议接受；若 $S<R$，则项目风险水平较低，可以接受，项目可以实施。

2. 主观评分法的优缺点

主观评分法主要适用于因研究资料少、未知因素多、数据缺乏且难以获取而无法进行定量分析，需要靠主观判断和粗略估计进行定性评估的情况。

主观评分法是一种最常用、最简单、易于应用的分析方法，具有全面、简单、直观性强的特点，可以直接接触专家们的经验和意见，为决策者提供相关知识和经验参考。但是主观评分法在理论性和系统性方面交叉，过多依靠主观评判，存在偏差，影响评价结果的客观性和科学准确性。近年来，单独应用主观评分法进行风险管理和风险评价的研究逐渐减少，更多的是将主观评分法作为其中收集权重的方法，或者是改进主观评分法的计算过程。例如，在对每种风险打分时，加入风险发生的概率和风险发生后果的安全系数等，以期增加主观评分法的可靠性。

3. 主观评分法的应用

某装配式建筑项目的全生命周期经过规划设计、预制构件生产、预制构件运输、现场装配施工、运行使用、拆除回收六个阶段。表 5.22 中列出了已识别的五个风险类别，运用主观评分法，采用 0～10 计分，邀请相关专家对该项目进行风险评价。

表 5.22　主观评分法应用示例

阶段	风险类别					各阶段风险权重
	费用风险	工期风险	质量风险	组织风险	技术风险	
规划设计	5	6	3	8	7	29
预制构件生产	7	5	8	7	7	34
预制构件运输	6	7	3	6	5	27
现场装配施工	9	8	7	4	3	31
运行使用	2	2	3	2	4	13
拆除回收	5	3	2	4	4	18
合计	34	31	26	31	30	152

（1）对项目风险进行评分

利用专家的知识和经验对项目各阶段的各风险因素进行评分，评分结果详见表 5.22。

（2）对装配式建筑项目风险进行评价

1）将项目每个阶段的各风险类别的评分权重从左至右全部相加，记和为 $\sum \mathrm{A}_i$，计算结果在表 5.22 中的最右边的一列。

2）将不同阶段的各风险类别的评分权重从上至下全部相加，记和为 $\sum \mathrm{B}_j$，计算结果在

表 5.22 中的最下面的一行。

3）将各阶段的风险权重累加，同时将各风险类别的评分权重累加，记和为$\sum n_{ij}$，计算结果在表 5.22 中的最右下角的一栏。

4）计算最大风险权重。一共有六个阶段（n=6），五类风险因素（p=5），表 5.22 中最大的风险权重为 9，则最大风险权重为$n\times p\times a_{\max}=6\times5\times9=270$。

5）计算项目的整体风险水平。项目的全部风险权重由表 5.22 中的数据计算得知，$\sum n_{ij}=152$，则该项目的整体风险水平为

$$S=\frac{\sum n_{ij}}{n\times p\times a_{\max}}=\frac{152}{270}\approx0.563$$

6）设定项目整体评价基准值 R=0.6，并将项目的整体风险水平与项目整体评价基准值进行比较。根据以上的计算结果可知，项目的整体风险水平为 0.563，小于项目整体评价基准 0.6，因此，该项目的整体风险水平可以接受，项目可以按计划继续实施。同理，各阶段的风险水平或各类别的风险因素整体风险水平，也可按照以上计算思路进行比较分析，进而判断单个风险或者阶段中的关键风险因素。

5.3.4 风险评估矩阵法

风险评估矩阵法最早出现于 20 世纪 90 年代中后期，是一种定性与定量相结合的方法，最初用于在项目管理过程中识别风险重要性，因具有结构灵活、操作简便等优势而得到广泛应用。1996 年，风险评估矩阵法在美国空军电子系统中心（Electronic Systems Center，ESC）对武器的研究中首次被应用，并得到官方认可，对项目推进起到了关键作用。自此以后，美国开发了一系列适合风险评估矩阵法的应用软件，并加入风险分析功能、实施监测风险功能等，可在 Excel 中应用，具有很强的兼容性。

风险矩阵图也被称为风险坐标图、风险热度图等。风险评估矩阵法是指按照风险发生的概率（可能性，probability）和风险发生后的严重程度（影响性，impact），将风险绘制在风险矩阵图中，表现风险及其重要性等级的风险管理方法。运用风险矩阵图对项目风险进行评价，能够识别项目既定风险并发掘风险的潜在影响，计算风险发生的概率，评定项目的整体风险等级，为风险的应对和监控提供基础数据。因此，风险评估矩阵法适用于各类项目或企业，不仅可以用于风险评价，还可以用于风险等级展示和沟通汇报。

1. 风险评估矩阵法的应用步骤

风险评估矩阵法的基本思路是在项目已设定风险偏好的前提下，根据风险偏好判断风险发生的概率和影响程度，通过专家打分求出风险值，将风险描绘在风险矩阵图中，最终确定风险的重要性等级。该方法具体的应用步骤如下。

（1）确定工程项目中的各风险因素

通过风险识别，梳理工程项目中可能出现的所有风险因素，进行细化和风险归类。

（2）绘制风险矩阵图

1）风险评估。项目风险管理人员事先制定好风险评价标准，组织项目内部人员或行业领域内的有关专家学者根据制定好的风险评价标准，对风险因素从发生概率和影响程度两个

维度进行打分。为降低在打分中的过度主观判断对评价结果的影响，对于参与评分的人员可根据其职位、经验等方面赋予不同角色不同的权重，从而降低主观性带来的偏差，但人员权重确定后，一般不再修改，以免影响后续风险应对和监控的决策口径。

表示风险发生概率的等级标准可定性表述为“非常高”“高”“中等”“低”“非常低”，如表 5.23 所示。发生概率量化为事件发生的频次，风险因素发生的频次越高，则风险事件发生的概率越大，造成整体风险趋势偏高。

表 5.23 风险发生概率等级标准

风险等级	风险等级量化范围	等级说明
1 级（非常低）	0～1	未来 5 年内可能不发生
2 级（低）	1～2	未来 3～5 年内可能出现 1 次
3 级（中等）	2～3	未来 1～2 年内可能出现 1 次
4 级（高）	3～4	未来 1 年内极可能出现 1 次
5 级（非常高）	4～5	未来 1 年内至少出现 1 次

另外，人们需要对风险的影响程度进行打分，同样需要建立打分标准和等级，如表 5.24 所示。可以将风险的影响程度的标准等级描述为“关键”“严重”“中度”“轻微”“可忽略”。通常将风险的影响程度与项目的社会影响或者财务指标结合进行量化评估。

表 5.24 风险影响程度等级标准

标准等级	量化范围	社会影响	财务影响
可忽略	0～1	风险后果对社会/项目几乎不产生影响	对项目成本影响在 1%以下
轻微	1～2	风险后果对社会/项目产生微小影响	对项目成本影响在 5%以下
中度	2～3	风险后果可能对社会/项目产生影响	对项目成本影响在 10%以下
严重	3～4	风险后果很可能对社会/项目产生影响	对项目成本影响在 20%以下
关键	4～5	风险后果极有可能对社会/项目产生影响	对项目成本影响在 20%以上

2）建立风险矩阵图。风险矩阵图以风险发生概率 P 作为纵坐标，以风险影响程度 C 作为横坐标，根据特定项目对风险管理的精度要求，确定定性与定量的风险标准并转化为风险数字范围，以确定评价风险影响程度和发生概率，最后确定风险等级。具体的计算公式为

$$R_{f0} = P_{f0} \times C_{f0} \tag{5.16}$$

其中，R_{f0} 为风险系数。

按照风险发生概率和风险影响程度的等级标准，绘制 5×5（25 个）的方格区域，形成风险矩阵图，如图 5.7 所示。风险矩阵图的方格数由横纵坐标的发生概率和影响程度相乘而得。

3）确定风险等级。结合横纵坐标的两个风险衡量指标，将风险等级划分为三类，分别是一般风险、中等风险和重大风险。将横纵坐标的乘积与等级相匹配，项目管理人员可根据项目特性和风险目标确定风险等级跨度。

4）描述评估结果。将评估结果绘制在风险矩阵图中，并标明各风险点的含义和数据。

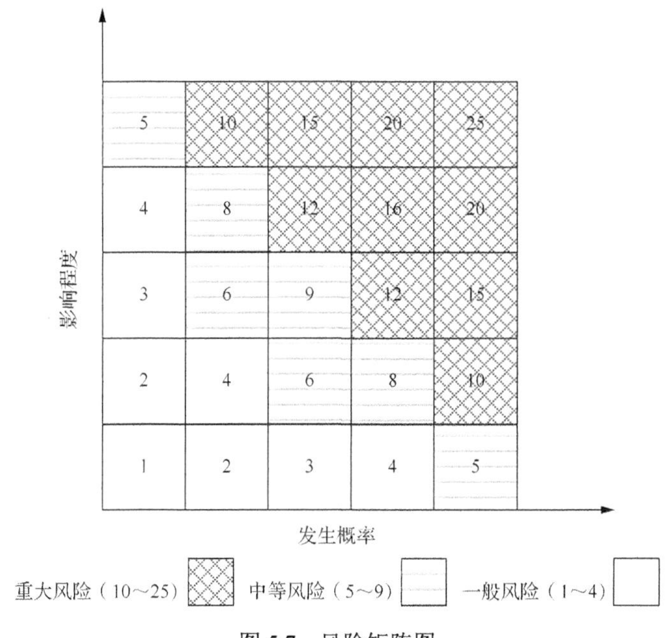

图 5.7　风险矩阵图

（3）交流与决策

将从风险矩阵图中得到的风险等级结果在各部门间进行交流探讨，最终调整达到较为一致的结果。之后，将风险矩阵评估过程和结果总结成报告，以便后续的风险决策和应对。此外，应根据风险管理效果和项目的需求动态把控风险矩阵模型内的风险因素，更新风险等级，以便更好地进行下一步的风险管理工作。

2. 风险评估矩阵法的优缺点

（1）风险评估矩阵法的优点

风险评估矩阵法作为一种简单、易用的结构性风险管理方法，在风险管理实践中具有以下优点：①是项目全生命周期中评价和管理风险的直接方法；②可以全面评估、监控风险降低活动，具有较强的灵活性；③具有分类和列表的功能；④可以快速识别对项目影响最为关键的风险因素；⑤可视化的展示能够加强各级的沟通，发挥项目各级管理人员的主观能动性，利于风险管理工作从上至下的实施和开展。

（2）风险评估矩阵法的缺点

风险评估矩阵法由于对风险发生概率和风险影响程度两个指标的打分是通过专家打分法进行的，会影响结果的准确性；另外，风险标准等级是每个项目根据自身特点和需求制定的。例如，是采用四个等级的风险评价模式，还是采用五个等级的风险评价模式，由项目本身决定，所以会导致不同项目或者行业之间的评估结果不一致，缺乏可比性。

3. 风险评估矩阵法的应用

基于风险评估矩阵法对某装配式建筑项目进行风险管理，建立该项目的风险评价指标，通过邀请专家打分，预估风险的发生概率和影响程度，确定风险等级。

（1）建立风险指标

参考相关文献，以及按照该装配式建筑项目自身特性和项目发展机理，识别项目存在的风险因素，如表 5.25 所示。

表 5.25　该装配式建筑项目的风险指标

风险类型	风险因素
技术风险 R_1	可行性研究的完备性
	技术软件和工具的完备性
	规模的适宜性
	规划布局的合理性
	功能设计的合理性
	技术的先进性
	勘察设计风险
	工艺流程设计的合理性
经济与财务风险 R_2	金融风险
	通货膨胀
	国内宏观经济背景
	税收政策
组织管理风险 R_3	管理机构设置及分工的合理性
	管理体系的健全性
	设备及原材料供应
	公共关系的协调性
	招投标管理
	承发包模式的选择
市场风险 R_4	装配式建筑的需求前景
	行业间的竞争程度
	市场地位
	区域的产业结构
社会及法律风险 R_5	规划调整
	拆迁安置难易程度
	行业技术政策调整
	立项报建相关手续办理
自然与环境风险 R_6	工程地质与水文条件
	自然灾害
	配套工程的衔接
	项目实施对周围环境的影响

（2）专家打分

邀请装配式建筑领域的 10 名专家，对所识别出的风险因素进行打分。按照表 5.25 的划分，将风险发生概率按 0～5 分进行赋值量化，等级分别对应为“非常低”“低”“中等”“高”“非常高”；风险影响程度同样按 0～5 分进行赋值量化，分别对应危害等级“关键”“严重”“中度”“轻微”“可忽略”。为简便起见，本示例按照专家等权的原则，即取 10 位专家打分的简单算术平均值作为风险发生概率和风险影响程度的最后分值，如表 5.26 所示。

表 5.26　风险打分与评估汇总表

风险类型	序号	风险因素	风险发生概率（平均分值）	风险影响程度（平均分值）	R_{f0}
技术风险 R_1	R_{1-1}	可行性研究的完备性	1.5	2.6	3.9
	R_{1-2}	技术软件和工具的完备性	2.6	3.7	9.62
	R_{1-3}	规模的适宜性	2	2.3	4.6
	R_{1-4}	规划布局的合理性	1.5	2.7	4.05
	R_{1-5}	功能设计的合理性	1.4	2.8	3.92
	R_{1-6}	技术的先进性	3.1	4.4	13.64
	R_{1-7}	勘察设计风险	1.8	3.2	5.76
	R_{1-8}	工艺流程设计的合理性	1.3	2.8	3.64
经济与财务风险 R_2	R_{2-1}	金融风险	2.6	3.8	9.88
	R_{2-2}	通货膨胀	3	3.3	9.9
	R_{2-3}	国内宏观经济背景	1.6	2.7	4.32
	R_{2-4}	税收政策	1.2	2.5	3
组织管理风险 R_3	R_{3-1}	管理机构设置及分工的合理性	1	2	2
	R_{3-2}	管理体系的健全性	1.4	2.6	3.64
	R_{3-3}	设备及原材料供应	1.6	2.2	3.52
	R_{3-4}	公共关系的协调性	1.5	2.2	3.3
	R_{3-5}	招投标管理	2.6	2.6	6.76
	R_{3-6}	承发包模式的选择	2.9	2.3	6.67
市场风险 R_4	R_{4-1}	装配式建筑的需求前景	2.9	4.5	13.05
	R_{4-2}	行业间的竞争程度	3.2	3.6	11.52
	R_{4-3}	市场地位	1.3	2.8	3.64
	R_{4-4}	区域的产业结构	1.2	2	2.4
社会及法律风险 R_5	R_{5-1}	规划调整	1.2	1.5	1.8
	R_{5-2}	拆迁安置难易程度	3.7	4.5	16.65
	R_{5-3}	行业技术政策调整	1.9	2.7	5.13
	R_{5-4}	立项报建相关手续办理	2.1	2.8	5.88
自然与环境风险 R_6	R_{6-1}	工程地质与水文条件	1.8	2.1	3.78
	R_{6-2}	自然灾害	1.3	1.5	1.95
	R_{6-3}	配套工程的衔接	1.3	3.4	4.42
	R_{6-4}	项目实施对周围环境的影响	1.3	1.3	1.69

（3）计算风险系数

根据式（5.16），即 $R_{f0}=P_{f0}\times C_{f0}$，可以得到每个风险因素相应的风险系数和风险等级，风险系数的计算结果详见表 5.26 的最右一列。

（4）风险评级

根据风险系数的计算结果，结合风险矩阵图对风险等级进行划分（1～4 为一般风险，5～9 为中等风险，10～25 为重大风险），并将各风险因素按照得分等级绘制在风险矩阵图中，以便后续的风险控制和应对方案的实施。该装配式建筑项目的风险矩阵图如图 5.8 所示（因为本示例中的风险因素较多，所以在风险矩阵图中只将第一类技术风险的风险因素进行展示，起到演示作用，其余风险因素以此类推，按同样的方法绘制、标注在风险矩阵图的相应区域中）。

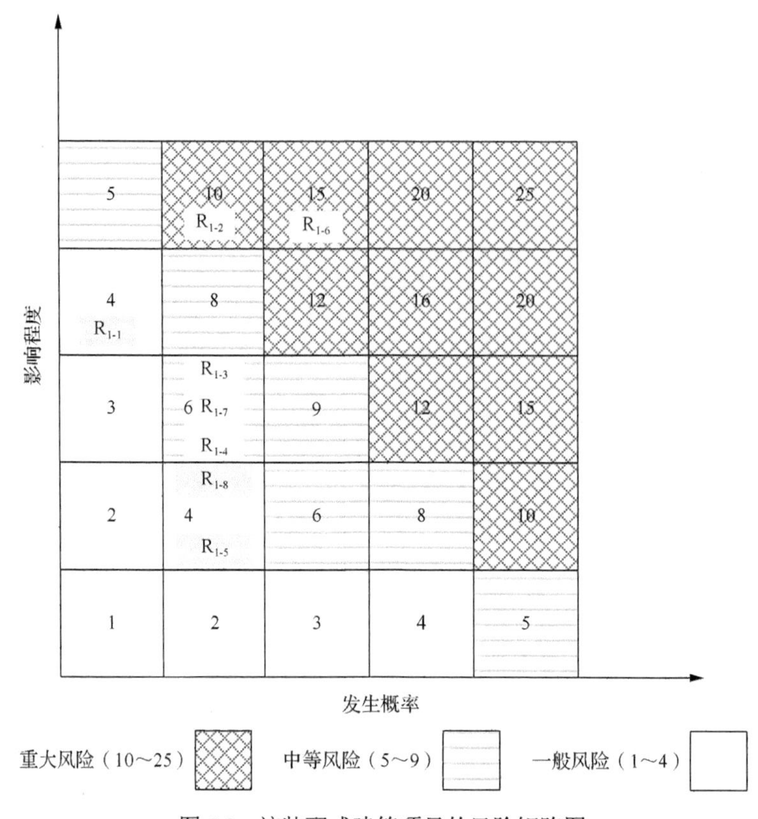

图 5.8　该装配式建筑项目的风险矩阵图

通过观察风险矩阵图中各风险因素的位置，可以直观地判断风险因素所处的风险等级。例如，在第一类技术风险中，处于一般风险区域的有可行性研究的完备性（R_{1-1}）、功能设计的合理性（R_{1-5}）、工艺流程设计的合理性（R_{1-8}），处于中等风险区域的有规模的适宜性（R_{1-3}）、规划布局的合理性（R_{1-4}）、勘察设计风险（R_{1-7}），需要项目管理人员格外关注的重大风险有技术软件和工具的完备性（R_{1-2}）、技术的先进性（R_{1-6}）。

风险矩阵图能够将风险因素量化，并且可以对风险因素进行直观的等级划分，可以用于不同部门之间的沟通交流。风险矩阵图的直观可视性和量化简便等特点可以帮助项目风险管理人员采取风险应对和监控的相应措施，保证风险管理工作的顺利进行。

5.3.5　蒙特卡洛模拟法

蒙特卡洛模拟法也称随机模拟法、统计试验法等，是现代数理学中被广泛应用的一种重要的统计分析方法。“蒙特卡洛”之名来自基于类似思想的轮盘赌博游戏，而蒙特卡洛正是当时欧洲最负盛名的赌城。蒙特卡洛模拟法最早被用于乌拉姆（Ulam）和冯·诺伊曼（von Neumann）在美国曼哈顿项目的核弹研究过程中。当时蒙特卡洛模拟法被定义为“将数学中的统计抽样理论，从理论概念转变为真实应用以处理大量不确定性问题的实用方法”。蒙特卡洛模拟法的基本思想是：首先明确需要解决的问题，建立一个概率模型或者随机过程，设置其参数为问题的解；然后抽取不同变量分布中的随机样本，计算这些随机样本的样本值，根据概率模型的函数或随机过程的逻辑关系运算来产生一组模拟的目标值，重复这一过程（通常上千次至万次甚至更多次数）产生一系列目标值的分布，作为实际项目管理的指示，通过统计和处理这一系列的目标值数据，找出项目变化随参数变化的规律；最后基于统计学原理对数据结果进行分析，确定最值、平均值、标准差、方差等统计学指标，以更深入地定量分析项目，为项目管理和决策提供可靠依据。

具体来说，蒙特卡洛模拟法包含两层主要思想。其一是模拟的思想，在现代的决策分析过程中，存在很多理论结构复杂、不确定性大、历史数据不完善的情况，运用传统的数学方法可能难以得到精确的分析和结果；而蒙特卡洛模拟法运用模拟的思想，将这些真实世界中发生的问题在虚拟的情况下模拟出来，最后借助软件/计算机进行大量多次的模拟，以期将可能发生的结果利用统计的原理表现出来。其二是随机抽样的思想，随机抽样的核心思想——大数定律，即利用重复次数产生随机数，当样本数量足够大时，样本均值更接近真实期望值，但经过以往的研究分析和验证，在现实中无法产生完全真正意义上的随机数。因此，蒙特卡洛模拟法运用随机抽样的思想，从而尽可能使分析结果接近实际情况，但随机数是利用数学或物理方法产生的伪随机数。

在项目风险管理实践中，某些问题难以精确分析，求其解析结果难度大，但有一大部分可以用概率模型进行描述。因此，在对无法用定性逻辑表达而得到结果的概率统计数据进行分析时，蒙特卡洛模拟法是一种有效的分析方法，在风险管理领域得到广泛应用，也成为风险分析的主要工具之一。

1. 蒙特卡洛模拟法的应用步骤

（1）明确风险评价的目标，分析需解决问题的实质

结合项目的类型、规模等特点，了解、分析、计算相关的环境和条件等基本问题，确定项目风险评价的目标，对关键的风险管理问题进行分析，对过程的风险因素进行充分的识别。

（2）概率化（量化）风险因素

收集历史数据，借助专家打分或其他方法对每个风险因素赋予相应的概率分布函数，并确定其度量单位，通过概率分布的形式来具体描述风险因素的自身特性。这一过程是进行模拟分析计算的前提，若风险因素的概率分布的构造形式与实际情况不符，则模拟的结果也不具有实际意义。

（3）建立风险概率模型

结合项目风险管理目标和已识别的项目的风险因素，用系列的参数变量，建立能够描述风险因素在未来变化的概率模型。建模的方法大致分为两类：一类是对风险因素的未来变化情况直接做出假设，描述风险因素（参数变量）在未来的分布方式；另一类是对风险因素的变化过程做出假设，间接地描述风险因素在未来的分布方式。

（4）改进和完善概率模型

根据概率统计模型的特点和计算实践的需要，尽量改进模型，并用实践数据验证模型的正确性，在实践中不断改进和完善模型。

（5）建立风险变量的随机抽样方法

根据各风险因素随机变量的概率分布，利用蒙特卡洛模拟分析软件进行随机抽样计算。

软件内置的随机数生成器按照风险因素的概率分布进行随机抽样，得到某种逻辑计算后的伪随机数，当产生伪随机数的函数的逻辑关系已经非常模糊时，可以认为此时产生的伪随机数是可用的。随机数实质上是一系列等概率发生的数，其基本特征是其中任何一个数出现的可能性或概率值都是相等的，因此随机数可以定义任何一组等概率出现的数。例如，在 0～9 这 10 个数中，每个数出现的概率都是 1/10，那这 10 个数可被称为随机数。蒙特卡洛模拟法对随机数的定义为（0,1）这一连续区间上的值，即伪随机数，产生 0～1 之间伪随机数的方法有很多，通常在蒙特卡洛模拟的专业分析软件中可完成随机数的产生。

在随机抽样过程中，风险变量的概率分布类型有多种，其中常见的分布大致可分为两类：一类为离散型分布，另一类为连续型分布。类型不同的分布，抽样方法有很大差别。

1）离散型分布。离散型分布指随机变量的所有可能的取值为有限个或者可列无穷多个，其分布函数的值域是离散的。离散型分布一般有给定的概率分布、几何分布、二项分布和泊松分布等，其中二项分布和泊松分布的函数分别为

$$P(x=k)=\frac{n!}{k!(n-k)!}p^k(1-p)^{n-k} \tag{5.17}$$

其中，n 和 k 为非负整数；$0\leqslant p\leqslant 1$。

$$P(x=k)=\frac{\lambda^k}{k!}e^{-\lambda} \tag{5.18}$$

其中，k 为非负整数；λ 为任意正数。

离散型分布的随机数产生过程如下。

假设随机事件 A_i 出现的概率为 $P_i(i=1,2,\cdots,n)$，为了抽样首先构成累积概率为

$$P^{(0)}=0，\ P^{(i)}=\sum_{i=1}^{i}P_i，\ i=1,2,\cdots,n \tag{5.19}$$

产生的随机数 r 若满足以下条件，则认为事件 A_i 发生：

$$P^{(i-1)}<r\leqslant P^{(i)}，\ i=1,2,\cdots,n \tag{5.20}$$

2）连续型分布。连续型分布指连续型随机变量的分布函数是连续的。常用的连续型分布有均匀分布、正态分布、三角分布等。

① 均匀分布。对于任意 $a<b$，在区间$[a，b]$上的均匀分布，其概率密度函数和分布函数分别为

$$p(x)=\begin{cases}\dfrac{1}{b-a}, & a\leqslant x\leqslant b\\ 0, & 其他\end{cases} \tag{5.21}$$

$$P(x)=\begin{cases}0, & x<a\\ \dfrac{x-a}{b-a}, & a\leqslant x\leqslant b\\ 1, & x>b\end{cases} \tag{5.22}$$

在$[a，b]$上，因为 $P(x)$连续且严格单增，所以有了伪随机数 r 就可得该区间的分布函数值。r 的计算公式为

$$P(x)=\frac{x-a}{b-a}=r \tag{5.23}$$

对式（5.23）做逆变换，求出反函数，得 $x=a+(b-a)r$，因而得到均匀分布的随机抽样公式为

$$u = a + (b - a)r \tag{5.24}$$

② 正态分布。正态分布的概率密度函数和分布函数分别为

$$p(x) = \frac{1}{\sigma\sqrt{2\pi}} \mathrm{e}^{-(x-\mu)^2/2\sigma^2}, -\infty < x < \infty \tag{5.25}$$

$$P(x) = \frac{1}{\sigma\sqrt{2\pi}} \int_{-\infty}^{x} \mathrm{e}^{-\frac{(x-\mu)^2}{2\sigma^2}} \mathrm{d}x, -\infty < x < \infty$$

取两个伪随机数 r_1 和 r_2，利用二元函数变换得到标准正态分布 N(0,1)的随机抽样公式为

$$u_1 = \sqrt{-2\ln r_1} \cos 2\pi r_2 \tag{5.26}$$

$$u_2 = \sqrt{-2\ln r_1} \sin 2\pi r_2 \tag{5.27}$$

③ 三角分布。三角分布的概率密度函数和分布函数分别为

$$p(x) = \begin{cases} \dfrac{2(x-a)}{(b-a)(c-a)}, & a \leqslant x \leqslant c \\ \dfrac{2(b-x)}{(b-a)(c-a)}, & c < x \leqslant b \\ 0, & \text{其他} \end{cases} \tag{5.28}$$

$$P(x) = \begin{cases} 0, & x < a \\ \dfrac{(x-a)^2}{(b-a)(b-c)}, & a \leqslant x \leqslant c \\ 1 - \dfrac{(b-a)^2}{(b-a)(b-c)}, & c < x \leqslant b \\ 1, & x > b \end{cases} \tag{5.29}$$

其中，a、b、c 为三角分布的参数。

有了伪随机数 r，直接用逆变换可求出随机变量值 u 的计算公式为

$$u = \begin{cases} a + \sqrt{(b-a)(c-a)r}, & 0 \leqslant r < \dfrac{c-a}{b-a} \\ b - \sqrt{(b-a)(b-c)(1-r)}, & \dfrac{c-a}{b-a} \leqslant r \leqslant 1 \end{cases} \tag{5.30}$$

（6）模拟计算

根据随机抽样抽取的随机数转化成的抽样值在蒙特卡洛分析软件中进行模拟计算，最终通过多次重复模拟实验求出问题的随机解，即风险因素指标的概率统计数据。

（7）对结果进行分析总结，评价风险水平

根据获得的数据和结果进行深入分析，借助概率模型和结果评价项目的风险水平，提取对决策者有用的关键信息，并阐释相应结果的实际意义，为后续的风险应对和监控提供依据。

2. 蒙特卡洛模拟法的优缺点

在项目风险管理中，人们常用蒙特卡洛模拟法来模拟仿真项目运作过程中的概率事件，通过对项目进行多次的模拟预演，运用统计学原理，对结果进行分析和预测，为全局管理提供可靠的决策依据。借助电子信息技术的发展，蒙特卡洛模拟法得到广泛应用，简单、快速成为其突出的两大特征。但任何方法都有其两面性，需要对其优缺点有正确的认识。

（1）蒙特卡洛模拟法的优点

1）蒙特卡洛模拟法充分利用初始信息数据，并可以解决具有统计性质的问题。在实际的生产实践过程中，很多问题难以用传统的数学方法进行直接描述求解，但通过人们以往积累的大量统计数据，可以总结事件的概率模型，从统计学角度为此类问题的求解提供了一种新思路。对于风险而言，其本身就是一种概率，很难用明确和直观的解析式直接求解，因此通过对历史的客观数据和面对的外部环境数据进行分析，可以总结出风险变量的概率分布模型，从而进行风险分析，为决策者提供更加全面的评估结果，也使得各类原始数据得到最大的利用价值。

2）蒙特卡洛模拟法可同时计算多个未知量，为决策者提供科学而全面的风险认识。蒙特卡洛模拟法的数据来源于历史统计，该方法属于实证的数值计算方法，是一种基于客观条件的验证方法。因此，在建立模拟仿真模型时，可以将多种因素考虑在内，如专家等的主观判断、实际发生的数据或其他一些不确定性因素等。对于装配式建筑项目而言，其在运作过程中面临的风险变量是多种多样的，并且在不同的阶段不同的风险变量还会有不同的取值，在风险管理中便需要考虑多因素的综合作用，因此，此方法可以为决策管理者提供科学而全面的风险分析。

3）蒙特卡洛模拟法直观易懂，为决策者提供一种可视化的评估结果。蒙特卡洛模拟法不是对事物本质的逻辑关系进行分析，也不需要数量化的推理过程，而是直接对客观事物结果进行结果验证，即构建与模拟对象相对应的模型，经过多次反复的模拟分析来解决问题。在实际模拟分析时，蒙特卡洛模拟法针对具体问题本身，直接建立模型，保证其直观形象、简单易懂的特点，将分析结果以概率形式展示出来，决策者一方面可以了解有关项目风险水平的全面信息，另一方面可以利用其中的各个关键统计参数比较或者考查自行偏好及特别关系的具体信息。

（2）蒙特卡洛模拟法的缺点

1）蒙特卡洛模拟法过度依赖变量的概率分布函数。蒙特卡洛模拟法应用的前提是取得变量的概率分布函数，评估的结果也依赖变量的概率分布函数的确定情况。若概率分布函数的选定和描述不符合客观实际，那么模拟的结果也不具有实际意义。同时，这种概率分布函数的确定难免受到主观因素的影响，非常考验分析者的专业素质。

2）蒙特卡洛模拟法计算量大。蒙特卡洛模拟法的误差是在一定置信水平下估计的，误差随置信水平改变而波动，具有随机性。为了得到更为精确的近似解，通常使用蒙特卡洛模拟法需要大量的实验进行重复模拟，这就增加了计算量，同时降低了计算机的工作效率。

3）不同的独立风险变量之间可能存在潜在的联系，而其相互产生的耦合效应不能有效地反映在蒙特卡洛模拟法分析的评估结果中。

3. 蒙特卡洛模拟法的应用

本部分采用蒙特卡洛模拟法对房地产开发的成本进行风险分析。某装配式建筑项目（总用地面积为 81 964m^2，建设用地面积为 37 789m^2，小区的容积率为 2.5，绿地率为 30%）的成本风险变量的概率分布方式及其具体的参数值，如表 5.27 所示。

表 5.27　某装配式建筑项目成本风险变量的概率分布方式及其具体的参数值

年份	成本风险变量	概率分布方式	参数/万元		
第一年	土地开发费用	均匀分布	a：50 000	b：70 000	—
	前期开发费用	正态分布	μ：1185	σ：120	—
	房屋开发费用	三角分布	m：9790	a：8420	b：10 573
	营销费用	三角分布	m：1814	a：1450	b：1995
	其他费用	正态分布	μ：7787	σ：80	—
第二年	土地开发费用	均匀分布	无支出		
	前期开发费用	正态分布	μ：1776	σ：90	—
	房屋开发费用	三角分布	m：14 681	a：12 626	b：15 855
	营销费用	三角分布	m：605	a：545	b：723
	其他费用	正态分布	μ：11 682	σ：100	—

1）确定风险变量和其对应的概率分布函数。根据行业历史数据和专家经验，给定各变量的概率分布模型。土地开发费用服从均匀分布，a 为其最小值 50 000 万元，即地块的起拍价；b 为其最高值 70 000 万元，即专家所顾忌的最高价格；而土地开发费用在 50 000～70 000 万元任一价格出现的概率相等，都可能成为真正的成交价。营销费用和房屋开发费用均服从三角分布，a 为三角分布的最小值，b 为三角分布的最大值，m 为三角分布最有可能出现的值，最终的取值介于最小值和最大值之间。前期开发费用与其他费用服从正态分布（均值出现的可能性与其他数值出现的可能性相同），μ 表示正态分布的均值，σ 表示正态分布的方差。

2）进行蒙特卡洛模拟。本示例使用蒙特卡洛模拟的主要工具——Crystal Ball（水晶球）软件进行操作。Crystal Ball 软件通过运用蒙特卡洛模拟机理对某个特定问题预测所有可能的结果，自动完成各种假设过程，在允许的范围内产生随机数，并经过随机次数后的精密测算给予每种结果的可能性。该软件可以自动执行生成随机数、复制电子表格、汇集结果和计算统计量，还可以提供关联假设、敏感性分析、数据分布相称性分析等，提高模拟分析过程的可靠性和效率。

按照表 5.27 的数据和历史经验，在 Crystal Ball 软件中定义隔年的开发成本风险变量及其对应的概率分布。各成本风险变量在两年的项目周期内的概率分布图分别如图 5.9 和图 5.10 所示。

（a）土地开发费用（均匀分布）

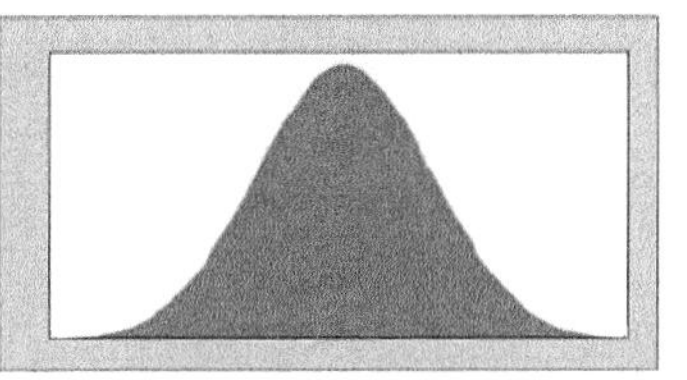

（b）前期开发费用（正态分布）

图 5.9　第一年的成本风险变量概率分布图

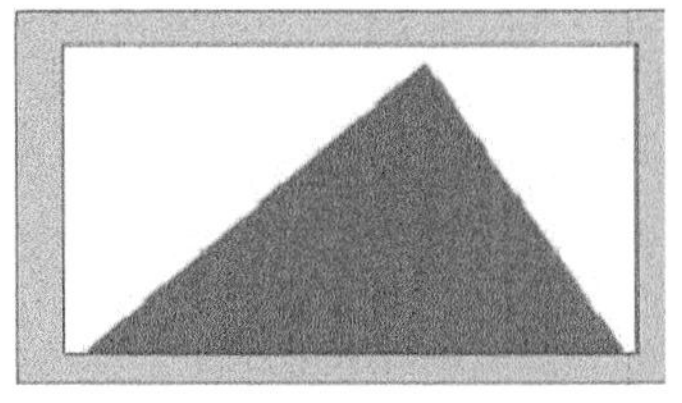
（c）房屋开发费用（三角分布）

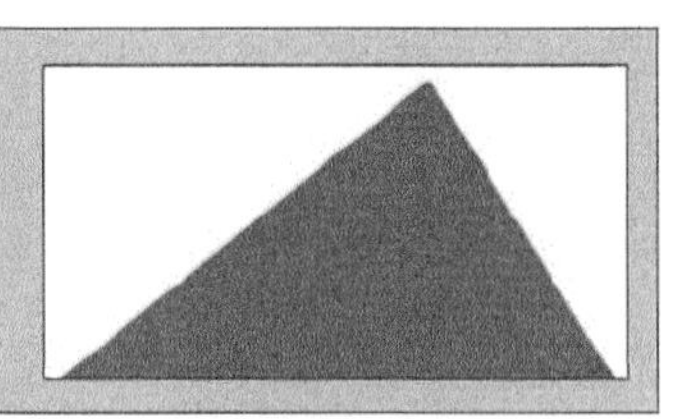
（d）营销费用（三角分布）

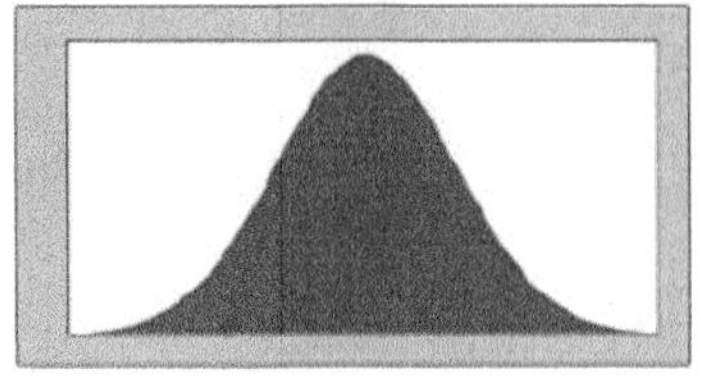
（e）其他费用（正态分布）

图 5.9（续）

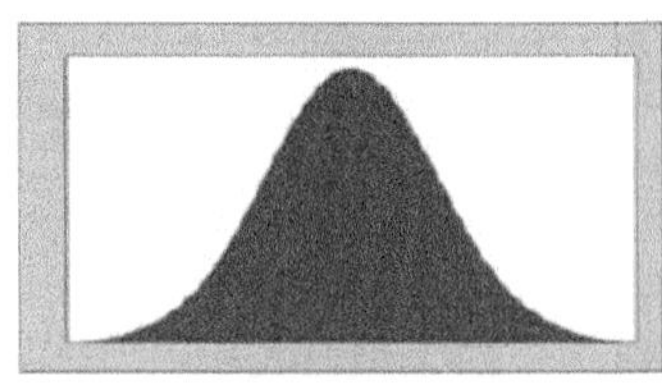
（a）前期开发费用（正态分布）

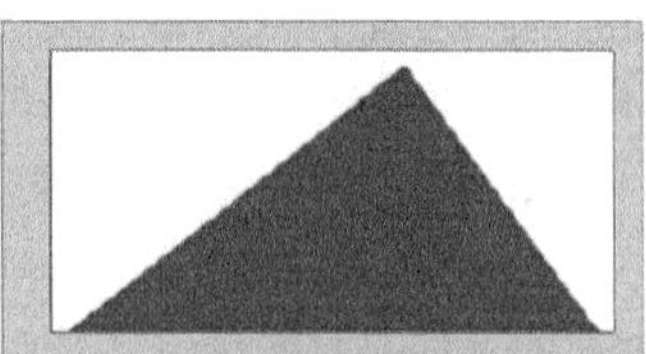
（b）房屋开发费用（三角分布）

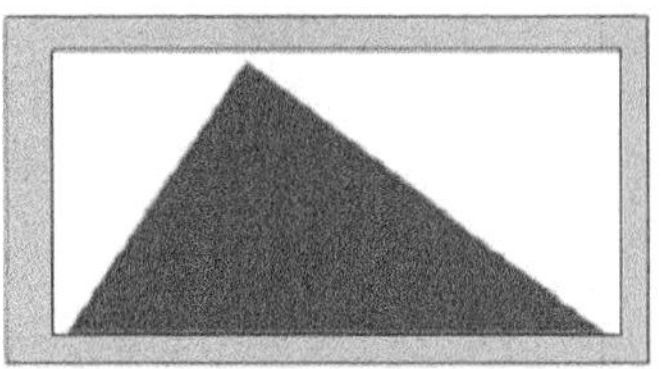
（c）营销费用（三角分布）

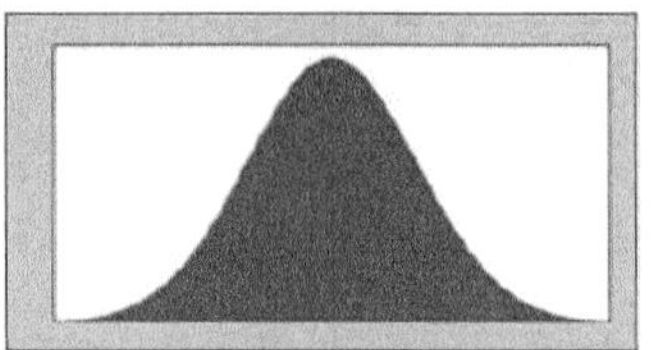
（d）其他费用（正态分布）

图 5.10　第二年的成本风险变量概率分布图

根据项目的风险管理目标，可以将总成本设定为预测单元（输出变量），并设定迭代计算次数为 10 000 次。在通常情况下，模拟结果的精确性与迭代次数成正比。将置信区间设置为 95%，在软件中开始模拟仿真，最终得到项目开发总成本的预测统计参数及其统计分布图，分别如表 5.28 和图 5.11 所示。

表 5.28　项目开发总成本的预测统计参数

统计参数	预测值
模拟次数/次	10 000
平均值/万元	108 692.00
中值/万元	108 537.40
标准差/万元	5773.30

续表

统计参数	预测值
方差/万元	33 330 938.23
偏度	0.0390
峰度	1.87
变异系数	0.0531
最小值/万元	96 895.59
最大值/万元	120 801.72
跨度/万元	23 906.13
标准误差	57.73

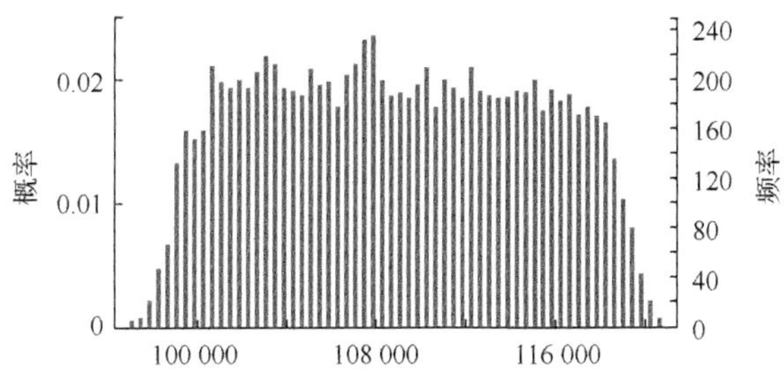

图 5.11　项目开发总成本的统计分布图

3）风险评价分析。成本风险是一个衡量项目开发能否按照成本规划进行的重要指标。表 5.29 为考虑成本风险及其概率分布后的总成本预测值，以及完成可能性。若按以往的经验，则在案例项目进行开发时，在总成本为 114 144.98 万元的情况下能以接近 80%的可能性完成目标，而根据表 5.29 中的数据可知，当总成本预测值为 114 630.63 万元时才能达到 80%的可能性完成项目。成本的增加在很大程度上是土地价格占比过大造成的，具有一定的风险，会导致购房者持观望立场，从而使营销费用增加。专家可结合宏观调控政策等适当调整前期开发及其他费用概率分布中的方差，以稳定成本过高问题。

表 5.29　项目开发既定总成本实现可能性

总成本预测值/万元	完成可能性/%
96 895.59	0
100 876.67	10
102 807. 40	20
104 754. 07	30
106 729.79	40
108 536.26	50
110 546. 60	60
112 550.52	70
114 630.63	80
116 725.33	90
120 801.72	100

因此，使用蒙特卡洛模拟法对房地产开发成本进行风险分析可以处理与总成本相关的各

项资金成本的不确定性，以概率形式表示，简化成本风险分析程序。蒙特卡洛模拟法充分运用原始数据，能够为决策者提供较为科学的风险分析数据。

5.3.6 社会网络分析法

社会网络分析法是由社会学家根据数学方法、图论等发展起来的定量分析方法。社会网络分析法认为社会环境可表述为个体之间相互作用的关系模式或规律性。通过研究网络关系，厘清行动者之间、行动者与其环境之间的关系，有助于把个体间关系、“微观”网络和大规模的社会系统的“宏观”结构结合起来。

社会行动者与他们之间的关系构成社会网络，行动者即为网络中的节点，这些节点可以是任意的个体、群体甚至组织或国家，各节点之间的关系即为网络中的线，根据行动者之间相互作用的类型，线可分为有向线、无向线、多值线、有向多值线，而这些关系也不仅指代客观存在的关系，还指代根据研究目标而抽象的某种联系。因此，社会网络分析法是集合了图论和数学方法针对社会网络中的行动者之间、行动者与其所在社会网络之间、不同社会网络之间产生的关联联系进行结构研究的方法，也被称为结构分析法。

社会网络分析法最早起源于社会学应用研究，在 20 世纪 30 年代兴起，当时人们意识到个体行动事实上属于整个社会结构的派生，个体与社会间存在相互关联。40～60 年代是社会网络分析法的快速发展时期，随着社会学的发展，人们引进了系统科学和统计学的研究方法。20 世纪 70 年代，社会网络分析法趋于成熟，作为跨学科的一种分析方法，到 90 年代已被应用于多个领域。现今，社会网络分析法可以从多个不同角度对社会网络进行分析，包括中心性分析、凝聚子群分析、核心—边缘结构分析及结构对等性分析等。

1. 社会网络分析法的相关概念

（1）社会网络分析理论的基本概念

1）行动者（节点）。行动者没有明确的限制，范围可大可小，组成可实可虚。行动者可以包括团体中的个人、企业的部门、城市中的各机构乃至世界体系中的组织和国家，而行动者也不意味着必须拥有行动的意志或能力，能够发出或者存在结构影响关系的个体或者群体都可以被叫作行动者。行动者在研究中常用符号“Sx”表示，其中 x 可以是数字、字母或者文字。

2）关系连接（线）。行动者之间相互影响，通过社会联系彼此相连，形成“关系”。这种社会联系的范围和类型是多种多样的，对联系进行定性就建立了一对行动者之间的连接。常见的网络分析中的联系有物资的传输、地理位置或状态的移动（移民）、相互之间的评价、行为互动（接发消息）、正式关系（上下级、权力）等。每一种关系可以有强弱差异，若两个节点之间关系较紧密，则表示存在强关系；反之，则表示存在弱关系。关系连接在研究中常用符号“SxRy”表示，其中 x、y 可以是数字、字母或者文字。

3）社会网络。网络由节点和其之间的连线构成，表示对象及其相互联系。社会网络由一个或多个行动者与他们之间的一种或多种关系组成，关系的定义信息是社会网络差异化的重要特征。

（2）社会网络分析法的结构

社会网络分析法中对网络结构的表达形式主要有两种，分别是社群图和矩阵代数形式。

1）社群图。社群图借助图论的研究方法来描述行动者之间的关系，直观地展现社会网络构成。根据行动者之间影响关系的方向性，社群图可分为有向图和无向图，其中有向图代表行动者之间的关系存在一定的方向性（图 5.12），无向图表示关系是无向的（图 5.13）。

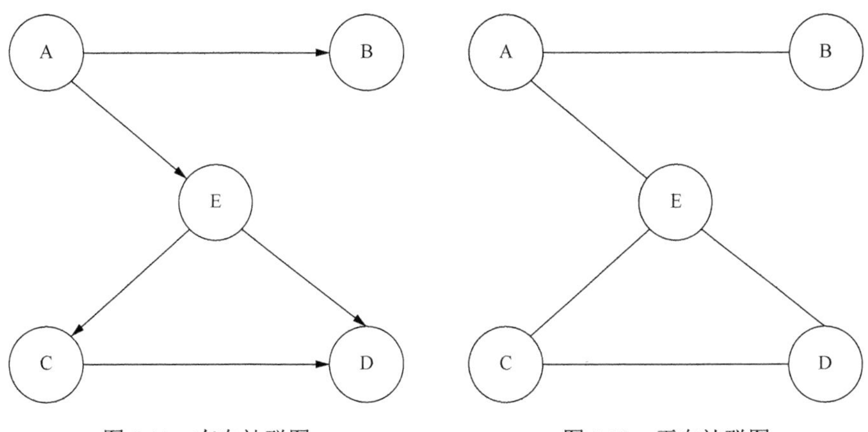

图 5.12　有向社群图　　图 5.13　无向社群图

2）矩阵代数形式。在利用矩阵表示社会网络时，矩阵中的行和列元素表示行动者，行动者之间的关系状态则通过矩阵中的元素所处的不同位置来反映。一般的社会网络结构通常有三种矩阵形式，分别为无值网络、二值网络和多值网络。在无值网络中，主对角线对称的两个数字相同，互为可逆矩阵。在二值网络中，矩阵只包含“0”和“1”两个数值，其中“1”表示行所在点对列所在点产生了影响；反之，“0”表示不会产生影响，同时矩阵为非可逆矩阵，如表 5.30 所示。在多值网络中，矩阵的数值除了包括“0”和“1”，还包括其他数值，矩阵根据行所在点对列所在点的影响程度大小对数值大小进行划分，矩阵为非可逆矩阵。

表 5.30　二值网络矩阵

	D_1	D_2	…	D_{n-1}	D_n
D_1	0	0	…	0	1
D_2	1	0	…	0	0
⋮	⋮	⋮	0	⋮	⋮
D_{n-1}	1	1	…	0	1
D_n	0	1	…	0	0

（3）社会网络分析法的测度指标

社会网络分析法按照节点和线的关系性质，可以分为三大类：整体网（whole networks）、个体网（ego-networks）和局域网（partial networks）。

1）整体网。整体网主要从整体网络的角度对项目的风险网络进行评价研究，主要考量对网络整体属性的认知，研究网络的规模、密度及节点之间的距离和关系等具体参数。通过整体网，研究者能够对网络结构形成直观认识，可以从全局的角度把握网络中的核心风险子群，为进一步的针对性研究做铺垫。社会网络分析法中对整体网络的研究主要分为以下四个部分。

① 整体网络规模：网络中包含的全部行动者的数量。在风险评价中，整体网络规模主要是指网络中全部的风险数量。

② 整体网络密度：一个图中各点之间联系的紧密程度。在一个固定规模中，节点之间的连线越多，该网络结构的密度就越大，网络对其中行动者的态度、行为等产生的影响就越大。同理，整体网络密度是指网络中各节点之间联系的紧密程度，具体而言，它是网络中点与点之间实际关系连接数与理论最大关系连接总数的比值。假设网络中共有 n 个行动者（节点），其中包含的实际关系数为 m。密度计算分为有向关系网络和无向关系网络。

当整体网络是有向关系网络时，其中包含的关系总数在理论上的最大可能值为 $n(n-1)$，其密度计算公式为

$$\frac{m}{n(n-1)} \tag{5.31}$$

当整体网络是无向关系网络时，其中包含的关系总数在理论上的最大可能值是 $\frac{n(n-1)}{2}$，其密度计算公式为

$$\frac{2m}{n(n-1)} \tag{5.32}$$

密度值越大，代表网络联系越紧密，点与点之间越容易受到影响；密度值越小，代表网络联系越松散，点与点之间越不易受到影响。

③ 节点之间的距离：点与点之间在网络中的最短距离。

④ 块模型：把矩阵中的点用一种聚类分析方法进行重排，从而形成结构上对称的矩阵结构。块模型不但可以分析有向图，而且可以将各点集中到更大的子群中，使网络内部结构更加清晰。

对块模型的位置研究应用了节点度的概念。节点度简称度，是指与节点关联的边的数量，即节点邻接节点的个数。在有向图中，节点的入度（in-degree）是指其他点连至该节点的节点数，即终止于该节点的弧数（箭头末端指向）；节点的出度（out-degree）是指连接自该节点的节点数，即从该节点发出的弧数（箭头发出点）。根据入度和出度可将节点分为四类：孤立点（出度和入度均为零）、发出点（只有出度）、接受点（只有入度）、传递点（也称明星点，既有入度又有出度，并且内部间联系紧密）。构建块模型的步骤如下。

a. 将节点按照一定的准则分为几个离散的子集，子集即为“块”，每个块均为网络结构的子群。

b. 构建密度矩阵。计算每个块内的密度。

c. 构建像矩阵。根据一定标准确定各块的取值，主要取值为“0”块和“1”块。

d. 识别核心块。分析块在整体网络中的位置特点，结合具体的目标和研究内容确定网络中的核心块。

2）个体网。个体网从单个网络的角度进行社会网络分析，主要考量每个点在网络中所处的地位属性，研究个体的影响力和重要程度，分析中心性（点度中心度、中介中心性和接近中心度）和权力等具体参数。个体网为项目管理者提供对个体或组织地位及能力情况的清晰认识。

① 点度中心度：在无向网络中，通常用一个节点的度数（与该节点有关系的节点个数）来衡量其中心性，没有考虑是否控制其他行动者。点度中心度分为绝对度数中心度（某点的度数中心度就是与该点直接相连的其他点的个数）和相对度数中心度（点的绝对中心度与图

中点的最大可能的度数之比）。相对度数中心度 (C_D) 的计算公式为

$$C_D = \frac{d(n_i)}{n-1} = \frac{\sum_j X_{ij}}{n-1} \tag{5.33}$$

其中，$d(n_i)$ 为绝对度数中心度；i、j 为处于网络中的节点；$\sum_j X_{ij}$ 为节点 i 的绝对中心点度数。

点度中心度越大，则说明该节点与其他节点的关联越多，影响力越大，在项目和管理中应予以重点关注。

② 中介中心性：一个点处于许多其他两点之间的连线路径上，该点处于重要位置，代表行动者对资源控制的程度。该点可以控制其他两个行动者之间的交往，处于此位置的节点可以通过控制或曲解信息的传递而使其他行动者受到影响，是一种控制能力指数。中介中心性的计算基于最短路径，连接两节点的最短路径被称为测地线（geodesic）。若某个节点位于越多节点对间的测地线上，则该节点的中介中心性越高。中介中心性 $C_B(i)$ 的计算公式为

$$C_B(i) = \sum_{j<k} n_{jk}(i)/n_{jk} \tag{5.34}$$

其中，$n_{jk}(i)$ 为点 i 存在于点 j 和点 k 之间的数量；$n_{jk}(i)/n_{jk}$ 为点 i 控制点 j 和点 k 的能力。

计算结果在（0,1）之间，数值越大，表示点 i 对其他点的影响越大；数值越小，影响越小。

③ 接近中心度：若一个点与网络中其他点的距离都很短，则称该点具有较高的接近中心度。一个点的接近中心度是该点与图中其他点的测地线距离之和。接近中心度是局部的中心指数，考虑的是行动者在多大程度上不受其他行动者控制的能力，分为绝对接近中心度 (C_{APi}^{-1}) 和相对接近中心度 (C_{BPi}^{-1})，计算公式分别为

$$C_{APi}^{-1} = \sum_{j=1}^{n} d_{ij} \tag{5.35}$$

$$C_{BPi}^{-1} = \frac{C_{APi}^{-1}}{n-1} \tag{5.36}$$

其中，d_{ij} 是点 i 和点 j 之间的最短距离。

计算结果的数值和网络位置呈负相关，和受到其他点的控制影响关系呈正相关。数值越大，表示该点越靠近网络的边缘位置，越容易受到其他点的控制和影响；数值越小，则表示该点越靠近网络的中心位置，越不容易受到其他点的控制和影响。

④ 权力：反映的是某个行动者在网络中的影响力，一般同中心性一起测度。在社会网络分析中，在网络中发布信息、传递信息的行动者具有较高的影响力或权力，而只接收信息的行动者即使处于网络中心，但由于其对其他节点的影响很小，权力也会较低。

⑤ 中间人分析：中间人指某一顶点在给定网络中连接不同子群体的不同位置节点。按照其承担的角色，中间人可以分为五类，分别是协调人（coordinator）、咨询人（consultant）、守门人（gatekeeper）、代理人（representative）和联络人（liaison），如图 5.14 所示。

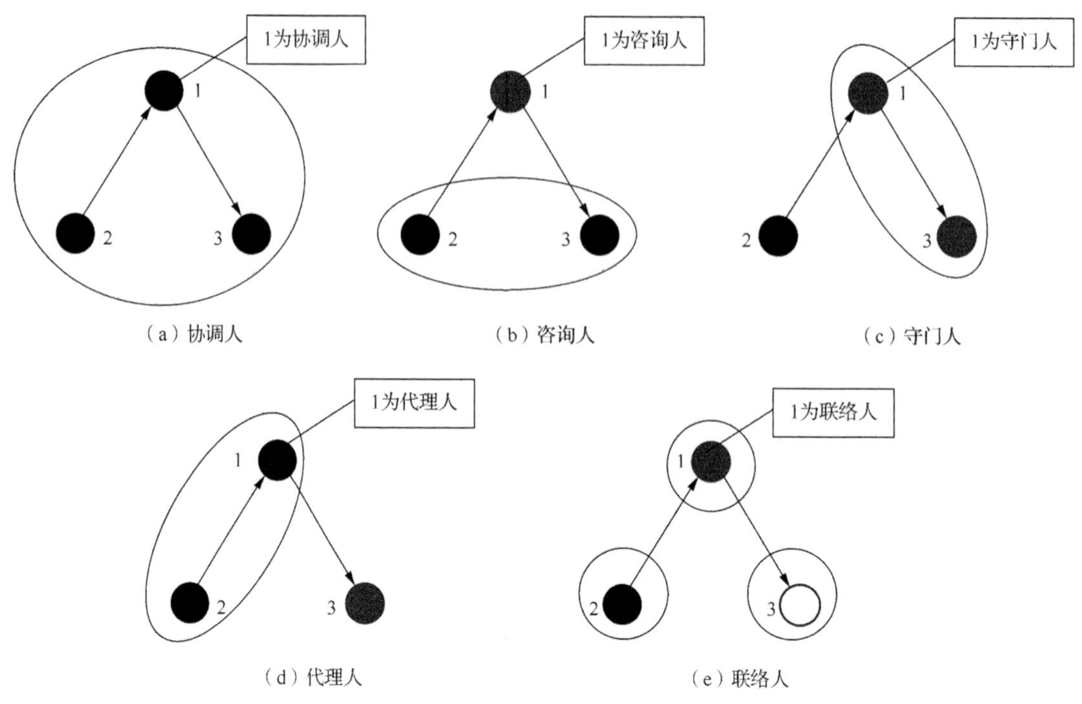

图 5.14　五类中间人

根据图 5.14 的表述，假定传导关系均为：节点 2→节点 1→节点 3，并且节点 2 对节点 3 产生影响必须经过节点 1。对于协调人而言，节点 2、节点 1、节点 3 处于同一个群体；对于咨询人而言，节点 2 和节点 3 处于同一个群体，而节点 1 处于另一个群体，但若按照时间的顺序进行划分，则节点 1 不再是中间人角色，因为节点 2 和节点 3 处于同一时间段，而节点 1 所处的时间段在节点 2 之后，因此节点 1 对节点 2 不再产生影响；对于守门人而言，节点 1 和节点 3 处于同一个群体，而节点 2 处于另一个群体；对于代理人而言，节点 1 和节点 2 处于同一个群体，节点 1 把持着从节点 2 指向自身的信息流；对于联络人而言，三个节点均属于不同的群体，节点 1 起着联络的作用。

3）局域网。局域网主要从局部网络的角度进行社会网络分析，主要考量某些行动者关系紧密、以小团体形式在所处网络上的群体属性，也被称作“子群”，其点和关系的数量介于个体网络数量和整体网络数量之间。

局域网的研究主要为凝聚子群分析。凝聚子群是指网络中某些行动者之间的关系特别紧密，从而结合成为的一个次级团体，而凝聚子群分析是指针对社会网络中存在的这些子群、子群内部成员之间关系的特点、一个子群成员与另一个子群成员之间的关系特点等进行的研究分析。凝聚子群分析主要包含以下四个方面的研究。

① 基于互惠性的凝聚子群：主要是派系，即成员之间的关系都是互惠的，并且不能向其中加入任何一个成员，否则将改变这个性质。

② 基于可达性的凝聚子群：考虑的是点与点之间的距离，要求一个子群的成员之间的距离不能太大，通常可以设置一个临界值 n 作为凝聚子群成员之间距离的最大值。

③ 基于度数的凝聚子群：主要包含 k-丛和 k-核两个概念，是通过限制子群中的每个成

员的邻接点个数得到的。k-丛是指每个点都与处理 k 个点之外的其他点直接相连的子群，即如果一个凝聚子群的规模为 n，则只有当该子群中的任何点的度数都不小于 $n-k$ 时才被称为 k-丛。k-核是指一个子图中的全部点都与该子图中的其他 k 个点邻接。

④ 基于子群内外关系的凝聚子群：主要包含“成分”和“块”两种关系。若一个图可分为几个部分，每个部分的内部成员之间存在联系，而各部分之间没有任何联系，那么这些部分被称为“成分”。若一个图可分为一些相对独立的子图，那么各子图被称为“块”。

2. 社会网络分析法的应用步骤

社会网络分析法是利用关系数据研究多个行动者及其社会关系的一种分析方法，可以分析项目中相互关联但非能动性主体因素间的关联。装配式建筑项目强调集成性且利益相关者关系复杂，将社会网络分析法应用于装配式建筑项目的风险评价中具有独特的适配性。应用社会网络分析法一般包括五大步骤：确定网络边界→评估影响关系→构建风险网络并可视化→指标分析→结果分析与结论。根据社会网络分析法的一般步骤，结合装配式建筑项目风险评价的流程和特点，梳理应用社会网络分析法进行装配式建筑项目风险评价的步骤。基于社会网络分析法的风险管理流程如图 5.15 所示。

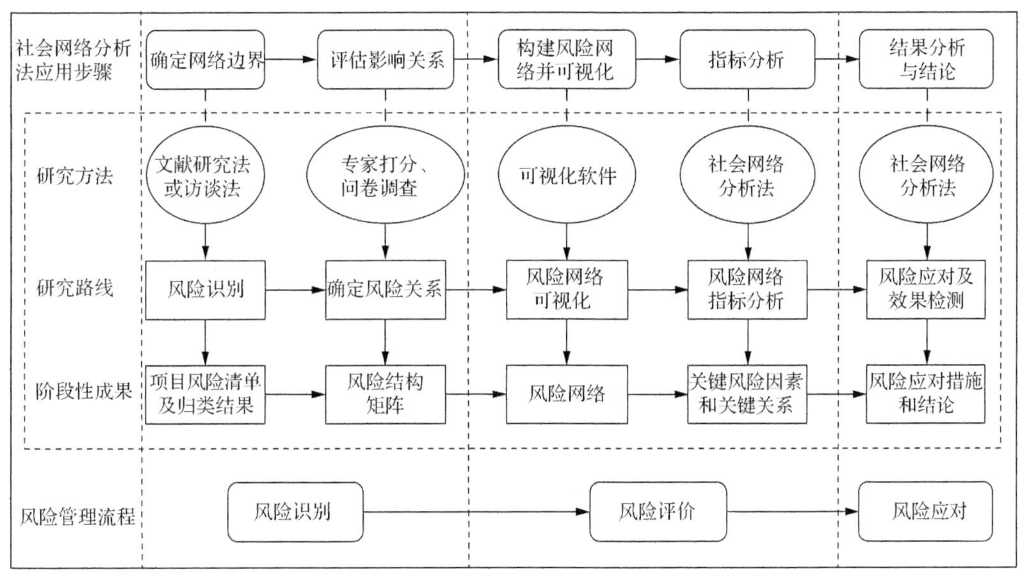

图 5.15　基于社会网络分析法的风险管理流程

（1）确定网络边界

通过收集相关文献或问卷访谈等方法，识别装配式建筑项目存在的风险因素，建立项目风险清单以确定社会网络的边界。装配式建筑项目有其自身特点，包含众多风险因素，并且风险因素之间存在复杂的相互影响关系，因此正确识别并对风险进行归类对风险网络的构建具有重要作用。

（2）评估影响关系

一般可使用专家打分、问卷调查等方法调查梳理风险因素之间的影响关系。传统的风险评价方法通常将风险因素作为孤立的点，而基于社会网络分析法的风险研究则依据风险因素之间的关系属性分析和评价风险因素对整个项目或网络的影响作用。正确地识别风险因素之间的影响关系有利于提升风险网络构建的合理性，对准确分析网络视角的风险问题具有重要意义。在这一过程中，要根据项目风险管理的目标和需求设置调查问卷或访谈大纲，并制订风险影响关系的评分表，供专家或其他受访者进行评分比较。风险影响关系评分矩阵如表 5.31 所示。

表 5.31　风险影响关系评分矩阵

	S_1R_1	S_1R_2	S_2R_1	S_2R_2	S_3R_1	S_3R_2
S_1R_1	0	0	1	1	1	1
S_1R_2	0	0	0	1	1	0
S_2R_1	0	1	1	1	0	1
S_2R_2	1	0	1	0	1	0
S_3R_1	1	1	0	0	0	0
S_3R_2	1	1	0	1	0	0

收集调查数据资料，汇总专家的评分，确定项目使用的矩阵形式，进而构建风险结构矩阵（risk structure matrix）。例如，根据表 5.31，以二值网络矩阵表示两个风险因素之间的影响关系。

（3）构建风险网络并可视化

确定节点和节点间的影响关系后，便可构建风险网络，并通过社会网络分析的可视化软件将其进行可视化展示。可用于可视化和网络关系的分析软件包括 UCINET、NetMiner、Pajek 等。将建立的风险结构矩阵导入软件中，按需求和数据设置风险网络的相关参数，节点表示风险因素，节点的形状和颜色可设置其特定的含义，连接线段表示风险因素之间的影响关系（可为有向和无向），如图 5.16 所示。

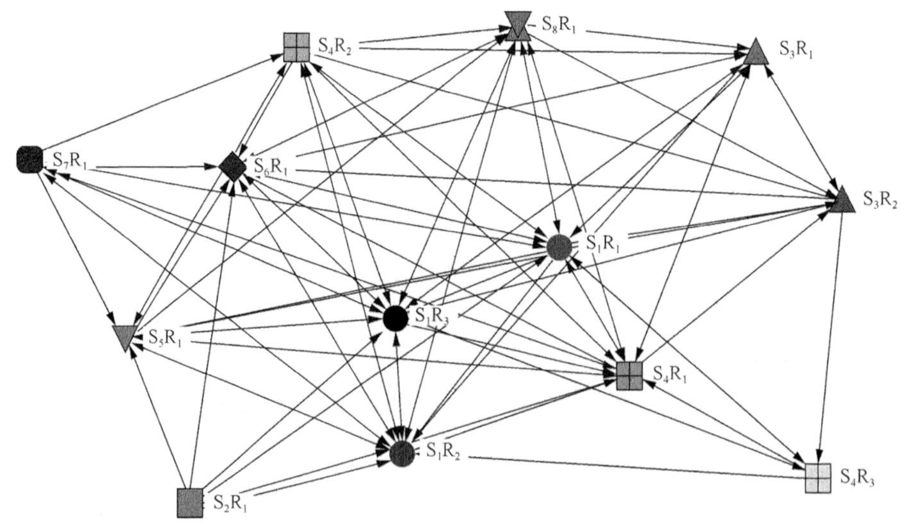

图 5.16　风险网络

（4）指标分析

风险网络中包含网络结构、风险因素、风险关系等特征要素。结合社会网络分析理论中的测度指标，如网络密度、中心性、中间人等，对风险网络从整体或个体角度进行分析，从整体探究风险网络的结构属性，从个体研究不同性质风险要素的网络作用等，找出关键风险因素和关键关系，为后续的决策提供数理依据。

（5）结果分析与结论

根据风险网络指标的分析，得出相应的结果与结论，从不同指标的角度分析结果与结论可能的应对措施，提出风险管控的相关建议。在后续风险应对环节可以对提出的措施的有效性进行检测，包括即时检测和定期检测，达到动态跟进管控的目的。

3. 社会网络分析法的优缺点

（1）社会网络分析法的优点

1）社会网络分析法可以深入研究风险因素的网络作用机理。该方法提供了不同的指标，并且可以从不同的角度对网络的节点特点和结构特性进行分析，可以深入地分析不同性质分析因素对网络中各因素或网络整体的影响作用。

2）社会网络分析法可以对多类别的风险因素进行分析。该方法可以根据网络的组成要素，对风险因素、风险关系、风险群体等风险网络的作用机理和作用强度进行分析。

3）社会网络分析法可以从整体网络角度检验风险应对效果。将得到控制的风险从网络中剔除后，再次利用整体网络的特征指标模拟检测风险控制的效果。

（2）社会网络分析法的缺点

1）社会网络分析法没有考虑到一些特殊的社会现象。

2）在不同的社会网络关系中，传递的信息类型往往是不同的，对于社会网络分析法的分析步骤可能需要针对研究类型进行细化。

3）社会网络分析法前期的节点（行动者与行动）的识别和选取一般是通过半结构化访谈获取的，可能会因识别的因素不全面或者识别的因素过多而导致社会网络分析的不精确性。

4）如果在数据收集过程中专家打分的内容过于繁杂，则容易导致结果偏差，不具有代表性。

4. 社会网络分析法的应用

本部分利用社会网络分析法分析装配式建筑项目利益相关者行为风险因素间的关系和影响，并找出关键风险因素和关键关系。

（1）装配式建筑项目主体行为风险因素识别

收集相关文献，进行梳理与总结，结合装配式建筑项目实际，识别风险因素。装配式建筑项目主体行为风险因素清单如表 5.32 所示。

表 5.32 装配式建筑项目主体行为风险因素清单

项目主体	风险序号	风险因素
政府方 S_1	R_1	审批流程繁杂
	R_2	法律法规不健全
	R_3	政策标准的变动
	R_4	监管不力

续表

项目主体	风险序号	风险因素
建设方 S_2	R_5	市场需求预测不准确
	R_6	缺乏足够的投资资金
	R_7	缺少装配式建筑项目开发经验
	R_8	缺少装配式建筑项目管理能力
	R_9	对装配式建筑性能的临时变更
投资方 S_3	R_{10}	投资意愿不强
设计方 S_4	R_{11}	缺乏装配式建筑集成设计经验
	R_{12}	未考虑项目的全生命周期
	R_{13}	预制构件深化设计不够
	R_{14}	设计的可施工性差
供应方 S_5	R_{15}	生产单位资质等级不合要求
	R_{16}	缺乏职业化产业工人队伍
	R_{17}	生产管理环境不够完善
	R_{18}	原材料及设备复检不规范
	R_{19}	构件码放和运输时保护不到位
施工方 S_6	R_{20}	缺乏装配式建筑施工经验
	R_{21}	缺乏相关安全教育及培训
	R_{22}	缺乏专业技术人员
	R_{23}	安防措施欠妥
	R_{24}	新工艺、新技术、新材料尚不成熟
	R_{25}	未定期检查、维护相关设备
	R_{26}	施工现场管理制度不完善及未严格执行
监理方 S_7	R_{27}	监理经验不足
	R_{28}	监理行为不合乎规范
物业方 S_8	R_{29}	缺乏装配式建筑运营管理经验
	R_{30}	未能科学合理地维护
	R_{31}	提供服务未满足用户需求
	R_{32}	运营管理水平低下
客户方 S_9	R_{33}	消费者对装配式建筑认知程度低
	R_{34}	消费者对装配式建筑项目持不乐观态度

（2）确定风险因素关系和构建风险结构矩阵

邀请八位专家学者对风险因素间的关联关系进行评判，选用二值网络矩阵记录打分结果。如果风险因素 S_iR_i 对 S_jR_j 造成直接影响，则填“1”，否则填“0”。前 10 个装配式建筑项目主体行为风险因素结构矩阵（因 34×34 数据信息篇幅过大）如表 5.33 所示。

表 5.33　前 10 个装配式建筑项目主体行为风险因素结构矩阵

	S_1R_1	S_1R_2	S_1R_3	S_1R_4	S_2R_5	S_2R_6	S_2R_7	S_2R_8	S_2R_9	S_3R_{10}
S_1R_1	0	1	1	0	0	0	1	0	0	0
S_1R_2	1	0	1	1	0	0	1	0	0	0
S_1R_3	0	1	0	0	1	1	1	0	0	0
S_1R_4	1	1	0	0	0	0	0	0	0	0
S_2R_5	0	0	1	0	0	0	1	0	0	0
S_2R_6	0	1	1	0	1	0	0	0	1	1

续表

	S_1R_1	S_1R_2	S_1R_3	S_1R_4	S_2R_5	S_2R_6	S_2R_7	S_2R_8	S_2R_9	S_3R_{10}
S_2R_7	0	1	0	1	0	0	0	1	0	0
S_2R_8	0	1	1	1	0	0	1	0	0	0
S_2R_9	0	0	1	0	1	1	1	0	0	1
S_3R_{10}	1	1	1	1	1	0	1	0	0	0

（3）风险网络可视化

利用 UCINET 软件中的 NetDraw 功能，导入风险结构矩阵，将装配式建筑项目主体行为风险及风险关系进行可视化展示，其风险网络如图 5.17 所示。

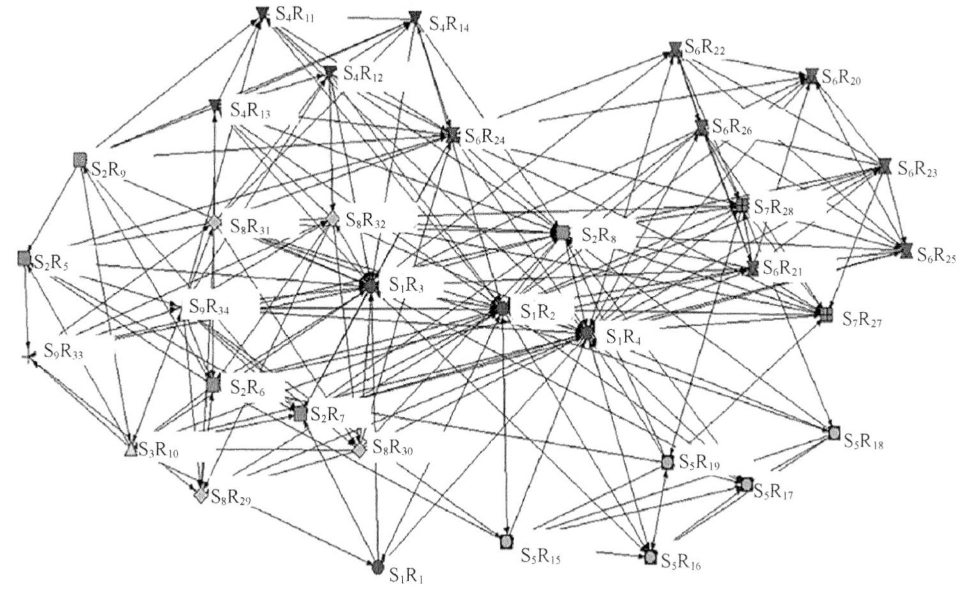

图 5.17　装配式建筑项目主体行为风险网络

（4）风险网络指标分析

1）整体网络密度和节点度。在图 5.17 中，包含 34 个节点和 246 组风险关系，根据式（5.31），可求得网络密度为 0.2193。另外，从图中可看出中间位置节点较边缘位置节点的关联更为紧凑，并且每个节点的平均风险关系数达到 7.24，表明各主体间的联系较为紧密。根据软件中的节点度计算结果，出度和入度较大的前 5 个风险因素如表 5.34 所示。

表 5.34　风险因素的节点度（前 5 个）

风险因素	出度	入度	节点度差
S_1R_4	23	11	12
S_1R_3	21	11	10
S_1R_2	20	12	8
S_2R_8	17	6	11
S_2R_7	10	3	7

在表 5.34 中，S_1R_4（监管不力）的出度及入度较大，表示政府的监管力度极易影响其他主体的行为；S_1R_3（政策标准的变动）与 S_1R_2（法律法规不健全）的出度和入度都较大，表示政策标准、法律法规的制定和完善会影响其他主体的行为，同时其他主体的行为也会影响法律法规的制定。

2）中介中心性。利用 UCINET 软件计算的中介中心性较高的前 8 个风险因素如表 5.35 所示。

表 5.35　风险因素的中介中心性（前 8 个）

排名	风险因素	点的中介中心性
1	S_1R_3	23.181
2	S_1R_4	16.525
3	S_1R_2	15.441
4	S_6R_{24}	9.501
5	S_7R_{28}	4.300
6	S_2R_8	4.272
7	S_8R_{31}	3.920
8	S_2R_6	3.766

根据中介中心性的数值，可知 S_1R_3、（政策标准的变动）、S_1R_4（监管不力）、S_1R_2（法律法规不健全）的中介中心性较大，均为政府方风险因素，表明政府方承担了整个风险网络中的主要位置，政府的政策、监管力度及法律法规对风险因素的传递作用有更强的控制能力。

3）中间人分析。将风险网络和参与项目的不同主体作为划分群体边界的标准，通过软件得到中间人角色前 8 个风险因素，如表 5.36 所示。

表 5.36　风险因素的中间人角色（前 8 个）

风险因素	协调人	守门人	代理人	咨询人	联络人	中间人总数
S_1R_4	0	9	14	168	0	191
S_1R_2	1	6	14	157	0	178
S_1R_3	132	13	25	1	0	171
S_6R_{24}	78	0	3	0	0	81
S_2R_8	40	0	14	0	0	54
S_7R_{28}	28	4	6	0	0	38
S_9R_{34}	14	8	6	0	0	28
S_8R_{31}	25	0	2	0	0	27

S_1R_3（政策标准的变动）承担了四类中间人的角色，使得网络中不同群体之间的联系变得更为紧密；S_1R_4（监管不力）、S_1R_2（法律法规不健全）、S_1R_3（政策标准的变动）承担的中间人总数接近，并且位于前列，表明它们和网络中其他风险因素的联系较为紧密。

（5）关键风险因素关系

线的中介中心性衡量两个节点之间控制风险传递作用的强弱。根据软件的操作，关键风险因素关系如表 5.37 所示，箭头指向为风险传递方向。

表 5.37　关键风险因素关系

排名	风险关系	线的中介中心性
1	$S_8R_{31}\rightarrow S_1R_3$	56.926
2	$S_8R_{32}\rightarrow S_1R_3$	39.530
3	$S_4R_{13}\rightarrow S_1R_3$	39.016
4	$S_1R_3\rightarrow S_1R_2$	33.661
5	$S_6R_{24}\rightarrow S_7R_{27}$	31.204
6	$S_9R_{33}\rightarrow S_1R_3$	30.910
7	$S_6R_{23}\rightarrow S_1R_4$	30.097
8	$S_1R_3\rightarrow S_2R_8$	29.061
9	$S_9R_{34}\rightarrow S_2R_6$	26.151
10	$S_6R_{25}\rightarrow S_1R_4$	26.120

表 5.37 显示的是影响装配式建筑项目主体行为风险相互作用的关键风险因素关系，是网络中风险传导的主要路径，与关键风险因素密切相关，在风险管理中需要对其重点关注和把控。

（6）风险应对

根据风险网络指标的分析，结合项目特点，从政府方、建设方、投资方、设计方、供应方、施工方、监理方、物业方、客户方的角度提出对装配式建筑项目的风险因素管控的相关建议，为决策者提供科学依据。

5.3.7　系统动力学分析法

系统动力学是融合系统理论与计算机仿真技术，专门研究系统反馈结构与行为表现的学科，是管理科学与系统科学的重要分支，并且是一种集合多学科、多理论、多方法的系统性决策方法。系统动力学分析法最早由美国麻省理工学院的福瑞斯特教授提出，开始主要运用于工业领域，而后在学习型组织、物流与供应链管理、公司战略、工程管理等领域也得到了广泛应用。

系统动力学理论以系统论为基础，综合了控制论、协同论、信息论等相关理论方法，该理论将研究对象视为一个整体，关心内部各组成部分之间的相互关系对整体行为的影响；其认为凡是系统则存在系统结构，而系统结构决定系统的功能。系统结构是指系统内部的各要素之间通过相互影响作用逐步形成的某种秩序，这种秩序通常为各要素之间的因果关系及反馈结构。系统动力学分析法常用于描述和解决复杂性的问题。在现实生活中，缺乏数据或无法用数学描述和评估关系但需要进行决策时，系统动力学分析法能发挥有效作用。该方法的主要思想为：通过研究分析目标系统内部机制和微观结构，对系统整体进行数量化建模，建立对应的因果关系反馈图，在此基础上建立系统流量图和方程，借助计算机技术模拟仿真系统内部结构及动态行为，最后探讨解决问题的途径和方案。

1. 系统动力学模型的构成

系统动力学常借助一些图形工具来表达系统的结构，从而建立系统动力学模型，主要的图形工具包括因果关系图与反馈回路图和存量流量图。

（1）因果关系图与反馈回路图

因果关系图与反馈回路图以非技术性、直观的方式描述模型结构，普遍适用于构思系统动力学模型的初始阶段。因果关系（causal relationship）是指系统中各个元素之间最基本的逻辑关系，即通过事件的结果寻找事件发生的原因。反馈回路图可以通过矢量的形式表达系统中各要素之间的逻辑关系，各要素间的矢量组成的链条被称作因果链（causal link）。例如，假设某系统中有甲、乙两个变量，起始时甲的发生作为事情的起因，那么就会出现两种情况：一是甲的增加导致乙的增加或甲的减少导致乙的减少，即甲和乙的变化方向是一致的，在这种情况下形成的因果链被称为正因果链，标注为正号；二是甲的增加导致乙的减少或甲的减少导致乙的增加，在这种情况下形成的因果链则被称为负因果链，标注为负号。因果关系图如图 5.18 所示。需要注意的是，因果链的正负号只代表增加或减少的含义，并不表示被连接的变量之间的比例关系。

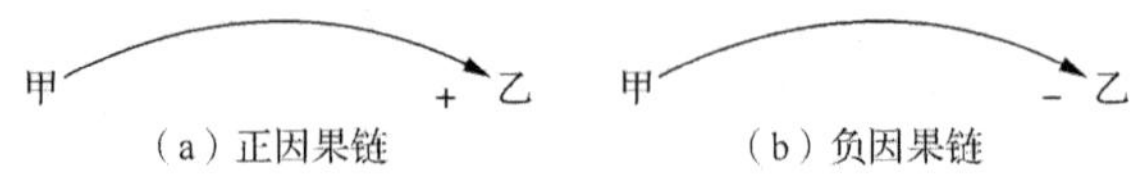

（a）正因果链 （b）负因果链

图 5.18 因果关系图

因果链之间组合形成的闭合回路被称为因果关系环或反馈回路。因果链具有正、负两类，所以由这两种因果链形成的反馈回路可以分为正反馈和负反馈。反馈的正负取决于反馈回路中负因果链的数量，如果负因果链为偶数，则为正反馈，否则为负反馈。正、负反馈两者之间的区别在于：前者具有放大效应，反馈回路中的变量不断偏离，并且偏离速度越来越快，变量取值最终趋向无穷大或无穷小；后者具有调节效应，变量保持在一定范围内，使系统趋于稳定。如图 5.19 所示，在正反馈环中，若甲变量增加，则乙变量也增加，但是丙变量减少，使得甲继续增加，系统变量逐渐偏离；在负反馈环中，如果甲变量增加，则乙变量也增加，而丙变量减少，导致甲变量也减少，系统趋于稳定。当系统中存在正负反馈时，若正反馈效果弱于负反馈，则系统会呈现均衡状态，否则会出现循环增强效果。另外，负反馈的时间延迟效果会使得系统状态溢出承载力或在附近振动。

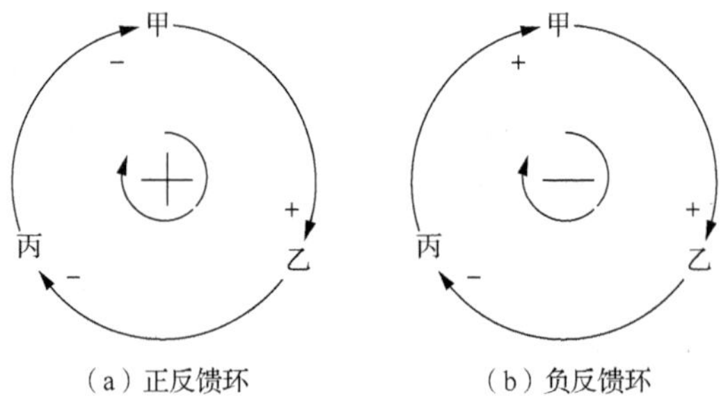

（a）正反馈环 （b）负反馈环

图 5.19 反馈回路图

（2）存量流量图

反馈回路图虽然可以描述系统内部各要素之间的关联和反馈过程，但不能反映系统中的变量性质，从而不能对系统结构进行定量的深入分析，也不能对系统后续的管理和控制过程进行描述。因此，需要对因果关系图与反馈回路图进行适当转换，将其中的定性描述转化为存量流量图中对各要素定量的刻画。系统存量流量图表示方法如图 5.20 所示。具体的变量类型借助简单库存系统的存量流量图进行说明，如图 5.21 所示。

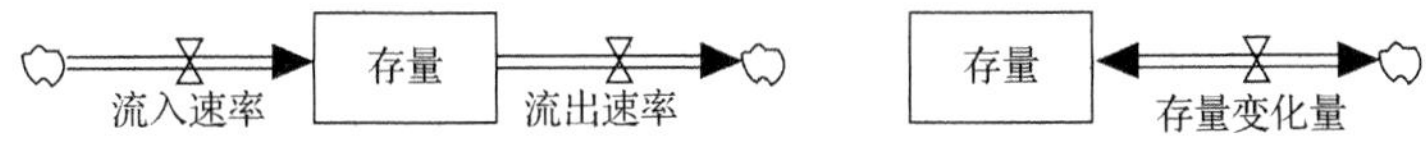

图 5.20　系统存量流量图表示方法

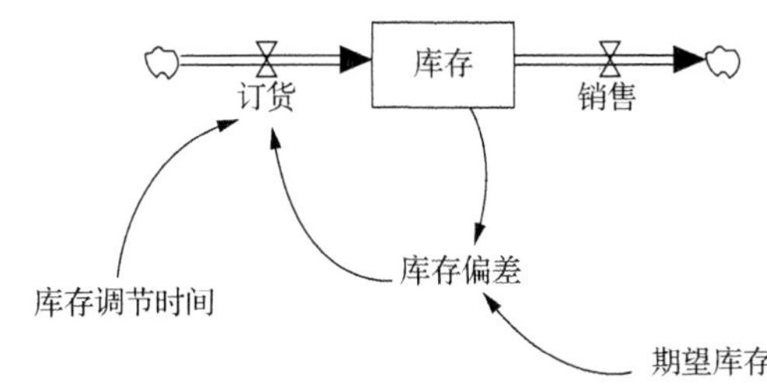

图 5.21　简单库存系统的存量流量图

1）存量变量。存量变量也称状态存量或积累变量，是描述系统积累效应的变量。存量流量图中的矩形代表存量，它主要反映物质、能量、信息等对事件的积累，表现的是速率变量在某个时间间隔内的积累效果，其数值大小表示变量在某一时刻的情况，如“库存”就是一个状态变量。存量变量的数学意义为积分，为流入变量与流出变量间的差值，其公式表示为

$$\mathrm{Stock}(t)=\int_{t0}^{t}[\mathrm{Inflow}(s)-\mathrm{Outflow}(s)]\mathrm{d}s+\mathrm{Stock}(t_0) \tag{5.37}$$

其中，$\mathrm{Stock}(t)$ 为存量变量在 t 时刻的数量；$\mathrm{Inflow}(s)$ 表示流入速率变量；$\mathrm{Outflow}(s)$ 表示流出速率变量；$\mathrm{Stock}(t_0)$ 表示初始时刻存量变量的数值。

2）速率变量。速率变量是描述系统的累计效应变化快慢的变量，箭头指向存量变量的双箭线表示流入速率变量，箭头指离存量变量的双箭线表示流出速率变量。双箭线上的阀门表示流入速率或流出速率可在其他因素的影响下发生变化，双箭线外端的云团表示流量的源和漏，源是流量的起点，漏是流量的终点。在图 5.21 中，订货、销售变量均为速率变量。速率变量描述了状态变量的时间变化，反映了系统的变化速度或决策幅度的大小，在数学意义上为导数，其公式为

$$\frac{\mathrm{d(Stock)}}{\mathrm{d}t}=\mathrm{Inflow}(t)-\mathrm{Outflow}(t) \tag{5.38}$$

3）辅助变量。辅助变量是用于表达决策过程中的中间变量，是位于存量变量和速率变量传递信息和转换过程中的变量。通常当速率变量的表达较为复杂时，可选择采用辅助变量进行表达。辅助变量不具有随时间积累的性质，其数值通常是根据当前时刻相关变量的数值计算得到的，在存量流量图中也没有专门的表示符号。在图 5.21 中，库存偏差为辅助变量，它是通过库存和期望库存计算得到的。

4）常量。常量是在过程中保持不变或者变化微小到可以忽略不计的量，即在一次模拟的全过程中不随时间变化发生改变的量。常量可以直接与速率变量连接，或者通过连接辅助变量传输给速率变量，但没有变量可以指向常量，因为常量不受影响变化。在图 5.21 中，期望库存和库存调节时间均属于常量。

2. 系统动力学分析法的应用步骤

运用系统动力学分析和解决问题是定性分析和定量仿真的统一，其首先通过系统内部结

构的分析，以及非线性的描述，对系统整体进行数量化建模，然后运用计算机技术模拟仿真系统内部机制和结构及其动态行为，分析要素之间的关联。应用系统动力学分析法解决问题，主要包含的步骤如下。

（1）明确系统边界和目标

要想明确系统边界和目标，就需要调查收集有关系统的背景资料和统计数据，了解使用系统分析的需求，明确所要解决的问题，确定研究的时限并划定系统的范围和边界，选择适当的变量，预测系统的期望状态，观察分析系统的特征并确定系统行为的参考模式。

（2）分析因果关系，确定系统结构

在明确系统边界、系统问题和系统目标后，根据数据资料和前期准备，处理系统信息，分析系统内部要素之间的相互关系，描述问题的有关要素并解释要素之间的因果关系，画出因果关系图，分析反馈回路及其作用。针对反馈回路提出导致问题出现的动态假设，确定系统的主回路及其性质，建立流程图（存量流量图）模型。

（3）明确变量间的数学关系

明确系统的决策规划，定义参数，确定变量间的数学关系及初始条件，建立包含存量变量、速率变量、辅助变量和常量的方程。

（4）仿真模拟与情景分析

确定方程后，结合原始数据和相关变量，借助计算机软件进行多方案模拟和情景分析；探讨解决问题的途径，并尽可能将其应用于实践中。

（5）分析结果

经过多次仿真模拟，对其结果进行对比分析，一方面将每个方案的结果进行对比，分析结果的多样性；另一方面将分析结果与参考模型进行比较，判断模型的有效性。根据分析结果对模型进行修正和改进，进一步提高模型的仿真信度和模型效度。利用模型分析寻找关键要素，提出相应的应对策略，促进管理效率。

3. 系统动力学分析法的适用性

系统动力学分析法已被广泛应用于社会的各领域，在解决装配式建筑项目的风险管理的相关问题上也具有明显的优势。

1）系统动力学分析法可以在某些数据不足的情况下进行研究。在解决实际问题过程中，人们会遇到有些事件的数据难以获取或者指标难以量化的黑箱问题，不便进行研究分析。系统动力学分析法包含了定性和定量分析，作为一种结构依存模型，它可以帮助研究人员在数据确实的情况下，结合各要素间的反馈关系对系统内部的行为和机制进行推理分析，从而结合系统整体表现进行风险评价分析。

2）系统动力学分析法可以处理一些复杂、非线性的问题。装配式建筑项目具有政府、社会资本、监理机构、金融机构、总承包方、施工方、供应商等众多参与主体，项目的实施也包含多个场地，整个项目运作流程系统周期长且非常复杂。相应的，装配式建筑项目的风险也具有复杂性、反馈性等系统特征，而系统动力学分析法可以很好地解决具有非线性、高阶次、反馈性等特性的复杂系统问题，更好地帮助装配式建筑项目进行风险管理。

3）系统动力学分析法可以进行方案试验。系统动力学分析法可以帮助风险管理人员将对装配式建筑项目起到关键影响作用的风险因素作为重点关注的对象，为后续进行有效的风险应对措施提供科学合理的依据。系统动力学分析法不直接对方案的优劣进行评价，而是通过描述变量之间的关系，预测方案发生的结果，可以帮助把控决策幅度。

4. 系统动力学分析法的应用

本部分将系统动力学分析法应用在基于 PPP（public private partnership，公共私营合作制）模式的装配式建筑项目风险管理的案例中，具体讲解系统动力学分析法的应用过程。

1）确定装配式建筑项目施工过程中的风险因素，主要反映政府与社会资本方合作过程中的主要风险因素，建立风险清单，并通过问卷调查法和专家访谈法结合熵权法确定各风险因素的权重。基于 PPP 模式的装配式建筑项目风险清单如表 5.38 所示。

表 5.38　基于 PPP 模式的装配式建筑项目风险清单

序号	风险变量	评估要素	权重
1	成本风险	生产工厂前期投入大	0.1382
2		运输、库存高成本	0.1285
3		运营成本超支	0.1255
4		利率（通货膨胀）风险	0.1029
5		税收增加	0.0934
6		外汇风险	0.0764
7	进度风险	工厂低（再）使用率风险	0.1409
8		安装施工进度延误	0.1374
9		生产运输吊装进度的协调性	0.1321
10		部品部件运输难度和时间问题	0.1264
11		供应商供货问题	0.1217
12		生产效率低（进度慢）问题	0.1214
13		生产预留时间不充足	0.1141
14	质量风险	现场安装质量问题	0.1513
15		标准化、模块化设计技术不成熟	0.1411
16		工人装配技术不成熟	0.1379
17		运营使用阶段出现的部品部件节点连接质量（强度、防水等）隐患	0.1350
18		部品部件质量问题	0.1353
19		部品部件现场堆放不合理问题	0.1296
20		服务质量缺陷	0.1203
21		设计模数的适应灵活性	0.1187
22		现场安全问题	0.1145
23		标准化规范不健全	0.1139
24		现场安装条件问题	0.1073
25	外部环境风险	政府干预	0.1374
26		政策和法律变化	0.1310
27		土地获得	0.1116
28		政府方的信用风险	0.0908
29		不可抗力	0.0604

2）确定系统边界和目标。系统由成本风险子系统、进度风险子系统、质量风险子系统、外部环境风险子系统构成。因此，本示例以影响 PPP 模式装配式建筑项目投资的风险作为一个整体，主要围绕成本、进度、质量、外部环境对风险因素之间的相互作用关系进行分析，

进而达到控制风险的目的。

3）建立因果关系图。分析各风险因素之间存在的因果关系，用正负极性的因果链表示，在系统动力学的分析软件 Vensim 中建立装配式建筑项目的成本、进度、质量、外部环境的多种风险因素因果关系图，如图 5.22 所示。

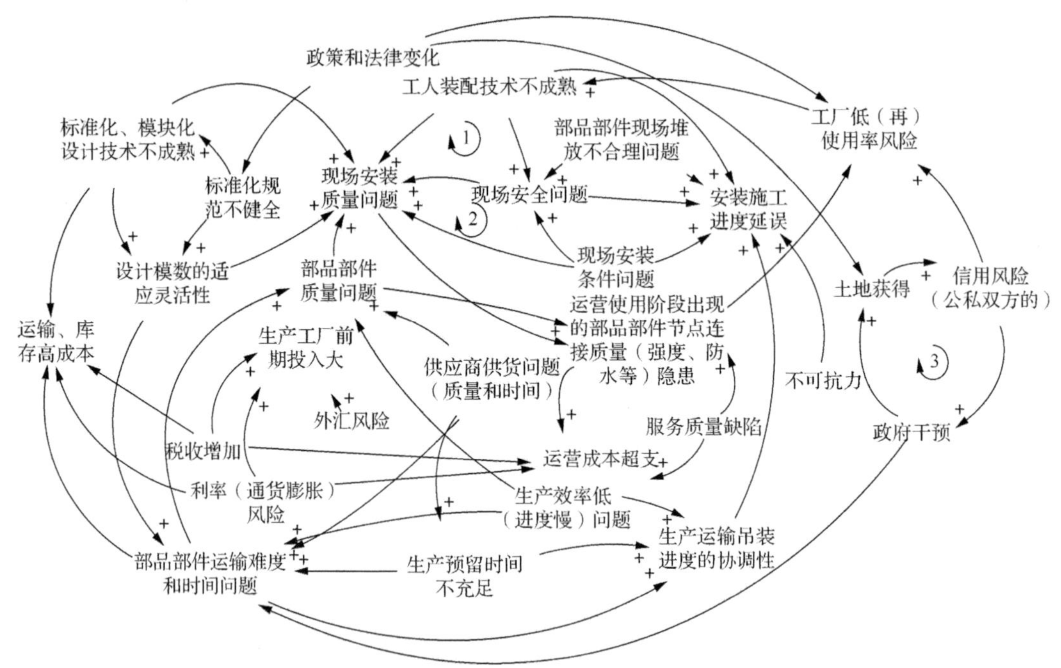

图 5.22　PPP 模式装配式建筑项目风险因素因果关系图

4）建立存量流量图。根据收集的资料数据与因果关系分析，对因果关系图中的所有变量及其相互关系进行定量化转换，以更为准确地反映风险子系统间的关系。假设两两风险因素间为线性关系，根据权重判断影响程度。构建相关的逻辑方程，在软件中设置初始参数，并绘制存量流量图，如图 5.23 所示。在图中，一共包含四个风险子系统，即四个存量变量，分别为成本、进度、质量、外部环境，各风险存量变量的变化作为速率变量，而其相关的风险要素根据其性质分成辅助变量和常量来影响不同的存量变量。

5）找关键风险因素。本示例使用敏感分析确定系统中的关键风险因素，主要思路是在其他风险因素不变的前提下，先通过提高有关风险因素的重要性评分 1 分（影响其权重影响性），再运行系统动力学模型进行仿真，观察各风险子系统的变化情况。

6）分析结果。结合敏感分析进一步探讨各子系统风险中的关键因素之间的关系，以风险因素最多的质量风险子系统为例，说明关键因素的分析。图 5.24 为基于系统动力学模型和仿真得到的质量风险子系统中各关键风险因素的变化使得质量风险（存量变量）变化的情况（敏感程度）。可见，最大程度影响装配式建筑项目质量的是“标准化、模块化设计技术不成熟”因素，其变化引起质量风险随事件呈正向线性上升的变化，不利于风险管控。我国的装配式建筑应用还处于起步阶段，虽有政策文件引导，但是具体适应我国实践的管理方法和施工技术还不够广泛，特别是对装配式建筑有质的影响的标准化、模块化设计技术还不够成熟，这样会导致出现设计返工、沟通困难、施工繁杂等质量或其他风险问题。标准化、模块化设计在项目伊始阶段就需要进行统筹计划，综合协调生产、运输、安装、使用阶段，进行预制构件的标准化设计、搭接节点设计、内外设施管线协同化设计，通过模块化组合和集成，达到装配式建筑的高效率和多样化的目的。

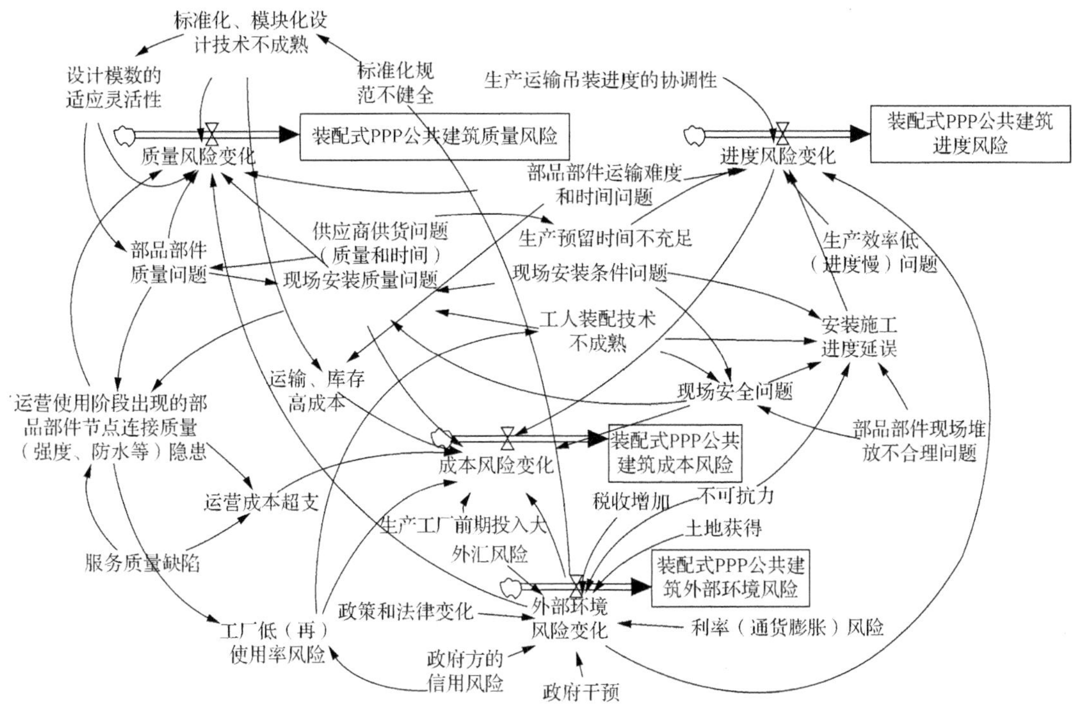

图 5.23　PPP 模式装配式建筑项目风险因素存量流量图

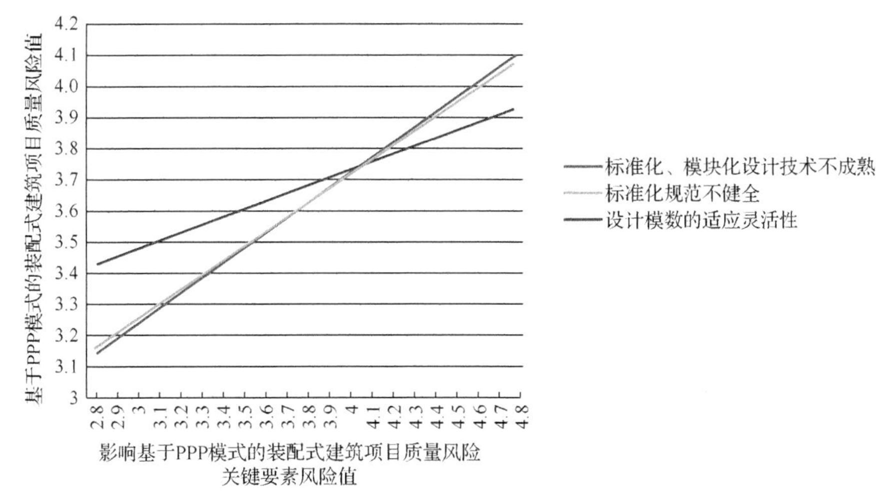

图 5.24　PPP 模式装配式建筑项目质量风险子系统与关键风险因素影响关系

通过系统动力学模型可以反映和分析多种风险因素的相互作用与反馈调节机理，探寻和表示 PPP 模式装配式建筑项目中成本、进度、质量、外部环境风险的变化方式和规律，为项目的参与方提供可用的风险管理思路和参考依据。系统动力学模型可作为动态处理数据的方法，丰富风险管理经验。

5.4 本 章 小 结

本章介绍了风险分析与评价相关内容，其中包括风险分析与评价的含义，风险评价的目标、依据及原则。同时详细介绍了风险分析与评价的过程、方法和工具。风险分析与评价的方法和工具包括层次分析法、模糊综合评价法、主观评分法、风险评估矩阵法、蒙特卡洛模拟法、社会网络分析法和系统动力学分析法，并介绍了这些方法和工具的应用示例。

第 6 章　风险应对、监控和管理决策

6.1　风险应对概述

随着城市化发展进程的不断加快，建筑工程项目逐渐增多，而传统建筑施工模式由于存在诸多不足，已经无法满足与适应当下建筑施工方式和条件日益多样化及个性化的发展需求。作为一种可持续的新型建造方式，装配式建筑逐渐被越来越多的人所接受和认可，受到日益广泛的关注，在房建工程、路桥工程中得到广泛应用。在装配式建筑项目施工中实现有效的管理是确保建筑工程项目经济效益、社会效益与环境效益实现的基本保证。因为预制施工过程中存在着诸多风险因素，所以有必要进行针对性的风险应对和管控，以实现装配式建筑项目施工管理预期的管理目标。风险识别、风险估计、风险分析与评价的章节为本节的风险应对策略研究提供了基础和依据，因此，本节在第 3～5 章的基础上对装配式建筑项目中的风险应对进行详细阐述。

风险应对是指在风险识别、风险估计和风险分析与评价的基础上，综合考虑各种影响因素和条件，预测、分析和计算风险发生的概率及风险影响程度（造成损失的严重程度、影响实际范围等），估算风险发生后所造成的损失大小，并将其与预期目标进行比对，明确具体的偏差程度问题，据此来编制相应的风险应急预案，制订回避风险、承受风险、降低风险或者分担风险等防范计划，采取科学合理的应对和处置措施，以规避风险或减少风险发生所带来的影响的过程。简要来说，风险应对就是在项目风险识别、估计和分析与评价的前提下，选择和制定科学合理的项目风险应对策略和措施，以提高项目管理者和决策者的项目风险管控能力，确保项目风险管理目标顺利实现的过程。风险应对的基本任务是把风险发生后所造成的实际影响尽可能地控制在最小的合理范围之内，将风险后果和损失管控在可以接受的合理水平之内。

风险应对的依据主要包括以下七个方面。

1）风险管理计划。风险管理计划已在 3.1.3 节中进行了介绍。

2）风险管理体系文件。该文件主要包括：风险分析定义；实施项目风险管理所需要的时间和预算；各低、中、高层次风险的极限。

3）风险分析后更新和列举的项目风险清单。该项目风险清单主要包括：项目风险的相对等级或优先级清单；根据项目风险实际状况需要采取处理和应对措施的风险清单；需要补充分析和应对的风险清单；风险分析结果中的趋势、根本原因等。项目风险清单最初形成于项目风险识别过程中，在对项目进行风险定性和定量的分析中逐步得到更新。

4）风险排序。根据风险发生的概率、风险对项目目标的影响程度和范围、风险缓急程度对项目中的各种风险进行分级与排序，并分析和说明项目中要抓住的机遇和要应对的威胁。

5）风险认知。在工程项目中，人们要对可以放弃的机会和可以接受的风险有一个全面深入的了解与认知。一般而言，一个组织的认知程度往往会对一个项目的风险应对计划产生十分重要的影响。

6）风险主体。项目中各利益相关者可以作为风险应对的主体。风险主体应参与到制订风险应对计划的行动当中。

7）一般风险应对。很多风险可能是由某一同样类型或某一共同原因造成的，这种情况下为采用一种应对方案缓和及减小两个或两个以上项目风险提供了选择。

6.2 风险管理规划

作为一项重要的管理职能，规划在日常生活的各项组织、管理和活动中发挥着重要作用，在一定程度上，规划工作质量的好坏往往直接决定了一个组织或项目管理水平的高低。科学合理的规划是一个项目成功的必要基础和前提。在风险识别、风险估计及风险分析与评价等章节的基础上，本节主要通过对风险管理规划的概念、风险管理计划、风险管理规划的方法和工具等方面的介绍，使读者系统全面地认识和了解科学合理的风险管理规划在装配式建筑项目风险应对中的应用，同时学会和掌握实际项目工作中的必要的风险管理规划的基本技术方法与重要技能。风险管理规划是工程项目风险管理人员必须具备的技能，也是提高和保证工程项目风险管理水平和效率的必要手段。这就需要针对工程项目的实际状况和预期风险制定相应的风险管理规划，对风险进行实时的监控，切实有效地从根本上控制风险，将风险降至最低，以保证工程项目预期目标的实现。

风险管理者能够对工程项目存在的各种风险和潜在损失等信息进行相应的把握和管控，然后制定相应的风险管理的具体规划。例如，预期发生的风险如何有效地进行控制，以期减少风险发生的概率和降低损失的程度。

6.2.1 风险管理规划的概念

人们在一切社会经济活动中都会面临各种各样的风险。从总体上来看，风险不以人的意志为转移，它是客观存在的，也是不可避免的，而且在特定的环境和条件下呈现出一定的规律性。因此，在风险来临时，人们是无法从根本上将其完全消除的，人们能做的仅仅是尽最大的可能将风险可能发生的概率或造成危害的程度降至最低。这就要求建筑工程项目各部门、各组织及各相关主体积极主动地认识和管理风险，并采取有效的措施控制风险，尽可能地将风险降至最低，以保证装配式建筑项目进度的正常推进和运行。随着装配式建筑项目的日益发展，人们对施工项目的质量、安全、成本、进度等的要求越来越高，因此对装配式建筑项目进行科学合理的风险管理规划十分必要。

从内容和逻辑上来看，风险管理规划包含风险规划和风险管理两个部分，其中，风险规划是进行工程项目风险管理的基本前提和要求，也是进行项目风险管理的首要职能；风险管理是实现既定风险规划的必要保证。

工程项目风险规划是指在工程项目正式启动前或启动初期，从项目基本状况、潜在风险因素等方面对该项目进行科学合理的规划和顶层优化设计。简单来说，工程项目风险规划就是科学合理地规划和设计如何进行建筑项目全生命周期流程风险管理的动态创造性过程。该过程主要包括对建筑项目单位或组织及人员风险管理的实践方案与方式进行定义，比较和选择适合装配式建筑项目的风险管理行动方案及方法，确定风险判断的依据等。工程项目风险规划用于对建筑工程项目过程中的风险管理活动的各项工作计划和项目实践形式进行引领性指导和科学性决策。在项目实施过程中，风险管理和风险规划相辅相成、相互促进、相互交织和融合，以此保证项目风险管理目标的顺利实现。

6.2.2　风险管理计划

通过对装配式建筑项目风险的识别、分析和评估，项目风险管理人员可以对其存在的各种风险和潜在的损失等有一个基本的了解和掌握。基于此，首先需要编制一个切实可行、科学合理的风险管理计划，然后根据编制的风险管理计划和各种风险事件，选择和确定合理有效、符合实际需求、具有明显效果的风险应对措施，尽可能地将风险转化为机会加以利用或将风险所造成的负面影响降到最低。

在对项目风险管理进行规划时，项目风险管理人员首先需要大致地了解和认识项目目标，然后根据项目的实施进度计划，确定项目风险管理每个阶段及总体的目标。在项目风险管理目标具体明确之后，项目风险管理人员可以将风险分析及管理目标等整理形成一个详细具体的风险管理计划文件，作为项目风险管理组织工作中的工作手册。风险管理计划文件包括项目的风险识别、风险分析与评估、风险管理计划及风险规避策略计划。该文件比较细致地说明了风险的识别、估计、评估和控制等过程。通常来说，一个项目的风险管理计划的主要内容包括以下几部分。

1. 项目风险管理简介

1）风险管理的目标。

2）风险管理的程度及范围。

3）风险管理的团队组织及其分工。

① 风险管理团队组织的组成。

② 各团队任务和责任的划分。

4）风险管理的相关内容及说明。

① 项目实施进度计划、主要里程碑及监察行为。

② 风险管理成本与效益的估算。

2. 项目风险识别

1）项目风险基本信息状况的调查、风险主要来源的明确等。

2）根据各种风险的特点，采取相应的识别方法和策略。

3）风险的分类及其归属权，了解和掌握识别出的所有风险因素。

3. 项目风险分析与评估

1）估计风险发生的概率及其对项目造成的潜在损失，若已识别出关键风险因素，则需要对该风险发生的概率及其可能造成的破坏力进行详细深入的评估。

2）根据不同风险因素的属性及特点，选择和确定合适的风险评估方法。

3）主要风险因素的界定，清晰准确地分析和界定各关键风险因素及其对项目目标实现的影响。

4）总体上的风险结果评估，提交项目风险分析报告。

4. 项目风险管理方案

1）风险管理的程序和应急计划。应急计划一般是事先计划好的，一旦项目出现风险事件，就立即采取充分有效的应急方案和措施。

2）在风险评估结果的基础上，提出切实可行、行之有效的风险管理方案，并为每个关键风险因素配备相应的风险规避策略。

3）风险管理所需的资金、技术、时间进度、人工等资源的分配及说明。

4）残余风险的跟踪及其相应的反馈，包括不断完善与修改、更新时需优先考虑的风险。

5）项目风险估计、风险管理计划和风险管理规避计划三者综合统筹考虑后的总计划和策略。

6.2.3 风险管理规划的方法和工具

在装配式建筑项目中，风险管理规划的主要工具是召开特定项目的风险规划会议，会议参与人主要包括项目经理及负责项目风险管理的团队成员。通过该会议，项目管理者可以对项目风险管理的技术路线、方法、实施工具、项目报告和跟踪形式及具体的时间计划和安排等有一个充分的分析与研究，并对其进行科学合理的选择。一般而言，通过在装配式建筑项目中建立健全、科学、合理的项目风险管理机制，充分利用项目风险规划的方法和工具，如项目风险管理图表、项目工作分解结构、网络计划技术、关键风险指标管理法等，有助于进行有效且合适的风险管理规划。

1. 项目风险管理图表

项目风险管理图表是在将项目各种信息输入转换为输出的过程中所利用的一种方法和工具，其涵盖了在项目风险管理计划中用于帮助项目参与人员清晰查阅和分析风险信息的方式。项目风险管理的三个图表主要是项目风险核对表、项目风险管理表格和项目风险数据库。

（1）项目风险核对表

项目风险核对表主要是将装配式建筑项目中的不同风险部位和侧重点进行相应的整理和分类，以便更好地分析和理解各风险的具体特征。例如，基于装配式建筑项目全生命周期的角度，在项目实施关键路径上的重要部位便可以组成一个亟待管理的项目进度风险管理核对清单，可选择利用项目实施阶段风险分类系统或项目工作分解结构作为核对清单。装配式建筑项目实施阶段风险分类系统如表 6.1 所示。

表 6.1　装配式建筑项目实施阶段风险分类系统

项目工程	实施环境	项目约束
a. 安全稳定性	a. 预制构件设计阶段	a. 资金
b. 经济实用性	b. 预制构件生产阶段	b. 技术
c. 设计多样性	c. 预制构件运输阶段	c. 人员
d. 功能科技性	d. 预制构件装配阶段	d. 进度
e. 节能环保性	e. 装配式建筑项目运维阶段	e. 设施

表 6.1 为某一装配式建筑项目生命周期中各实施阶段风险分类系统，系统主要分为三类，每一类下又对应分为若干元素，而每一元素又通过其相对应的属性来体现特征。

（2）项目风险管理表格

项目风险管理表格详细记载着装配式建筑项目管理风险对应的基本风险信息。作为一种比较系统地记录项目实施过程中各种风险信息并对其详细跟踪的方式，项目风险管理表格正逐渐被装配式建筑领域的从业人员所关注、研究和使用。通过该表格，装配式建筑项目管理人员可以对项目实施过程中的各个风险部位进行全面的排查、监测和管控，减少各个风险发生的概率。

（3）项目风险数据库

项目风险数据库明确了识别的装配式建筑项目风险和相关的项目信息组织方式，它将装配式建筑项目中各种风险的信息整理和组织起来，以便于项目管理人员或其他有关人员查询、跟踪各个风险状态并将其分类、排序，最终总结产生报告。一个简易的电子表格若能使排序、报告等功能自动化进行，则可以作为项目风险数据库的一种实现。值得注意的是，项目风险数据库中的实际内容往往不是风险计划内容中的一部分，而是与风险计划内容保持一致，因为项目实施过程中的风险不是一成不变的和静态的，而是实时动态的，所以项目风险数据库中的内容往往是在风险计划内容的基础上随着时间的变化而变化的。

2. 项目工作分解结构

项目工作分解结构是将装配式建筑项目按照其自身的内在结构或实施步骤的流程顺序进行逐一、逐个和逐层分解而形成的项目基本结构示意图。它可以将装配式建筑项目科学合理地分解到各自相对独立的、结构和内容单一的、易于经济核算与管理检查的工作单元，并能够将各个工作单元在装配式建筑项目中的职能、地位与构成直观形象地展示出来。

（1）项目工作分解结构单元的级别

项目工作分解结构单元是指构成装配式建筑项目分解结构的每一个独立组成部分。项目工作分解结构单元应根据其对应的和所处的层次进行级别划分，从顶层开始，按顺序依次为 0 级、1 级、2 级、3 级……，对于装配式建筑项目，其层级一般可划分为 5 级、6 级或更多。

装配式建筑项目工作分解既可以按照项目自身的内在结构，又可以按照项目的实施步骤流程。加之，装配式建筑项目本身复杂程度、成本效益比、规模大小、规范标准等方面也不尽相同，因而形成了项目工作分解结构的不同层次。基于项目的项目术语定义，装配式建筑项目工作分解结构基本层次如图 6.1 所示。

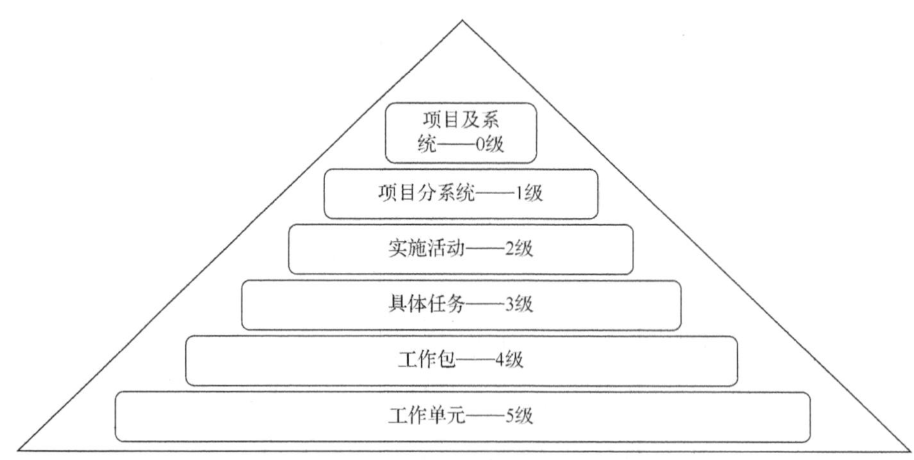

图 6.1　装配式建筑项目工作分解结构基本层次

需要注意的是，在实际的装配式建筑项目分解中，有时层次较多或较少，往往会出现不同类型的项目会有不同的项目工作分解结构的状况。例如，采用预制构件进行装配式房屋建造的项目工作分解结构与芯片、精密仪器等制造的项目工作分解结构是完全不同的。

（2）项目工作分解结构的制定

采用项目工作分解结构对装配式建筑项目进行结构分解时，一般应遵循以下流程。

1）基于项目的复杂程度及规模合理地确定项目工作分解的详细程度。若分解过粗，则可能较难体现项目实际计划的内容；若分解过细，则可能会相应增加原本制定好的实际工作量。因而在对装配式建筑项目进行工作分解时须考虑以下因素。

① 分解的对象。如果分解的是比较大型且复杂的项目，则可以根据实际需要进行分层次分解，对于最高层次的分解可以粗略，再依次逐级往下分解，层次越低，分解可越详细；如果需要分解的是相对较小且简单的项目，则可以根据实施计划内容分解得详细一些。

② 使用者。对于项目经理或项目管理人员的分解不需要进行得太细，只须使他们从项目整体上对计划进行掌握和控制即可；对于项目实施计划执行者，则需要进行详细的分解。

③ 编制者。编制者对项目的相关领域专业技术、知识、信息及经验了解和掌握得越多，就越有可能使项目计划的编制粗细程度符合项目目标的实际要求；反之，则有可能失当。

2）基于项目工作分解的详细程度，将项目各实施阶段进行相应的分解，直至分解到确定的且相对独立的工作单元为止。

3）根据搜集的相关信息，尽可能全面和详细地分析与说明每一工作单元的性质、特征、工作实施内容、资源输出（如人、财、物等），并进行相应的成本、效益和时间进度的估算，同时确定好主要项目负责人及其相应的项目实施组织机构。

4）项目负责人对所负责工作单元的预算成本、资源需求、时间进度、人力分配等进行系统详细的复核与检查，并编制好一个初步的文件报告提交给上级机关或项目管理人员。

5）逐级汇总预算成本、资源需求、时间进度等产生的信息并对项目各工作单元实施的先后顺序（即逻辑关系）进行相应的明确。

6）项目决策层或管理层将各项成本汇总成项目的初步概算，并将其作为项目预算的依据和基础。

7）将时间进度估算及项目工作单元之间的逻辑关系的信息汇总为“项目的总进度计划”，这是编制项目工作实施网络图的基础和依据，也是制订项目具体实施的详细工作计划的基础和依据。

8）将项目中各工作单元的资源使用状况汇总成“资源使用计划”。

9）项目负责人对项目工作分解结构的输出结果进行全面和系统的综合评价，并进行项目实施的相应方案和计划的拟订。

10）项目计划和方案形成后，及时上报和审批；在具体的实施过程中，要严格按照计划和方案执行，并结合项目实际要求对项目计划进行相应的修改、补充和完善。

（3）项目工作分解结构在装配式建筑项目风险管理中的应用

一般而言，项目工作分解结构文件包括单元明细表和单元说明这两个部分。单元明细表按照级别分别列出各个单元的名称；而单元说明则比较详细地规定了各个单元对应的各种内容及各相关单元的工作界面关系。

在装配式建筑项目早期应该及早建立健全的项目工作分解结构，以用于为装配式建筑项目的技术和管理活动提供相应的支持。在装配式建筑项目的全生命周期过程中，各个实施部门应当将该项目工作分解结构作为规划未来的系统工程、资源分配、预算经费、签订合同和完成工作的协调管理工具，并基于项目工作分解结构，对项目工程的实施进展、运行效能、项目评估和费用数据等方面进行报告，以此来管控项目风险。

3. 网络计划技术

网络计划技术是利用图论和网络分析的方法对实施项目计划进行编制和优化的一种技术。它以缩短项目工期、提高项目实施效能、节省人力、降低项目实施成本和消耗为目标，通过网络图来表示项目预定计划任务的进度安排及其实施过程中各个环节之间的相互关系，并基于此进行全面系统的分析和研究，计算相应的时间参数，找出项目实施过程中的关键线路，然后利用总时差和自由时差，对项目实施方案进行进一步的完善和改进，以此来实现对工期、成本、资源等的优化。

在装配式建筑项目中，应用网络计划技术一般应遵循以下流程。

1）确定目标，进行装配式建筑项目实施计划的准备工作；分解任务，将项目全部工作的逻辑关系明细表进行一一罗列；确定项目实施过程中各个工序的持续时间（即工期）、先后顺序和相互之间的逻辑关系，并绘制网络计划初始草图。

2）通过电算或手算（如图算法、矩阵法、表算法等），计算项目实施过程中各个工序的最早开始时间、最早结束时间及时差（总时差和自由时差），并根据计算的参数数据，分析和判断出关键工序及关键线路。

3）在满足既定的条件下，按照某一衡量标准或指标（如资源、时间、成本等）寻求最优质的项目实施方案，确保在项目计划规定的时间范围内用尽可能少的人力、物力和财力实现项目预期的目标。

4）在执行项目计划任务的过程中，通过不断地收集、传送、加工和分析信息，决策者可能实现最优的项目抉择，但需要根据实际及时对项目计划进行相应合理的调整。

4. 关键风险指标管理法

一个装配式建筑项目风险事件的发生，可能有很多种成因，但是关键成因常常只有几种。

作为一种对引起项目风险事件发生的关键成因指标进行管理的方法，关键风险指标管理法应遵循以下流程。

1）分析项目中出现的风险的成因，并从中找出影响项目的关键成因。

2）将影响项目的关键成因进行相应的量化，确定其度量，并对导致风险事件发生时该成因的具体数值进行分析与确定。

3）在该具体数值的基础上，以发出项目风险预警信息为目的，加上或减去一定的数值后形成新的数值，该数值即为关键风险指标。

4）建立并完善项目风险预警系统，即当关键成因数值达到关键风险指标时，发出相应的项目风险预警信息。

5）一旦出现项目风险预警信息，就要及时制定和采取有效的风险管控措施。

6）对关键成因数值的变化进行相应的跟踪和监测，若出现预警信息，则立马采取风险管控措施。

在装配式建筑项目的实施过程中，利用关键风险指标管理法既可以对项目中单项风险的多个关键成因指标进行科学管理，又可以实现对影响项目主要目标的多个主要风险的管理。值得注意的是，在使用该方法时，要求对项目风险关键成因进行准确的分析，并且要易量化、易统计、易跟踪和监测，通过对装配式建筑项目关键风险指标进行深入的分析，可以极大地方便对项目风险进行科学的统筹，有助于项目管理人员制订既符合项目实际又相应合理的项目风险管理计划。

6.3 风险应对的措施与方法

装配式建筑项目的全生命周期过程可分为五个环节，包括设计、生产、运输、装配和运维，每个环节都会面临各种各样的风险，针对类型众多且不一的风险，可能有很多风险应对的方法，也可能根据风险主体的不同需求和项目的实际需要而采取不同的风险应对措施与方法。因此，项目经济单位或组织需要根据工程项目的实际状况，集合风险因素的具体特性，分析项目风险发生的概率，并在合理考虑自身风险承受能力的基础上，选择和制定科学合理的项目风险应对策略。一般而言，在装配式建筑项目中，常用的风险应对措施与方法包括风险减轻、风险预防、风险回避、风险转移、风险自留与利用、风险分担等。本节就这六种方法展开叙述，详细分析装配式建筑项目风险应对策略及应对措施。本节最后一部分通过分析装配式建筑项目风险应对方法的选取，为项目投资主体或经济单位提供一定的项目风险应对的参考和依据。

6.3.1 风险减轻

风险减轻是通过采取某些方法和措施，减少风险发生的概率或将风险所造成的损失控制在合理的程度范围内的一种风险控制的行为。具体来讲，风险减轻是指在风险损失已经不可避免的情况下，通过采取缓和或预知等各种手段和措施来减轻不利风险事件的后果和降低不利事件发生的可能性以达到一个可以接受的范围。换言之，风险减轻就是将不利风险事件的概率或影响单独或一起降低到可以接受的程度，它是一种被动但是具有积极意义的风险应对与处理的手段，是通常在项目损失幅度较大且风险又无法采取应急和挽救的情况下采取的措施。若对项目风险的源头和环境状况进行详细的了解和分析，就会倾向于选择风险减轻策略。虽然风险对项目的影响一般很难估计，但是对各种风险进行科学有效的风险识别是非常必要和有用的。对并不明确的风险，如果要通过采取风险减轻策略减轻其对项目造成的影响，则是十分困难的。采取风险减轻策略的有效性在很大程度上取决于风险是已知风险、可预测风险，还是不可预测风险。

若项目风险是已知风险，则项目管理方可以通过利用项目自身现有的人、材、机、资金、技术等资源降低风险对项目造成的严重损失和风险发生的可能性。

示例 6.1　已知风险

在装配式建筑预制构件的运输过程中，可以通过借助智能云平台和构件上安装的定位装置选择最优路径并实时动态跟踪，减轻预制构件的运输风险，确保装配工序连续不中断，提高装配质量和效率。

若项目风险是可预测风险或不可预测风险，则项目管理方很少或无法对这两类风险进行根本的控制，因此采取风险迂回策略是十分必要的。

示例 6.2　可预测风险

某大型甲方地产公司投资了一个采用装配式建筑的高端城市综合体，其预算不在项目承建方的直接控制中，存在该甲方地产公司在项目进行当中削减项目预算的风险。为了减轻这类风险，直接动用项目资源一般无济于事，项目承建方必须对项目进行深入细致和全方位的调查与研究，并与甲方地产公司进行深入的协调和探讨，制定相应的应对预案，降低这类风险给项目实施带来的不确定性。

示例 6.3　不可预测风险

在决定对一个新装配式建筑项目进行开发之前，应该首先对项目进行一个基本的市场调查（如市场容量、市场前景、现有的周边同类竞品或其他项目相关信息等），并进行项目可行性研究分析，了解和掌握消费者和客户的实际需求、预期价格及消费偏好等，只有在此基础上提出及立项的项目才有很大的成功机会。

因此，在对项目风险实施减轻策略前，必须以具体化、形象化的方式将风险降低的程度进行列举和说明，即要根据项目实际需要和相关要求，确定风险降低后的可以接受的程度、水平及范围。项目中各个风险程度和水平降低了，项目的整体风险程度和水平也就降低了，项目最终成功的概率自然就会相应提高。

项目风险程度和水平及项目管理的成效与时间因素密切相关，并且从很大程度上来说，项目风险、项目风险管理是一个时间函数。因此，在装配式建筑项目中，为了减轻项目实施过程中的风险，采取科学有效的策略和举措来应对与处理未来可能面临的风险是十分必要的。通常在项目的早期或某些条件下，采取风险减轻策略往往比风险发生后采取应急补救措施会有更好的技术经济效果。风险减轻的效益主要体现在两个方面：第一，降低风险发生的概率；第二，降低风险事件发生后所造成的损失。

需要注意的是，采取风险减轻策略并不能从根本上彻底消除风险，或多或少都会存在一定的残余风险，而针对残余风险同样需要进行科学合理及有效的分析、识别和管理。通过对风险减轻策略实施后项目各个组成部分的变化进行合理的评估，可以有效地识别残余风险。

6.3.2 风险预防

风险预防是为了尽可能地减少或消除可能造成项目损失的各种风险因素而采取的一种风险应对的方式。简要来说，风险预防是指采取一些预防措施，以降低项目损失发生的概率及可能造成损失的程度。风险预防涉及现时成本与潜在损失比较的问题。一般来说，若项目的潜在损失远远高于采取预防举措所实际支出的成本，就应该采取风险预防的手段。

示例 6.4 风险预防

我国修建的三峡大坝虽然花费了很长的时间周期和大量的资金且对周边环境造成了一些影响，但与长江洪水泛滥造成的巨大灾害（如 1998 年长江特大洪水）相比，这些就显得微不足道。

在装配式建筑项目中，风险预防的关键主要是两个：防和控。“防”是指将风险消灭在萌芽状态，是风险管理的最佳举措和最高境界，从机会成本上来看，降低 10 分的损失，相应的就是有 10 分的收益。“控”是指对项目实施过程中已经发生的风险事件进行处理，是预防风险蔓延和恶化进而造成更大规模损失的正确做法。通过采取一些相应的风险管理手段，可以将风险控制在合理和可以承受的范围之内。

一般来说，作为一种主动型的风险管理方法和策略，风险预防主要有形和无形这两种手段。

1. 有形手段

作为一种有形手段，工程法常被用于建筑工程领域，其以相关工程技术为载体，消除或减少物质性风险对项目的威胁和破坏。例如，为了防止装配式建筑预制构件在施工装配过程中精度和位置发生误差和偏移，可在预制构件上安装定位装置并借助施工装配定位技术实现预制构件精准装配，减少误差和偏移，提高预制构件装配的质量和效率。一般而言，采用工程法进行风险预防有以下几种措施。

（1）防止风险因素的出现

在工程项目实施前，通过采取相关的措施，可以减少风险因素及降低其出现的概率。例如，在将预制构件运输到施工装配现场的过程中，为了减少运输过程中预制构件中途滑落的风险，可采用专用运输车辆，在车厢内设置预制构件专用固定支架，并将预制构件固定牢靠，同时运输时根据车辆实时定位系统选择平整坚实、路况相对通畅的道路，并在运输时保持相对合理的车速，确保预制构件安全、准时、顺利地抵达目标装配现场，这样就能在一定程度上防止预制构件中途滑落这一风险因素的出现。

（2）减少已经存在的风险因素

例如，随着预制构件施工装配进度的逐步推进，工程项目不可避免地会造成各种用电施工机械和相关设备的增加，因此及时换装大功率的变压器可以有效减少其短路和烧毁的风险，保障施工装配现场的安全。

（3）在时间和空间上对风险因素和人、财、物进行隔离

一般而言，人、财、物于同一时间处于破坏力影响范围内是风险事件发生造成财物损毁和人员伤亡的主要原因。因而，可通过采取一定的措施，将人、财、物与风险源在时间和空间上实行错开和隔离，以此来达到减少项目损失和人员伤亡的目的。

值得注意的是，工程法的特点是采取的各种措施往往都与具体的、应用的相关工程技术设备相联系，但是在装配式建筑项目中不能过分地依赖工程法，其原因在于以下几点。

1）在实际的工程项目实施过程中，为了达到预防某种风险的目的，采取一些特定的工程措施往往需要相当大的人力、材料、设备、资金、技术等资源要素的投入，特别是对于装配式建筑这种需高成本投入的更是如此。因此，在进行分析和决策采用何种风险预防举措时，必须对其成本效益进行深入的分析。

2）采取工程法对某项目进行风险预防时，往往会利用各种工程设备和机械，而每种设备和机械都需要专业技术人员去操作和使用，因而对人的素质提出了相当高的要求。

3）无论何种工程设备和机械，都不会是百分之百可行和可靠的，因而工程法往往也需要和其他措施结合起来使用。

2. 无形手段

一般而言，风险预防的无形手段主要包括教育法和程序法两种。

（1）教育法

在项目实施过程中，项目管理人员和所有涉及项目的其他有关参与各方的自身行为不当成为项目的风险因素。因此，必须对参与项目的各方相关人员进行项目风险和风险管理教育，以避免和减轻因不当行为而出现的风险。教育的内容主要包括相关法律法规、项目技术规范及标准、操作规程、项目风险基本注意事项、安全事项及技能等。项目风险和风险管理教育的目的是让项目各方相关人员在思想上充分认识到项目所面临的各种风险，学会和掌握控制这些风险的处理措施，而且使每个人意识到个人的任何行为疏忽或失误行为都将会给项目造成很大的损失。

（2）程序法

工程法和教育法在很大程度上处理的是人和物质的因素，但是万事万物都有其自身的客观规律性，一旦项目实施过程中的客观规律性被改变或破坏，就可能会给项目造成很大的损失。程序法是指通过制度化、规范化和程序化的方式进行项目活动，从而减少不必要的损失的方法。一般而言，项目管理方确认的各项管理方案计划、方针政策和监察制度能在一定程度上反映出项目实施活动的客观规律性。因此，项目管理人员及其他相关人员要认真执行。

此外，对项目组织形式进行科学合理的设计也能有效地预防风险。项目发起单位若由于自身原因无法完成项目，则也可以同其他单位组成合营体，对自身无法克服的风险进行预防。需要注意的是，在采取风险预防策略时，在项目的组成结构或组织中加入多余的部分也会增加项目或项目实施过程中各组织部位的复杂性，使项目成本提高，进而增加项目风险。

6.3.3 风险回避

在一个装配式建筑项目的所有风险分析与评估完成后，如果发现该工程项目在实际推进过程中出现风险的概率较高，并且可能会在一定程度上造成相当大的损失，而又没有实际和有效的措施来降低该风险，那么此时为了项目的效益和避免出现更大的损失，项目管理者或决策者往往会中途放弃项目或改变既定项目的目标方向和策略或放弃原有的项目方案，这种方法就是风险回避。从某种角度和意义上来说，风险回避是一种彻底避免风险发生的做法，拒绝承担相应的损失和后果。虽然项目的风险无法完全消除，但是通过采取各种风险回避的技术和方法，在某些特定风险发生之前就消除其发生的机会或可能造成的损失还是非常可行和合理的。简要来说，风险回避是指根据风险发生概率的大小及可能造成的损失，风险管理者采取改变项目的实施计划和方案、项目目标，甚至放弃项目，以此来达到减少风险影响的应对策略。

示例 6.5　装配式建筑项目实施过程中的风险回避

某装配式建筑项目因投资方失误而不慎选址在河谷，而此时保险公司或第三方保理机构又不愿为此承担责任。当投资方意识到在河谷进行该项目的建造将不可避免要受到洪水威胁且又无其他防范措施时，该投资方只好放弃该项目。虽然投资方在项目开工准备阶段耗费了不少资金费用，但与其使项目在最终完工建成后被洪水冲毁，不如及早改弦易辙，另谋项目的选址。

在装配式建筑项目中，一般只有在以下情况下才会采用风险回避的方法来应对项目风险。

1）对某项目进行风险分析和评估后，结果显示该项目风险发生的概率很高。

2）该项目风险的发生对该项目可能会造成非常严重的损失，投资主体或经济单位没有承担该风险的经济能力，或承担风险后得不到足够覆盖损失的经济补偿。

3）该风险发生后，在项目计划规定的时间内没有或无法采取有效和合适的应急管理预案及措施应对和控制风险。

4）经济单位或项目投资主体对风险极端厌恶。

5）存在可以实现同样目标的其他项目计划和方案，并且其风险更低。

在各种风险应对措施与方法中，风险回避是一种最为彻底的，也是最为消极的风险应对方法，其原因就在于它既有优点又有明显的缺点。它的优点在于通过采用简单易行的方式将可能发生的风险因素消除，杜绝了风险发生可能造成的损失；缺点在于回避风险意味着放弃了获得项目收益的可能性，这会对建筑企业的发展造成一定的影响。

6.3.4 风险转移

风险转移是装配式建筑项目风险管理中进行风险应对的一种非常重要的措施和手段。在项目实施过程中，当有一些风险无法回避，不得不直接面对，而以项目自身的承受能力又无法进行有效的承担时，对项目风险进行转移就是一个十分可行和有效的选择。需要注意的是，风险转移是通过采取合同或非合同的策略和方式将某些风险可能造成的后果及损失连同应对风险的权力和责任一起转移至参与该项目的其他人或其他组织的一种风险应对的行为。风险转移的目的不是降低项目风险发生的概率、可能性及减轻项目风险可能造成的不利后果，而是将其转移至其他人或其他组织，因此也被称为合伙分担风险。

必须注意的是，项目风险转移并不能从根本上消除风险，而且将项目风险管理的责任及后续可能从该项目风险管理中获取的收益转交给了他人，项目管理人员不再需要直面被转移的风险。有些在业主看来是很大的风险，在其他方那里可能风险很小或者可能根本不算是风险，甚至其还可能在很大程度上从项目风险管理中获得收益，这也表明风险转移并不仅仅是纯粹单一地将项目风险转嫁给他人。然而，在装配式建筑项目实施过程中，可能会遇到各种各样的风险，项目管理人员无法做到面对每一个风险，因此，在对风险进行了分析和整理后，根据项目的实际需要进行科学、合理、适当的风险转移是正当且合法的，也是项目风险管理中高水平能力的体现。

实施风险转移策略必须具备和遵循两个原则：第一，必须让被转移风险的承担者获得相应的收益；第二，针对项目中的各类风险，最有风险管控能力的相关方应该成为转移风险的承担者。采用此策略所付出的成本和代价往往取决于风险的大小。当有限的项目资源无法实施风险减轻和风险预防的措施，或者项目风险发生的频率和概率不高，但是该风险的发生可能造成的损失很大时，可以采取此策略。风险转移的方法主要可以分为两大类：保险性风险转移和非保险性风险转移。

1. 保险性风险转移

建设工程项目保险是一种十分有效和可行的风险转移方式，也是转移工程项目风险最常用的一种方法，它是在建设工程项目实施过程中引入一种由市场利益驱动的风险转移的实施机制。保险性风险转移就是项目实施方通过有偿的方式为特定的项目向保险公司或第三方保理机构交纳一定数额的保险费用，通过订立保险合同来对冲在项目实施过程中可能发生的风险，以项目投保的形式将项目风险转移至保险公司或第三方保理机构的风险转移方式。通过这种工程项目保险的方式实现项目的风险转移是补偿性的，其完全由保险公司或第三方保理机构根据订立的项目保险合同和项目风险事件发生后造成的后果及损失来判断是否符合合同范围内的损失，据此决定是否对项目保险方进行相应的经济赔偿。若项目风险事件根本没有发生或发生后实际所造成的损失较小，那么项目保险方为项目所交纳的保险费用就变成了保险公司或第三方保理机构所获得的利润。

保险本身存在着很多的优点且装配式建筑项目在实施过程中面临诸多风险，因此，在装配式建筑领域，通过对项目进行保险来转移风险是最常见的风险管理方式。但是，需要指出的是，在装配式建筑项目中，并不是所有的风险都能够通过保险来进行转移，只有能够保险的风险才能被称为可保风险。一般来说，可保风险必须符合和具备一定的条件：第一，项目风险是偶然的、随机的和意外的；第二，项目风险一旦发生往往造成的损失巨大且损失是可以被精确地计量的。因此，针对项目中的各种风险，若要采取风险转移的策略，则需要进行科学的分析和研究，以辨别哪些风险适合转移、哪些风险须采取转移之外的其他措施。

2. 非保险性风险转移

非保险性风险转移又被称为合同风险转移，是指通过订立合同的方式将工程项目风险转移至非保险组织机构或个人的风险转移方式。对于装配式建筑项目来说，非保险性风险转移一般分为以下三种情形。

（1）保证担保

在工程项目的招投标和合同履行过程中，有两种情形常常出现，其往往会采用保证担保的方式进行风险转移。第一种是在项目投标前或投标过程中，项目投标方没有对项目的施工实施条件和特点进行深入的认识和了解，反而盲目去进行项目投标，其后因自身原因中途退出项目投标的过程，以及因某些原因放弃签订合同或是在项目合同签订后拒绝履行项目合同义务或在之前合同基础上要求追加新的合约条款等。这对项目招标方来说是一种很大的不确定性风险，轻则造成项目招标失败而须重新招标，重则可能会导致项目招标方出现重大的经济损失。因此，为了应对项目投标方这种行为可能造成的风险，项目招标方可以在项目投标正式开始前或在项目施工正式开始前要求项目投标方或项目中标方提供项目担保公司或银行等金融机构出具的项目投标担保或合同条款担保。通过这种方式，若项目投标方出现上述行为，那么项目招标方的损失则由项目担保公司或银行等金融机构来进行相应的经济赔偿。第二种是在工程项目已经开工建设后，项目招标方常常会出现因资金流紧张而造成项目资金无法按时到位的状况，甲方拖欠甚至压价和克扣项目施工承包商的承建费用的情形在我国建筑市场中很普遍，而这对于项目施工承包商来说是一种非常大的风险。出于转移该风险的需要，项目施工承包商可以要求项目招标方提供相应的项目承建费用的付款担保，若在项目实际施工过程中出现项目承建费用拖欠的状况，则项目施工承包商可要求项目担保方对相应损失进行经济赔偿。

两种措施实质上是通过采取保证担保的方式将项目风险转移到了项目担保公司或银行等金融机构，风险并没有随转移而变化和消失，只是项目风险承担的主体发生了变化，因此，这是一种风险量不变的风险转移方式。

（2）工程分包

工程分包是工程建设实施过程中比较流行且无法避免的一种被广受认可的承包方式。在项目合同的履行过程中，项目中某些施工部位具有特殊性，项目总包方在该特殊施工部位的经验和技能无法满足项目所需要的技术规范要求，若自身独自进行该项目特殊施工部位的施工，则可能会造成非常大的风险，而这恰恰又是其他施工专业队伍比较擅长的领域，因此，将项目进行相应的分包。项目总包方将项目中的一部分风险转移给项目分包方，项目分包方可以充分发挥和利用自身的专业优势将项目施工过程中的风险降低和控制在一个合理的程度内，也可以提高项目施工的进度和效率。无论从风险管理角度还是从工程项目管理角度，采用这种改变风险量的风险转移方式都是一个非常有效的选择。

（3）合同条件

合同条件的种类和内容是多种多样的，根据项目的实际情况，因地制宜地制定恰当的合同条件，采用正确和合理的合同计价方式，可以有效地实现转移项目风险的目标。在工程项目中采用的合同一般包含三种形式：单价合同、固定总价合同和成本加酬金合同。三种合同形式分别适用和对应不同的具体条件。例如，在比较大型的工程项目中，一般项目施工的周期比较长，其间会遇到人、材、机等价格的快速上涨，此时，往往采用单价合同，将项目施工期间的基础单价进行相应的固定，就能将项目施工期间人、材、机等价格上涨的风险转移至项目施工方。又如，对于施工设计深度不足的项目，在实际施工过程中，工程量可能会根据工程的实际需要发生相应的变化导致工程总价也随之变化，若采用单价合同，那么项目招标方将承担极大的经济风险，因而在实际中往往采用固定总价合同，这时，工程总价不随工程量变化，项目承包方就承担了项目招标方的该部分风险，达到了风险转移的效果和目的。当采用成本加酬金合同时，承包商不承担任何价格变化或工程量变化的风险，这些风险主要由业主承担，对业主的投资控制很不利。所以成本加酬金合同在实际工程中应用较少，一般应用于时间非常紧迫的工程项目，如抢险救灾相关的工程项目。

6.3.5　风险自留与利用

1. 风险自留

作为风险管理的一种重要手段，风险自留也被称为风险承担，是指项目管理人员或项目组织、经济单位自行承担风险因素可能造成的后果和损失的一种风险应对策略。从方式上看，风险自留策略可以划分为两种方式：主动型风险自留和被动型风险自留。

（1）主动型风险自留

主动型风险自留是指在对风险因素进行科学的风险分析、风险识别及风险评价的基础上，项目组织管理者或决策者通过科学合理的分析及判断，有意识地、主动地采取风险应对的策略与措施，以此承担相应的可能发生的项目风险及其造成的项目损失。考虑选择此种风险自留方式的因素有以下几种。

1）项目企业自留项目风险的管理费用低于企业为项目投保所支付给保险公司或第三方保理机构的附加保费，选择主动型风险自留的方式可以节省资金成本。

2）项目企业预计的项目期望损失低于保险公司或第三方保理机构预计的期望损失。简单来说就是，项目企业认为保险公司或第三方保理机构将项目的纯保费定得过高，若不对项目进行投保，则可以节省相当大的纯保费。

3）项目企业自留项目风险的机会成本低于项目投保的机会成本。

4）项目发生风险频率高、造成损失程度小。

5）项目各风险部位可能发生损失的概率及程度较为相似且各风险部位相互独立。

6）项目企业具有应对风险和吸收损失的相当充足的资源（如技术、资金、人力等）。

（2）被动型风险自留

被动型风险自留是指项目组织管理者事先未能充分正确地认识、识别及预测项目可能发生的风险，或者低估甚至是忽视了风险可能造成危害的严重程度，从而在项目风险发生之后，无意识地或被动地采取风险应对的措施。在被动型风险自留的情况下采取的项目风险应对措施在很大程度上往往是缺乏前瞻性、专业性和科学性的，致使项目风险发生后的后果和损失往往只能由项目组织管理者自行承担。产生此种风险自留方式的原因主要有以下几种。

1）项目中各部位及环节的风险还没有被发现。

2）项目的类型、性质、规模的限制，重要程度低，以及项目组织管理者的忽视等导致未进行项目的足额投保。

3）保险公司或第三方保理机构未能严格按照事先约定好的项目合同协议进行损失的补偿，如偿付能力不足等。

4）项目企业或项目经济主体原本计划通过以非保险的方式将项目风险转移至第三方，但是项目合同条款中不包含发生风险导致的后果和损失。

5）因项目发生某种风险的概率非常低而被项目组织管理者或决策者所忽视。

在这几种情况下，一旦风险导致项目出现损失，项目实施企业或经济单位主体就必须动用其自身内部的技术、资金、人力等资源来控制风险，减少项目损失，并通过后续的措施进行补偿。若项目实施企业或经济单位主体无法在一定的时间内调集到足够多的资源来应对和控制风险，减少和弥补项目损失，那么，轻则损失项目预期的全部效益，重则项目企业在该项目中发生巨额亏损，甚至导致项目企业破产倒闭。严格来说，被动型风险自留是一种消极的风险应对措施，在实际生活中，单位和个人甚至都不会将其作为应对风险的措施。因此，在装配式建筑项目中，该风险应对的方式就更不可能被采用。

风险自留与其他风险应对措施与方法的根本区别在于：它不改变项目风险的自身客观性质；它不改变项目风险的发生概率；它不改变项目风险潜在损失的严重性。

2. 风险利用

风险利用是指在项目风险自留的基础上，通过对自留的风险进行整理、分类、分析和评价，研究和制定将风险转化为增加项目效益机会的措施。风险利用是一项策略性很强、实施要求很高的风险应对的措施，要求项目企业风险管理者既要有胆识，又要小心谨慎。风险利用本身就是一项具有风险性和挑战性的工作，若将风险利用得好，则能使项目获得可观的效益；若风险利用得不好，则可能会使项目遭受和面对更大的风险，甚至造成更大的损失。因此，项目企业要利用好风险应做到以下几个方面。

（1）当机立断

在装配式建筑项目中，对风险的利用实质上就是对机遇的利用，但是在实际项目中，机遇不是随时都会存在的，其常常都是一闪而过的。因此，人们要当机立断地对项目中的风险加以利用。当机立断强调的是两个方面，即客观机遇与主观决策，这首先要求项目管理者和决策者在项目中对机遇有一个深刻和清晰的认识，其次要求项目管理者和决策者对行业形势及政策变化等保持高度的敏感，要有远见卓识，还需要有勇气和魄力，敢于奋进和冒险。

（2）谨慎决策

在装配式建筑项目中，碰到有利可图的风险事件通常只有两种可能的选择：第一，承担并利用项目中发生的风险事件以期牟取利益；第二，拒绝承担项目风险，从而放弃牟利机会。一般来说，可以利用的项目风险往往具有一定的诱惑力，但在项目实际过程中，这些诱惑通常是通过某种假象加以呈现的。这就对项目管理者和决策者提出了很高的要求，他们需要对项目风险进行认真分析、去伪存真、谨慎决策。但谨慎决策绝不是谨小慎微和优柔寡断，而是说项目决策应该具有翔实和可靠的基础，对项目形势有充分正确的认识和分析。

（3）严密监测风险

项目管理者必须对项目实施过程中的各个环节和部分进行严密监测，对项目中出现的风险，要及时发现其利弊两个方面的变化，因势利导，采取相关措施。项目风险态势的监测不能仅仅看表面现象，更应着重监测项目风险实质性因素。例如，对某个装配式建筑项目预制构件的运输监测，不能只看预制构件运输延迟及滞后的状态，应查找造成延迟及滞后的真正原因，分析其后果及由此对预制构件装配施工产生的影响。

（4）量力而行

量力是项目管理者和决策者对自己和项目已有的实力、通过一定的措施可以具备的实力和可以借助的实力的准确的综合评估，若不量力而行，就可能因对自己和项目的承受能力估计过高而力不从心。风险利用不仅需要项目组织有雄厚的经济实力，还需要具有高超的驾驭能力。

（5）应变有方

在项目实施过程中，风险利用必须事先做好充分的准备，要计划和设想好项目进与退的策略，尤其要做好项目放弃的最坏打算，准备好脱身之计。要对项目实施过程中的不利条件和形势状况进行科学的透彻分析，不打没有准备的仗，准备好各种应变措施。

风险自留的目的在很大程度上是为了对风险进行有效的利用，而风险利用又往往需要对项目风险进行自留，通过科学合理的项目风险分析与评价，判断项目各种风险的利用程度。因此，在实际项目实施过程中，风险自留与风险利用往往交织和融合在一起。

6.3.6　风险分担

风险分担是指通过在某项目中增加一定数量的风险承担者，将项目风险各组织部分分别分配给不同的项目参与方，以此来减轻项目总体风险。通过对项目中的各种风险进行科学合理的分析、识别和评估，确定各风险类别和相应的危害，进而分别选择和确定参与项目合作的组织单位，然后合同双方通过定义项目合同结构和条款，根据合同约定分别履行各自对应的义务，以便于风险发生时共同承担和抵御风险。

示例 6.6　风险分担

在一个工期比较短的小型装配式建筑项目中，往往采用固定总价合同，将工程量不准确和预制构件、相关机械设备及材料等物价上涨的风险全部交给项目承包方来承担，项目投资方不承担任何风险。但如果是工期比较长的大型复杂装配式建筑项目，其风险难以预测和控制，则项目投资方和项目承包方都难以独立承担工程量不准确和预制构件、相关机械设备及材料等物价上涨的风险。因此，在项目实施过程中，采用可调值总价合同，事先约定调值公式和调值条款，由项目投资方承担工程项目在装配施工期间预制构件、相关机械设备及材料等物价上涨的风险，而其余风险由项目承包方承担。这样，项目承包方不会因风险太高而相应提高项目承包合同报价，从而可以降低对项目投资方产生的经济风险，双方的风险可以得到相对合理的分担。

1. 风险分担的原则

（1）风险承受能力分担原则

根据风险承受能力分担原则，项目风险必须分配给最有能力控制风险和最有控制意愿的一方。若拟分担项目风险的一方无法具备这种条件，就没有理由将项目风险分配给他们，否则将会极大地增加项目风险。

（2）风险收益对等原则

风险收益对等原则简要来说就是，在项目风险中收益最大的一方承担足额和对等的项目风险，即谁受益谁承担。

（3）风险承担意愿分配原则

在风险承担意愿分配原则下，根据参与方对项目风险的态度及意愿进行分配，风险冒险性的参与方一般更愿意承担较多的风险，风险偏好谨慎的参与方则相应倾向于承担较少的风险。

2. 风险分担的目的与意义

1）降低项目在实施过程中风险发生的概率，以及风险发生后给项目造成的损失和风险管理成本。

2）有利于项目参与方对责、权、利进行科学合理的分担，同时促使项目参与方在项目全生命周期内注意和保持理性、良好和谨慎的行为。

3）使项目参与方能实现互利共赢的美好目标。

6.3.7 风险应对方法的选取

在装配式建筑项目实施过程中，往往会伴随着各种各样的风险，这就需要项目管理人员采取科学合理的措施和方法来应对项目中发生的风险。但是，通常没有任何一种风险应对方法是永远通用和适用的，根据项目实际情景的不同，需要灵活地调整和使用不同的风险应对方法。一般而言，针对装配式建筑项目，在对项目风险应对方法进行选择时需要考虑以下几个方面。

1）采取某种风险应对方法所产生的实际效益是否高于其他风险应对方法。

2）由于装配式建筑项目的复杂性和特殊性，在项目实际实施过程中，某些无法进行量化的成本及效益可能会比可量化的更加重要，此时项目管理者就不能仅仅依靠对各项指标进行定量分析来制定决策，而也须格外重视定性分析，在综合分析后再进行相应的决策制定。

3）在应对装配式建筑项目各种风险的不同时期，往往会不可避免地产生一些直接或间接的成本及效益，这时需要对其予以考虑，以便于进行定量与定性分析。

4）对于项目直接或间接的成本及效益的估算可能会受到不同层级的不确定性风险因素的影响，或应根据项目实际状况遵循不同的概率分配曲线。

5）项目周边环境、社会期望及相应的法律规范与责任可能会要求相应的特定风险应对方案。

值得注意的是，在装配式建筑项目风险应对方法的选取上，最关键的就是要科学合理地权衡好成本及效益，以尽可能地实现项目利润最大化的目标。在应对项目风险的实际耗费和投入上的多少往往直接决定了项目最终增量利润的大小，通常项目实施方会在应对项目风险上对项目的成本及效益进行科学合理的权衡。项目风险成本及效益之间的均衡演变过程如图 6.2 所示。

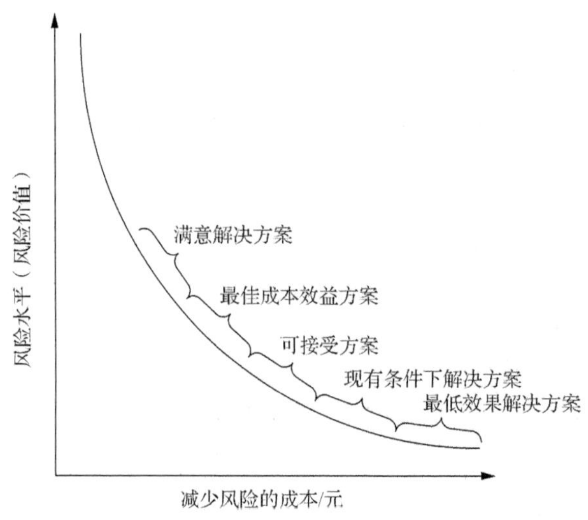

图 6.2　项目风险成本及效益之间的均衡演变过程

在对某装配式建筑项目风险应对的方法进行评价和选择时，首先须对该项目的可行性和项目实际成本及效益的范围进行分析与确认，而对于项目正式的成本及效益分析往往是在项目风险未处理或完成处理这两种状态下对其各自对应的成本及效益进行比较，但是针对不同的选项需要有合理和一致的比较方法。一般而言，某些项目依靠单纯的定量分析方法即可得出一个基本的比较结果，然而在实际很多情形下，往往还需要对尚未明确的项目成本及效益进行合理的考虑与分析。

对装配式建筑项目进行成本及效益分析时，人们需要考虑项目在实施过程中可能面临的所有效益，在恰当的时候，要切实地将项目各种直接效益和间接效益均纳入分析考虑，同时也需要考虑项目的直接成本及间接成本。一般而言，装配式建筑项目成本及效益分析有定量和定性两种方式，在进行项目的成本及效益分析时，既可以采取定量分析，也可以采取定性分析，还可以采取两者结合的方式。

1. 成本及效益定性分析

在对装配式建筑项目进行成本及效益分析时，需要对项目的成本及效益进行科学合理的比较和评估，这就要求两种比较指标能够类似化、可量化和可比化。通常是将项目的成本及效益量化成实际的货币形式（如人民币、美元等）。但是，需要注意的是，在实际情况下，很多项目无法或难以将项目所有的成本及效益进行量化。例如，相对于项目的赔付、资金损失而言，一些附属和间接的成本效益（如防止项目实施方的声誉损失）对项目的实际效益的影响很难量化。

成本及效益分析包含了“硬”指标和“软”指标两个方面，前者量化较易，后者则无法或难以量化，两项指标都需要以特有的方式呈现给项目管理者或决策者，其处理步骤流程如下。

1）详细列出项目实施过程中的各种成本及效益。

2）将所有的成本及效益进行整理与分类，分为“硬”指标、“软”指标两大类。

3）将“硬”指标类的成本及效益进行相应的量化和衡量。

4）根据实际情况，采取相应的风险评级方法对“软”指标类的成本及效益进行评估。

5）将两者结果结合起来进行分析。

2. 成本及效益定量分析

在装配式建筑项目中，成本及效益定量分析指将项目实施过程中直接、间接的成本及效益进行货币化形式的量化，以便于比较和分析，并将项目总效益和项目总成本进行比对得出项目效益成本率。若该比率超出预先规定的数值，则项目风险管控就起到了一定的作用。一般而言，等级可以简化定为 1（如项目总收益大于项目总成本），也可以将其定为其他数字，但是在通常情况下要求项目的实际收益要明显大于项目最终的成本，因此等级初始设定值一般是大于 1 的。

但是，值得注意的是，成本及效益定量分析只适用于以下情况。

1）装配式建筑项目实施过程中产生的损失与预期水平保持一致，并且有信心取得项目效益的全部实际价值。

2）项目实施过程中的绝大部分成本在初始年内（即第一年内）产生。

3）项目早期可以获得一定的回报。

4）项目成本及效益能够平衡分配。

5）利用一些处理技术能够将项目实施过程中的无形价值和资产纳入成本及效益分析当中。在项目实施过程中，若绝大部分成本及效益在第一年左右的时间内无法或难以产生，则须对项目成本及效益进行现值处理以转化为当前实施期的货币价值，特别是当项目直接成本已经产生但项目效益和项目间接成本将在今后一段时间内产生时。

6）对于项目效益是否能够取得全部价值或项目成本是否能够达到预期目标存在着广泛的不确定性。

6.4 风险监控概述

项目的实施过程是一个动态的、长期的过程，随着项目的实施进行，风险会不断发生变化，其中可能有新风险的产生，也可能有某些风险的消失。这就要求人们对项目进行风险监控，及时掌握项目风险及变化情况，制定有效的、系统性的措施和策略，从而实现对风险的有效控制。

6.4.1 风险监控的含义

从项目过程的角度来看，风险监控处于风险管理流程的末端，但这并不意味着风险管理的领域仅此而已。风险监控是一个实时的、动态的、连续的过程，是在风险规划、风险识别、风险估计、风险评价及风险应对的基础上，对项目全过程进行监视和控制，从而保证风险管理能达到预期目标的过程，它是风险管理的一项重要工作。风险监控的目的包括：观察风险监控提出的各类计划措施实施后所带来的实际效果，确定措施对原有风险的减少程度；监视评估剩余风险及其变化情况，进而考虑是否需要对项目风险管理计划进行进一步的改善调整或是否需要启动相应的应急措施；获取反馈信息，为将来的决策提供基础。

风险监控包括两层含义，一是前期的风险监视工作，二是后期风险发生时的风险控制工作。

（1）风险监视

风险监视是在风险防范与应对过程中，持续监测检查风险状态并对相应风险因素的发展变化进行实时监视，对相应的风险应对计划、措施的实施进行评估的过程。如果发现决策是错误的，就一定要尽早承认，及时采取行动纠正；如果决策正确却未带来正向的反馈，则不要过早去改变，以免增加其他风险发生的可能性。同时随着信息的收集不断完善、改进措施，后期的风险控制能够得到保障。

风险监视是风险监控的一个必要环节，因为项目时间对风险的影响程度是难以预计的，一般地，风险的不确定性随着时间的推移而减小。这是因为风险存在的基本原因是缺少信息和资料，随着项目的进展和时间的推移，有关项目风险本身的信息和资料会越来越多，对风险的认识也会变得越来越清楚。

（2）风险控制

风险控制是在后期风险发生时，按照前期制订的风险应对计划进行措施实施的过程，是为了最大限度地降低风险事故发生的概率和减少损失幅度而采取的风险控制策略与技术。这是一个动态的风险防范应对过程，既包括对既定计划的实施，依据计划开展的监督工作，实现对项目风险进行有效的控制管理；又包括在风险情况发生变化后对项目实际进展主要情况的分析，从而重新评估项目风险，以及改进风险监控计划或制订新的风险应对策略计划。

总体而言，风险监视与风险控制都是风险监控工作的重要组成部分，两者相辅相成、互为支撑，共同保证工程项目的风险防范与应对。

6.4.2　风险监控的依据

风险监控的依据主要包括以下几个方面。

（1）风险管理计划

风险管理计划是通过识别项目可能存在的风险，评估风险可能带来的影响制定出的相应的风险处理措施和策略。风险管理计划包括详细的管理风险步骤，为风险监控工作提供了方法、技术、指标、时间及工作安排的相关指导。

已识别项目的风险监控活动都是依据风险管理计划而展开的，而在项目进行过程中，不断会有新情况、新风险出现，对于新风险应及时更新风险管理计划。因此，项目风险监控工作是依据不断更新的风险管理计划开展的。

（2）风险应对计划

风险应对计划是针对已识别的风险进行的，对于未知的风险，不可能预先制订相应的应对计划或应急计划。

风险应对计划是风险应对措施和项目风险控制工作的具体计划与安排，包括项目主要风险、针对该风险的主要应对措施，以及措施实施过程中人员、时间等的具体安排等。

（3）项目沟通

工作成果和多种项目报告可以表述项目进展和项目风险。一般用于监督和控制项目风险的文档有事件记录、行动规程、风险预报等。

（4）附加的风险识别和分析

随着项目的进展，在对项目进行评估和报告时，人们可能会发现以前未曾识别的潜在风险。应对这些风险继续执行风险识别、估计、度量和制订应对计划。

（5）项目评审

风险评审者检测和记录风险应对计划的有效性，以及风险主体的有效性，以防止风险转移或缓和风险的发生。

6.4.3　风险监控的内容与流程

风险监控是指跟踪已识别的风险和识别新的风险，保证风险计划的执行，并检验及评估项目风险管理的有效性的过程。实施风险管理计划后，风险监控措施必然会对风险的发展产生相应的效果，它是一个不断认识项目风险的特性及不断修订风险管理计划和行为的过程，这一过程主要包括以下内容。

1）及时识别和度量新的风险因素。

2）监控潜在风险的发展，监测项目风险发生的征兆。

3）评估风险控制措施产生的效果。

4）跟踪、评估风险的变化程度。

5）提供启动风险应急计划的时机和依据。

项目风险监控在整个项目过程中需要持续实施，通过项目风险监控可以直观地分析各类风险应对计划与措施是否得到了有效的执行，使风险得到有效的控制管理，因此在项目执行过程中需要对风险监控加以重视。风险监控流程如图 6.3 所示。

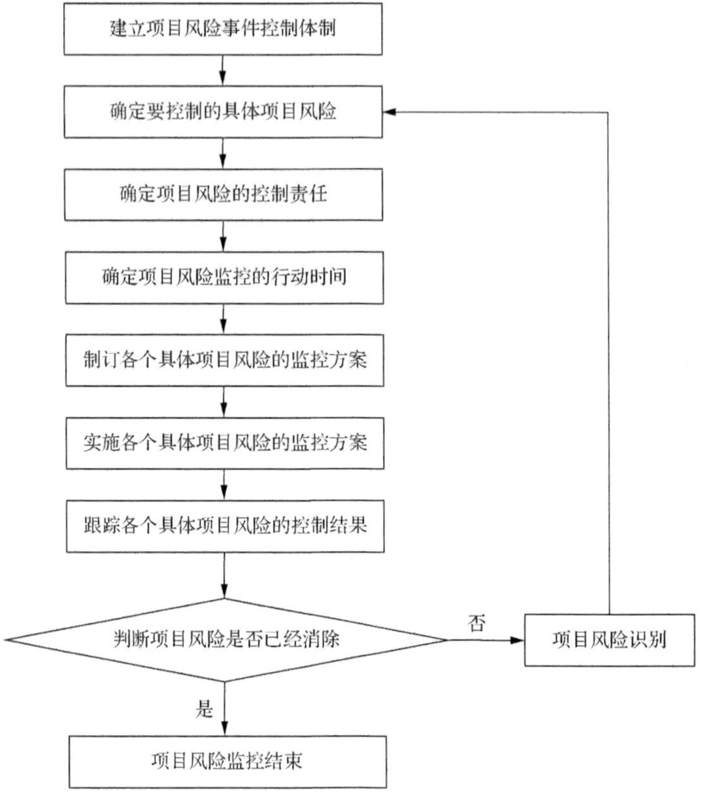

图 6.3　风险监控流程

项目风险监控流程的内容与做法说明如下。

（1）建立项目风险事件控制体制

建立项目风险事件控制体制是指制定整个项目风险监控的方针、程序和管理体制的工作。在项目开始之前通过项目风险识别和度量报告建立项目风险事件控制体制，这包括项目风险责任制、项目风险报告制、项目风险监控决策制、项目风险监控的沟通程序等。

（2）确定要控制的具体项目风险

确定要控制的具体项目风险是指按照项目风险后果严重程度、概率大小、组织风险监控资源等情况确定哪些项目风险需要进行控制、哪些项目风险是可接受的并可以选择放弃对它们的控制，以此确定需要监视和控制的具体项目风险的过程。

（3）确定项目风险的控制责任

所有需要监控的项目风险都必须落实到具体的负责控制的人员，同时要规定他们所负的具体责任。每项项目风险监控工作都要由专门且合适的人员负责，以避免因人员不合适而给项目带来不必要的风险。

（4）确定项目风险监控的行动时间

项目风险监控需要制订时间计划和安排，它规定了解决项目风险问题的时间限制等，对项目风险问题进行有效的控制。项目风险的损失多数是由错过监控时机造成的，所以项目风险监控的行动时间计划很重要，须按要求严格制订。

（5）制订各个具体项目风险的监控方案

各风险项目的具体负责人员根据风险因素的特性及时间限制制订各具体项目风险的监控方案，首先找出能够监控项目风险的各种备选方案，然后对方案做必要的可行性分析和评价，根据分析结果确定要采用的风险监控方案并编制项目风险监控方案文件。

（6）实施各个具体项目风险的监控方案

人们必须根据项目风险的实际发展与变化，不断地修订项目风险监控方案与办法。对于某些具体的项目风险而言，项目风险监控方案的修订与实施几乎是同时进行的。

（7）跟踪各个具体项目风险的控制结果

跟踪各个具体项目风险的控制结果的目的是要收集项目风险监控工作的结果信息并给予反馈，以指导项目风险监控工作。通过跟踪给出项目风险监控信息，根据信息改进项目风险监控工作，直到风险监控完结为止。

（8）判断项目风险是否已经消除

如果判定某项目风险已经消除，则该项目风险监控作业完成；如果判定某项目风险仍未消除，则需要重新识别和度量项目风险，然后按图 6.3 的步骤开展下一步的项目风险监控作业。

6.4.4　风险监控的目标

对项目实施风险监控主要是为了达到以下几个目标。

（1）及时识别出项目中存在的风险

项目风险监控的首要目标是对项目开展持续的风险识别，从而尽可能地在项目早期识别项目风险，同时对设想的项目风险事件进行监控，分析发现项目可能存在的各种风险及风险因素的特点，为项目开展实时监控提供支撑。

（2）有效避免项目风险的发生

尽可能降低项目风险发生的概率，对已识别的项目风险积极采取措施和策略，有效降低风险发生的可能性，减轻或消除风险对项目造成的损失，从而确保不给项目带来不必要的损失。

（3）积极消除项目风险的消极后果

项目风险并不是都可以避免的，当某些项目风险由于各方面原因最终仍然发生时，风险监控的目标是积极采取行动，根据当初制定的风险应对策略选择合适的方式方法努力去消减这些风险带来的消极后果。

（4）充分吸取项目风险管理的经验与教训

对于已然发生并最终给项目带来了损失的各类型风险，一定要认真分析总结，从中吸取经验和教训，建立适用的风险体系机制，从而在今后避免发生同样的项目风险事件。

6.4.5　风险监控的时机

在多数情况下，项目风险的损失是由错失监控时机造成的，因此什么时候进行监控，以及将付出多大的代价进行监控，这是项目风险管理中需要把握的，这些一般取决于经过识别和度量的风险是否会对项目造成不能接受的威胁。如果是，则是否有可行的办法规避或缓解？风险监控既取决于对风险客观规律的认识程度，又是一种综合权衡和监控策略的优先过程，既要避险，又要经济可行。解决这些问题有以下两种方法。

1）对接受风险之后得到的直接收益和可能蒙受的直接损失进行比较，若收益大于损失，则项目继续进行；否则，放弃项目。

2）对接受风险之后得到的间接收益和可能蒙受的间接损失进行比较，比较过程中须考虑那些不能量化的方面，如环境影响等。在权衡风险后果时，必须考虑除经济外的因素，包括为了取得一定的收益而实施规避风险策略时可能遇到的困难和费用。对此，在不同阶段，其处理方法不尽相同。

在项目决策阶段，一般是综合两种方法比较结果，从而决定项目是否继续执行。当应该继续而风险又比较大时，则必须对其进行监控；而在项目实施阶段，当发现风险对实现目标威胁较大且需要采取规避、转移或缓解等风险应对措施时，一般也必须对其进行监控。需要采用多大的力度进行监控，即监控拟付出多大的代价，这取决于项目风险对组织目标的威胁程度，一般首先须做适当的风险成本分析，然后采取合理的监控技术和措施。

6.5 风险监控的方法

风险监控还没有一套公认的、单独的技术可供使用，其基本的目的是以某种方式方法驾驭风险，保证可靠、高效地完成项目目标。由于项目风险具有复杂性、变动性、突发性、超前性等特点，风险监控应该围绕项目风险的基本问题，制定科学的风险监控体系标准，建立有效的风险预警系统，制订风险应急计划，采用系统的项目监控方法，从而实现高效的项目风险监控。

6.5.1 风险预警系统

项目的一次性、复杂性、多目标性决定了项目管理的复杂性及冲突的必然存在，即风险存在的必然性，而风险往往会给项目的推进带来负面的影响，造成一定的损失。风险预警管理指对于项目管理过程中有可能出现的风险，采取超前或预先防范的管理方式，一旦在监控过程中发现有发生风险的征兆，就及时采取校正行动并发出预警信号，最大限度地控制不利后果的发生。风险监控的意义在于实现项目风险的有效管理，消除或控制项目风险的发生或避免造成不利后果。因此，构建有效的风险预警系统，及时地觉察计划的偏离，对于实现风险的有效管理具有重要的作用和意义。

风险预警系统的建立是一个复杂的过程，包括预警分析和预警对策两部分。

（1）预警分析的内容

1）明确预警对象。不同的研究目的决定了不同的研究对象。当以项目中的工作进度对项目整体进度的影响为研究对象时，预警对象就是项目中工作包的进度。

2）寻找预警源头。寻找预警源头也就是对影响项目风险的成因进行分析，它是风险预警系统的基础。例如，施工阶段的施工安全风险，其预警源头包括地震、严寒、台风、暴雨、火灾、冻害等。

3）分析预警指标。分析预警指标即构建项目的风险预警指标体系，其目的是使信息定量化、条理化和可用化。

4）研究预警度量。对于不同的风险因素，其度量指标的个数不同，有些风险因素的度量指标只有一个，而有些风险因素的度量指标不止一个。

5）衡量警情严重程度。警情的严重程度没有固定的可以遵循的设置原则，针对不同的预警对象，其含义也有所不同。例如，对于进度风险，我们可以按照偏离项目计划进度的程度进行划分，偏离项目计划进度 1～3 天为 1 级预警，4～7 天为 2 级预警，以此类推。对于成本风险，则按照偏离计划成本的百分比进行划分。例如，施工成本风险的预警，超过计划成本的 3%为 1 级预警，超过计划成本的 5%为 2 级预警，等等。

（2）预警对策的内容

1）预警的组织准备工作包括由项目管理团队成立督导组，制定项目风险预警制度，组织开展风险识别和评估工作，落实风险监控责任人，制定风险监控定期，汇报制度，等等。

2）根据项目风险重要性排序，建立日常监控制度，如监视项目进度和费用情况，若其与项目计划发生偏离，则会触发预警机制，同时根据监控指标偏离程度的不同，触发不同的预警等级。日常监控工作除要对风险进行及时纠正外，还要进行风险模拟。对于重大安全风险，如施工安全风险，开展施工安全风险模拟演练工作，为进入危机管理做准备。

3）危机管理是指由突发的无法预测的意外状况引起的一系列连锁反应的管理，是一种例外性质的管理，只有在特殊情况下才会被采用，主要内容包括制订危机计划、组织特别机构和实施应急救援等。危机管理与风险应急预案是不同的，风险应急预案是针对已经识别的风险制定的应急预案，而危机是无法预知的。

综上所述，通过搭建科学有效的风险预警系统，可以从“救火式”风险监控向“消防式”风险监控发展，坚持预防为主，从注重风险防范向风险事前控制发展，以实现高效的风险管理。

6.5.2　制订风险应急计划

1. 风险应急计划

风险应急计划是针对项目分析确定的风险因素制订的风险应对方案，目的是增加实现项目目标的机会。风险应急计划包括项目主要风险及针对该风险的主要应对措施，每个措施必须由明确的人员来负责，要求完成的时间及进行的状态。

2. 制订风险应急计划的依据

1）风险管理制度。

2）风险分析后更新的风险清单。

3）风险定量分析结果（风险级别）。

4）公司现状及可利用的资源。

3. 风险应急计划的主要内容

1）形成应对的风险清单。风险清单最初在风险识别、评估过程中形成，在风险定性和定量分析中得到更新。风险应急计划的风险清单包括已识别的风险、风险的描述及它们可能怎样影响项目目标。风险清单要符合优先权排序并和所计划的应对策略的详细程度一致。针对高、中级风险通常须仔细地处理。判断为低优先权的风险被列入观察清单，以便进行定期监测。

2）形成一致意见的应对措施。在制订风险应急计划过程中，要选择适当的应对策略，就策略形成一致意见，同时还要预计在采取了计划的对策之后仍将残留的风险，以及那些主动接受的风险；预计实施一项风险应对措施可能直接产生的继发风险；根据项目的定量分析和组织的风险极限计算出的不可预见事件储备。

3）实施所选应对策略采取的具体行动。

4）明确风险管理人员和分配给他们的责任。

5）明确风险发生的征兆和预警信号。

6）要使用退出计划，它是对某个已经发生且原来的应对策略已被证明不当的风险的一种反应。

6.5.3 系统的项目监控方法

从过程的角度来看，风险监控处于项目风险管理流程的末端，但这并不意味着项目风险监控的领域仅此而已，风险监控应该面向项目风险管理的全过程。项目预定目标的实现是整个流程有机作用的结果。

系统的项目监控方法有助于避免或减少引起不良后果的风险。这套方法的目的是为有效率、有效果地领导、定义、计划、组织、控制及完成项目提供指导和帮助。

风险监控应是一个连续的过程，它的任务是根据整个项目风险管理过程规定的衡量标准，全面跟踪并评价风险处理活动的执行情况。系统的项目监控主要内容如表 6.2 所示。

表 6.2　系统的项目监控主要内容

项目	内容
领导	交流、保持方向、主动性、支持、成立小组、观点
定义	项目声明、工作条文
计划	成本计算、预测、资源分配、风险控制、计划、工作、分类结构
组织	自动工具、形式、历史资料、图书馆、备忘录、新闻、程序、项目手册、项目办公室、报告、小组、工作量
控制	变化的控制、应急计划、正确的行动、会议、计划更新、情况的收集与评价
完成	学过的课程、检查完成的部分、统计汇编、活动完成

建立一套管理指标系统，使之能以明确易懂的形式提供准确、及时且关系密切的项目风险信息，是进行风险监控的关键所在。这种系统的项目管理方法的作用包括以下内容。

1）这种方法为项目管理提供了标准的方法。

2）伴随标准化而来的是交流沟通的改进，保障了信息共享。

3）由于项目风险的变动性和复杂性，这种系统的项目管理方法为项目经理对不断变化的情况做出敏捷的反应提供了必要的指导和支持。

4）这种方法为项目风险管理提供了较好的预期，使得每个项目管理人员都能对风险后果做出合理的预期，同时通过使用标准化的项目风险管理程序也使管理风险具有连续性。

5）这种方法提高了生产率。标准化、敏捷的反应、完善的交流、合理的预期，这些都意味着项目的复杂性、混乱性、冲突性下降，同时也减少了外部或自身风险发生的机会。

6.6 风险监控的技术和工具

风险监控目前还没有公认的、独立的技术和工具，一般是把用于项目其他方面管理的技术和工具作为风险监控的技术和工具。在进行具体的应用选择时，应考虑各技术和工具的适用情况、特点，以及风险的类型等，项目进度风险、成本风险、质量风险和全过程风险的监控技术和工具是不同的，一般来说，可以分为以下几类。

1）项目进度风险监控技术和工具包括因果分析图法、关键线路法、横道图法、前锋线法、计划评审技术（program evaluation and review technique，PERT）和图示评审技术（graphical evaluation and review technique，GERT）网络分析法、挣得值分析法等。

2）项目成本风险监控技术和工具包括费用偏差分析、横道图法等。

3）项目质量风险监控技术和工具包括因果分析图法、直方图法、控制图法、帕累托图法等。

4）项目全过程风险监控技术和工具包括审核检查法、风险里程碑图、风险预警系统等。

6.6.1 风险监控技术

1. 审核检查法

审核检查法是一种常用的风险监控方法，可用于从项目建议书开始直到项目结束的全过程。具体步骤为：首先根据经验列举出项目各类风险及风险评判标准；然后收集项目过程中的各种资料，如项目建议书、规格要求、招标文件、设计文件、施工方案、组织计划、应急方案、资质文件等；最后对资料一一审核。

审核检查法包括审核和检查两个步骤：审核一般是在项目进展到一定阶段后，由项目负责人通过召开会议的形式进行，找出项目中存在的错误、疏漏、不准确及前后矛盾之处，同时通过会议审核还能够发现之前未被注意到或是未被考虑到的问题；检查则是在项目实施过程中同步进行的，目的是将来自项目各方面的意见、建议及时反馈至有关人员，一般情况下是将已完成的工作成果作为检查对象，包括项目的设计文件、实施计划、实验计划、实验结果、在施工程、运到现场的材料设备等。某项目风险检查表如表 6.3 所示。当审核和检查工作结束后，须将发现的问题及时向相关责任人进行通报，及时交代并督促其立即采取行动予以解决。

表 6.3　某项目风险检查表

项目风险检查情况	
编号	P-3
来源	项目组织管理风险
概率	0.485
影响程度	较高
风险级别	二级
负责人	×××

续表

项目风险应对措施	
二级风险	项目进度管理不合理，导致进度缓慢
风险类别	项目组织管理风险
风险详细描述	项目分工、管理问题导致进度缓慢
应对措施	项目负责人组织召开紧急会议，对工作进度进行调整，必要时可以增加关键环节的技术人员；能够同时进行的环节加快进度。采取积极应对措施以调整项目进度，减少损失
责任人	×××
日期	2021-2-20

2. 监视单

监视单是指在项目进行过程中，需要项目风险管理工作给予特别关注的关键区域的清单，而监视单应根据项目风险评价的结果由项目风险管理负责人进行编制。在一般情况下，监视单上的风险因素应尽量少，并且将对项目影响较大的风险因素进行重点罗列。随着项目的进行，项目风险管理负责人需要根据项目的进展情况及阶段性风险评价结果，收集项目实施过程中的风险相关信息，并不断增补监视单上相应的内容。

3. 挣得值分析法

挣得值分析法又称赢得值分析法或偏差分析法，该方法是对工程项目进度和费用进行风险监控的一种有效方法，适用于预期值与实际值的比较，进行问题查找，发现项目未按预期进行的原因。

挣得值分析法的价值在于将项目的进度和费用综合度量，从而能准确描述项目的进展状态。挣得值分析法的重要特点是可以预测项目可能发生的工期滞后量和费用超支量，从而及时采取纠正措施。该方法十分适用于工程项目的成本、进度集成控制，主要包括随施工过程循环交替进行的监测和处理两个环节，为项目风险管理和监控提供了有效手段。

挣得值分析法作为一种测量项目预算实施情况的分析方法，主要步骤是将实际上已完成的项目工作和计划的项目工作进行比较，对比分析项目在费用和进度方面是否符合原定计划的要求，从而对费用和进度实施有效的监控。挣得值分析法应主要掌握三个基本参数、四个评价指标，具体内容如下。

（1）基本参数

1）计划工作量的预算费用（budgeted cost for work scheduled，BCWS），指在项目实施过程中完成计划要求的工作量所需的预算费用，其计算公式为BCWS=计划工作量×计划单价。

2）已完成工作量的预算费用（budgeted cost for work performed，BCWP），或称挣得值，指在项目实施过程中实际完成工作量按计划单价计算而得到的费用，其计算公式为BCWP=已完成工作量×计划单价。

3）已完成工作量的实际费用（actual cost for work performed，ACWP），指在项目实施过程中完成工作量实际所需的费用，其计算公式为ACWP=已完成工作量×实际单价。

挣得值分析法主要通过上述三个参数来反映项目的实施状态，并以此进行分析和比较，来判断项目的实际情况与计划安排的差异。

（2）评价指标

1）成本偏差（cost variance，CV）。CV 指检查日期已完成工作量的预算费用与已完成工作量的实际费用之差，计算公式为 CV=BCWP-ACWP。若 CV>0，则表示实际费用低于预算费用，即项目费用有结余，项目执行效率高；若 CV<0，则表示实际费用高于预算费用，即项目费用超支，项目执行效果不佳。

2）进度偏差（schedule variance，SV）。SV 指检查日期已完成工作量的预算费用与计划工作量的预算费用之差，计算公式为 SV=BCWP-BCWS。若 SV>0，则表示项目进度提前；若 SV<0，则表示项目进度拖延；若 SV=0，则表示项目进度按计划进行。

3）成本绩效指标（cost performance index，CPI）。CPI 指挣得值与实际费用值之比，计算公式为 CPI=BCWP/ACWP。若 CPI>1，则表示实际费用低于预算费用，成本有结余；若 CPI<1，则表示实际费用高于预算费用，成本超支；若 CPI=1，则表示项目费用按计划进行。该值越大越好。

4）进度绩效指标（schedule performance index，SPI）。SPI 指挣得值与计划值之比，计算公式为 SPI=BCWP/BCWS。若 SPI>1，则表示进度提前；若 SPI<1，则表示进度延误；若 SPI=1，则表示实际进度与计划进度吻合。该值越大越好。

通过项目评价指标的计算，可以对工程的进展和费用做出明确的估计和衡量，这有利于对项目风险进行监控，也可以清楚地反映出项目管理和工程技术水平的高低。下面通过一个示例简单说明挣得值分析法中的各参数。

示例 6.7　挣得值分析法

某装配式建筑项目共 16 层，建筑面积约 15 000 平方米，每平方米的计划单价是 1400 元，计划每天完成 150 平方米，100 天内全部完成。第 25 天完工后对项目进行测算，该项目实际完成 3300 平方米，并且实际费用 ACWP=600 万元，对该项目进行挣得值分析。

1）按计划单价计算出已完成 3300 平方米的挣得值 BCWP。

挣得值 BCWP=已完成工作量×计划单价=3300×1400=462（万元）

2）按计划单价计算出 25 天原计划工作量的计划值 BCWS。

计划值 BCWS=计划工作量×计划单价=150×25×1400=525（万元）

3）成本偏差 CV=BCWP-ACWP=462-600=-138（万元），CV<0，表示项目费用超支，超值额为 138 万元。

4）进度偏差 SV=BCWP-BCWS=462-525=-63（万元），SV<0，表示项目进度拖延，按原定计划每天须完成 150 平方米，而每平方米计划单价为 1400 元，63 万元相当于 3 天的工作量。因此可知承包商工作进度落后了 3 天。

此外，还可以用成本绩效指标 CPI 和进度绩效指标 SPI 进行分析。

成本绩效指标 CPI=BCWP/ACWP=462/600=0.77，CPI<1，表示成本超支。

进度绩效指标 SPI=BCWP/BCWS=462/525=0.88，SPI<1，表示进度延误。

通过以上计算和分析可以对进度风险及成本风险进行监视，为进度、成本偏差控制提供依据。

挣得值分析法是一种重要的风险监控技术，运用它有助于监控风险的进展变化，为决策者提供依据。挣得值分析法作为一种有效的风险监控技术，可以避免过去单一指标值反映项目进展情况的弊端和不足，以三个参数为基础，全面反映进度和成本的总体状况，便于风险管理者了解和掌握。通过定量分析把握项目成本和进度控制是否理想，从而发现问题，及时纠偏。

但挣得值分析法也有它的局限性：①它强调追踪实际执行情况；②它强调计算中完成百分比数据的重要性，某些项目可能没有良好的计划信息，所以实际执行与原计划的差异可能会使信息不准确；③它强调数据收集的有效性。在分析整个项目实际成本控制结果的基础上，利用挣得值分析法预测未来成本变化趋势和最终结果，对于成本监控和进度监控都是非常有价值的。但是这种风险监控技术需要有一定的数据积累，一般只有在项目已经完成作业量超过项目计划总工作量的15%以上时，监控成本未来发展趋势才有作用和意义，这就要求管理者必须保存实施过程中关于成本和进度两个方面的数据。

6.6.2 风险监控工具

1. 前锋线法

前锋线法又称实际进度前锋线法，是一种有效的监控进度的方法。它是通过绘制某检查时刻工程项目实际进度前锋线，将工程实际进度与计划进度进行比较的方法，主要适用于时标网络计划。前锋线是指在原时标网络计划上，从检查时刻的时标点出发，用点画线依次将各项工作实际进展位置点连接而形成的一条波折线。

前锋线法可以用来分析当前进度和预测未来进度，通过实际进度前锋线与原进度计划中各工作箭线交点的位置来判断工作实际进度与计划进度的偏差，进而判定该偏差对后续工作及总工期的影响程度。

（1）分析当前进度

以表示检查时刻的日期为基准，可以将前锋线看成描述实际进度的波折线。处于波峰上的线路的进度相对于相邻线路超前，在基准线后面的线路比原计划落后。画出前锋线，整个工程在该检查计划时刻的实际进度便一目了然。按一定时间间隔检查进度计划，并画出每次检查时的实际进度前锋线，可形象地描述实际进度与计划进度的差异。

（2）进度风险分析

前锋线可以直观地反映出检查日期有关工作的实际进度与计划进度之间的关系。前锋线法既可用于工作实际进度与计划进度之间的局部比较，又可用于分析和预测工程项目整体进度状况。

通过对当前时刻和过去时刻两条前锋线的分析比较，可根据过去和目前的情况，在一定范围内对工程未来的进度变化趋势做出分析。将前后两条前锋线间某线路截取的线段长度ΔX与这两条前锋线之间的时间间隔ΔT之比称为进度比，用B表示。

B的大小反映了该线路的实际进展速度的大小。当$B>1$时，表示该线路的实际进展速度比原计划快；当$B=1$时，表示该线路的实际进展速度与原计划相等；当$B<1$时，表示该线路的实际进展速度比原计划慢。根据B的大小，就有可能对该线路未来的进度是否存在风险做出定量的分析。

2. 直方图法

直方图又称频数分布图，是体现事件发生的频数与相对应的数据点关系的一种图形表示。利用直方图，可直接对项目的风险状态进行观察与估计，可形象化地描述项目风险，为项目实施风险监控工作提供必要的参考依据。利用直方图，可以确定项目风险数据的概率分布，对数据进行分析，从而找到项目风险并估计风险产生的原因。

（1）直方图的常见类型及产生原因

直方图的常见类型如图 6.4 所示。

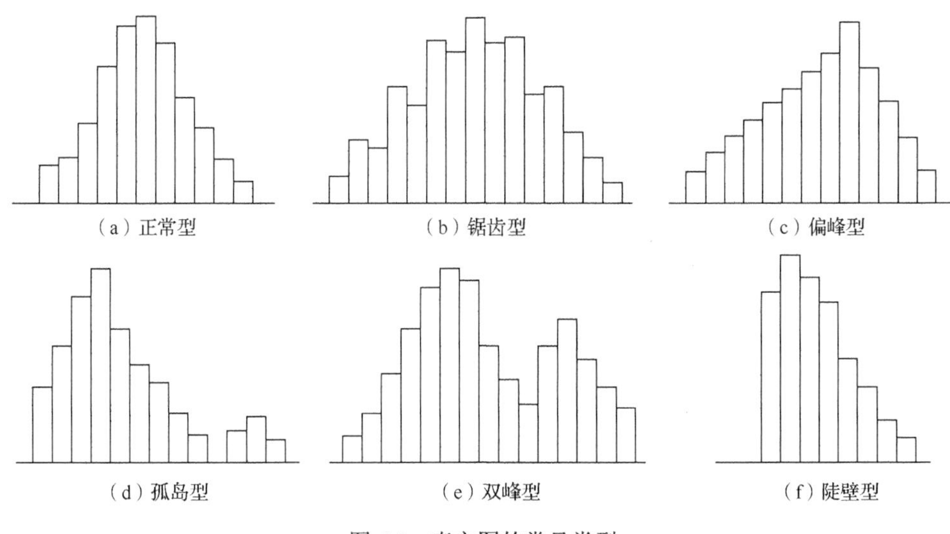

图 6.4　直方图的常见类型

1）正常型。该类型中间高两边低，左右两边大致对称。正常情况下的直方图会呈现这种形状。

2）锯齿型。在做频数分布表时分组过多，或者在测量过程中测量方法有误及测量数据读错时，都有可能出现锯齿型直方图。

3）偏峰型。该类型的峰偏在左侧或右侧，直方图呈现不对称的形状。当下限（或上限）受到公差等因素限制时，或者剔除了不合格品后，以及对质量特性值进行单侧控制等情况，往往会出现这种形状。

4）孤岛型。在正常型直方图的一侧有一个“小岛”，即孤岛型。出现这种情况是由于夹杂了其他分布的少量数据，如工序异常、测量错误或混有另一分布的少量数据。

5）双峰型。靠近直方图中间值的频数较少，两侧各有一个“峰”，即双峰型。当两种不同的平均值相差大且分布混在一起时，常出现这种形状。

6）陡壁型。平均值远左离（或右离）直方图的中间值，频数自左至右减少（或增加），直方图不对称，即陡壁型。当工序能力不足、为找出符合要求的产品经过全数检查或者过程中存在自动反馈调整时，常出现这种形状。

（2）直方图的绘制

某工程项目为七层框架结构，总建筑面积为 32 000 平方米，该项目共有 171 根由 C25 商品混凝土灌注而成的桩，每根桩基留置一组试块，现场养护 28 天后送至质检站进行检测。

桩基混凝土强度数据如表 6.4 所示。

表 6.4　桩基混凝土强度数据　　　单位：兆帕

38.4	38.5	26.8	29.6	23.0	18.4	24.1	24.6	23.1	22.8
36.1	31.1	36.4	27.6	24.6	27.1	23.8	24.9	22.7	21.8
39.8	35.6	37.8	32.4	33.3	32.1	22.4	18.5	17.0	21.9
37.9	27.5	35.0	24.8	25.7	27.0	16.6	23.2	25.1	20.0
31.3	29.0	39.3	27.8	26.3	30.3	21.8	20.9	23.4	22.2
33.4	33.6	35.7	29.1	27.3	28.9	28.7	20.3	16.9	22.0
28.0	25.6	29.7	29.4	26.9	26.8	19.4	20.5	19.5	22.8
32.5	25.5	27.3	27.0	19.7	33.2	19.6	19.8	18.8	22.4
29.2	26.8	32.7	31.1	34.7	23.6	19.6	19.3	24.0	19.9
29.6	35.5	29.4	31.9	35.3	23.1	22.4	21.5	22.1	23.8
33.9	23.7	29.6	22.9	26.7	24.4	22.1	22.6	24.5	20.2
24.3	30.1	33.2	24.2	24.7	26.8	20.5	23.1	21.0	22.9
31.3	25.5	23.6	24.5	22.7	22.4	21.0	21.2	18.0	26.9
26.5	25.5	23.2	27.5	24.8	23.2	23.6	17.0	23.7	24.4
25.3	31.9	26.6	24.4	21.6	21.0	30.1	23.0	25.2	21.3
29.8	27.0	26.1	21.9	30.4	22.4	22.7	24.8	18.5	22.3
40.6	19.7	25.4	22.7	19.2	20.4	24.6	21.7	22.5	26.7
									18.4

1）确定极差。极差 $R = X_{\max} - X_{\min} = 40.6 - 16.6 = 24$（兆帕）。

2）确定组数 k 和组距 h。一批数据的组数 k 的取值一般根据样本量 n 的多少而定，如表 6.5 所示。取组数 k=10，组距 $h=R/k$=24/10=2.4（兆帕）。

表 6.5　组数 k 取值参考表

样本量 n	推荐组数 k
50～100	7～9
101～200	8～10
201～500	9～11
501～1000	10～15

3）确定组限。从第一组开始，第一组的上下界限为 15.4 和 17.8。第二组的下界限为第一组的上界限，上界限为第二组下界限加上组距。依此类推确定各组限。

4）做频数分布表。频数分布表如表 6.6 所示。

表 6.6　频数分布表

组限/兆帕	频数/根	组限/兆帕	频数/根	组限/兆帕	频数/根
15.4～17.8	4	25.0～27.4	27	34.6～37.0	8
17.8～20.2	17	27.4～29.8	16	37.0～39.4	5
20.2～22.6	29	29.8～32.2	12	39.4～41.8	2
22.6～25.0	42	32.2～34.6	9		

5）画直方图。以组限为横坐标，以频数为纵坐标，画直方图。C25 混凝土强度直方图如图 6.5 所示。通过直方图的绘制，可发现数据呈现了偏峰型直方图的形状，直方图近似于

正态分布，数据分布得较为均匀，由此可知混凝土的质量保持稳态，但直方图的峰值偏左，均值在中间值左边，表明混凝土整体强度偏低，达不到设计要求。如此，根据直方图所体现的情况，项目部应对项目认真检查，分析混凝土强度不合格的原因，并及时采取措施，避免混凝土质量问题可能引起的风险。

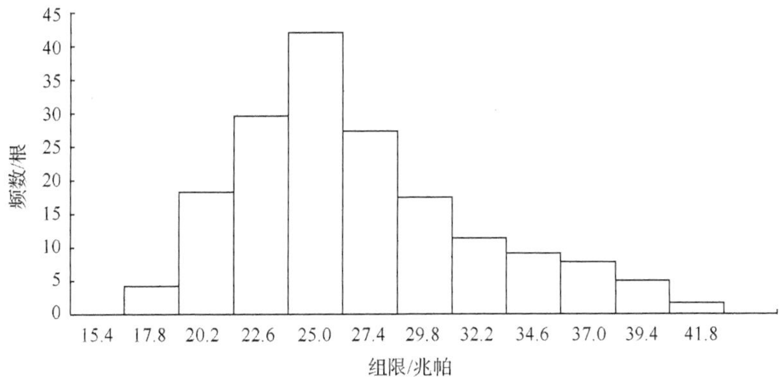

图 6.5　C25 混凝土强度直方图

3. 因果分析图法

因果分析图又称特性要因图、树枝图或鱼刺图等，是表示特性与原因关系的图。它把对某项、某类项目风险特性具有影响的各种主要因素加以归类和分解，并在图上用箭头表示其间关系。

因果分析图所指的后果是需要改进的特性，这种后果的影响因素主要用于揭示影响及其原因之间的联系，逐层深入排查可能原因，以便追根溯源，确认项目风险的根本原因，然后确定其中最主要的原因，进行有的放矢的处置和管理。因果分析图是一种常用的项目风险控制分析技术。

因果分析图的结构由特性、要因和枝干三部分组成，具体内容如下。

1）特性是期望对其进行改善或控制的某些项目属性，如进度、费用等。

2）要因是对特性施加影响的主要因素，一般是导致特性异常的主要来源。

3）枝干是因果分析图中的联系环节。

把全部要因同特性联系起来的是主干，把个别因素同主干联系起来的是大枝，把逐层细分的因素（细分到可以采取具体措施的程度为止）同各个因素联系起来的是中枝、小枝和细枝。因果分析图的结构如图 6.6 所示。

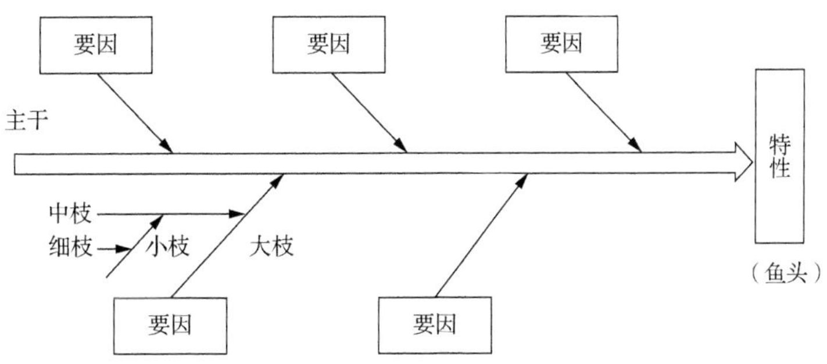

图 6.6　因果分析图的结构

示例 6.8　因果分析图法

某装配式建筑项目影响施工质量的因素包括人员与机械方面、构件方面、施工准备方面和现场管理方面。对这四个“因”进行细分，找出影响质量这一“果”的因素环节，以便采取措施对其进行有效控制。因果分析图如图 6.7 所示。

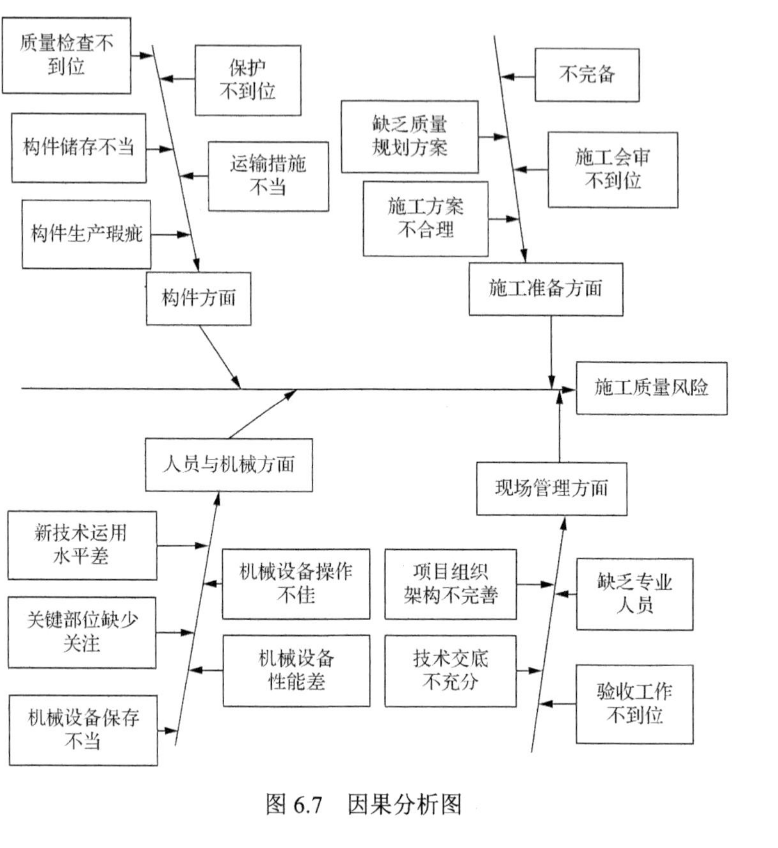

图 6.7　因果分析图

因果分析图法具有操作简单、逻辑性强且分析全面等特点，通过因果分析图能够发现问题的所在，因而该方法在风险监控分析中得到广泛应用。绘制因果分析图应注意以下两个方面的问题：一是集思广益，绘制者要熟悉所分析领域的专家，以及专业技术人员和现场人员，如工人、班组长、质量检查员，了解施工现场实际条件和具体操作的有关人员，要以各种形式广泛收集信息、听取意见，相互启发、相互补充，使因果分析更加符合实际；二是制定控制对策，绘制因果分析图不是目的，目的是根据图中所发现的主要风险因素，制定控制对策并改进应对措施，引起项目管理人员的重视。限期解决问题一般应按照风险监控流程，针对问题编制应对计划，以便实施。

4. 帕累托图法

帕累托图法又称排列图法或比例图分析法，最早由意大利经济学家帕累托（Pareto）提出。帕累托图法主要用于确定处理问题的顺序，其科学基础是“80/20 法则”，即从 80%的问题中找出关键的影响因素，找到影响项目风险的关键的少数。

在工程项目风险监控中，帕累托图法可以减少对项目有重大影响的风险。例如，用于分析确定进度延误、费用超支、性能降低等问题的关键性因素，从而及时明确解决问题的途径和措施。

帕累托图法一般将影响因素分为三类：A 类包含大约 20%的因素，它导致了 75%～80%的问题，被称为主要因素或关键因素；B 类包含大约 20%的因素，但它导致了 15%～20%的问题，被称为次要因素；其余的因素组成 C 类，被称为一般因素。这就是 ABC 分析法。

帕累托图由两个纵坐标、一个横坐标、几个直方柱和一条折线组成。其中，左纵坐标表示频数；右纵坐标表示频率（用百分比表示）；横坐标表示影响质量的各种因素，按影响程度的大小从左到右依次排列；折线表示各因素大小的累计频率，由左向右逐步上升。

帕累托图显示了每个项目风险类别的发生频率，便于了解发生最为频繁的风险和确定各个项目的风险后果，有助于项目监控决策者了解风险的相对重要性。同时，帕累托图的可视化特性使得一些项目风险控制变得非常直观和易于理解，有利于确定关键性影响因素，有利于抓住主要矛盾，有利于重点地采取有针对性的应对措施。因此，帕累托图法是一种常用的风险控制分析技术。

示例 6.9　帕累托图法

某装配式建筑项目对施工阶段进行质量检查，发现施工阶段存在若干质量问题，统计如表 6.7 所示。其中检查出六个质量问题，共发生问题 298 处，为改进并保证质量，对这些不合格点进行分析，从而找出施工阶段质量的薄弱环节。

表 6.7　施工阶段质量问题统计表

序号	质量问题	频数/处	频率/%	累计频率/%
1	坐浆、注浆质量问题	98	32.89	32.89
2	安装尺寸偏差	72	24.16	57.05
3	后浇带质量问题	48	16.11	73.15
4	套筒连续错位	36	12.08	85.23
5	焊缝不达标	25	8.39	93.62
6	预制构件破损	19	6.38	100

绘制施工阶段质量问题帕累托图，如图 6.8 所示。

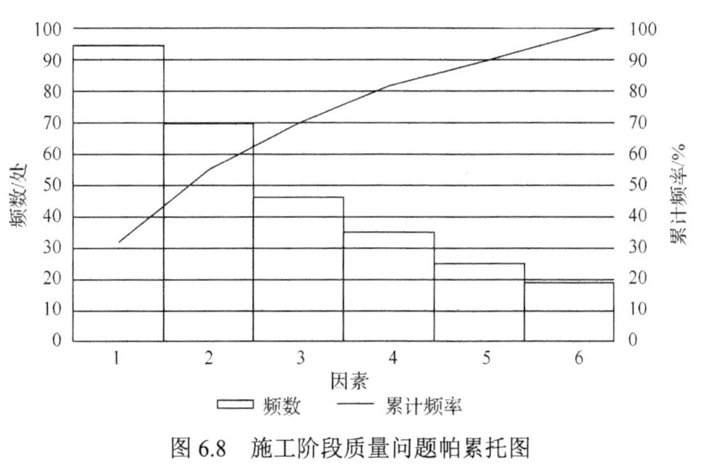

图 6.8　施工阶段质量问题帕累托图

由图 6.8 大致可看出各因素的影响程度，排列图中的每个直方柱都表示一个施工阶段的质量问题，影响程度与各直方柱的高度成正比。

利用 ABC 分析法，确定主次因素。将累计频率曲线按 0～80%、80%～90%和 90%～100%分为三部分，各部分曲线下面所对应的影响因素分别为 A、B、C 三类因素。在本示例中，A 类（主要因素）是坐浆、注浆质量问题，安装尺寸偏差，后浇带质量问题；B 类（次要因素）是套筒连续错位；C 类（一般因素）是剩下的两个因素。综合分析结果可得，下一步应重点管理 A 类质量问题。通过对项目风险进行帕累托分析，找出了影响目标实现的主要因素，为风险监控提供了依据。

帕累托图法简单、实用，一般可以被很快地掌握运用，所以这种方法得到了广泛的应用。更重要的是，帕累托图法经过简单的数据处理就可以提取出对风险管理决策重要而有用的信息，为风险决策提供依据。

此外，在绘制帕累托图时应该注意以下几个问题。

1）左侧的纵坐标可以是频数，也可以是项目构成要素，可以从不同角度分析问题。

2）注意分层，主要因素不能超过三个，否则难以抓住主要矛盾。

3）频数很小的项目可以纳入“其他项”，以免数轴过长，其他项应放在最后。

4）项目的内容、数据、绘图时间和绘图人等都要在图上写清楚，一目了然。

5）效果检验，重新绘制帕累托图。针对 A 类因素采取措施后，为了检验措施效果，经过一段时间后需要收集数据资料重新画图，以便进行效果检验。若新画的帕累托图与原画的帕累托图主次换位，则说明总的损失（或废品率）下降，措施得当；否则，则说明采取的措施不合理，没有达到预期效果。

然而，利用帕累托图法也具有一定的局限性：①对于数据处理的方法过于简单，帕累托图法虽然提供的信息重要，但是很有限，只能反映风险管理中的一个方面，因此帕累托图法只有与其他监控技术综合运用，才能为风险管理决策提供全面的信息；②帕累托图法对于项目分类的做法过于粗糙，在一定程度上影响了它的可靠性，这一问题可以通过细化分类规则或者采取能适应实际情况的更为灵活的分类方法加以解决；③帕累托图法并不能充分且完全地反映子项目对于整个项目的重要性。

6.7 风险管理决策概述

6.7.1 风险管理决策的含义

决策是人们为了达到一定的目标，在掌握充分信息和对有关情况进行深刻分析的基础上，用科学的方法拟订并评估各种方案，从中择优选取合理方案的过程。因此决策是一个过程，而不仅仅是方案的抉择。

装配式建筑项目风险管理决策是指根据项目风险管理的目标，在风险识别、风险估计和风险评价的基础上对各种风险应对措施和管理方法进行合理的选择与组合，进而制订出风险管理的最佳方案，以最低的成本保证项目总体目标实现的管理工作。每个风险单位面临的风险都是纷繁复杂的，而对一种特定的风险可以采用的方法又是多种多样的。为达到以最低的成本获得最大安全的目标，必须在所有应对方案中选择最佳组合，这就是风险管理决策的工作内容。

当今的装配式建筑项目往往需要巨额的投资，为了在预定的时间内实现特定的目标，必须推行项目科学管理，而风险决策是项目管理过程中面临的主要课题之一，从项目立项直至项目建成都离不开决策，决策贯彻管理工作的各个方面。合理的决策是项目管理过程的核心，是执行各种管理职能、保证项目顺利运行的基础。如果决策失误，则项目安全问题与成本代价接踵而至；如果决策正确，则可促进项目实施的科学化、合理化，进而提高项目经营效益及营造安全的项目环境，甚至可以将装配式建筑项目的风险转化为可利用的机会。同时，项目在实施过程中会遇到各种各样的问题和风险，需要管理人员及时拿出解决方案，以保证项目顺利建设，因此决策的科学合理性对实现管理活动的目标具有至关重要的作用。当然，合理的决策是以正确的评估结果为基础的。在评估过程中，无论采用定性方法还是定量方法，都尽量以客观事实为基础。

另外，决策是一种主观判定的过程，对于风险的评价因人而异，并无客观统一标准。不同的决策者对同一风险可能具有不同的评价，所采取的决策也可能是不一样的。因此，在项目的决策过程中，除了应考虑到项目客观上的风险水平，还应考虑到决策者的风险态度。

6.7.2　风险管理决策的特点

风险管理决策是根据风险管理目标，在风险识别和衡量的基础上，合理地选择风险处理技术和手段，进而制订风险管理整体方案和行动措施的过程。

风险管理决策同其他决策行为相比，具有以下几个方面的特点。

（1）风险管理决策以风险识别、风险估计和风险评价为基础

风险识别、风险估计和风险评价的目的是为风险管理决策提供信息资料和决策依据，根据成本和效益的比较，选择成本最低、安全保障效益最大的风险处理方案。缺乏以风险识别、风险估计和风险评价为依据的风险管理决策是盲目的、没有根据的。

（2）风险管理决策是风险管理目标实现的手段

风险管理决策是风险管理中的核心，是实现风险管理目标的手段，即以最小的成本获得最大的安全保障。没有科学的风险管理决策，就无法实现风险管理的目标。

（3）风险管理决策的主观性

风险管理决策属于不确定情况下的决策，而未来不确定性的描述常常借助概率分布，因此，概率分布成为风险管理决策的客观依据。同时，正是由于不确定性的存在，风险是随机的、多变的，决策者的主观反应往往直接影响决策后果，决策者的风险态度构成风险管理决策的主观依据。

（4）风险管理决策与其贯彻和执行密切相关

风险管理决策的贯彻和执行需要各个风险管理部门的密切配合，贯彻和执行风险管理措施中的任何失误，都有可能影响风险管理决策的效果。区别风险管理决策与其贯彻和执行是十分必要的。

（5）风险管理决策应定期评估、调整

由于风险具有随机性和多变性，当实施风险管理决策后，风险控制行动必然会对风险的发展产生相应的影响，其过程是一个不断认识项目风险的特性和不断修订风险管理决策及行

为的过程。因此必须定期评估决策效果并适时对决策进行调整。

（6）风险管理决策的绩效在短期内难以实现

因为风险具有隐秘性和抽象性，风险事件的真正影响只有在事件实际发生之后方可知晓，所以整个风险管理过程比较复杂，并且在短时间内效果不一定明显。

6.7.3 风险管理决策的基本要素

（1）了解风险问题

通常，项目风险管理决策必须是根据项目风险的性质而进行的。在进行风险管理决策之前首先要通过风险识别、风险估计和风险评价了解装配式建筑项目存在的风险，并辨明风险的性质。对于常规性问题，应建立相应规范来根治；对于特殊性问题，则应根据实际情况做出应对。

（2）识别风险成本

实际上，风险管理决策就是对风险问题的调整，再加上对风险成本和收益的权衡。对于风险管理而言，成本和收益是相对的，控制了成本相当于增加了收益；风险反映了成本控制的不确定性或收益的不确定性。因此，要通过识别装配式建筑项目风险控制成本，建立科学合理的、符合装配式建筑项目运作规律的风险清单，使得风险因素能够被定性地描述或定量地量化，从而使决策者对风险因素的影响程度进行排序，以采取适当的应对措施最大限度地减小风险问题给项目带来的不利影响，进而影响风险管理决策。

（3）确定决策目标

确定风险管理决策所基于的目标：所选择的风险管理方案是要满足收益最大，还是要满足损失最小或满足成本最低，抑或是要满足政策法规的约束。目标越明确，则据此做出的决策越能有效地应对风险；当目标不够明确时，则所做的决策将是一项无效的决策。

（4）抵抗风险能力

项目组织抵抗项目风险的能力也是风险管理决策的基本要素之一。一个项目组织或团队的抵抗风险能力是许多要素的综合表现，包括决策者的风险态度、项目组织或团队具有的资源和资金等。

（5）制定应对策略

制定应对策略是研究正确的决策是什么，而不是研究能为人接受的决策是什么。在进行风险管理决策时，人们往往面临两个或两个以上可行的风险管理方案和决策变量，因此，决策者应根据风险管理目标及项目的实际情况对风险问题进行客观的评价，并考虑自身的风险承载力，选择一种风险应对策略或选择多种应对策略相结合，进而做出正确的决策，并将决策变成可以被贯彻的行动。

（6）建立风险监控与信息反馈制度

风险管理决策的最后一个基本要素是应在决策中建立一项风险监控与信息反馈制度。众所周知，无论采取什么样的风险控制措施，都很难将风险完全消除，而且当原有的风险消除后，还可能产生新的风险。因此在项目进行的过程中，定期对风险进行监控并及时反馈是一项必不可少的工作内容，其目的是考察各种风险控制行动产生的实际效果，确定风险减少的程度，监视残留风险的变化情况，进而考虑是否需要调整风险管理策略，以及是否启动相应的应急措施等。这体现了风险管理决策应定期评估、调整的特点。

6.7.4　风险管理决策的原则

风险管理决策原则是指决策必须遵循的指导原理和行为准则。它是科学决策指导思想的反映，也是决策实践经验的概括。装配式建筑项目中的参与方都需要对风险的来源和对策方案进行决策，对风险的本质和风险程度了解得越多，就越能够做出正确的决策。建设项目风险管理决策一般遵循以下七个原则。

（1）全面性原则

随着项目和项目环境的复杂化、规模化，一个项目中存在着许多不同种类的风险，如政治风险、经济风险、施工风险、技术风险、组织风险等，而且这些风险之间存在着交错复杂的内在联系，它们相互影响、相互作用。然而，每种风险管理措施都有各自适用的范围和局限性，因此，必须对项目风险进行系统识别和综合考虑，对所有可供选择的方案进行风险权衡，寻求最佳的风险管理决策的组合方案。

（2）目标性原则

风险管理决策必须具有清晰明确的目标，而装配式建筑项目的目标即为在保证项目安全的基础上，采用最少的资金达到最好的降低风险的效果。

（3）预测性原则

预测是风险管理决策的前提和依据。预测是基于过去的实际项目案例和现在的已知项目信息，通过决策者的决策经验和科学的决策方法来推知未来的风险发展的过程。科学的风险管理决策必须用科学的预见来克服没有科学依据的主观臆测，减少决策者主观意识的影响。风险管理决策的正确与否，在很大程度上取决于对未来状态和后果判断的正确程度。如果对决策和行动后果缺乏有效信息，则常常造成决策失误。因此，风险管理决策必须遵循预测性原则。

（4）可行性原则

可行性原则的基本要求是运用自然科学和社会科学的研究方法，寻找能达到决策目标和预期效果的一切可行方案，并分析这些方案的利弊，以便进行最后抉择。可行性分析是可行性原则的外在表现，是管理决策活动的重要环节。只有经过可行性分析论证后选定的决策方案，才是有较大把握实现的方案。确定风险管理决策方案的目的是进行风险管理，而合理可行的决策必须以正确的风险识别、风险评估和风险评价为基础。另外，在不同的风险水平下，各种控制风险的方法和手段也必须是可行的，不但要在技术上可行，而且要在资金上可行。可行性原则的具体要求就是在考虑制约因素的基础上，进行全面性、选优性、合法性的研究分析。如果某方面要求还未达到，则须考虑能否创造条件使之达到，只有具有可行性的方案才能成为管理决策有意义的备选方案。

（5）避免超载原则

装配式建筑项目风险管理决策应明确项目主体对风险后果的承受水平，即将风险后果按承担方划分，使风险归属权明确，有助于合理分配风险，进而对各承担方的资金储备、技术水平及人力、物资等先决条件有合理的认知，以评估各承担方对可管理风险的预测和控制能力，以及对不可管理风险的应对承受水平，避免超出其最大承载能力，造成决策损失。

（6）成本效益原则

成本效益原则关注风险管理决策的制定和决策方案的实施所花的代价与取得效益的关

系。更具体地说，人们在进行风险管理决策时必须考虑以下各个方面：①每种方案所对应的风险管理成本和风险管理效益；②多种方案组合所对应的风险管理成本和风险管理效益；③决策所基于的信息的完整性和不确定性。

（7）适时调整原则

随着项目的进展，建设项目外部环境和内部条件在不断地发生变化，风险管理决策的实施、风险的性质和破坏程度等方面也呈现出动态变化的特征。因此，决策者在决策时要有一定的应变能力，用动态的、变化的观点进行风险管理决策活动，能够及时地随条件的变化而适时进行调整，而不能用固定的、静态的观点进行决策。

这些原则都是指导风险管理决策活动的共同的、基本的原则，而不是风险管理决策过程中某个环节或个别风险管理决策类型的具体原则。风险管理者只有认真掌握这些原则的基本内涵，并紧密联系管理实践，才能不断提高决策水平。

6.8 风险管理决策的过程

管理学家赫伯特・亚历山大・西蒙（Herbert Alexander Simon）把管理决策概括为四项活动：情报活动、设计活动、抉择活动、评审活动。装配式建筑项目风险管理决策的过程实际上可按情报、设计、抉择和评审四项活动划分并按顺序进行。其中，情报活动是对项目问题进行识别和分析并建立风险管理决策目标的过程，包括信息收集、数据处理、分析预测、目标建立；设计活动是对各个风险问题制订多种应对方案的过程；抉择活动是方案评估选择的过程；评审活动是对决策好的方案进行贯彻实施，并对实施中的信息进行反馈、对应对措施的效果进行评价，适时采取必要可行的控制措施的过程，包括贯彻实施，监控、反馈与控制。风险管理决策的基本过程如图 6.9 所示，其中每个步骤都可能是前一个或者前几个步骤的循环过程，正是循环往复、不断修正的过程才使项目实施得更加科学化、合理化，进而提高项目经营效益及营造安全的项目环境。

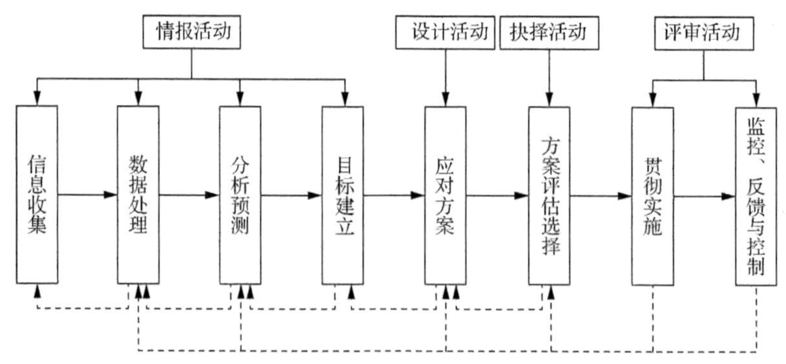

图 6.9 风险管理决策的基本过程

1. 情报活动

情报活动解决“做什么决策”的问题，是审时度势、确定风险管理决策的目标的活动。这要求决策者以前期风险识别、风险估计及风险评价的结果为基础，从而预测可能出现的各种风险问题，了解其成因和对项目的影响，进而对工程风险责任进行划分，明确风险承担方及应承担的风险。最后根据对风险问题的分析，建立项目风险管理决策的最终目标。

选择什么决策目标，不仅取决于工程项目主体及环境的情况，还受到决策者风险态度的主观因素的影响。人因性情不同、经验或信仰不同、目标不同及所处管理位置不同而呈现出不同的风险态度，当面对同样的风险时，具有不同偏好的决策者可能分别看到机会与威胁，进而导致差异化的风险感知与判断。虽然项目的安全目标并不是企业的开发商和承包商所追求的最终目标，但它是进行工程项目风险管理决策不可忽视的风险，因此，人们在进行情报活动时会不可避免地考虑到决策者的风险态度的影响。

风险管理决策往往面临不止一个项目风险问题，因此决策者首先要对项目潜在的风险信息进行归纳整理，分辨在什么情况下须做出什么决策；其次要对各个风险问题进行明确的界定，阐明各风险问题之间的耦合关系及其影响程度。

（1）信息收集

为实施全面的风险管理决策，必须随时收集与工程风险和风险管理有关的内外部信息，包括风险识别、风险估计、风险评价的数据和未来预测。收集信息的分工应落实到有关职能部门和人员。主要信息有战略、财务、市场、运营和法律五个方面。在收集信息和资料时，不仅要收集本企业和本行业内的资料，还要特别注意广泛收集国内外其他企业因风险管理决策不善而蒙受损失的资料和信息，供本工程项目决策使用。

收集工程风险信息还要在风险来源上下功夫，特别是将自然风险和人为风险设为关注点。自然风险是指因自然力的作用而造成财产损毁或人员伤亡的风险，有些是不可抗拒的。人为风险是指因实施工程合同的人为活动而产生的行为、经济、技术、政治和组织等方面的风险。其中，行为风险是指个人或组织的侥幸、疏忽大意、恶意、违规操作等造成的风险；经济风险是指工程项目经营管理不善所导致的重大经济损失和社会关系影响的风险；技术风险是指伴随科学技术的发展而来的风险，如核辐射风险、新材料新设备风险、新的管理模式风险等；政治风险是指因政权更替、战争、内乱、政局动荡而造成财产损失和人员伤亡的风险；组织风险是指因工程项目参与方关系不协调及其他不确定因素而引起的风险。

国务院国有资产监督管理委员会对风险信息的收集非常重视，风险信息的多元化、准确性、可靠性对分析预测风险问题和建立风险管理决策目标而言是至关重要、不可逾越的一环。

（2）数据处理

一般地，收集的工程风险信息是杂乱无章的，而且对于需要进行风险管理决策的问题没有明确的规定，具有含糊性。为了深入而全面地认识项目风险，以进行有效的决策，决策者需要对收集到的信息和资料进行筛选、提炼、对比，并对所有存在及潜在的风险加以判断分析和归类。

数据处理就是运用各种方法对存在的及潜在的各种风险问题进行系统的归类和识别。不同的需要、角度、标准，项目风险有不同的分类。按照风险后果的不同，风险可分为纯粹风险和投机风险；按照项目风险来源或损失产生的原因不同，风险可分为自然风险和人为风险，人为风险又可细分为行为风险、经济风险、技术风险、政治风险和组织风险等；按照项目风险可否管理，风险可分为可管理风险和不可管理风险；按照风险影响范围，风险可分为局部风险和总体风险；按照风险后果的承担者，风险可分为项目业主风险、政府风险、承包商风险、投资方风险等；按照风险的可预测性，风险可分为已知风险、可预测风险和不可预测风险。

通过数据处理，对项目风险问题分类为从项目风险外延的角度考虑风险提供了一个有利条件，为分析预测和目标建立奠定基础。

（3）分析预测

风险管理决策的分析预测包括两个方面。

1）要弄清问题的性质、范围、程度、价值和影响，不能停留在表面现象和笼统的感觉上。同时分析项目风险问题有无预警信息的特性。对于有预警信息的项目风险问题，决策者可以根据项目风险的潜在阶段、发生阶段和后果阶段的进程去开展不同阶段的应对措施；而对于无预警信息的项目风险问题，决策者只能根据项目风险识别和度量的结果事先采取一些规避或转移的措施和事后采取一些消减的措施。因此，人们必须根据项目风险有无预警信息的特性去制定项目风险应对办法和措施，其主要内容是回答以下问题。

① 工程项目风险管理决策的确定性是什么？

② 项目风险问题的性质，即有无预警信息的特性？

③ 这些风险问题所造成的损失概率有多大？

④ 若产生实际损失，则需要付出多大的代价？

⑤ 当出现最不利的情况时，最大损失为多少？

⑥ 如何才能减少、降低或消除这些可能的损失？

⑦ 如果改用其他方案，则是否会带来新风险或二次风险？

⑧ 在此基础上，能否提供行动路线或可供选择的多元化方案？

根据风险问题的不同分类，利用各种模型分别度量各类风险问题，以及度量风险后果的严重性和可能发生的概率，进而预测各种风险的相对重要程度、概率分布及预警信息，列出主要风险。同时明确问题之间的相关性、层次性、历时性，认识其状态趋势和特点。没有对问题本质的、整体的认识，没有把握客观事物的运动规律，就没有决策的正确方向和前提。为能抓准问题，必须深入进行调查分析，明确事实及问题。

2）要找出项目风险问题引发的原因及特性。项目风险引发的原因主要有三种，其一是项目环境发生意外的发展与变化而引发项目风险，其二是项目各方面要素的集成出现问题而引发项目风险，其三是项目相关利益主体出现博弈而引发项目风险（包括项目风险管理者的决策失误等）。这些不同的项目风险引发原因所表现出的特性直接决定了项目风险应对措施的选择和制定，所以它们是进行更重要的项目风险应对工作和采取措施的依据，其主要内容是回答以下问题。

① 工程项目每个风险的风险源是什么？

② 每个风险分别属于什么类型的风险？

③ 同类风险之间是否存在联系？

④ 如何从根本上解决此类风险？

风险产生的原因和风险分类紧密联系，因此以风险类别的划分为基础，通过分析其主观原因和客观原因，直接原因和间接原因，主要原因和次要原因，等等，对问题产生的原因做纵向和横向分析。纵向分析是指从问题表面开始进行的分析，层层深入、究其根底。横向分析是指对同一层的原因及其相互关系进行的分析，从而找出主要原因。

对风险问题的分析预测直接影响风险管理决策的质量，进而影响整个风险管理的最终结果。只有全面、正确地识别项目所面临的风险，衡量风险和选择应对风险的方法才有实际意义。任何一种风险因素在分析预测阶段被忽略，都可能导致整个风险管理的失败，从而造成不可估量的损失。增强风险意识、认真识别风险是衡量风险程度、采取有效的风险控制措施和进行正确的风险管理决策的前提条件。

（4）目标建立

项目风险应对目标是项目组织开展项目风险应对工作的目的和要求，是人们开展项目风险应对活动的指南和规定，是指导人们选择和制定项目风险应对措施的大政方针和目标要求。因此，人们要正确地选择项目风险应对措施和编制好项目风险应对方案，就必须首先确定项目风险管理决策目标，并在项目风险应对方案的编制中遵循这些目标。

风险管理决策的目标建立阶段指从企业发展战略上，决策者根据上一阶段的分析预测结果、项目风险发生概率、损失严重程度及具体工程内部和外部环境（如自身的经济状况和面临的风险类型），综合考虑确定风险偏好、风险承载力、风险管理标准等风险管理决策的目标，从而决定采取什么样的措施及控制措施采取到什么程度。

风险管理决策的总目标和基本准则为在确保法律法规和规章制度贯彻执行的基础上，以最小的成本获得最大的安全保障。

目标建立主要包括以下几个要点。

1）项目风险管理决策工作的大政方针和指导原则。

2）确保风险在总体目标范围的可承受性。

3）保证装配式建筑项目风险信息沟通的可靠性。

4）严格遵守国家法律法规及建筑规范的操守性。

5）确保措施执行的有效性。

6）重大风险发生后的随即处理的动员及时性。

7）确保风险管理决策运作的全面性。

2. 设计活动

设计活动是根据风险管理决策建立的目标及装配式建筑项目风险，提出处置意见并寻求多种应对方案解决问题的过程。在此过程中，决策者或其咨询人员发掘、构想和分析多种可行的相互替代的活动方案，这种方案被称为替代方案或备选方案。探求替代方案的过程意味着放弃现有行动方案而改用新的可行方案。设计活动强调多方案，如果面临的仅仅是一种方案，非采用不可，那就无须决策了。

决策者和咨询人员受感知能力和时间的限制，不可能发现所有的可行的替代方案，即使主观上认为已探求了所有的方案，客观上也仍然会有若干方案被遗漏。因此，他们往往首先发掘一组（一般为 3～5 个）替代方案，然后加以评价，如果尚未找到满意的解决方案，则再探求下一组替代方案，以此逐次探求。

拟订供选择的各种风险应对方案是决策的基础。这项工作主要是由智囊机构承担的。

（1）风险应对方案的制订方法

1）风险回避，指如果发现项目风险发生的概率很高，而且可能的损失也很大，又没有其他有效的对策来降低该种风险，则可以采取行动回避产生风险的事件。风险回避主要包括四种方案：①风险事件终止法；②工程技术法；③工程程序法；④专业技能培养法。

2）风险降低，指采取措施降低风险的可能性和影响，包括减少风险发生的概率或控制风险的损失。在某些条件下，采用风险降低的措施可能会收到比风险回避更好的技术经济效果。风险降低主要包括三种方案：①加强专业人员的培养力度；②优选设计单位和预制构件厂商；③及时控制风险造成的损失。

3）风险分担，指通过增加风险承担者，将风险各部分分配给不同的参与方，以达到减轻总体风险的目的。风险分担主要包括三种方案：①采取分包方式转移进度风险；②采用担保等方式转移进度风险；③利用合同要求转移进度风险。

4）风险自留，指不采取任何措施降低风险的可能性和影响，有关项目参与方自己承担风险带来的损失，并做好相应的准备工作。风险自留主要包括三种方案：①制订风险的预防方案；②风险的事中管控；③制定风险的紧急应对策略。

拟订方案阶段的主要任务是对前期分析的风险状态、可接受的风险程度、风险预警等数据、情报进行充分的系统分析，并在这个基础上制订出替代方案。在应对方案的制订过程中，除了要满足技术和规范要求，还要有一定的技巧方法，主要包括：①必须制订多种（一般为3～5个）可供选择的方案，方案之间具有原则区别，便于权衡比较；②每种方案以确切的定量数据反映其成果；③要说明本方案的特点、弱点及实践条件；④各种方案的表达方式必须做到条理化和直观化。

在风险管理决策的过程中，除了对于发生概率较高的风险问题进行应对方案的设计，还应考虑潜在风险问题的影响。潜在问题是隐藏在事物背后或深层的矛盾萌芽，往往不容易被看出，而且它又不在决策的直接目标范围之内，因此，极容易被人忽视，这就要求决策者对决策全过程心中有数、全盘考虑。这样才能保证决策的连续性和成功的可能性。

（2）对潜在风险进行防范分析应充分考虑的问题

1）应对方案实施后可能发生哪些问题？

2）发生的问题对决策目标有何影响？

3）发生这些问题的可能原因是什么？

4）可以采取哪些预防措施？

5）有哪些应变措施可以减少对决策目标的影响？

6）怎样保证应变措施的实施？

潜在风险防范分析的步骤：①预测决策实施的不良后果；②评价潜在问题的风险性；③制定预防措施；④准备应急预案。

3. 抉择活动

抉择活动是预估、评价和选择的过程，即在预估多种替代方案的结果并做出结论性的评价判断后，选择一种行动方案。

在方案选择之前，先要对各种替代方案进行评估。要尽可能采用现代科学的评估方法和决策技术，如可行性分析、决策树、矩阵决策、模糊决策等，对替代方案进行综合评价。这项工作主要由智囊机构的高级研究人员、政策研究人员及外聘的专家小组来承担。抉择活动的主要内容是通过进行定性、定量、定时的分析，评估各替代方案的近期、中期、远期效能价值，分析方案的结果及其影响。在评估的基础上，权衡各个方案的利弊得失，并将各方案按优先顺序排列，提出取舍意见，交决策主体定夺。选择满意的方案是决策的关键环节，也是领导的至关重要的职能。做好方案优选需要满足两个条件：一是要有合理的选择标准；二是要有科学的选择方法。

（1）方案的选择标准

1）安全标准。安全生产是关系到企业的生存和发展，关系到广大从业人员的生命安全和国家财产不受损失的大事。因此，在选择装配式建筑项目风险管理方案时，要严格遵守并认真贯彻执行国家、市、区有关安全的法律法规和政策要求。施工过程应满足规范要求，坚决贯彻执行“安全第一、预防为主”的安全生产方针。

2）价值标准。这是选择方案的基本判据，其内容有确定各项价值指标、分清主次、综合评价。一般从系统性、先进性、效益性、现实性四个方面进行综合评价，其中效益性是核心。

3）最优标准。决策者需要通过分析主要的风险应对方案、次要的风险应对方案和各种代替方案，以及每种技术方法和措施的特点，来进行选择，以寻求在确保法律法规和规章制度贯彻执行的基础上，以最小的成本获得最大的安全保障的最优应对方案。

（2）方案的选择方法

方案的选择方法包括多方案风险综合比较法、风险应对方案经济分析法。

1）多方案风险综合比较法。建设项目的实施方案往往不是唯一的。采用不同的措施所消耗的时间、费用是不同的，所面临的风险也有差别，因而在选择实施方案时应综合考虑方案的时间、费用、风险等各个指标，找出综合评估值最高的方案。时间、费用和风险都是客观存在的指标，但对不同的决策者其产生的效果并不相同。例如，对于业主而言，他们往往希望承包商采用的方案在达到项目功能要求的前提下费用越少越好，而承包商除了考虑方案的费用，还要重点考虑方案的风险后果的潜在影响，因此，建设方案的费用和时间因素（花费越少，效用越高）对业主的效用比承包商高，而建设风险（风险越小，效用越高）对业主的效用比承包商低。

因此，在对多个方案进行选择时，应首先根据决策者的偏好确定各个因素的效用值，然后用效用值进行多目标决策，选取综合效用最大的方案。在进行多目标决策之前，应先评估每个方案的风险水平是否是可接受的，若项目的风险超过标准，则没有必要再进行综合评估。

2）风险应对方案经济分析法。为了减少风险，就需要采取一定的风险管理措施，同时付出一定的成本。因此，需要进一步分析风险管理措施在经济上是否可行，风险管理成本的付出是否值得。传统的方法主要从费用的角度考虑，即如果采取风险管理措施花费的成本比获得的效益高，就认为风险管理措施是不值得的。实际上，选择风险管理措施还要考虑效用问题。因此，在评估一项风险管理措施是否经济可行时，应结合决策者的风险态度，从效用的角度去评估。

各种方案的选择方法各有利弊，采用何种方法要从实际出发，灵活运用，还可创造更加科学的方法，以便更简明准确地找到满意的方案。

方案优选就是决策者的决断，是决策行动，也是决策全过程中最核心、最关键的一环。它要求决策者要有很高的决策素养，要有战略的系统观点、科学的思维方法、丰富的经验判断和很强的鉴别能力。

4. 评审活动

一旦选择出满意的方案，并不是下达一些命令、指示就告结束，还须制订出执行计划和资源预算以满足实施方案的各种可能的需要。潜在的风险和不确定因素虽然在评价和抉择阶段中受到注意，但相比实际施工过程中出现的风险是不全面的。

决策的贯彻实施过程需要跟踪、监督原计划的执行情况及各种风险控制行动产生的实际效果，在实施的过程中不断得到反馈信息，回顾和比较所做出的决策和行动结果。贯彻实施实际上是一个学习和改善今后决策的过程。

（1）贯彻实施

实施是执行、跟踪和反馈的过程。在实施的过程中，对于常规性风险问题尽量做到全部消除。例如，针对风险问题制订培训计划，将应对措施进行讲解或模拟，定期对项目不同施工阶段进行培训，尤其是技术方面的培训，从而提高现场工作人员的施工水平，减少施工技术不成熟导致的人为风险和技术风险。对于特殊性问题，实施前应进行“试点”模拟。对于可以正常实施、达到预定目标的问题可在项目中实施。若风险问题解决不佳，则需要采取排除措施或应变措施加以解决。如果方案在实施试点中根本行不通，就要推倒重来。

经过可靠性验证后，可以进入普遍实施阶段。在这个步骤中，要抓好以下工作。

1）把决策的目标、价值标准及整个方案向下属交底，动员群众、干部和科技人员为实现目标而共同努力，以求实现。

2）将项目管理工作责任具体化，具体到每个管理及施工人员，加强项目施工现场人员和管理层人员的责任感。

3）围绕目标和实施目标的优化方案，制订具体的实施方案，明确各部门的职责、分工和任务，做出时间和进度安排。交方案的同时要交办法，每层都要有落实方案的具体措施，使总目标有层层保证的基础。

4）随时纠正偏差，减少偏离目标的震荡。

（2）监控、反馈与控制

装配式建筑项目从风险管理决策、应对方案实施到投入使用需要一个较长的过程，在这个过程中存在着很大的不确定性，可能会给项目带来各种各样的风险。由于项目风险都有一个发生、发展的过程，对这个过程实施监控可以动态地掌握项目风险及其变化情况，实现对风险的有效管理，确保高效地达成项目目标。

即使是一个优化方案，在执行过程中，由于主客观情况的变化，发生与目标偏离的情况也是常有的。因此，必须做好监控、反馈和追踪检查工作。这个阶段的任务就是对风险管理决策实施的全过程进行监视和控制，要准确、及时地把方案实施过程中出现的问题、执行情况的信息输送到决策机构，以进行追踪检查，进而考虑是否需要调整风险管理计划及是否启动相应的应急措施，从而保证达到风险管理决策的预期目标。

风险监控、反馈与控制包括两个方面的工作。其一是监测风险，跟踪已识别风险的发展变化情况，包括在整个项目周期内，风险产生的条件和导致的后果变化。一般来说，风险的不确定性随着时间的推移而减小，这是因为风险存在的基本原因是缺少信息和资料。随着项目的进展和时间的推移，有关项目风险本身的信息和资料会越来越多，通过及时地反馈，对风险的把握和认识也会越来越清楚。其二是根据风险的变化情况及时应对控制，并对已发生的风险及其产生的遗留风险和新增风险予以及时识别、分析，采取适当的应对措施。

监控风险应对方案实施过程中出现的问题大致可归纳为三种情况：①施工人员没有按规定进行施工；②施工中遇到的实际困难与决策方案不符；③已经按应对方案执行，但未达到预定目标。

对发生的问题的反馈做具体分析：第一种，风险管理决策培训和落实的问题，应及时地、针对性地对实施项目的人员进行风险教育以增强其风险意识，制定严格的操作规程以控制由疏忽造成的不必要损失；第二种，根据实际情况修正方案；第三种，如果已危及决策目标的实现，则需要对决策进行根本性的修正，甚至要改变决策目标，进而重新制订应对方案。众所周知，无论采取什么样的风险控制措施，都很难将风险完全消除，而且原有的风险消除后，还可能产生新的风险，因此在项目进行的过程中，定期对风险进行监控、反馈与控制是一项必不可少的工作内容。

6.9　风险管理决策的方法

风险管理决策是贯彻和执行风险管理思想的重要步骤，是决策者根据不同风险可能发生的概率所进行的决策。决策者所选择的任何一个应对方案都会遇到一个以上自然状态所引起的不同结果，这些结果出现的机会是用各种状态出现的概率来表示的。不论决策者采用何种方案，都要承担一定的风险。风险管理决策技术是风险管理决策中所运用的技巧和方法，这些技术在风险管理决策中的运用可以提高风险管理决策的效率，防止风险管理决策中的偏差和失误。风险管理决策的方法有决策树法、以方案模拟为基础的决策方法、以方案实验为基础的决策方法、以期望值为标准的决策方法、以等概率（合理性）为标准的决策方法、以最大可能性为标准的决策方法、贝叶斯决策分析方法、防范分析决策方法。

1. 决策树法

决策树法是风险管理决策的重要分析方法之一。该方法就是将风险管理目的与各种可供采取的应对方案、措施和可能出现的概率，以及可能产生的效果进行归类整理，而后系统地展开，绘制成决策树图，寻求最佳的风险管理措施和手段的过程。应用决策树法分析多级决策可以达到层次分明、直观易懂、计算手续简便的目的。决策树法具体分析方法如下。

在图 6.10 中，R 表示决策目标，即为树根 $a_i, i=1,2,\cdots,n$ ，表示应对方案及策略点，从 R 出发引出的 n 条线被称为树枝或策略枝。从策略点 a_i 引出的 m 条线表示 m 种自然状态，出现第 j 种状态的概率记为 $p_j, j=1,2,\cdots,n$ ，这 m 条线被称为概率枝，也可以是决策者的主观概率或决策权重。v_{ij} 表示采用第 i 种应对方案出现第 j 种状态的成本，一般也可以是决策者的效用值或价值。各应对方案的期望成本的计算公式为

$$E(a_i)=\sum_{j=1}^{m} p_j v_{ij},\ \ i=1,2,\cdots,n \tag{6.1}$$

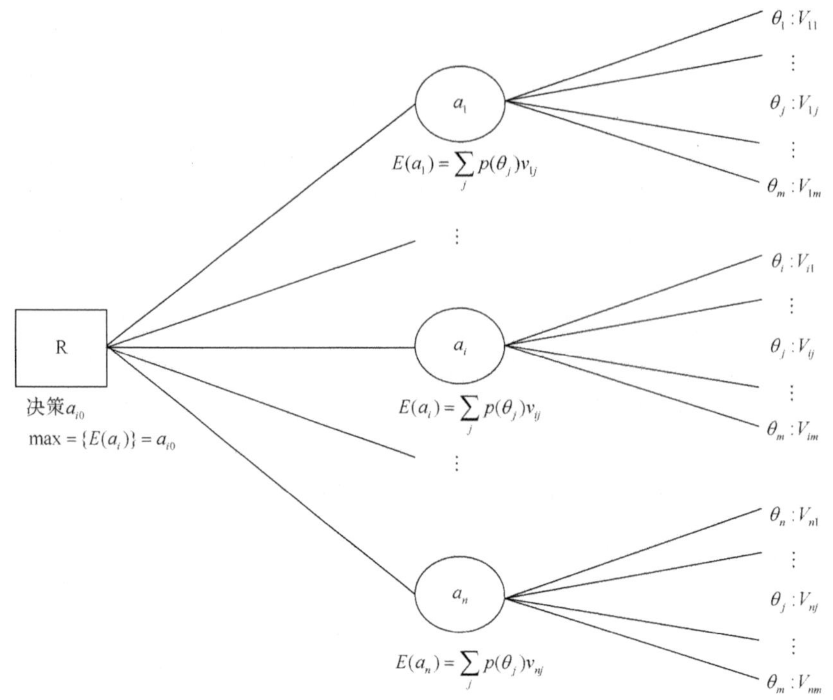

图 6.10　风险问题的决策树结构

（资料来源：张所地，吉迎东，胡琳娜，2013．管理决策理论、技术与方法[M]．北京：清华大学出版社.）

决策树法主要适用于：①概率的出现具有明显的客观性质，而且比较稳定；②决策的结果不会给决策者带来严重的后果。

示例 6.10　决策树法

某装配式建筑项目工程，施工人员要决定下个月是否开工。如果开工后不下雨，则可以按期完工，获得利润 5 万元；如果开工后下雨，则要造成 1 万元的损失。如果不开工，不论是下雨还是不下雨，都要支付窝工损失费 1000 元。根据气象预测，下个月不下雨的概率为 0.2，下雨的概率为 0.8。试做出决策。

该方案决策的步骤如下。

1）根据条件，绘制的决策树如图 6.11 所示。

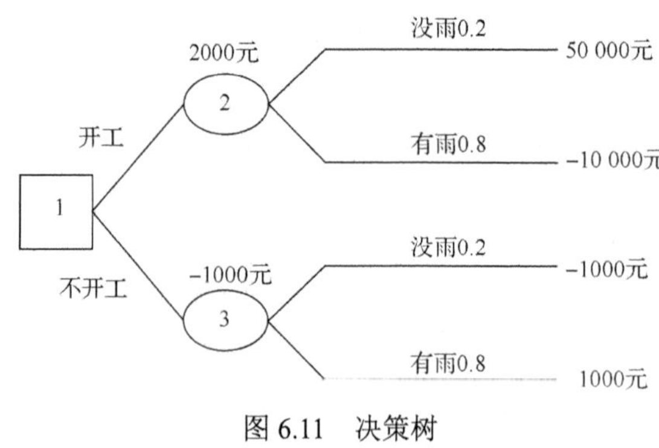

图 6.11　决策树

2）将状态概率和损益值填入决策树相应位置。

3）计算期望损益值，将计算结果写在状态点上方。从右往左计算状态点 2、3 的期望损益值。

$$E(2)=0.2\times 50\,000+0.8\times(-10\,000)=2000（元）$$

$$E(3)=0.2\times(-1000)+0.8\times(-1000)=-1000（元）$$

结果表明开工的期望损益值大于不开工的期望损益值。

4）本示例中采用期望损益值最大为最优方案准则，因此选择开工。

2. 以方案模拟为基础的决策方法

随着 BIM 技术的成熟，我们可利用 BIM 技术的可视化、参数化、标准化、信息化等优势，用计算机进行管理决策方案的仿真模拟。选定的方案在实施或试验前可以进行计算机仿真模拟，通过仿真模拟，可以对方案进行比较分析，对原方案进一步进行优化。

以方案模拟为基础的决策方法主要适用于：①各种自然状态出现的概率无法得到的情况；②风险较为复杂且应对方案实行困难的情况。

3. 以方案实验为基础的决策方法

特殊性问题的决策虽然不可能创造出像实验室那样人为的典型条件，但对重大问题的决策，尤其是对新情况、新问题及无形因素的决策起重大作用，当无参考案例且不使用方案模拟进行分析时，可进行“试点”实验模拟。首先选择少数几个典型分线问题单位进行试点，然后将总结的经验作为最后决策的依据，也不失为一种有效的方法。有些复杂的决策，虽然反复计算、讨论、比较，但仍然没有多大把握，这时，实验就被提上日程。但也不是事事都经过实验，在方案选择过程中，往往是在选择范围已经缩小到只剩下两个关键方案而定不下来时，或方案已初步选出但仍感到不放心时，不妨去做实验为妥。

以方案实验为基础的决策方法主要适用于：①出现概率小，风险问题具有特殊性；②无参考案例且不便于数字化模拟；③风险问题影响作用大。

4. 以期望值为标准的决策方法

风险管理决策分析中最主要的决策方法是以期望值为标准的决策方法，在均符合安全规范的情况下，以收益和损失矩阵为依据，分别计算各可行应对方案的期望值，选出期望收益最大（采用最少的资金达到最好的降低风险的效果）的方案为最优决策方案。采用以期望值为标准的决策方法时，还须假定在不断重复做出相同决策时风险问题客观条件不变，这一方面包括风险问题自然状态的发生概率不变，另一方面包括决策后不会产生新的问题。

以期望值为标准的决策方法主要适用于：①概率的出现具有明显的客观性质，而且比较稳定；②决策不是解决一次性的问题，而是解决多次重复的问题；③决策的结果不会为决策者带来严重的后果。

5. 以等概率（合理性）为标准的决策方法

因为各种风险问题出现的概率无法预测，所以首先假定几种风险问题的概率相等，然后求出各方案的期望损益值，最后选择收益值最大（或期望损失值最小）的方案作为最优决策方案。以等概率（合理性）为标准的决策方法适用于各种风险问题出现的概率无法得到的情况。

6. 以最大可能性为标准的决策方法

以最大可能性为标准的决策方法以一次试验中事件出现的可能性大小作为选择方案的标准，不考虑其经济的结果。以最大可能性为标准的决策方法适用于各种自然状态中某一状态出现的概率显著地高于其他方案出现的概率，而期望值相差不大的情况。

7. 贝叶斯决策分析方法

风险管理决策的基本方法为决策者根据工程经验或历史案例资料，通过计算、推理和主观判断，估测风险问题发生的概率及其影响。未经实验验证，如果估测结果与实际情况存在较大的差异，就会造成决策不当或失误。因此有必要通过科学实验、调查收集有关状态变量的补充信息，通过统计分析等方法对先验概率分布进行修正，形成实验后认知的状态概率分布（被称为后验概率分布），用这样的后验概率分布形成决策准则（被称为贝叶斯准则）进行决策，就会提高决策的质量，这就是贝叶斯决策分析方法。

8. 防范分析决策方法

决策者在进行风险管理决策时，除了要制订出决策方案的最终实施计划，还要考虑在决策执行过程中会不会产生某些不良后果。因此，决策者应该事先对可能发生的潜在问题进行分析和研究。一旦有问题发生，则可以采取某些应变措施，使发生的问题对决策目标的影响降到最低限度，并适当加以补救。防范分析决策方法能够通过对潜在问题的分析和研究，寻找经济而可行的防患于未然的措施。

在实际的项目风险管理决策中，面临的风险问题往往复杂多样，单纯使用一种方法不能全面地分析问题。因此决策者可将多种方法结合使用，以决策出最优方案。例如，对于少见的特殊性问题，可先通过以方案实验为基础的决策方法对风险应对方案进行实验，再根据实验结果使用以期望值为标准的决策方法进行最终方案的确定。

6.10 本 章 小 结

风险管理是一种有计划、有组织地控制企业活动的行为，其目的在于使企业因意外事件所导致的不良影响降至最低，确保企业能顺利实现其既定目标，并保持其发展能力。本章介绍了风险管理过程中的风险应对、监控和管理决策相关基本理论。风险应对是指对现存的风险采取相应的处理措施和方法，常用的风险应对措施与方法包括风险减轻、风险预防、风险回避、风险转移、风险自留与利用、风险分担。风险监控是工程项目风险管理中的又一项重要工作，即对工程项目风险的监视和控制，风险监控工具主要包括前锋线法、直方图法、因果分析图法和帕累托图法。风险管理决策是贯彻和执行风险管理思想的重要步骤，它强调对项目目标的主动控制，对项目实现过程中遭遇的风险和干扰因素可以做到防患于未然，以避免或减小损失。风险管理决策常借助的方法有决策树法、以方案模拟为基础的决策方法、以方案实验为基础的决策方法、以期望值为标准的决策方法、以等概率（合理性）为标准的决策方法、以最大可能性为标准的决策方法、贝叶斯决策分析方法、防范分析决策方法。

第 7 章　装配式建筑项目质量风险管理研究

7.1　装配式建筑与传统建筑在质量风险管理方面的对比

传统建筑质量风险管理要求对整个工程项目全生命周期进行全方位的管理和控制，包括设计阶段、施工阶段、维护阶段等。根据装配式建筑的特点和装配式建筑与传统建筑之间的差异性，可以看出在质量风险管理方面，装配式建筑与传统建筑之间的主要区别在于以下几点。

1）设计阶段需多领域协作。在设计阶段，装配式建筑除整体的建筑产品设计外，还需要借助建筑、结构、电气与水暖等各个领域专家及工程师的配合，进行构件拆分。

2）特有的构件生产阶段质量要求。与传统建筑不同的是，装配式建筑在施工之前须进行生产预制。此阶段对制作构件的台座、模具的平整度和尺寸等方面要求更高，不允许构件材料表面出现裂缝，并对构件的强度、尺寸、节点连接等都制定了具体的规范要求。

3）施工阶段质量影响因素不一致。在施工阶段，装配式建筑的质量更易受到组装时人员与机械操作的影响。例如，在构件安装时，人员的不规范操作导致构件损坏；未严格控制放线精确度，或现场安装人员与安装机械缺乏协调性导致构件偏离预安装位置，进而影响建筑整体质量。

目前，我国装配式建筑的管理模式还不完善，装配式建筑的经济效益未得到充分显现。装配式建筑与传统建筑在质量风险管理方面存在较大区别，我国装配式建筑项目实施的质量风险管理模式还处于摸索阶段，装配式建筑供应链上的各环节、各阶段仍受到许多影响项目质量的因素干扰，最终影响项目的成本和进度目标，因此开展装配式建筑项目质量风险管理研究具有较大的实际意义。

7.2　装配式建筑项目质量风险因素识别

以装配式建筑项目质量管理为主要研究对象，结合装配式建筑的特点，对装配式建筑项目各方面的质量风险因素进行初步判断，并总结已有文献研究成果，对初步识别的风险因素进行补充、修改，最终总结得出以下几类装配式建筑项目的质量风险因素。

7.2.1　构件供应因素

（1）构件设计不合理

目前，装配式建筑的整体产品设计交由设计单位进行，而具体的构件（如剪力墙、柱梁板等）的设计交由专门的构件生产厂家以施工图纸为依据，并结合自身持有的模具规格对构件结构进行拆分或者组合，使构件达到施工装配组装需求。在这个过程中，设计单位奉行等同浇筑的装配式建筑整体设计理念，因此构件在互相搭配嵌合设计及节点连接设计上有可能不适应装配式建筑结构特点，从而影响建筑的整体质量水平。构件的生产企业在设计构件时，对于不同的建筑项目，其构件组合或者拆分规格不统一，或者缺乏对建筑项目的现场施工具体情况（如预留孔洞、预埋件尺寸等）的了解，生产企业在生产模具设计时存在一定的风险。例如，构件的模板设计简单化、合理性不足，给模板的支起拆卸工作带来不便，使得模板的刚度、承载力及稳定性不足，在生产过程中可能因外力影响而导致模板变形或者移位，进而影响构件的形状和尺寸，致使构件的质量不合格。

（2）构件质量不合格

现阶段我国构件生产企业及厂家在数量、规模及生产经验上并不能满足发展需求。在实际生产过程中，机械操作一旦出现差错，就会导致构件产品不符合设计，构件质量不合格。目前，我国建筑行业在提高操作员工的工作素质及积极性方面仍有待改进。

（3）构件质量检验不当

装配式建筑在实际施工装配前需要在生产工厂进行构件的制作，因此在构件制作完成后需要按照相关规范要求，由专业的质量检验人员对构件的质量进行检验，检查合格之后方能出厂运输至施工现场使用。但由于我国装配式建筑发展的时间尚短，目前装配式建筑的质量管理体系尚未完善。对构件生产厂商而言，可能表现为质量检验设备不完善、质量检验人员专业知识水平不足、质量检验规范不合理等问题。质量检验工作开展不当可能会导致质量不合格的构件在实际装配过程中被使用，从而导致建筑的整体质量下降，可能造成建筑使用寿命缩短甚至部分结构的破坏。

（4）构件运输措施不当

装配式建筑构件在质量检验合格后须运往施工组装现场。其中，装卸构件时应注意不影响运输车辆整体平衡，防止车辆倾斜、倾倒导致构件受损，影响构件质量；运输过程中因震动而产生的构件之间或构件与车体之间的碰撞容易造成破损、裂缝等，影响构件质量；有时运输车辆不能满足构件尺寸及载重要求，可能导致构件移动或倾倒，甚至引发交通事故等。

（5）构件堆放不当

将构件运输到施工现场后、构件装配前还需要进行合理的堆放。堆放场地须满足构件材料堆放要求：平整，并具有一定程度的承重能力和排水能力，防止构件发生倾覆或受浸泡侵蚀，进而导致构件损坏。另外，构件应按照施工进度计划进行堆放，形成科学合理的与施工计划相符合的堆放区域，否则会在正式装配时影响整个工程的效率与质量。

7.2.2 人员与机械操作因素

（1）工人技术不熟练

装配式建筑的施工方式有别于传统建筑的施工方式，因此工人在施工现场的实际操作、机械设备的使用等也有较大不同，需要现场施工人员了解其中的区别。

（2）缺乏质量教育

缺乏对建设施工项目主要负责人、质量管理人员、一线操作人员及质量检测人员的质量教育培训，不仅会导致相关人员不了解、不熟悉国家和本行业内相关的质量管理法律法规、标准文件，还会导致承建方、建设方、监理方等各单位对本装配式建筑项目的质量管理规范条例、施工工艺质量规范条例等不了解、不熟悉，从而引起一般及以上的质量风险事件发生，造成整体建筑项目的工程质量下降。

（3）施工机械操作不佳

提高装配式建筑建设效率的一个关键手段就是施工人员能够熟练地操作机械设备。因此需要管理人员加强对机械设备操作人员的管理，进行机械设备操作技术培训，充分提高机械设备操作人员的专业知识掌握能力和安全意识，延长机械的使用期限，发挥机械化操作施工的优势，保证建设项目的质量水平。

（4）不熟悉装配式建筑相关规范

装配式建筑与传统建筑在施工方法、具体施工操作流程上存在较大不同，因此实际施工规范也会有所区别。装配式建筑的施工人员若未经过专业的培训及较长时间的熟练操作，则容易因不熟悉装配式建筑相关规范而导致某些实际操作出现错误。例如，不能正确吊装或连接构件，导致建筑整体的质量下降。

（5）缺乏对关键部位的关注

建筑关键部位的施工质量水平在很大程度上影响建筑的整体质量水平。例如，边缘构件现浇节点区域的混凝土浇筑不到位使质量无法得到保证；放线不够精确完善、有误差，造成在施工时无法准确安装构件，影响结构质量；因构件尺寸不同及吊装方法的区别而不能精确定位，导致建筑的稳定性降低。

7.2.3　施工准备因素

（1）缺乏规划

在装配式建筑施工时，控制质量风险事件发生最有效的手段是提前识别预见风险并制定整体的质量管理规划。在装配式建筑项目进行现场装配施工前如果未做好充足的规划，如构件的堆放分区规划、其他原材料（水泥、砂石、掺合料、外加剂等）的堆放规划，则容易阻碍工人施工时的操作。

（2）图纸会审不到位

在工程项目的相关图纸会审过程中，若装配式建筑的总体设计图纸或者构件的局部设计图纸的审查工作存在纰漏，则会使得具有设计缺陷的设计图纸在实际的生产施工中被使用。例如，设计图纸中的消防防火规范不满足设计要求却未被审核出来，这将会导致使用该图纸进行建造的建筑具有一定程度的火灾隐患。

（3）施工方案不完善

施工方案不完善指组织机构方案、人力组成方案、技术方案、安全方案、材料供应方案等施工方案中的单个或者多个方案不完善。例如，材料供应方案缺乏临时材料采购流程，可能导致材料供应出现问题，从而影响施工进度及施工质量水平。

（4）施工基础设施不完善

作为施工人员进行工作的物质基础，装配式建筑施工项目现场的基础设施（如交通运输、给排水、供电、通信、临时居住等）不完善，则有可能无法保证建设工作的正常进行，进而影响施工质量。

（5）施工人员不到位

在进行装配式建筑施工组装时，施工现场的相关工作人员没有按照规定要求到位，从而阻碍施工顺利进行，影响工程的质量。

7.2.4 管理因素

（1）项目组织结构不完善

装配式建筑在施工流程、施工技术方面较传统建筑存在较大不同。相应的，装配式建筑的项目组织结构也应有适当的改变。例如，装配式建筑项目需要施工方设置具体的负责人员或者部门，以便与构件生产方就构件的质量进行协调。

（2）缺乏专业质量管理人员

在整个工程项目的质量风险管理阶段，如果缺乏能够在整体上把握项目质量管理方针与目标的专业高层管理人员，那么在制定质量目标、组织指导质量相关工作人员进行具体工作时会受到一定影响。

（3）验收工作不到位

工程验收是整个建筑工程项目的最后一项工作，也是建设期建筑工程质量风险管理的最后一项任务。验收工作需要验收人员按照相关法律法规、技术规范及合同中的具体要求对建筑工程进行科学的检验、查收。如果验收工作不到位，建筑的质量缺陷未能被排查，则会降低建筑的整体质量水平。

（4）设计变更未处理好

施工单位在施工过程中出现原设计未预料到的情况，或当其他各方面原因导致需要变更工程设计时，未能按照流程进行设计变更，或者设计变更之后未能具体落实施工而导致施工质量问题出现。

（5）分包商管理不佳

分包商管理不佳主要包括分包商的选定不符合规定标准，分包活动未能依法进行，分包人将工程分包后未在施工现场设立管理机构或派遣对应的管理人员，或者各相关单位未履行监督、检查、管理分包工程的职责。

7.3 装配式建筑项目质量风险评价

装配式建筑项目的质量风险具有时间性、可变性等特点，这使得实际工程中存在或者潜在的质量风险往往是非定量的，无法直接客观地对质量风险进行评价分析。想要有效控制工程建筑项目中存在的风险，就需要充分地分析风险，根据装配式建筑项目的实际情况选择合适、科学的风险评价方法对质量风险进行分析评估。

本节将介绍结合层次分析法及模糊综合评价法建立装配式建筑的质量风险评价模型。层次分析法能将评价对象划分为互相联系的层次结构，并确定同层次各因素间、不同层次间的权重系数，进行一致性检验，在一定程度上减少主观上的误差。模糊综合评价法利用模糊数学的隶属度原理，能对非定量的因素进行定量分析。将层次分析法及模糊综合评价法结合起来，既可构建系统性、层次性的分层结构并进行权重确定，又可利用隶属度原理进行模糊定量评判，从而得到客观、准确的评价结果。

7.3.1　装配式建筑项目质量层次评价指标体系的建立

采用层次分析法将装配式建筑项目的质量风险评价总体问题划分成层次结构，即将整体的质量目标及影响质量目标的各因素按照不同的层次进行划分，由风险因素层次结构可得到装配式建筑项目的质量层次评价指标体系，如表 7.1 所示。

表 7.1　装配式建筑项目的质量层次评价指标体系

目标层 A（总风险）	准则层 B（风险类型）	指标层 C（风险可能因素）
装配式建筑施工质量风险（A）	构件供应风险（B_1）	构件设计不合理风险（C_1）
		构件质量不合格风险（C_2）
		构件质量检验不当风险（C_3）
		构件运输措施不当风险（C_4）
		构件堆放不当风险（C_5）
	人员与机械操作风险（B_2）	工人技术不熟练风险（C_6）
		缺乏质量教育风险（C_7）
		施工机械操作不佳风险（C_8）
		不熟悉装配式建筑相关规范风险（C_9）
		缺乏对关键部位的关注风险（C_{10}）
	施工准备风险（B_3）	缺乏规划风险（C_{11}）
		图纸会审不到位风险（C_{12}）
		施工方案不完善风险（C_{13}）
		施工基础设施不完善风险（C_{14}）
		施工人员不到位风险（C_{15}）
	管理风险（B_4）	项目组织结构不完善风险（C_{16}）
		缺乏专业质量管理人员风险（C_{17}）
		验收工作不到位风险（C_{18}）
		设计变更未处理好风险（C_{19}）
		分包商管理不佳风险（C_{20}）

7.3.2　层次分析法的应用

建立完装配式建筑项目的质量层次评价指标体系之后，即可按层次分析法的步骤（构建递阶层次结构模型→构造判断矩阵→层次单排序及一致性检验→层次总排序及一致性检验）进行操作。通过各层中各质量风险因素指标两两之间的相对重要性权重进行各质量风险因素指标的权重计算。

可通过编写装配式建筑项目质量风险因素指标之间的相对重要性调查问卷（附录 1），并邀请相关领域的专业人员根据问卷中给予的 1-9 比例标度表，对装配式建筑项目质量风险因素指标的相对重要性分值进行打分，最终从获得的问卷中选取有效问卷。在本示例中，我们从 15 份问卷中选取了 10 份有效问卷，根据问卷结果进行整理计算，构造各层判断矩阵并计算各因素权重，以及进行一致性检验。

1）构造准则层 B 的判断矩阵（表 7.2）并计算各因素权重，以及进行一致性检验。

表 7.2　准则层 B 的判断矩阵

A	B_1	B_2	B_3	B_4	$\overline{W_i}$
B_1	1	3	4	5	0.556
B_2	1/3	1	1	2	0.181
B_3	1/4	1	1	2	0.168
B_4	1/5	1/2	1/2	1	0.095

① 将判断矩阵 $\boldsymbol{B}$ 的各行数值进行连乘计算并开 n 次方根：

$$\overline{W}=\sqrt[n]{\prod_{i=1}^{n} b_{ij}} \tag{7.1}$$

$$\overline{W_1}=\sqrt[4]{1\times3\times4\times5}\approx2.783$$

$$\overline{W_2}=\sqrt[4]{1/3\times1\times1\times2}\approx0.904$$

$$\overline{W_3}=\sqrt[4]{1/4\times1\times1\times2}\approx0.841$$

$$\overline{W_4}=\sqrt[4]{1/5\times1/2\times1/2\times1}\approx0.473$$

$$\boldsymbol{W}_i=(2.783,0.904,0.841,0.473)$$

② 对得到的向量 $\boldsymbol{W}_i$ 进行归一化(即向量 $\boldsymbol{W}_i$ 中各数之和为 1 且互相间的比值不变)计算，由式（5.7）可得：向量 $\boldsymbol{W}_i$ 中各因素值的和 $\sum_{i=1}^{n}\boldsymbol{W}_i=2.783+0.904+0.841+0.473=5.001$，则有 $\boldsymbol{W}_i=(2.783/5.001,0.904/5.001,0.841/5.001,0.473/5.001)=(0.556,0.181,0.168,0.095)$。

③ 进行判断矩阵的最大特征根计算：

$$\lambda_{\max}=\sum_{i=1}^{n}\frac{(\boldsymbol{AW})_i}{n\boldsymbol{W}_i}\approx4.021$$

④ 进行一致性检验，一致性指标计算公式见式（5.9）。

当 CI=0 时，判断矩阵具有完全的一致性；当 CI 接近 0 时，判断矩阵具有满意程度较高的一致性；当 CI 相较于 0 越大时，判断矩阵的不一致性程度也就越大。通过专家桑带（Santy）给出的随机一致性指标 RI（表 7.3）可以衡量判断矩阵的一致性是否能够通过验证。

表 7.3　随机一致性指标

n	1	2	3	4	5	6	7	8	9	10	11
RI	0	0	0.58	0.90	1.12	1.24	1.32	1.41	1.45	1.49	1.51

当一致性比率 CR=CI/RI<0.1 时，就可以认为判断矩阵的不一致程度在允许范围之内，即通过该判断矩阵的一致性检验，可以使用通过该判断矩阵求得的特征向量作为权向量得到权重；当 CR⩾0.1 时，则不承认一致性检验通过，需要对判断矩阵的因素重要性对比值进行调整，重新建立判断矩阵再进行一致性检验，重复操作直至指标 CR 满足条件，通过一致性检验。

$$\mathrm{CI}=\frac{\lambda_{\max}-n}{n-1}\approx0.007$$

$$\mathrm{CR}=\mathrm{CI}/\mathrm{RI}=0.007/0.90\approx0.008<0.1$$

因为一致性比率 CR<0.1，所以准则层 B 的判断矩阵通过一致性检验，即计算得出的准

则层 B 中质量风险因素相对于目标层的相对重要性权重在满意程度内是合理的。

同准则层 B 的计算方法步骤，以下依次构造构件供应风险（B_1）、人员与机械操作风险（B_2）、施工准备风险（B_3）、管理风险（B_4）的判断矩阵，并计算各因素相对重要性权重，以及进行一致性检验。

2）构造构件供应风险（B_1）的判断矩阵（表 7.4）并计算各因素权重，以及进行一致性检验。

表 7.4　构件供应风险（B_1）的判断矩阵

B_1	C_1	C_2	C_3	C_4	C_5	W_i
C_1	1	1/3	1	2	2	0.167
C_2	3	1	3	5	6	0.484
C_3	1	1/3	1	2	3	0.182
C_4	1/2	1/5	1/2	1	2	0.100
C_5	1/2	1/6	1/3	1/2	1	0.067

① 将判断矩阵 $\boldsymbol{B}_1$ 的各行数值进行连乘计算并开 n 次方根，由式（7.1）可得

$$\overline{W_1}=1.059,\quad \overline{W_2}=3.064,\quad \overline{W_3}=1.149,\quad \overline{W_4}=0.631,\quad \overline{W_5}=0.425$$

$$\boldsymbol{W}_i=(1.059,3.064,1.149,0.631,0.425)$$

② 对得到的向量 $\boldsymbol{W}_i$ 进行归一化（即向量 $\boldsymbol{W}_i$ 中各数之和为 1 且互相间的比值不变）计算，由式（5.7）可得：向量 $\boldsymbol{W}_i$ 中各因素值的和 $\sum_{i=1}^{n}\boldsymbol{W}_i$ = 1.059+3.064+1.149+0.631+0.425=6.328，则有 $\boldsymbol{W}_i$=(1.059/6.328,3.064/6.328,1.149/6.328,0.631/6.328,0.425/6.328)=(0.167,0.484,0.182,0.100,0.067)。

③ 进行判断矩阵的最大特征根计算：

$$\lambda_{\max}=\sum_{i=1}^{n}\frac{(\boldsymbol{AW})_i}{n\boldsymbol{W}_i}\approx 5.048$$

④ 一致性检验：

$$\mathrm{CI}=\frac{\lambda_{\max}-n}{n-1}\approx 0.012$$

$$\mathrm{CR}=\mathrm{CI/RI}=0.012/1.12\approx 0.011<0.1$$

因为一致性比率 CR<0.1，所以构件供应风险（B_1）的判断矩阵通过一致性检验。

3）构造人员与机械操作风险（B_2）的判断矩阵（表 7.5）并计算各因素权重，以及进行一致性检验。

表 7.5　人员与机械操作风险（B_2）的判断矩阵

B_2	C_6	C_7	C_8	C_9	C_{10}	W_i
C_6	1	3	1	2	2	0.303
C_7	1/3	1	1/2	1	1/2	0.112
C_8	1	2	1	2	2	0.279
C_9	1/2	1	1/2	1	1/2	0.122
C_{10}	1/2	2	1/2	2	1	0.184

① 将判断矩阵 $\boldsymbol{B}_2$ 的各行数值进行连乘计算并开 n 次方根，由式（7.1）可得

$$\overline{W_1}=1.644,\quad \overline{W_2}=0.608,\quad \overline{W_3}=1.516,\quad \overline{W_4}=0.659,\quad \overline{W_5}=1$$

$$\boldsymbol{W}_i=(1.644,0.608,1.516,0.659,1)$$

② 对得到的向量$\boldsymbol{W}_i$进行归一化(即向量$\boldsymbol{W}_i$中各数之和为 1 且互相间的比值不变)计算，由式(5.7)可得：向量$\boldsymbol{W}_i$中各因素值的和$\sum_{i=1}^{n}\boldsymbol{W}_i=1.644+0.608+1.516+0.659+1=5.427$，则有$\boldsymbol{W}_i=$(1.644/5.427,0.608/5.427,1.516/5.427,0.659/5.427,1/5.427)=(0.303,0.112,0.279,0.122,0.184)。

③ 进行判断矩阵的最大特征根计算：

$$\lambda_{\max}=\sum_{i=1}^{n}\frac{(\boldsymbol{AW})_i}{n\boldsymbol{W}_i}\approx 5.074$$

④ 一致性检验：

$$\mathrm{CI}=\frac{\lambda_{\max}-n}{n-1}\approx 0.019$$

$$\mathrm{CR}=\mathrm{CI/RI}=0.019/1.12\approx 0.017<0.1$$

因为一致性比率 CR<0.1，所以人员与机械操作风险（B_2）的判断矩阵通过一致性检验。

4）构造施工准备风险（B_3）的判断矩阵（表 7.6）并计算各因素权重，以及进行一致性检验。

表 7.6　施工准备风险（B_3）的判断矩阵

B_3	C_{11}	C_{12}	C_{13}	C_{14}	C_{15}	$\boldsymbol{W}_i$
C_{11}	1	1/5	1/3	1/3	1/5	0.058
C_{12}	5	1	2	2	1	0.310
C_{13}	3	1/2	1	1	1/2	0.161
C_{14}	3	1/2	1	1	1/2	0.161
C_{15}	5	1	2	2	1	0.310

① 将判断矩阵$\boldsymbol{B}_3$的各行数值进行连乘计算并开 n 次方根，由式（7.1）可得

$$\overline{W_1}=0.339,\quad \overline{W_2}=1.821,\quad \overline{W_3}=0.944,\quad \overline{W_4}=0.944,\quad \overline{W_5}=1.821$$

$$\boldsymbol{W}_i=(0.339,1.821,0.944,0.944,1.821)$$

② 对得到的向量$\boldsymbol{W}_i$进行归一化(即向量$\boldsymbol{W}_i$中各数之和为 1 且互相间的比值不变)计算，由式（5.7）可得：向量$\boldsymbol{W}_i$中各因素值的和$\sum_{i=1}^{n}\boldsymbol{W}_i=0.339+1.821+0.944+0.944+1.821=5.869$，则有　$\boldsymbol{W}_i$=(0.339/5.869,1.821/5.869,0.944/5.869,0.944/5.869,1.821/5.869)=(0.058,0.310,0.161,0.161,0.310)。

③ 进行判断矩阵的最大特征根计算：

$$\lambda_{\max}=\sum_{i=1}^{n}\frac{(\boldsymbol{AW})_i}{n\boldsymbol{W}_i}\approx 5.004$$

④ 一致性检验：

$$\mathrm{CI}=\frac{\lambda_{\max}-n}{n-1}\approx 0.001$$

$$\mathrm{CR}=\mathrm{CI/RI}=0.001/1.12\approx 0.001<0.1$$

因为一致性比率 CR<0.1，所以施工准备风险（B_3）的判断矩阵通过一致性检验。

5）构造管理风险（B_4）的判断矩阵（表 7.7）并计算各因素权重，以及进行一致性检验。

表 7.7　管理风险（B_4）的判断矩阵

B_4	C_{16}	C_{17}	C_{18}	C_{19}	C_{20}	W_i
C_{16}	1	1/4	1/6	1/5	1/3	0.050
C_{17}	4	1	1/2	1	3	0.233
C_{18}	6	2	1	1	3	0.333
C_{19}	5	1	1	1	3	0.279
C_{20}	3	1/3	1/3	1/3	1	0.105

① 将判断矩阵 $\boldsymbol{B}_4$ 的各行数值进行连乘计算并开 n 次方根，由式（7.1）可得：

$$\overline{W_1}=0.308,\quad \overline{W_2}=1.431,\quad \overline{W_3}=2.048,\quad \overline{W_4}=1.719,\quad \overline{W_5}=0.644$$

$$\boldsymbol{W}_i=(0.308,1.431,2.048,1.719,0.644)$$

② 对得到的向量 $\boldsymbol{W}_i$ 进行归一化（即向量 $\boldsymbol{W}_i$ 中各数之和为 1 且互相间的比值不变）计算，由式（5.7）可得：向量 $\boldsymbol{W}_i$ 中各因素值的和 $\sum_{i=1}^{n}\boldsymbol{W}_i=0.308+1.431+2.048+1.719+0.644=6.150$，则有 $\boldsymbol{W}_i=(0.308/6.150,1.431/6.150,2.048/6.150,1.719/6.150,0.644/6.150)=(0.050,0.233,0.333,0.279,0.105)$。

③ 进行判断矩阵的最大特征根计算：

$$\lambda_{\max}=\sum_{i=1}^{n}\frac{(\boldsymbol{AW})_i}{n\boldsymbol{W}_i}\approx 5.092$$

④ 一致性检验：

$$\mathrm{CI}=\frac{\lambda_{\max}-n}{n-1}\approx 0.023$$

$$\mathrm{CR}=\mathrm{CI/RI}=0.023/1.12\approx 0.021<0.1$$

因为一致性比率 CR<0.1，所以管理风险（B_4）的判断矩阵通过一致性检验。

整理可得：

准则层（B）的权重向量为

$$\boldsymbol{W}_{\mathrm{B}}=(0.556,0.181,0.168,0.095)$$

构件供应风险（B_1）的权重向量为

$$\boldsymbol{W}_{\mathrm{B}_1}=(0.167,0.484,0.182,0.100,0.067)$$

人员与机械操作风险（B_2）的权重向量为

$$\boldsymbol{W}_{\mathrm{B}_2}=(0.303,0.112,0.279,0.122,0.184)$$

施工准备风险（B_3）的权重向量为

$$\boldsymbol{W}_{\mathrm{B}_3}=(0.058,0.310,0.161,0.161,0.310)$$

管理风险（B_4）的权重向量为

$$\boldsymbol{W}_{\mathrm{B}_4}=(0.050,0.233,0.333,0.279,0.105)$$

进行层次总排序，计算得出装配式建筑项目质量风险因素权重表（表 7.8）。

表 7.8　装配式建筑项目质量风险因素权重表

目标层 A（总风险）	准则层 B（风险类型）	指标层 C（风险可能因素）	权重
装配式建筑施工质量风险（A）	构件供应风险（B_1）	构件设计不合理风险（C_1）	0.0929
		构件质量不合格风险（C_2）	0.2692
		构件质量检验不当风险（C_3）	0.1012
		构件运输措施不当风险（C_4）	0.0556
		构件堆放不当风险（C_5）	0.0373
	人员与机械操作风险（B_2）	工人技术不熟练风险（C_6）	0.0548
		缺乏质量教育风险（C_7）	0.0203
		施工机械操作不佳风险（C_8）	0.0505
		不熟悉装配式建筑相关规范风险（C_9）	0.0221
		缺乏对关键部位的关注风险（C_{10}）	0.0333
	施工准备风险（B_3）	缺乏规划风险（C_{11}）	0.0097
		图纸会审不到位风险（C_{12}）	0.0521
		施工方案不完善风险（C_{13}）	0.0270
		施工基础设施不完善风险（C_{14}）	0.0270
		施工人员不到位风险（C_{15}）	0.0521
	管理风险（B_4）	项目组织结构不完善风险（C_{16}）	0.0047
		缺乏专业质量管理人员风险（C_{17}）	0.0219
		验收工作不到位风险（C_{18}）	0.0313
		设计变更未处理好风险（C_{19}）	0.0262
		分包商管理不佳风险（C_{20}）	0.0099

7.3.3　模糊综合评价法的应用

通过计算得出本装配式建筑项目示例中各质量风险因素的权重之后，即可建立模糊综合评价隶属度关系矩阵并进行计算，以及分析计算结果，最终得到对本装配式建筑项目示例的质量风险评价。

（1）建立模糊综合评价隶属度关系矩阵

专家及项目相关的专业人员（如装配式建筑设计单位人员、装配式构件生产单位相关人员、项目施工管理组织相关人员、质量监管部门相关人员）对风险可能因素层（底层 C）中的质量风险因素对于评语集 V 的隶属程度进行评定，从而得到模糊综合评价隶属度关系矩阵。假设 10 位问卷填写人员对于质量层次指标体系中指标层的因素 C_1 的评价中，评价为极低风险、较低风险、普通风险、较高风险、极高风险的人数分别为 0、2、6、2、0，即专家认为该因素对于极低风险、较低风险、普通风险、较高风险、极高风险等风险因素等级的风险等级评分为 0、0.2、0.6、0.2、0，分别表示该因素对于极低风险、较低风险、普通风险、较高风险、极高风险等风险因素等级的隶属度。对所有的风险因素进行评分之后整理得到各隶属度矩阵。根据装配式建筑的施工特点及本示例的质量风险因素指标，建立风险评语集表，如表 7.9 所示。

表 7.9　风险评语集表

等级	极低风险	较低风险	普通风险	较高风险	极高风险
分值	0～0.2	0.2～0.4	0.4～0.6	0.6～0.8	0.8～1

可通过编写装配式建筑项目质量风险因素指标等级评价调查问卷（附录 2），并邀请相关领域的专业人员根据对装配式建筑及其质量风险管理的专业了解对本装配式建筑项目示例的质量风险因素指标进行风险等级的评价，从问卷中选取有效问卷。

本示例从最终获得的 15 份问卷中选取了 10 份有效问卷。根据问卷结果得到质量风险因素指标等级评分表，如表 7.10 所示。

表 7.10　质量风险因素指标等级评分表

目标层 A（总风险）	准则层 B（风险类型）	指标层 C（风险可能因素）	极低风险	较低风险	普通风险	较高风险	极高风险
装配式建筑施工质量风险（A）	构件供应风险（B_1）	构件设计不合理风险（C_1）	0	0.1	0.6	0.2	0.1
		构件质量不合格风险（C_2）	0	0	0.6	0.2	0.2
		构件质量检验不当风险（C_3）	0	0.2	0.7	0.1	0
		构件运输措施不当风险（C_4）	0.1	0.1	0.6	0.1	0.1
		构件堆放不当风险（C_5）	0.1	0.2	0.5	0.1	0
	人员与机械操作风险（B_2）	工人技术不熟练风险（C_6）	0.1	0.1	0.6	0.1	0.1
		缺乏质量教育风险（C_7）	0.1	0.4	0.3	0.2	0
		施工机械操作不佳风险（C_8）	0.1	0.2	0.5	0.1	0.1
		不熟悉装配式建筑相关规范风险（C_9）	0.1	0.3	0.5	0.1	0
		缺乏对关键部位的关注风险（C_{10}）	0.1	0.3	0.5	0.1	0
	施工准备风险（B_3）	缺乏规划风险（C_{11}）	0.1	0.5	0.3	0.1	0
		图纸会审不到位风险（C_{12}）	0.1	0.1	0.6	0.1	0.1
		施工方案不完善风险（C_{13}）	0.1	0.3	0.4	0.1	0.1
		施工基础设施不完善风险（C_{14}）	0.1	0.2	0.5	0.1	0.1
		施工人员不到位风险（C_{15}）	0.1	0.2	0.6	0	0.1
	管理风险（B_4）	项目组织结构不完善风险（C_{16}）	0.1	0.6	0.2	0.1	0
		缺乏专业质量管理人员风险（C_{17}）	0.1	0.2	0.5	0.1	0.1
		验收工作不到位风险（C_{18}）	0.1	0.1	0.6	0.1	0.1
		设计变更未处理好风险（C_{19}）	0	0.2	0.6	0.1	0.1
		分包商管理不佳风险（C_{20}）	0.2	0.4	0.3	0.1	0

对表 7.10 中的数据进行整理可得各层质量风险因素的模糊综合评价隶属度关系矩阵。

1）构件供应风险（B_1）的模糊综合评价隶属度关系矩阵：

$$\boldsymbol{R}_1 = \begin{bmatrix} 0 & 0.1 & 0.6 & 0.2 & 0.1 \\ 0 & 0 & 0.6 & 0.2 & 0.2 \\ 0 & 0.2 & 0.7 & 0.1 & 0 \\ 0.1 & 0.1 & 0.6 & 0.1 & 0.1 \\ 0.1 & 0.2 & 0.5 & 0.1 & 0 \end{bmatrix}$$

2）人员与机械操作风险（B_2）的模糊综合评价隶属度关系矩阵：

$$R_2=\begin{bmatrix}0.1&0.1&0.6&0.1&0.1\\0.1&0.4&0.3&0.2&0\\0.1&0.2&0.5&0.1&0.1\\0.1&0.3&0.5&0.1&0\\0.1&0.3&0.5&0.1&0\end{bmatrix}$$

3）施工准备风险（B_3）的模糊综合评价隶属度关系矩阵：

$$R_3=\begin{bmatrix}0.1&0.5&0.3&0.1&0\\0.1&0.1&0.6&0.1&0.1\\0.1&0.3&0.4&0.1&0.1\\0.1&0.2&0.5&0.1&0.1\\0.1&0.2&0.6&0&0.1\end{bmatrix}$$

4）管理风险（B_4）的模糊综合评价隶属度关系矩阵：

$$R_4=\begin{bmatrix}0.1&0.6&0.2&0.1&0\\0.1&0.2&0.5&0.1&0.1\\0.1&0.1&0.6&0.1&0.1\\0&0.2&0.6&0.1&0.1\\0.2&0.4&0.3&0.1&0\end{bmatrix}$$

（2）计算模糊综合评价结果

将得到的各评价因素的相对权重与模糊综合评价隶属度关系矩阵进行模糊合成变换，本书将模糊合成变换模型取为普通矩阵乘积算法，并选用最大隶属度原则将模糊综合评价结果由矢量转换为确定的分值，从而判断出项目的风险程度。

1）构件供应风险（B_1）的模糊综合评价结果计算。

本书将模糊合成变换模型取为普通矩阵乘积算法，即

$$P_1=W_{B_1}\times R_1$$

$$=(0.0948,0.2749,0.1034,0.0568,0.0381)\times\begin{bmatrix}0&0.1&0.6&0.2&0.1\\0&0&0.6&0.2&0.2\\0&0.2&0.7&0.1&0\\0.1&0.1&0.6&0.1&0.1\\0.1&0.2&0.5&0.1&0\end{bmatrix}$$

$$=(0.009\,49,0.043\,46,0.347\,33,0.093\,77,0.070\,14)$$

本书选用最大隶属度原则将模糊综合评价结果由矢量转换为确定的分值，有 MAX=0.347 33，根据建立的风险评语集表可知本装配式建筑项目示例的构件供应质量风险等级为较低风险。同理可得其余质量风险得分数据和所属风险等级。

2）人员与机械操作风险（B_2）的模糊综合评价结果计算。

$P_2=W_{B_2}\times R_2$=(0.0176,0.0392,0.089 39,0.019 57,0.010 24)，根据最大隶属度原则将模糊综合评价结果由矢量转换为确定的分值，有 MAX=0.089 39，表明本装配式建筑项目示例的人员与机械操作质量风险等级为极低风险。

3）施工准备风险（B_3）的模糊综合评价结果计算。

$\boldsymbol{P}_3 = \boldsymbol{W}_{\mathrm{B}_3} \times \boldsymbol{R}_3$=(0.0164,0.033 24,0.0876,0.011 32,0.015 44)，有 MAX=0.0876，可知本装配式建筑项目示例的施工准备质量风险等级为极低风险。

4）管理风险（B_4）的模糊综合评价结果计算。

$\boldsymbol{P}_4 = \boldsymbol{W}_{\mathrm{B}_4} \times \boldsymbol{R}_4$=(0.007 61,0.0191,0.0483,0.0092,0.007 79)，有 MAX=0.0483，可知本装配式建筑项目示例的管理质量风险等级为极低风险。

5）将根据计算得到的各层模糊综合评价向量整合可得本装配式建筑项目示例的总评价矩阵 $\boldsymbol{R}$。

$$\boldsymbol{R} = \begin{bmatrix} \boldsymbol{P}_1 \\ \boldsymbol{P}_2 \\ \boldsymbol{P}_3 \\ \boldsymbol{P}_4 \end{bmatrix} = \begin{bmatrix} 0.009\,49 & 0.043\,46 & 0.347\,33 & 0.093\,77 & 0.070\,14 \\ 0.017\,60 & 0.039\,20 & 0.089\,39 & 0.019\,57 & 0.010\,24 \\ 0.016\,40 & 0.033\,24 & 0.087\,60 & 0.011\,32 & 0.015\,44 \\ 0.007\,61 & 0.019\,10 & 0.048\,30 & 0.009\,20 & 0.007\,79 \end{bmatrix}$$

则 $\boldsymbol{P}=\boldsymbol{W}_{\mathrm{B}}\times\boldsymbol{R}$=(0.0119,0.0388,0.2318,0.0594,0.0449)，有 MAX=0.2318，可知本装配式建筑项目示例总体质量风险等级为较低风险。

7.3.4　评价结果分析

根据评价结果可知，本示例的总体质量风险水平较低，但并不意味着可以忽视可能发生的质量风险，不进行相应的质量风险管理措施。本装配式建筑项目示例的构件供应质量风险相对于其他各方面的质量风险较高，这一方面的质量风险控制情况在较大的程度上影响整个工程项目的总体质量风险水平，因此工程项目管理人员可以将质量风险控制措施及有限的质量风险管理资源分配重点放在构件供应方面。

7.4　装配式建筑质量风险管理

7.4.1　质量风险管理的原则

建筑工程项目的质量水平关系到建筑本身是否能够具有良好的结构可靠性，即安全性、适用性及耐久性，这直接影响住户的居住体验，也在一定程度上影响建筑工程项目各参与方的相关利益。因此，建筑项目的质量风险管理应该以科学严谨的态度严格进行，在有质量风险发生时，应切实找到风险的来源、发生的原因，将风险因素消除或加以控制。如果是人为因素造成风险的发生，则应将责任落实到具体个人，使风险得到有效管理。另外，在质量风险管理中应按照三检制的原则对质量进行自检、互检及专检。例如，在装配式建筑的预制构件生产中，构件生产操作人员对构件的质量的检查有利于实现对构件更清楚的认识，从而对怎样操作才能提高构件的质量有更深入的了解。构件生产的不同工序间的实际操作人员应互相进行检查。例如，在一道工序完成时，进行下一道工序的工作人员应对上一道工序的完成质量水平进行检查，这样能够及时发现构件生产中哪道工序出现了问题。在构件完成生产之后，应由专业的构件质量检验人员按照规范准则对完成品进行科学严格的质量检验，包括构件的尺寸、预留孔洞位置、平整度等。在构件生产中实施三检制是保证构件生产质量，从而提高装配式建筑整体质量的一种重要方法，在整个装配式建筑项目中实施三检制也是质量风险管理的重要部分。

7.4.2 质量风险管理的措施

装配式建筑的质量风险管理措施应采用预防控制等方法，将有限的管理资源侧重在装配式建筑的构件供应方面的质量风险管理上，从而使工程质量风险管理合理科学，能够有效保证工程质量。

（1）构件供应质量风险管理措施

装配式建筑的质量风险在很大程度上源于构件的供应方面，因此构件设计方、生产方及项目施工方都需要对构件给予足够重视，以保证构件从设计到投入使用都能够满足质量要求。

1）确保构件设计的科学合理。设计单位应清楚意识到装配式建筑设计与传统建筑设计的区别，明确设计理念，从而能够根据装配式建筑的特点进行符合装配式建筑需求的设计工作。构件生产厂家的深度设计，即构件的具体设计、对构件的组合或者拆分，应该建立在对工程项目的充分了解上，根据施工现场的预留孔洞、预埋件尺寸等详细情况进行构件的具体设计，并且深化设计完成后应经原总体设计单位确认后方可投入使用。在设计构件的模板时应使其构造尽量简单合理，方便其支起拆卸。

2）确保构件生产质量合格。构件生产企业、厂家应对生产工人进行装配式建筑构件生产技术知识方面的培训，保证劳动生产工人的工作效率及工作积极性，并按照横向到边、纵向到底，落实到人、责任到位的原则进行严格的自检、互检，进而确保构件的质量保持一定水平。构件的模板应该具有一定程度的刚度、承载力及稳定性，避免在生产过程中因受到外力影响而导致模板变形影响构件的形状尺寸，使构件质量不合格。

3）确保质量检验严格科学。质量管理人员应确认构件生产方具有完善的质量管理体系、科学的质量检验规范及合理的质量检验流程，确保质量检验人员拥有满足要求的相关专业知识并严格按照质量检验标准要求及合同中的要求进行科学的质量检验。

4）确保构件在运输过程中不受损坏。在装卸构件的时候应当注意保持运输车辆的整体平衡，并使用专用支架支撑构件以防止车辆倾斜、倾倒导致构件受损，导致构件质量受到影响。另外，应在构件的边角等重要部位绑扎固定垫衬等作为保护措施，同时确保运输车辆的尺寸、载重及运输路线的选择等满足构件运输的要求。

5）确保构件在施工组装现场的合理堆放。在构件运输到达施工组装现场之前，应该做好切实合理的构件现场堆放规划，保证构件堆放的场地平整，并且具有一定程度的承重能力和排水能力，防止构件发生倾覆或受浸泡侵蚀导致构件损坏甚至引发安全事故。另外，构件的场地堆放规划应使构件的堆放顺序与正式施工时的组装计划相符合，使施工流程能够以顺畅、高效率的状态进行。

（2）人员与机械操作质量风险管理措施

人员与机械操作因素会在主观上对装配式建筑的整体工程质量造成较大的影响，装配式建筑施工要求工人在技术与机械操作方面都具备满足施工进行的条件。

1）确保现场施工组装人员技术熟练。要求施工相关管理人员对现场施工组装人员进行技术方面的培训，使其能够充分熟悉装配式建筑的施工流程、施工技术及具体细节操作，从而保证装配式建筑的施工组装质量。

2）确保工程相关人员的质量教育。保证建设项目主要负责人、质量管理人员、一线操作人员及质量检查人员的质量教育培训，使其对国家和行业内相关的质量管理法律法规、标准文件，以及承建方、建设方、监理方等各单位对装配式建筑项目的质量管理规范条例、施工工艺质量规范条例等有充足的了解并熟悉。

3）确保机械设备操作人员的操作合格。提高装配式建筑施工项目的建设效率的重要一点就是施工人员能够熟练地操作机械设备。工程项目相关管理人员应加强对机械设备操作人员的管理，进行机械设备操作技术的培训，充分提高机械设备操作人员的主观能动性和积极性，提升专业知识和安全意识，充分发挥经济效益，使机械的使用期限延长，发挥机械化操作施工的优势。

4）确保现场施工人员对装配式规范有充足的了解。要求施工人员充分了解装配式建筑与传统建筑在施工规范上的不同，能够按照装配式建筑的施工规范条例对运输设备、吊装设备等机械设备进行规范合格的操作，从而保证建筑施工质量。

5）确保对工程关键部位高度重视。相关质量管理人员应始终对工程的关键部位保持高度重视，其中最具有代表性的就是各构件的节点连接部位，这是装配式建筑整体稳定性、抗震性能否得到保证的关键所在。

（3）施工准备质量风险管理措施

施工准备工作能否顺利进行在很大程度上影响着整个装配式建筑项目的质量水平。

1）确保装配式建筑项目在进行现场装配施工前已经做好了充足的规划，如构件的堆放分区规划、其他原材料（水泥、砂石、掺合料、外加剂等）的堆放规划及构件的编号标识工作等，方便施工时工人操作，为施工的顺利进行提供坚实可靠的基础。

2）确保图纸审验到位。工程项目的相关图纸会审方在进行设计交底前应对装配式建筑的建筑总体设计图纸或者构件的局部设计图纸进行严格详细的审查，防止具有设计缺陷的设计图纸投入生产使用。

3）确保施工方案足够完善。工程项目相关管理人员应确保组织机构方案、人力组成方案、技术方案、安全方案、材料供应方案等施工方案足够完善，防止某些方案缺失，导致影响工期进度及项目质量水平。

4）确保施工基础设施足够完善。确保建筑施工项目现场的基础设施（包括交通运输、给排水、供电等）的完善，保障施工的顺利进行，不影响施工质量。

5）确保施工人员到位。装配式建筑在进行施工组装时，现场的相关工作人员（包括项目主要负责人、质量管理人员、一线操作人员及质量检查人员等）应按照规定要求及时到位，保证施工工作能够按照计划顺利开展。例如，构件运输进入现场后，应有专业的质量检验人员严格按照验收规范标准进行预制构件的验收，包括数量是否与合同订单上相符合等。若有客观上的原因导致参与施工的工作人员不能按时抵达工作现场，则要求相关人员提前向上级提出申请，并且管理人员应该及时对工作的参与人员进行合理的调整以保证工程施工的顺利进行。

（4）管理质量风险管理措施

1）确保项目组织结构完善。与传统建筑相比，装配式建筑在资源节省、环境友好、劳动力雇佣等方面都有较大优势，在施工流程、施工技术上有了重大的进步，装配式建筑项目的项目组织结构也应有适当的改变。例如，区别于传统建筑施工项目，装配式建筑项目组织结构要求施工方设置具体的负责人员或者部门与构件生产方就构件的质量进行协调。

2）确保专业质量管理人员按计划参与工程质量管理工作。要求专业质量管理人员能够认真贯彻建设项目的质量方针和目标，使质量体系规范文件在该项目内部合理运行，并按照工程进度计划参与工程质量管理工作。例如，负责组织、领导、监督、检查本项目中各个相关部门制定项目质量目标、质量管理策划，做好接受质量体系审核的准备工作等。

3）确保设计变更合理。这主要要求施工单位在施工过程中因原设计未预料到的情况而需要变更工程设计时，应按照规范的流程进行设计变更，并落实到具体施工工作中。

4）确保对分包商的管理合理规范。分包商的选定应该符合规范标准及相关法律规定。当分包人将工程分包后，工程管理方应在施工现场设立管理机构或派遣相关管理人员，各单位应依规定对分包商进行监督、检查、管理等工作。

5）确保验收工作严格进行。作为建设工程施工全过程的最后一道程序及工程项目管理的最后一项任务，工程竣工验收是保证施工质量的一个极其重要的环节。在进行验收时，相关单位应该严格依照相关法律法规及合同中的内容要求对验收对象的质量水平进行评定。

7.5 本章小结

本章以装配式建筑项目质量风险管理作为研究对象，通过文献查阅提炼出影响装配式建筑项目质量的关键风险因素，并以此构建风险指标体系。在此体系的基础上运用层次分析法计算风险因素之间相对重要性关系，即权重值，并且运用模糊综合评价法，共同构建装配式建筑项目质量风险评价模型，并进行质量风险评价，针对分析结果提出质量风险管理措施。

第 8 章　装配式建筑项目安全风险管理研究

近年来，随着装配式建筑项目规模不断增大、复杂性不断提高，工程事故频发，施工安全问题不容忽视。装配式建筑项目在多维作业空间同时进行施工作业的特点，使其安全风险因素错综复杂。此外，与传统建筑的施工过程相比较，装配式建筑的施工过程包含多种新型施工工艺、施工技术的运用，进而造成安全风险因素的叠加，装配式建筑项目的施工安全面临严峻挑战。

与传统建筑项目相比较，装配式建筑项目从决策阶段、实施阶段到移交运营阶段，涉及的利益相关者更多、利益诉求更加复杂，任何参与方的失误或者不配合都可能导致项目的失败。因此，装配式建筑项目作为一个更为复杂的组织系统，需要对各利益相关者与项目风险因素的互动机理进行研究，并通过有效的风险管理措施进一步提高项目实施的成功率。将利益相关者理论应用到工程项目中是近年来在工程管理领域的一个新的趋势，该理论调整各利益相关者的关系，进而使得项目的利益最大化。

在装配式建筑项目中，不同利益相关者为了共同的生产目标，相互协作、相互交流，并且整个生产环节环环相扣、不可分割。在这样的背景下，风险因素的传递过程也更为复杂，并构成了相互作用、相互联系的复杂网络结构。

8.1　装配式建筑项目安全风险识别

8.1.1　利益相关者识别

与传统建筑项目相比，装配式建筑项目涉及更多利益主体，本书将利益相关者定义为影响装配式建筑安全施工的参与方。通过对装配式建筑项目利益相关者相关文献进行分析，得出表 8.1。

表 8.1　利益相关者相关文献整理

序号	文献	利益相关者
1	建造成本导向下装配式建筑项目利益相关者协作机制研究	开发商、设计单位、监理单位、咨询单位、审计单位、勘察单位、金融机构、总承包商、专业分包商、劳务分包商、预制构件制造商、物流公司、材料供应商、设备租赁商和政府相关部门（设计单位与预制构件制造商地位提高）
2	基于SNA的装配式住宅项目进度风险研究	项目业主方、总承包方和专业分包方、项目设计方、项目生产方、项目物流方、项目咨询方、项目监理方等主要利益相关者；政府、金融机构、居民等次要利益相关者
3	基于社会网络分析的装配式建筑项目施工进度风险研究	业主方、承包方、设计方、预制构件厂、物流运输方、监理方、地方政府

续表

序号	文献	利益相关者
4	基于SNA的装配式建筑项目多主体行为风险分析	政府、业主、金融机构、设计院、生产企业、承包商、监理单位、物业公司和客户
5	利益相关者对装配式建筑成本风险控制能力的研究	建设单位、设计单位、预制构件生产厂、第三方物流、施工单位、监理单位、材料设备供应商、政府部门、工程咨询机构、物业管理公司、金融公司
6	建筑工业化产业链的利益相关者关系研究——基于工业共生理论	开发商、勘察单位、设计单位、用户、融资机构、总承包商、构件供应商、材料设备供应商、监理单位、销售代理机构、物业管理公司、部品回收企业

经过对文献的分析，本书将装配式建筑项目的利益相关者概括为项目业主方、设计方、构件生产方、材料设备供应方、构件运输方、总承包方、构件安装方、监理方、工程咨询机构、政府、物业公司、金融机构和用户。可以发现，装配式建筑项目涉及的利益相关者众多。以对装配式建筑项目安全施工的影响程度为分类依据，进一步划分利益相关者。

在装配式建筑项目中，项目业主方、设计方、构件生产方、材料设备供应方、构件运输方、总承包方、构件安装方、监理方通常直接参与项目的构件生产、施工作业及监管，对项目的施工安全和项目目标的实现有直接影响，因此本书将这八个利益相关者视为主要利益相关者。其他五个利益相关者并不直接参与项目的建设，故本书将工程咨询机构、政府、物业公司、金融机构、用户，即间接影响项目施工的利益相关者视为次要利益相关者。利益相关者的整理与分类如图 8.1 所示。

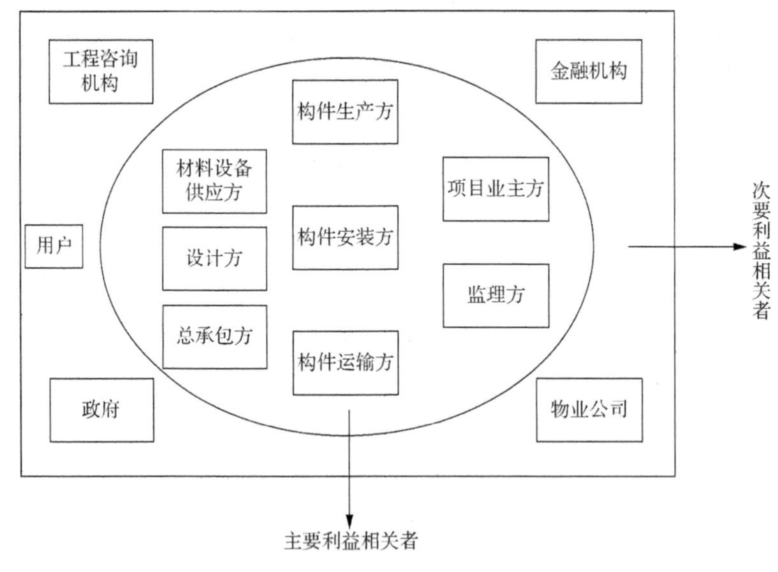

图 8.1 利益相关者的整理与分类

8.1.2 施工安全事故分析

在完成主要利益相关者的识别之后，为进一步分析装配式建筑项目施工过程中存在的安全风险因素，首先对主要的安全事故进行分类，进而对风险传递链进行推导，从而得出相关风险因素。

（1）高空坠落事故

在装配式建筑项目施工过程中，高空坠落事故在施工安全事故中占比最大。这是因为装配式建筑通常为多层乃至高层结构，故构件的吊装高度较高，传统的脚手架已经无法满足吊装的要求，通常会采用爬架来进行外墙预制构件组装作业或是其他临边的高空施工作业。高空作业本就存在较大危险性，若不设置恰当合理的安全防护设施，或者施工人员不具备足够的安全意识，则高空坠落事故发生的可能性很大。一旦发生高空坠落事故，就会带来严重的后果。

（2）物体打击事故

物体打击事故也是常发生的安全事故。同样，在进行装配式建筑项目施工作业时，大量的吊装作业导致施工时不能采用传统的安全围护网。在进行组装工序时，经常用到工具、各部位的零部件及钢筋等，但在建筑外围没有安全围护网的阻挡封闭保护时，这些物体就容易从高空中坠落，带来砸伤工人的安全隐患。此外，若构件存在缺陷，则在物流运输及吊装作业的过程中容易被碰坏或损坏，可能导致构件高空坠落，造成现场施工人员伤亡。

（3）构件吊装事故

在装配式建筑施工过程中，施工现场最重要的环节是构件的吊装连接。构件的吊装有两种形式：一种是吊钩与构件预留钢筋直接相连；另一种是吊钩与预制构件的吊点相连，当钢筋预埋的长度达不到连接强度的要求，或者混凝土本身强度不足时，就可能导致吊点钢筋拔出。此外，当吊点选取不恰当、吊点发生开裂变形导致失效等时，构件易在高空中脱离吊钩，并发生坠落，砸伤周围区域的塔吊作业人员。

（4）构件倒塌事故

装配式建筑施工现场存在大量的构件组装作业，如果构件的临时支撑设施的稳固程度、构件生产的质量强度及不同构件的组装强度达不到要求，则构件的稳定性会受到严重影响，进而导致构件倒塌事故的发生。临时支撑体系通常设置于叠合板的现浇作业和节点处的作业；而构件的连接技术目前仍是装配式工程领域的难点，连接节点的质量不合格会导致连接强度不足。这两点都易造成构件的倒塌。

（5）机械伤害事故

在装配式建筑施工过程中，预制构件的组装机械化程度较高，对于起重设备及其他施工机械的需求及性能具有高要求。由于预制构件体积大、质量高、形状不规则，并且吊装高度较高，当吊装机械选择不当、吊装操作出现失误、缺少对机械的定期维护更新、缺少有效的安全防护时，易导致机械伤害事故的发生。此外，在构件的吊运过程中，若机械因失效停留在半空中或在一定程度损伤的情况下长时间超重负载，则易使得机械设备被构件压垮造成倒塌。

（6）火灾事故

在装配式建筑施工过程中，大量的构件连接需要使用黏结剂等易燃易爆的化学品，同时大量机械设备的维修保养会产生废旧油性材料等易燃物，若这些易燃物处理操作不当，则容易引起火灾事故。此外，在进行用电作业时，电线短路及用电操作不当都易触发火灾事故。

（7）触电事故

在装配式建筑施工过程中，无论是装配施工过程还是生产运输过程都涉及大量用电作业，长时间的室外施工环境造成的电路老化、缺少临时用电防护及用电操作不当等都可能引发触电事故，对施工人员的安全造成威胁。

8.1.3 安全风险因素识别

通过梳理分析装配式建筑项目中常见的七大安全事故及其发生的原因，推导风险传递链，进而得出相关风险因素。不同安全事故涉及的风险因素清单如表 8.2 所示。

表 8.2 不同安全事故涉及的风险因素清单

事故类型	安全风险因素
高空坠落事故	现场安全人员配置
	作业人员自身健康状况
	工人专业操作水平
	人员安全防护佩戴
	安全措施费投入
	高处作业外围防护措施
	构件安全防护深化设计
物体打击事故	现场安全人员配置
	构件厂监理人员配置
	吊车司机操作水平
	人员安全防护佩戴
	吊装连接部位强度
	预制构件生产质量
	安全措施费投入
	外悬挑防护措施
	构件运输临时固定措施
	构件吊装安全措施
	构件出厂前质量安全检验
	吊装方案合理性
	构件安全防护深化设计
	预留预埋件深化设计
	构件吊装技术水平
构件吊装事故	现场安全人员配置
	构件厂监理人员配置
	工人专业操作水平
	吊车司机操作水平
	吊装机械设备选择
	吊装连接部位强度
	预制构件生产质量
	起重机械正常运行与否
	安全措施费投入
	构件运输临时固定措施
	构件吊装安全措施
	构件出厂前质量安全检验
	吊装方案合理性
	构件安全防护深化设计

续表

事故类型	安全风险因素
构件吊装事故	预留预埋件深化设计
	外墙连接件技术
	构件准确定位技术
	构件吊装技术水平
构件倒塌事故	现场安全人员配置
	构件厂监理人员配置
	工人专业操作水平
	设备定期安全检验
	临时支撑承载强度
	预制构件生产质量
	安全措施费投入
	构件运输临时固定措施
	大型构件堆码支撑措施
	构件吊装安全措施
	构件出厂前质量安全检验
	构件运输破损率
	构件装配稳定性
	构件安全防护深化设计
	外墙连接件技术
	构件连接节点技术
	构件准确定位技术
	构件安全状态识别技术水平
机械伤害事故	现场安全人员配置
	吊车司机操作水平
	吊装机械设备选择
	小型机械正常运行与否
	起重机械正常运行与否
	安全措施费投入
	构件运输临时固定措施
	构件吊装安全措施
	吊装方案合理性
	构件安全防护深化设计
火灾事故	现场安全人员配置
	设备定期安全检验
	安全措施费投入
	易燃物安全保管措施
触电事故	现场安全人员配置
	人员安全防护佩戴
	安全措施费投入
	构件安全防护深化设计

为方便后续的研究，在不影响安全风险因素归类到对应利益相关者的前提下，对安全风险因素进一步汇总简化，得出优化后的风险因素清单，如表 8.3 所示。

表 8.3　优化后的风险因素清单

风险编号	风险因素	风险编号	风险因素
R_1	现场安全人员配置不足	R_{16}	预制构件现场堆放管理不规范
R_2	构件厂监理人员配置不足	R_{17}	外悬挑防护措施不足
R_3	工人专业操作水平较低	R_{18}	构件出厂前质量安全检验不足
R_4	工人安全教育和培训不足	R_{19}	吊装方案合理性不足
R_5	吊装机械设备选择不当	R_{20}	人员安全防护措施不足
R_6	设备缺乏定期维护更新	R_{21}	预留预埋件深化设计不合理
R_7	吊装连接部位强度不足	R_{22}	构件安全防护深化设计不合理
R_8	临时支撑体系不牢固	R_{23}	连接技术不成熟
R_9	预制构件生产质量不合格	R_{24}	构件定位技术不成熟
R_{10}	机械运行故障	R_{25}	构件吊装技术水平不成熟
R_{11}	构件运输破损	R_{26}	构件安全状态识别技术水平较低
R_{12}	构件装配稳定性不足	R_{27}	吊车司机操作水平不足
R_{13}	安全措施费投入不足	R_{28}	安全管理制度不完善
R_{14}	安全防护及保管措施不足	R_{29}	施工现场监理人员监理不到位
R_{15}	构件运输临时固定措施不足		

结合主要利益相关者及安全影响因素，在对安全影响因素进行进一步总结梳理后，将各个安全影响因素归类到对应的利益相关者，与利益相关者结合的风险因素清单如表 8.4 所示。

表 8.4　与利益相关者结合的风险因素清单

利益相关者	风险编号	风险因素
项目业主方（S_1）	R_1	现场安全人员配置不足
	R_{28}	安全管理制度不完善
设计方（S_2）	R_7	吊装连接部位强度不足
	R_{21}	预留预埋件深化设计不合理
	R_{22}	构件安全防护深化设计不合理
构件生产方（S_3）	R_7	吊装连接部位强度不足
	R_9	预制构件生产质量不合格
	R_{18}	构件出厂前质量安全检验不足
材料设备供应方（S_4）	R_6	设备缺乏定期维护更新
	R_8	临时支撑体系不牢固
	R_{10}	机械运行故障
构件运输方（S_5）	R_{11}	构件运输破损
	R_{15}	构件运输临时固定措施不足
总承包方（S_6）	R_1	现场安全人员配置不足
	R_3	工人专业操作水平较低
	R_4	工人安全教育和培训不足
	R_6	设备缺乏定期维护更新
	R_{10}	机械运行故障
	R_{13}	安全措施费投入不足
	R_{14}	安全防护及保管措施不足

续表

利益相关者	风险编号	风险因素
总承包方（S_6）	R_{16}	预制构件现场堆放管理不规范
	R_{26}	构件安全状态识别技术水平较低
	R_{28}	安全管理制度不完善
构件安装方（S_7）	R_3	工人专业操作水平较低
	R_5	吊装机械设备选择不当
	R_8	临时支撑体系不牢固
	R_{10}	机械运行故障
	R_{12}	构件装配稳定性不足
	R_{19}	吊装方案合理性不足
	R_{23}	连接技术不成熟
	R_{24}	构件定位技术不成熟
监理方（S_8）	R_2	构件厂监理人员配置不足
	R_{28}	安全管理制度不完善
	R_{29}	施工现场监理人员监理不到位

8.2　装配式建筑项目安全风险网络模型构建

本书从利益相关者角度对安全风险因素进行归类，并将已识别的风险因素作为安全风险网络的节点，从而确定安全网络的边界。

8.2.1　安全风险网络节点关系评估

在传统的风险分析与评估中，一般会对单个风险因素对项目产生影响的可能性和程度进行评价。本书采用社会网络分析法，其重点与传统评价方法不同，更多的是强调安全风险因素之间的影响关系。在将要构建的安全风险网络中，各利益相关者的风险因素表现为节点，风险因素之间的因果关系表现为节点间的连线。社会网络组织结构系统内部的因素间的关系有以下类型：①依赖型，两因素存在直接影响关系；②相互依存型，两因素相互依存或有较大循环的相互影响；③独立型，两因素相互独立、各不相干。

（1）风险结构矩阵建立

本书涉及安全风险因素相互之间的影响关系分析，因此选用风险网络矩阵社会网络分析法中常见的正方形矩阵，并通过关系数据对因素之间的影响关系进行量化估计。本书不仅重视装配式建筑安全风险因素之间存在影响关系与否，还强调其影响关系的强弱程度，同时，考虑到节点联系具有方向性，故采用多值有向赋权关系数据类型来构建风险结构矩阵。

在明确风险结构矩阵采用的数据类型后建立多值有向风险结构矩阵。其中，矩阵中的行和列皆为风险清单的安全风险因素，根据优化后的 29 个风险因素，该矩阵为 29×29 的方形矩阵。同时，行元素是安全风险影响关系的发出者，列元素是安全风险影响关系的接收者，影响关系数据即为行元素对列元素的影响关系的强弱程度。为使影响关系数据更为科学客观，矩阵中的值由两个因素确定，分别为影响发生的可能性和影响程度。

若风险因素清单 R 中有 n 个风险因素，则用 RH={$R_1,R_2,R_3,\cdots,R_n$}表示矩阵的行风险因素集，用 RL={$R_1,R_2,R_3,\cdots,R_n$}表示矩阵的列风险因素集。C_{ij} 代表 R_i 对 R_j 的影响关系数据（R_i 在行元素集中，R_j 在列元素集中），$C_{ij}=FP$，F 为两个风险因素之间的影响程度，P 为两个风险因素之间影响关系发生的可能性大小，设计调查问卷，通过一定的赋值规则得出 F 与 P 的数值大小，从而得到风险结构矩阵。

需要注意的是，本书认为某风险因素不会对自身造成影响，故其影响关系数据为 0，即风险结构矩阵的右下对角线上的数据均为 0。此外，影响关系具有有向性，故矩阵为非对称矩阵，风险结构矩阵如表 8.5 所示。

表 8.5　风险结构矩阵

风险因素	R_1	R_2	R_3	R_4	…	R_n
R_1	0	C_{12}	C_{13}	C_{14}	…	C_{1n}
R_2	C_{21}	0	C_{23}	C_{24}	…	C_{2n}
R_3	C_{31}	C_{32}	0	C_{34}	…	C_{3n}
R_4	C_{41}	C_{42}	C_{43}	0	…	C_{4n}
⋮	⋮	⋮	⋮	⋮	0	⋮
R_n	C_{n1}	C_{n2}	C_{n3}	C_{n4}	…	0

（2）风险网络社群图的建立

风险网络社群图（图论、可视化、软件、社群图解释、初步判断）为社会网络结合图论衍生出的图形表达形式，其作用为将风险结构矩阵可视化。本书选取 NetMiner 软件来构建风险网络社群图。在 NetMiner 软件中，导入已构建的风险结构矩阵即可得到风险网络社群图。在风险网络社群图中，节点表示安全风险因素，节点间的连线表示风险因素间的影响关系，连线的方向将风险传递的方向直观地表现出来。当得到风险网络社群图后，可以初步了解风险网络结构及风险因素的联结情况，初步判断出核心区域及边缘区域的风险因素。为进一步定量分析风险网络，更全面地掌握风险网络的情况，还需要进行安全风险网络的分析。

8.2.2　安全风险网络分析

在得到风险结构矩阵及风险网络社群图后，进行安全风险网络分析。本书将采取整体网络分析指标和个体网络分析指标量化分析安全风险网络，并对关键关系进行识别，最终得出关键安全风险因素及关键关系。综合对社会网络分析软件的梳理，本书选择 UCINET 软件进行这一部分的分析。

1. 整体网络分析指标

整体网络中包括群体内部所有的行动者及其间关系，通过分析整体网络得出对风险网络的总体认知。在整体网络分析中，常用的分析指标有凝聚子群、网络密度、块模型、中心势。在这四项指标中，由于本风险网络的结构矩阵为有向赋值矩阵，凝聚子群的分析结果不具有充分的可信度，而中心势与识别出关键风险因素的整个过程关系不大，故本书选取网络密度及块模型作为整体网络分析的分析指标。

（1）网络密度

网络密度是对整体网络结构紧密程度及节点的凝聚性的反映。具体来看，网络节点间的连线表示节点关系，当某个节点连线较多时，说明该节点与其他节点的作用关系较多。如果整个网络的连线数量较大，则说明总体的密度较大。总体的网络密度越大，节点关系越紧密，网络对节点的影响作用也越大。

整体网络密度的取值为网络中所有节点实际的影响关系总和与最大可能存在的影响关系数量的比值。本风险网络的结构矩阵为有向赋值矩阵，故所采用的计算公式为

$$D(G)=\frac{\sum L_W}{2C_N^2} \tag{8.1}$$

其中，$D(G)$ 为整体网络密度；$\sum L_W$ 为网络中所有节点间连线的赋值总和；N 为节点总数；C_N^2 为 $N(N-1)/2$。

（2）块模型

块模型分析是将原网络中的点根据结构对等性规律进行聚类形成不同的块，简化原网络，将点间关系转化成块点关系，形成新的矩阵结构，从而研究各个块之间的影响关系及识别出核心块的整体分析方法。本书中的块模型分析主要分为以下步骤。

1）将风险结构矩阵中的风险因素划分为块。本书先采用迭代相关收敛（convergence of iterated correlation，CONCOR）法对安全影响因素进行划分，形成子集，从而使数据分析更加简单清晰，然后构建块模型密度矩阵。块模型密度是指在安全风险网络中，块与块之间或块内部的影响因素的关系的实际数量与块与块之间或块内部的影响因素最大可能的关系数量的比值。式（8.2）为块内部密度的计算公式，式（8.3）为块与块之间密度的计算公式。

$$D_{kk}=\frac{\sum_{i\in Bk}\sum_{j\in Bk}x_{ij}}{g_k\times(g_k-1)} \tag{8.2}$$

其中，D_{kk} 为 k 块内部的块模型密度；x_{ij} 为块 B_k 内部关系的实际数量，其中元素 i 和 j 都属于块 B_k；$g_k\times(g_k-1)$ 为块 B_k 内部最大可能的关系数目。

$$D_{kl}=\frac{\sum_{i\in Bk}\sum_{j\in Bl}x_{ij}}{g_k\times g_l} \tag{8.3}$$

其中，D_{kl} 为 k 块与 l 块的块模型密度；x_{ij} 为块 B_k 与块 B_l 之间关系的实际数量，元素 i 属于块 B_k，元素 j 属于块 B_l；$g_k\times g_l$ 为块 B_k 与块 B_l 之间最大可能的关系数目。

2）块模型像矩阵的构建。将矩阵的影响因素划分为不同块并得出块模型密度矩阵后，根据一定标准给划分的块分别进行赋值，常见的赋值标准有完全拟合、0-块标准、1-块标准、α-密度标准、最大值标准和平均值标准，本书选用了 α-密度标准。α 是指在网络密度分析中得出的网络密度值，也是安全风险网络的平均密度，当某块的密度大于 α 时，将该块赋值为 1；当某块的密度小于 α 时，将该块赋值为 0。由此即可得到块模型的像矩阵。

3）核心块识别。在构建完成像矩阵的基础上，统计每块的发出关系、接收关系和内部关系，根据伯特（Burt）对网络位置的分类研究，可将块的位置划分为首属人位置、经纪人位置、谄媚位置、孤立位置，具体介绍如表 8.6 所示。在块模型分析中，通常会将对外联系较多的块作为核心块，即处于首属人位置和经纪人位置的块。

表 8.6　块位置类型及其特征

位置类型	特征
孤立位置	表示行动者与其他外部成员之间没有联系
谄媚位置	表示行动者对外部成员发出的关系较多，却很少接收外部关系，该类行动者在网络中的地位较低
经纪人位置	表示行动者既发出关系又接收外部关系，内部之间联系却较少，该类行动者在网络中起到“桥梁”或“中介”的作用
首属人位置	表示行动者既接收外部关系又接收内部关系，并且内部之间联系较多，该类行动者在网络中的地位较高

2. 个体网络分析指标

整体网络分析更多的是对整体网络结构进行初步把控，仅仅分析出网络密度和识别出核心块并不能确定哪些风险因素对其他因素影响大，以及哪些风险因素在风险传递中起着重要作用或在网络中占据重要地位，故需要进行个体网络分析。在装配式建筑安全风险网络个体网络分析中，本书选取了点度中心度、中介中心性、中间人分析及关键关系识别作为分析指标。

（1）点度中心度

点度中心度可以描述某个影响因素与其他影响因素的直接关联性，判断该节点在网络中的地位。本书中的安全风险网络为有向赋值网络，具有方向性，故在点度中心度分析中需要分析出度、入度及度差三个指标。根据出度及入度的大小，节点可分为四种类型，如表 8.7 所示。

表 8.7　节点类型及其特征

节点类型	特征
孤立节点	出度和入度均为 0。此类节点均不受其他节点的影响，没有任何关系连接
触发节点	出度大于 0，入度等于 0：影响关系传递的源头。此类节点的出现极易引发其他风险因素的发生，应该重点控制此类节点，降低风险发生的概率，从风险发生的源头进行遏制
汇聚节点	出度为 0，入度大于 0：容易被其他行动者所影响。此类节点发生概率大，可以找出施加影响的节点，从根源处解决问题，以实现对风险的有效控制
路径节点	出度和入度均大于 0：既容易引发其他节点的发生，又容易被其他节点影响。此类节点在社会网络中起到了影响关系、信息传递等重要作用

在风险网络中，出度大而入度小的风险因素对其他风险因素有较大的影响且不易受到其他风险因素的影响，度差大的风险因素经常作为风险网络中风险传递的重要枢纽，故本书将出度和度差较大的风险因素作为点度中心度分析中的核心风险因素。

（2）中介中心性

中介中心性可以描述节点在风险网络中起到的连接枢纽的作用，反映了该节点对于风险传递的控制能力。中介中心性越大，表明该因素对其他因素的影响越大，控制风险传递和网络资源的能力越强。在安全风险网络中，绝对中介中心性就是所有点对某个节点的中介中心性的概率值之和，节点 i 的中介中心性 C_i 的计算公式为

$$C_i = \sum_{j}^{n}\sum_{k}^{n} b_{jk}(i) \tag{8.4}$$

其中，$b_{jk}(i)$ 为点 i 控制点 j 与点 k 的联系的能力；$i \neq j \neq k$ 且 $j < k$；n 为节点数量。

（3）中间人分析

中间人分析可以描述风险因素在不同风险群体间传播的作用。对每个节点充当不同的中间人角色的次数进行计算，包括协调人、守门人、代理人、咨询人和联络人这五种角色。次数越多，表明该风险节点对安全风险网络的影响越大，并且有效控制该节点对降低风险在不同利益相关者间传播的作用越大。本书根据已总结的利益相关者进行风险群体的划分，共分为六个风险群体，根据中间人分析，可得出安全风险因素在不同利益相关者间的传播能力。

（4）关键关系识别

安全风险网络通过计算线（节点间关系）的中介中心性对关键关系进行识别，该指标越大，表明该关系对风险网络中风险传导的影响作用就越大。网络中任一关系 $p \to q$ 的中介中心性的计算公式为

$$C_{p\to q} = \sum_{j}^{n}\sum_{k}^{n} b_{jk}(p \to q) \tag{8.5}$$

其中，$b_{jk}(p \to q)$ 表示关系 $p \to q$ 控制点 j 和点 k 联系的能力，即该关系位于点 j 和点 k 的捷径的概率；$j \neq p \neq q \neq k$ 且 $j < k$。

8.2.3　关键风险因素识别

（1）整体网络分析

先计算出网络密度，初步得出安全风险网络的紧密程度，但无法得到网络中处于核心区域的风险因素；再进行块模型分析，进行风险因素的归类，归类的过程通常根据结构对等的规律进行，从而将风险因素划分为不同块；最后结合已得到的网络密度和块模型密度矩阵，计算得出核心块，同时整体网络的关键风险因素也识别完成。

（2）个体网络分析

先进行点度中心度分析，出度及度差较大的因素对其他因素影响较大，这些因素可能作为风险源出现在网络中，故分别选取这两个方面前 20%的风险因素，取并集得到关键风险因素；再进行中介中心性分析，中介中心性较大的因素在风险传导中常作为连接枢纽，故选取排名前 20%的风险因素作为关键风险因素；最后进行中间人分析，承担中间人角色较多的因素指不同利益相关者对外传递风险或接受风险枢纽，同样选择前 20%的风险因素作为关键风险因素。经过点度中心度、中介中心性、中间人分析后，将三个分析指标得出的核心风险因素合并，即为个体网络分析识别出的关键风险因素。根据线的中介中心性分析进行关键关系识别，排名靠前的关系控制风险网络中的风险传递能力较强。

（3）综合分析

综合考虑整体网络分析和个体网络分析的结果，若个体网络分析中得出的关键风险因素在整体网络分析得出的核心块中，则其为最终确定的关键风险因素。

8.2.4　风险结构矩阵建立

基于装配式建筑项目的安全风险网络构建原理，需要先通过收集关系数据来构建风险结

构矩阵。故本书设计了一份调查问卷，以获得安全风险因素之间的影响关系。调查问卷将风险因素之间的影响程度及影响的可能性设计成表格。为了保证足够的严谨性，影响程度及影响的可能性都分为1～5五个等级，1最小，5最大。

影响程度和影响的可能性用于描述两个与利益相关者关联的风险因素之间的关系。当两个风险因素相关时，影响程度是指影响因素 S_iR_j 对被影响因素 S_mR_n 产生的影响的强度，而不是指其对装配式建筑安全管理的直接影响程度；影响的可能性是指影响因素 S_iR_j 对被影响因素 S_mR_n 产生影响关系的可能性。风险因素关系填写示例如附录3中的附图3.1所示。

本问卷专业性较强，故没有大范围发放问卷，仅对一些建筑行业的工程师进行了发放，以保证数据的严谨性。本次共发放问卷星24份，Word文档6份，共计30份，其中，有效问卷星问卷22份，Word文档问卷5份，共计回收有效问卷27份。其中，项目业主方10份，设计方9份，构件生产方和构件安装方各2份，材料设备供应方、监理方、总承包方、构件运输方各1份。经过整理，填写人员基本信息如表8.8所示。

表8.8　填写人员基本信息

类别	人数	类别	人数	类别	人数
最高学历（大专及以下）	1	在工程领域工作年限（0～5年）	7	接触过装配式项目个数（0）	4
最高学历（本科）	19	在工程领域工作年限（5～10年）	13	接触过装配式项目个数（1～3）	17
最高学历（硕士）	7	在工程领域工作年限（10～15年）	3	接触过装配式项目个数（3～10）	4
最高学历（博士）	5	在工程领域工作年限（20年以上）	3	接触过装配式项目个数（10以上）	2

数据的选定采取多数原则，选用八成填写人员填写的相同数据，若不足八成，则着重考虑接触过装配式建筑项目个数及工程领域工作年限，两者越大则所占比重越高。通过问卷收集到的数据，经过一致性检验之后，将各风险因素的影响程度与影响的可能性相乘，得到风险结构矩阵。

8.3　装配式建筑项目安全风险网络风险分析

将所得到的风险结构矩阵导入NetMiner软件，选择右侧工具栏Main中的“Open Graph Editor”选项，即可将风险网络可视化，得到装配式建筑安全风险网络社群图，如图8.2所示。

根据安全风险网络社群图的分布、节点连线数量可以初步了解风险网络的联结情况。越靠近中间区域的节点与其他节点的相互作用关系越多，与其他风险因素的相互关系越紧密，在风险传递过程中与其他风险因素产生影响关系的可能性越大，如 S_1R_{28}、S_7R_{12}、S_8R_{29} 等；而一些边缘节点连线数量很少，与其他风险因素关系较弱，如 S_2R_{21}、S_4R_8、S_7R_{23}、S_7R_{24} 等。

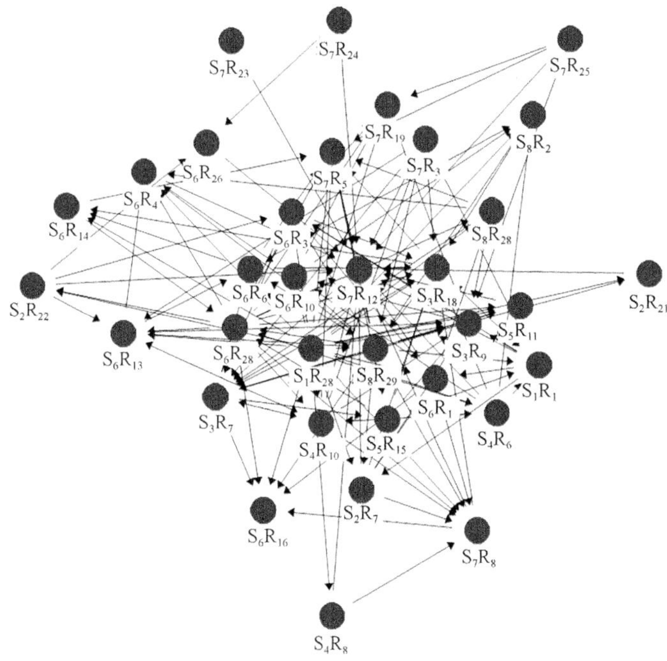

图 8.2　安全风险网络社群图

8.3.1　整体网络分析

（1）整体网络密度

风险网络的整体网络密度为 1.186。该数值小于 10，说明风险网络聚集程度不高，各风险因素间相互作用关系不够紧密、略显分散。结合安全风险网络社群图可知，风险网络的节点联系主要集中在核心区域，而边缘节点的联系较为分散。

（2）块模型分析

为研究网络位置模型，采用块模型分析对风险网络节点进行聚类，使网络内部结构更加清晰，从而判断出处于风险网络核心区域的风险块。在 UCINET 软件中，依次执行"Network"→"Roles&Positions"→"Structural"→"Concor"命令，生成块模型分析结果（表 8.9）及块模型密度矩阵（图 8.3）。

表 8.9　块模型分析结果

块	风险因素
1	S_1R_1、S_1R_{28}
2	S_4R_{10}、S_4R_8、S_4R_6、S_6R_{10}、S_7R_3、S_6R_6、S_6R_3
3	S_2R_{21}、S_7R_{23}、S_7R_{25}、S_2R_{22}、S_6R_{26}、S_2R_7、S_8R_{29}、S_7R_{24}
4	S_5R_{15}、S_5R_{11}
5	S_3R_{18}、S_3R_9、S_3R_7
6	S_6R_{13}、S_6R_1、S_7R_5、S_7R_{19}、S_7R_{12}、S_6R_4、S_6R_{16}、S_7R_8
7	S_6R_{28}、S_6R_{14}
8	S_8R_{28}、S_8R_2

```
Density Matrix

        1      2      3      4      5      6      7      8
     ------ ------ ------ ------ ------ ------ ------ ------
1     6.000  1.786  1.188  0.250  1.500  6.125 11.250  9.000
2     0.000  1.690  0.000  0.000  0.000  2.464  0.000  0.000
3     0.000  0.000  0.036  0.188  3.125  4.719  0.250  0.563
4     0.000  0.000  0.000  8.000  0.000  1.250  0.000  0.000
5     0.000  0.000  0.000  7.500  6.000  0.500  0.000  0.000
6     0.000  0.696  0.031  0.000  0.000  2.304  1.563  0.000
7     0.000  1.000  0.000  0.000  0.000  3.875 10.000  0.000
8     0.000  0.000  0.563  0.000  6.833  0.500  1.000  0.000
```

图 8.3 块模型密度矩阵

根据网络密度分析得到本网络的密度值为 1.186，采用 α-密度标准构建块模型，将密度矩阵中大于 1.186 的块密度赋值为 1，小于 1.186 的块密度赋值为 0，并统计块之间的关系，从而得到块模型分析像矩阵（表 8.10）。

表 8.10 块模型分析像矩阵

	块 1	块 2	块 3	块 4	块 5	块 6	块 7	块 8	发出关系	内部关系
块 1	1	1	1	0	1	1	1	1	6	1
块 2	0	1	0	0	0	1	0	0	1	1
块 3	0	0	0	0	1	1	0	0	2	0
块 4	0	0	0	1	0	1	0	0	1	1
块 5	0	0	0	1	1	0	0	0	1	1
块 6	0	0	0	0	0	1	1	0	1	1
块 7	0	0	0	0	0	1	1	0	1	1
块 8	0	0	0	0	1	0	0	0	1	0
接收关系	0	1	1	1	3	5	2	1		
内部关系	1	1	0	1	1	1	1	0		

根据伯特的位置划分理论，由表 8.10 可知，块 1 只有发出关系而无接收关系，处于谄媚位置；块 8、块 3 既有发出关系又有接收关系，但是内部联系不紧密，处于经纪人位置；而块 2、块 4～7 既有发出关系又有接收关系，同时内部联系紧密，处于首属人位置。本书将首属人位置作为核心位置，即块 2、块 4～7 属于核心块。

8.3.2 个体网络分析

（1）点度中心度分析

在社会网络分析中，点度中心度可以反映风险因素之间的直接关联性。在 UCINET 软件中，依次执行“Network”→“Centrality”→“Degree”命令，导入数据矩阵，因为该网络图为有向网络，所以矩阵为非对称矩阵，需要将选项“Treat data as symmetric”中的“Yes”改为“No”，从而得到各节点的出度、入度及度差。点度中心度分析结果如表 8.11 所示。

表 8.11 点度中心度分析结果

风险编号	出度	入度	度差	风险编号	出度	入度	度差
S_8R_{29}	256	25	231	S_4R_8	28	1	27
S_1R_{28}	190	0	190	S_7R_{25}	28	0	28

续表

风险编号	出度	入度	度差	风险编号	出度	入度	度差
S_6R_{28}	83	39	44	S_8R_2	25	16	9
S_1R_1	55	12	43	S_4R_6	25	1	24
S_6R_1	42	51	-9	S_7R_{24}	22	0	22
S_6R_4	41	56	-15	S_5R_{15}	20	1	19
S_4R_{10}	40	13	27	S_7R_{23}	20	0	20
S_6R_{13}	39	33	6	S_2R_{22}	20	3	17
S_7R_{19}	38	38	0	S_6R_{10}	16	87	-71
S_8R_{28}	37	29	8	S_5R_{11}	16	64	-48
S_6R_3	37	13	24	S_7R_8	16	134	-118
S_6R_6	33	26	7	S_6R_{14}	13	59	-46
S_3R_7	33	76	-43	S_2R_{21}	12	1	11
S_3R_{18}	31	38	-7	S_7R_5	10	53	-43
S_7R_3	30	8	22	S_6R_{16}	9	67	-58
S_3R_9	29	47	-18	S_6R_{26}	9	2	7
S_2R_7	28	1	27	S_7R_{12}	0	337	-337

在风险网络中，出度较大而入度较小的风险因素对其他风险因素的影响较大，并且不易受到其他风险因素的影响，如 S_1R_{28}、S_1R_1 等，这些风险因素在风险传递的过程中以风险源的角色存在；出度较小而入度较大的风险因素受到其他风险因素的影响较大，同时较少影响其他风险因素，如 S_7R_{12}、S_6R_{16} 等，这些风险因素在风险网络中常作为风险结果；此外，出度和入度均较大的风险因素常作为风险传递过程的“桥梁”，如 S_7R_{19}、S_3R_{18} 等。在进行风险控制时，往往需要加强对风险源类因素及“桥梁”类因素的把控，从而减少其他相关风险因素的发生或风险在风险网络中的传播。

在点度中心度分析中，根据“80/20 法则”，分别选取出度及度差排名前 20%的风险因素。根据表 8.11，得出出度排名前 20%的风险因素有 S_8R_{29}、S_1R_{28}、S_6R_{28}、S_1R_1、S_6R_1、S_6R_4，而度差排名前 20%的因素有 S_8R_{29}、S_1R_{28}、S_6R_{28}、S_1R_1、S_7R_{25}、S_2R_7、S_4R_{10}、S_4R_8。可以发现，这两个方面排名靠前的因素有部分重合，为了保证研究的严谨性，取两者的并集，即 S_8R_{29}、S_1R_{28}、S_6R_{28}、S_1R_1、S_6R_1、S_6R_4、S_7R_{25}、S_2R_7、S_4R_{10}、S_4R_8 10 个因素作为核心风险因素。

（2）中介中心性分析

通过点度中心度分析，可以判断各风险因素在风险网络的重要程度，为进一步研究各风险因素之间的影响关系，需要进行中介中心性分析。

借助 UCINET 软件，依次执行“Network”→“Centrality”→“Freeman Betweenness”→“Node Betweenness”命令，可得中介中心性分析结果，如表 8.12 所示。

表 8.12　中介中心性分析结果

风险因素	中介中心性	风险因素	中介中心性	风险因素	中介中心性
S_6R_{28}	31.233	S_4R_{10}	0.5	S_6R_{16}	0
S_7R_{19}	22	S_2R_{22}	0.5	S_1R_1	0
S_6R_4	11.183	S_2R_7	0.2	S_7R_{12}	0

续表

风险因素	中介中心性	风险因素	中介中心性	风险因素	中介中心性
S_8R_{29}	6.783	S_5R_{15}	0.2	S_5R_{11}	0
S_6R_{13}	5.733	S_8R_{28}	0.2	S_7R_{23}	0
S_3R_{18}	4.533	S_6R_6	0.167	S_7R_{24}	0
S_6R_1	4.517	S_4R_8	0	S_7R_{25}	0
S_7R_5	4.2	S_2R_{21}	0	S_8R_2	0
S_3R_7	3.233	S_1R_{28}	0	S_4R_6	0
S_6R_{10}	0.667	S_6R_{26}	0	S_7R_8	0
S_6R_{14}	0.617	S_6R_3	0		
S_3R_9	0.533	S_7R_3	0		

中介中心性可以表示出各风险因素的节点位于其他节点的最短路径上的概率。根据"80/20 法则"，选取中介中心性排名前 20%的风险因素作为重要因素，分别为 S_6R_{28}、S_7R_{19}、S_6R_4、S_8R_{29}、S_6R_{13}、S_3R_{18}，这些因素在风险传导中常作为连接枢纽。中介中心性越大，该节点对其他节点及网络中风险传递的控制能力越强。根据点度中心度及中介中心性的分析，可以判断与其他因素的直接关联性较强及对风险传播有较强支配作用的风险因素，有助于更有针对性地进行风险管控。

（3）中间人分析

通过中间人分析，可以了解风险因素在不同风险群体间传播的关系。在 UCINET 软件中，以不同利益相关者作为划分风险群体的标准，依次执行"Network"→"Ego Networks"→"G&F Brokerage roles"命令得到中间人分析结果，汇总担任中间人次数排名前 20%的风险因素。中间人分析结果如表 8.13 所示。

表 8.13　中间人分析结果

排名	风险	协调人	守门人	代理人	咨询人	联络人	总计
1	S_6R_{28}	1	10	4	2	1	18
2	S_6R_4	3	6	2	0	4	15
3	S_6R_1	1	6	2	0	3	12
4	S_8R_{29}	0	0	9	0	0	9
5	S_3R_7	0	2	0	0	4	6
6	S_3R_{18}	0	2	0	0	4	6

根据表 8.13，S_6R_{28}、S_6R_4、S_6R_1 主要承担了守门人的角色，是风险传导中其他风险向总承包方传递的"桥梁"；此外，这三个风险因素均承担了至少四类中间人角色，网络中不同利益相关者的联系因此变得更为紧密。S_8R_{29} 主要承担了代理人的角色，是监理方对外传递风险的重要枢纽，而 S_3R_7、S_3R_{18} 主要承担了联络人的角色。通过重点管控这六个风险因素，就可以减少风险网络中风险在各利益相关者之间的风险传播，从而降低安全风险网络的风险。

（4）关键关系识别

线的中介中心性可以表示出某段风险关系控制风险传递的能力。在 UCINET 软件中，依次执行"Network"→"Centrality"→"Freeman Betweenness"→"Edge（line）Betweenness"命令即可得到风险网络的线的中介中心性。前十名的线的中介中心性如表 8.14 所示。

表 8.14 前十名的线的中介中心性

排名	风险关系	线的中介中心性	排名	风险关系	线的中介中心性
1	$S_7R_{19} \to S_6R_{28}$	31	6	$S_8R_{28} \to S_8R_{29}$	7.783
2	$S_2R_{22} \to S_7R_{19}$	13.5	7	$S_6R_{28} \to S_6R_{13}$	7
3	$S_7R_{25} \to S_7R_{19}$	11	8	$S_6R_{13} \to S_2R_{22}$	6.5
4	$S_6R_4 \to S_6R_3$	8	9	$S_8R_2 \to S_3R_{18}$	5
5	$S_6R_{28} \to S_6R_4$	8	10	$S_6R_{28} \to S_7R_3$	5

8.3.3 关键风险因素及关系识别

根据整体网络分析和个体网络分析进行综合考虑后，可以得出关键风险因素。

1）在整体网络分析中，经过整体网络密度计算和块模型分析，识别出安全风险网络的核心块为块 2、块 4、块 5、块 6、块 7。

2）在个体网络分析中，经过点度中心度、中介中心性、中间人这三个指标的分析，可以筛选出 14 个核心风险因素，分别为 S_8R_{29}、S_1R_{28}、S_6R_{28}、S_1R_1、S_6R_1、S_6R_4、S_7R_{25}、S_4R_{10}、S_2R_7、S_4R_8、S_7R_{19}、S_6R_{13}、S_3R_{18}、S_3R_7。经过计算线的中介中心性得出十个关键关系。

3）归纳整理整体和个体两个方面的分析结果，因为只有 S_6R_{28}、S_6R_1、S_6R_4、S_7R_{19}、S_6R_{13}、S_3R_{18}、S_3R_7 七个因素属于核心块，所以将它们视为安全网络的关键风险因素；而其他七个个体网络分析中的核心风险因素不属于核心块，所以将它们视为非关键风险因素。同时，在进行关键关系识别时，可以发现关键关系均与关键风险因素有关。利用线的中介中心性确定关键关系，可以发现前十名的关键关系均与关键风险因素有关，说明得出的关键风险因素基本控制了关键关系。

8.4 装配式建筑项目安全风险应对

8.4.1 风险结果分析及风险应对措施

经过风险管理过程可知，在装配式建筑项目中，触发风险和承担风险事件后果的主要是利益相关者，并且相关风险可以通过合理管控得到有效的规避。故本书将根据与关键风险因素关联的利益相关者，结合装配式建筑项目本身的特点，提出风险应对措施。

经分析可知，关键风险因素涉及的利益相关者有三个，其中，总承包方涉及的关键风险因素有四个，构件生产方涉及的关键风险因素有两个，构件安装方涉及的关键风险因素有一个。由此说明总承包方为装配式建筑安全生产的核心相关方。由表 8.14 可知，除风险关系 $S_8R_{28} \to S_8R_{29}$ 外，其余九个关键风险关系均与关键风险因素直接相关，故对关键风险因素做出应对措施可以有效管控关键风险关系。下面将分别针对关键风险因素提出风险应对措施。

与总承包方有关的关键风险因素有：S_6R_{28} 安全管理制度不完善、S_6R_1 现场安全人员配置不足、S_6R_4 工人安全教育和培训不足、S_6R_{13} 安全措施费投入不足。这四个关键风险因素中既有现场人员的因素，又有制度与成本投入的因素。但是总体而言，这四点均是装配式建筑在国内发展还不成熟，项目管理人员对装配式建筑施工的安全管理还缺乏相应的管理和工作经验，现场人员安全意识较为缺乏造成的。对此，施工单位需要采取以下措施：①制定安全教育培训体系，加强对施工人员的安全教育和规范生产培训，定期组织施工人员进行安全事故处理的学习；②落实法律法规的相关规定，举办装配式建筑安全生产的宣传活动，提高现场工作人员的安全意识，制定安全施工标准；③构建安全生产管理机制，制定安全生产标准，编制合理可行的安全防护手册，明确安全生产岗位责任；④严格落实安全生产规范，将安全措施费落实到位，优化将安全措施费投入各环节的占比配置，聚焦重点安全事故。

与构件生产方有关的关键风险因素有：S_3R_{18}构件出厂前质量安全检验不足、S_3R_7吊装连接部位强度不足。构件生产是整个项目的中间环节，构件质量的合格与否与后续施工过程的安全作业息息相关。对此，构件生产方需要采取以下措施：①完善构件生产管理制度；②积极与设计单位、施工单位进行交流沟通，减少因错误理解设计方案而导致质量缺陷；③完善构件出厂前检查的标准规范，提高构件出厂前质量安全检查的次数，保障构件安全性能。

与构件安装方有关的关键风险因素有：S_7R_{19}吊装方案合理性不足。由于现场吊装的预制构件质量大、数量多且吊装高度较大，一旦吊装方案不合理，现场施工发生危险的可能性就较大。对此，构件安装方需要采取以下措施：①加强对施工现场吊装技术研究的投入；②吊装方案须由专家确认审核，根据现场施工情况及项目危险专项作业制订可行性施工技术方案。

8.4.2 风险管理效果检验

假设在理想条件下，识别出的七个关键风险因素和十个关键风险关系都能得到有效的控制，从而得到新的安全风险网络。因为关键风险关系均与关键风险因素直接相关，所以仅需在原来的安全风险网络中将这几个关键风险因素删去，并运用网络密度及聚类系数这两个指标进行风险控制效果检测。先运用 NetMiner 软件获得网络密度，再通过 UCINET 软件计算出聚类系数。具体操作流程为：先执行“Transform”→“Symmetrize”→“Maximum”命令，对矩阵进行对称化处理，再执行“Network”→“Whole networks&Cohesion”→“clustering coefficient”命令，即可得到聚类系数。得到的网络密度及聚类系数风险控制前后对比如表 8.15 所示。

表 8.15　网络密度及聚类系数风险控制前后对比

项目	风险控制前	风险控制后
网络密度	1.186	1.073
聚类系数	4.231	3.368

由表 8.15 可知，装配式建筑安全网络密度风险控制前后相差了约 10%，表明风险间相互作用关系有所削弱，安全风险网络整体风险性降低；聚类系数下降了约 20%，说明风险网络中风险的传递得到了控制，传播率有所下降。

根据分析结果可知，提出的关键风险因素应对措施是有效的，降低了风险网络的整体联系程度。考虑到实际工程中无法完全做到消除某项风险，并存在一些不可控的风险因素，所以该检验方法还需要结合实际情况进行操作。

8.5　本章小结

本章详细介绍了装配式建筑项目安全风险管理研究，首先对装配式建筑项目安全风险进行识别，如利益相关者的识别、施工安全事故分析、安全风险因素识别等；然后构建装配式建筑项目安全风险网络模型，包括安全风险网络节点关系评估、安全风险网络分析、关键风险因素识别和风险结构矩阵建立；最后进行装配式建筑项目安全风险网络风险分析及安全风险应对。

第 9 章　装配式建筑项目进度风险管理研究

在理论上，装配式建筑项目的工业化生产模式提高了生产效率、降低了人员复杂度，本应加快施工进度。然而，就国内现阶段的装配式建筑项目施工情况而言，总体上对于装配式建筑的建设经验不足，相关施工管理工作不到位，导致装配式建筑项目施工进度普遍延期。工程进度延期使得施工单位在合约范围内需要提供赔偿，同时业主也会因工期的延误而受到一定程度的经济损失，甚至可能影响企业发展。由此可见，需要针对装配式建筑项目施工进度问题进行系统性的研究评价，并予以管理。

9.1　装配式建筑项目施工进度风险因素指标体系

9.1.1　施工方因素

一般情况下，建设项目中的施工方作为建设项目施工的全过程执行单位，是影响项目施工进度的主要一方，在装配式建筑项目中更是如此。首要的是人员素质、专业技术问题，在传统施工项目中，施工人员大多为年龄较大、施工经验较为丰富的人员，在面对机械化程度较高，并且操作及管理能力要求较高的装配式建筑项目施工时，可能出现素质、技术不符而直接影响装配式建筑项目施工进度的情况。施工方对装配式建筑项目施工进度的影响因素主要有以下几个。

（1）从业人员素质或技术水平低下

在施工过程中，与传统建筑相比，装配式建筑对专业能力要求更高，从业人员文化素质水平对整个装配式建筑项目施工过程的影响程度更大。

（2）班组配置与调度不合理

在装配式建筑项目施工过程中，一个合理配置的班组足以负责 1～2 栋楼，故一个班组内的配置情况及班组与班组间的调度是否合理将直接影响多栋建筑的施工进度。

（3）预制构件等材料管理不当

预制材料作为装配式建筑的主要部分，无论是预制构件的尺寸、运输方式，还是材料能否及时到场，都将直接影响施工进度。

（4）机械设备选择及养护不当

机械设备是建筑工程建设中必不可少的工具，机械设备的选择是否符合规范、配置是否得当及设备当前使用情况等都对施工进度有所影响。在装配式建筑项目施工过程中，机械设备的种类多样，并且材料大多选用预制构件，必将更大程度地使用吊装设备等机械设备，因此机械设备因素对施工进度的影响较大。主要存在机械设备的选取不合理及机械设备未及时保养与维护的情况。

（5）施工技术不成熟

相比传统建筑而言，我国装配式建筑的施工技术仍有待提高，当前的整体施工工艺流程基本处于逐层装配的状态，但细部的工艺流程选择的不一致对施工进度的影响同样巨大。同时结构与节点安装技术的成熟程度也将直接决定建筑物的结构强度，从而影响装配式建筑的施工进度。

（6）施工组织不合理

装配式建筑项目的施工工序比较繁杂，现场工序交叉衔接可能存在不合理的情况，导致施工方在施工组织方面难以掌控，不能及时有效地调整施工组织计划从而导致施工进度的延迟。

9.1.2　业主方因素

（1）资金供给不到位

建筑项目最明显的特点就是资金需求量大，每个环节都需要足够的资金来支撑，所以资金的供给对所有建筑项目而言都是重点。装配式建筑项目需要成本较高的预制构件，施工现场需要更多机械设备生产，故资金供给问题在装配式建筑项目施工过程中尤为重要，施工方只有在业主方有足够且及时的资金供给条件下才能有条不紊地进行施工，否则将直接影响施工进度。

（2）项目建设手续不完善或不及时

无论是装配式建筑建设还是传统建筑建设，提供手续流程一旦延迟，都将直接延后施工方开工日期。另外，审批变更文件、批准施工流程等工作耽误或拖延了手续的完成，也将直接拖延施工工期。

（3）场地准备与交通准备不到位

施工条件对建筑施工进度的影响较大，如场地不平整、狭小，特别是在装配式建筑项目施工过程中，体积较大、数量较多的预制构件需要不断地从工厂运输到施工场地。只有合理地进行场地准备与交通准备，才能确保装配式建筑项目的进度不会出现延迟。

（4）业主对进度或质量要求过高

在实际施工过程中，一些施工问题并不会对现阶段施工造成过大的影响，属于允许范围内，但业主的要求往往使得施工方不得不接受并及时解决，这必然影响施工进度的正常进行。在装配式建筑项目施工过程中同样存在此类进度风险问题。

9.1.3　设计单位因素

在施工过程中，设计单位主要提供专业的勘察资料，并按照规范进行项目的主体设计等，通过供给施工图指导施工方进行现场施工。但考虑到工程的复杂性，设计单位不可避免地会出现因设计不到位或错误而产生工程变更、勘察资料不准确等情况，这些因素都将直接影响施工进度。

（1）设计变更频繁

装配式建筑项目的构件大部分需要预制，这些预制构件在施工前期便需要由工厂根据进度计划生产完成。因此，一旦在建筑主体施工时频繁出现设计变更，则可能导致构件需要重新生产，拖延施工进度。

（2）预制构件拆分设计不合理

预制构件是装配式建筑的核心部分，并且其拆分设计是建筑全生命周期的开端。因此，预制构件的拆分设计应当充分考虑施工便利问题，从设计的原则上尽可能地设法降低施工难度，从而减少工期压力，如合理设计节点预留、吊装节点等。

（3）图纸供应错误或不及时

施工图纸是指导施工的重要工具，当出现图纸内容错误时，如果未及时发现错误，则将很大程度地影响施工进度。即便及时发现错误，也需要等待图纸的印刷分发，图纸送达不及时也将直接拖延施工工期。

9.1.4 监理方因素

监理方于施工现场主要执行协调施工工作，及时协调与反馈施工过程中所遇到的问题。监理方同时需要监督施工的质量、安全、进度问题，如监督施工方进行材料的质量检验等，所以监理方的参与容易导致矛盾的发生，如果矛盾得不到妥善的解决，则也会拖延施工工期。

（1）施工监督工作不到位

在装配式建筑项目施工过程中，监理方应当监督并协助施工方完成预制构件等材料的质量检验，保证材料符合施工要求。同时监理方应当做到及时对施工进程进行监督与反馈，将存在的问题及时向业主方反馈，从而避免施工进度的延迟。

（2）不能协调各方矛盾

监理方往往需要提出施工中的各项问题，寻求解决方法，这种情况下容易导致各方争执不休，从而造成施工工作难以进行。因此，监理工程师在具备扎实的专业知识与对建立程序的有效执行的同时，还需要具备良好的组织协调能力，从而保证施工进度的有序进行。

9.1.5 环境因素

在建设项目施工过程中，影响工程进度的因素不仅来自微观的个人层面，还来自不可控的自然环境和宏观市场状况。自然环境对建设项目的影响因素主要有自然环境因素和社会环境因素，这些因素不受各参与方的控制，但实实在在地影响到了施工工作的进行。常见的自然环境因素有气候恶劣、地震频发，这些因素将直接导致工期的不定期延后；而社会环境因素则主要考虑到社会经济形势的影响，如物价水平大幅上升、政策法规改变等，都对施工进度有直接的影响。

（1）气候恶劣

气候作为不可抗力因素，往往对所有建筑的施工进程都有一定的影响，如在我国南方多见为台风天气、回南天气候等。恶劣的气候在一定程度上直接损坏施工成品、未完成品，影响材料保护与成品保护工作的进行。

（2）地震频发

我国部分地区处于地震频发带，这类地区的工程建设必须考虑地震发生所带来的潜在威胁。地震往往难以预测，一旦发生地震事故，则将对建筑施工进程造成一定程度的拖延。

（3）物价水平上涨幅度大

装配式建筑项目在预制构件的生产、机械设备的选购过程中需要动用一定的进度款，一旦市场物价水平有较大幅度的上涨，则将直接涉及业主资金供给、合同问题等，纠纷的出现、材料及设备的获取不及时都将直接影响装配式建筑项目施工进度。

（4）政策法规改变

政策法规的变更、出台对于施工进度的进行也存在一定的影响。我国装配式建筑正处在快速发展阶段，以其为中心的政策法规将陆续出台，及时按照相关的政策法规进行灵活调整可以在一定程度上避免施工工期延误。

9.2　装配式建筑项目施工进度的模糊层次分析法模型建立

本节通过运用层次分析法，首先建立装配式建筑项目施工进度评价的层次模型，构造各风险因素与子因素的判断矩阵，获取各因素间的权重向量 $\boldsymbol{A}$；然后根据模糊综合评价法，确定评价对象集、因素集和评语集，通过获取各子因素与评价集隶属度关系，构造模糊综合评价矩阵；最后根据所选加权平均型模糊算子，得到最终的综合评价结果。根据此过程，建立装配式建筑项目施工进度的模糊层次分析法模型，具体步骤如下。

9.2.1　建立装配式建筑项目施工进度评价指标体系

综合装配式建筑项目施工进度风险因素识别，以及从各参与方的影响角度研究出发，通过设立目标层，选定一级指标、二级指标的方法，本节所定目标层为装配式建筑项目施工进度风险评价 A。

一级指标分别为：施工方因素 A_1、业主方因素 A_2、设计单位因素 A_3、监理方因素 A_4、环境因素 A_5。

二级指标分别为：从业人员素质或技术水平低下 A_{11}、班组配置与调度不合理 A_{12}、预制构件等材料管理不当 A_{13}、机械设备选择及养护不当 A_{14}、施工技术不成熟 A_{15}、施工组织不合理 A_{16}、资金供给不到位 A_{21}、项目建设手续不完善或不及时 A_{22}、场地准备与交通准备不到位 A_{23}、业主对进度或质量要求过高 A_{24}、设计变更频繁 A_{31}、预制构件拆分设计不合理 A_{32}、图纸供应错误或不及时 A_{33}、施工监督工作不到位 A_{41}、不能协调各方矛盾 A_{42}、气候恶劣 A_{51}、地震频发 A_{52}、物价水平上涨幅度大 A_{53}、政策法规改变 A_{54}。

装配式建筑项目施工进度评价指标体系表如表 9.1 所示。

表 9.1　装配式建筑项目施工进度评价指标体系表

目标层	一级指标	二级指标
装配式建筑项目施工进度风险评价 A	施工方因素 A_1	从业人员素质或技术水平低下 A_{11}
		班组配置与调度不合理 A_{12}
		预制构件等材料管理不当 A_{13}
		机械设备选择及养护不当 A_{14}
		施工技术不成熟 A_{15}
		施工组织不合理 A_{16}
	业主方因素 A_2	资金供给不到位 A_{21}
		项目建设手续不完善或不及时 A_{22}
		场地准备与交通准备不到位 A_{23}
		业主对进度或质量要求过高 A_{24}
	设计单位因素 A_3	设计变更频繁 A_{31}
		预制构件拆分设计不合理 A_{32}
		图纸供应错误或不及时 A_{33}

续表

目标层	一级指标	二级指标
装配式建筑项目施工进度风险评价 A	监理方因素 A_4	施工监督工作不到位 A_{41}
		不能协调各方矛盾 A_{42}
	环境因素 A_5	气候恶劣 A_{51}
		地震频发 A_{52}
		物价水平上涨幅度大 A_{53}
		政策法规改变 A_{54}

9.2.2 建立风险因素集

根据所得的评价指标体系，建立装配式建筑项目施工进度评价模型如图 9.1 所示。

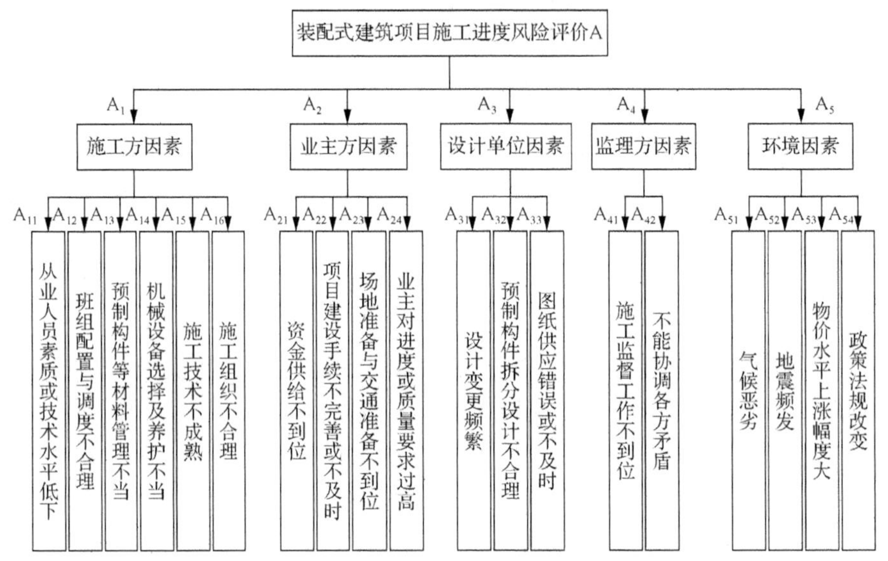

图 9.1 装配式建筑项目施工进度评价模型

由图 9.1 可以看出，最低层次中的装配式建筑项目施工进度影响因素与表 9.1 中的二级指标一一对应，上一层次中的装配式建筑项目施工进度影响因素与表 9.1 中的一级指标一一对应，同时各一级指标与二级指标形成对应关系。

9.2.3 确定影响因素的权重向量

本章基于层次分析法进行装配式建筑项目施工进度影响因素权重分析，通过专家问卷调查收集指标间的相关重要性，同时基于 yaahp 软件进行层次结构模型建立、判断矩阵结论分析及计算结果核算，最终结合手算进行验证的方法进行权重向量的获取。具体计算过程在 9.3 节中展示。

9.2.4 确认评价集

本章旨在建立装配式建筑项目施工进度风险评价体系，并探讨所提炼的各影响因素在实际装配式建筑项目施工进程中的影响程度，同时为保证评价的严谨性，本章设定模糊评价集为 $V=(V_1,V_2,V_3,V_4,V_5)$=(很严重,较严重,一般,较轻,很小)，其对应区间分别为 0.8～1、0.6～0.8、0.4～0.6、0.2～0.4 和 0～0.2。该评价集的实际意义为判断各因素对装配式建筑项目施工进度的影响程度（很严重、较严重、一般、较轻或很小），同时可以遵循最大隶属度原则对装配式建筑项目施工进度总体受影响程度进行一个等级评价。

9.2.5　建立隶属度和模糊判别矩阵

隶属度代表风险因素与评价等级的从属程度，实际意义则表示专家认为单一风险因素更应该属于某一个评价等级。以 9.2.4 节所述评价集为例，邀请 10 位专家为因素 A_{11}（从业人员素质或技术水平低下）做隶属度调查，有八位专家认为 A_{11} 属于 V_1（很严重）等级，而有两位专家认为 A_{11} 属于 V_2（较严重）等级，则 A_{11} 的隶属度子集为 $R_1\,(0.8,0.2,0,0,0)$。

专家们根据自身研究经验与工程经验，对影响因子与评价集进行隶属度给定，从而得到各风险因素判别矩阵，最终构造成模糊判别矩阵 $\boldsymbol{R}$，其隶属度 r_{ij} 在本章表示为某评价等级的专家人数与专家总人数的比值。相应的模糊判别矩阵 $\boldsymbol{R}$ 为

$$\boldsymbol{R}=\begin{bmatrix} r_{11} & r_{12} & \cdots & r_{1n} \\ r_{21} & r_{22} & \cdots & r_{2n} \\ \vdots & \vdots & & \vdots \\ r_{m1} & r_{m2} & \cdots & r_{mn} \end{bmatrix} \tag{9.1}$$

9.2.6　计算获得最终评价结果

根据权重向量 $\boldsymbol{A}$ 及模糊判别矩阵 $\boldsymbol{R}$，进行一级指标的评价向量计算，由于影响因素较多且各因素均不可忽略不计，故选择加权平均型算子，本章中施工方因素的评价向量 $\boldsymbol{B}_1$ 计算如下。

$$\boldsymbol{B}_1=\boldsymbol{A}_1\cdot\boldsymbol{R}_1 \tag{9.2}$$

同理，分别获取业主方因素、设计单位因素、监理方因素、环境因素的评价向量 $\boldsymbol{B}_2$，$\boldsymbol{B}_3$，$\boldsymbol{B}_4$，$\boldsymbol{B}_5$。该组评价向量与二级指标的指标权重再进行上一层次的评判，最终得到综合评价向量 $\boldsymbol{B}$，计算公式为

$$\boldsymbol{B}=\boldsymbol{A}\cdot\boldsymbol{R}=\boldsymbol{A}\cdot[\boldsymbol{B}_1,\boldsymbol{B}_2,\boldsymbol{B}_3,\boldsymbol{B}_4,\boldsymbol{B}_5]^{\mathrm{T}} \tag{9.3}$$

$\boldsymbol{B}$ 在本章代表一个五维向量，分别表示评价对象隶属于很严重、较严重、一般、较轻和很小五个等级的情况。$\boldsymbol{A}$ 代表二级指标的权重向量。最终根据最大隶属度原则，对该装配式建筑项目施工进度情况进行等级评定，根据结果分析各影响因素对于该装配式建筑项目的施工进度影响情况，以及制定防范措施。

9.3　装配式建筑项目风险评价模型实际应用

9.3.1　工程项目背景分析

1. 工程概况

本章所选择的风险评价模型实际应用的装配式建筑项目为国内某住宅小区，该项目位于深圳市龙岗新区坪山街道，该项目的建设用地面积为 11 164 平方米，总建筑面积为 64 050 平方米，共三栋塔楼，总层数为 31～33 层，层高为 2.9 米，最大建筑高度为 98 米，采用装

配式剪力墙结构体系。该项目采用建筑工业化技术进行建造，标准层预制率达 50%，装配率达 70%。本章所采用的装配式建筑项目简图如图 9.2 所示。

图 9.2　本章所采用的装配式建筑项目简图

2. 工程特点

（1）建筑特点

本项目进行了标准化设计，在建筑设计上每户都由标准化的模块组成，为预制构件拆分设计的多样性创造了条件，遵循了预制构件拆分原则，给出了预制装配式外墙防水节点、预制装配式外墙窗节点防水做法。

（2）结构特点

本项目采用装配式剪力墙结构体系，遵循相关抗震规范规程等要求，进行了完善的抗震设计，同时在预制装配式外墙之间的水平连接、预制楼梯节点的连接等方面都根据现行国家标准设计。

（3）技术特点

本项目采用了 EPC 总承包管理模式，能够充分地发挥各方的协同作用。同时在 BIM 技术的应用下，本项目在设计阶段、生产阶段、施工阶段乃至全生命周期的信息管理上都有了技术性的支撑，使得整个项目各阶段的管理都更加方便、到位。

9.3.2　工程项目施工进度评价过程

1. 建立施工进度评价指标体系

综合装配式建筑项目施工进度风险因素识别，从各参与方的影响角度研究出发，通过设立目标层，选定一级指标、二级指标的方法，本节所定目标层为装配式建筑项目施工进度风险评价。一级指标有施工方因素 A_1、业主方因素 A_2 等五类风险因素；二级指标分别对应一级指标，有从业人员素质或技术水平低下 A_{11}、班组配置与调度不合理 A_{12}、预制构件等材料管理不当 A_{13} 等 19 类风险因素。本章所采用的装配式建筑项目施工进度评价指标体系表见表 9.1。

2. 确定各项指标权重

根据装配式建筑项目施工进度评价指标体系并结合层次分析法，构造出层次结构模型，同时结合专家打分法，对各个风险因素评价指标的相对重要性进行评分，得出该体系中风险因素的权重关系。本章问卷内容专业度较高，并且所面向的专家和工程师较少，为保证结果的严谨性，采用加权平均的计算方法，即先根据每个专家的问卷调查结果得出个人判断的各项指标的权重关系，再根据专家/工程师的资历、职称进行加权平均，得出最终的权重结果。

本章邀请该项目的建设单位、施工单位中的五位专家/工程师进行问卷调查，对该装配式建筑项目施工进度相关风险因素进行相对重要性评价。根据所得问卷结果，分别得出准则层及子准则层的判断矩阵。以下为各项指标权重计算过程。

（1）准则层各项指标权重计算

根据专家 1 打分结果，得出准则层判断矩阵（表 9.2）。

表 9.2　专家 1 准则层判断矩阵

A	A_1	A_2	A_3	A_4	A_5
A_1	1	5	5	5	7
A_2	1/5	1	2	3	5
A_3	1/5	1/2	1	1	3
A_4	1/5	1/3	1	1	1
A_5	1/7	1/5	1/3	1	1

得到判断矩阵后，根据方根法计算步骤，进行权重计算。

1）根据式（5.1）计算判断矩阵每一行元素的乘积 M_i。根据此判断矩阵 $n=5$，得到 $M_1=875$，$M_2=6$，$M_3=0.3$，$M_4=0.0667$，$M_5=0.0095$。

2）根据式（5.2）计算 M_i 的 n 次方根 $\overline{W_i}$，得到 $\overline{W_1}=3.876$，$\overline{W_2}=1.431$，$\overline{W_3}=0.786$，$\overline{W_4}=0.582$，$\overline{W_5}=0.394$。

3）根据式（5.3）对向量 $\boldsymbol{W}=[W_1,W_2,\cdots W_n]^{\mathrm{T}}$ 进行正规化，即归一化，分别得到 $W_1=0.5373$，$W_2=0.2076$，$W_3=0.1121$，$W_4=0.0838$，$W_5=0.0592$。$\boldsymbol{W}=[0.5373,0.2076,0.1121,0.0838,0.0592]^{\mathrm{T}}$ 即为所求的特征向量及准则层权重关系。

4）根据式（5.4）计算判断矩阵的最大特征 $\lambda_{\max}$，得到 $\lambda_{\max}=5.235$。

5）一致性检验。因为数据的调查收集是专家凭借直觉与经验的主观判断得来的，所以在调查结果的显示中可能会出现 A_1 因素比 A_2 因素重要，A_2 因素比 A_3 因素重要，但同时 A_3 因素比 A_1 因素重要的结果。为了避免这种可能的发生，调查结束后，需要对专家主观判断的一致性进行检验。如果检验不通过，则需要专家重新评价，调整评价值后进行一致性检验，直到一致性检验通过为止。因此，根据式（5.9）计算一致性指标 CI，得 CI = 0.0587。根据表 9.3 对随机性指标 RI 进行取值。

表 9.3　随机性指标取值

n	1	2	3	4	5	6	7	8	9	10	11
RI	0	0	0.58	0.9	1.12	1.24	1.32	1.41	1.45	1.49	1.51

最终计算 $\text{CI/RI} \approx 0.0524 < 0.1$，故符合一致性检验，该问卷所得准则层权重关系合理。

依据此法，并根据专家 2～5 的打分结果计算准则层权重向量，结果如下：专家 2 准则层权重向量 $\boldsymbol{W} = [0.4430, 0.1682, 0.1682, 0.1374, 0.0832]^{\mathrm{T}}$；专家 3 准则层权重向量 $\boldsymbol{W} = [0.3579, 0.3216, 0.1272, 0.0954, 0.0979]^{\mathrm{T}}$；专家 4 准则层权重向量 $\boldsymbol{W} = [0.3875, 0.2686, 0.1690, 0.1129, 0.0620]^{\mathrm{T}}$；专家 5 准则层权重向量 $\boldsymbol{W} = [0.4835, 0.2305, 0.1320, 0.0902, 0.0638]^{\mathrm{T}}$。根据加权平均法，得到最终准则层权重向量为

$$\boldsymbol{W} = [0.4419, 0.2393, 0.1417, 0.1039, 0.0732]^{\mathrm{T}}$$

故准则层权重结果如表 9.4 所示。

表 9.4　准则层权重结果

目标层	准则层	权重
装配式建筑项目施工进度风险评价 A	施工方因素 A_1	0.4419
	业主方因素 A_2	0.2393
	设计单位因素 A_3	0.1417
	监理方因素 A_4	0.1039
	环境因素 A_5	0.0732

（2）子准则层各项指标权重计算

子准则层各项指标权重计算过程与准则层各项指标权重计算过程相同，分别得到各子准则层权重关系如下。

1）子准则层-施工方因素。根据五位专家的打分结果计算得：专家 1 子准则层权重向量 $\boldsymbol{W} = [0.0502, 0.3373, 0.1126, 0.0422, 0.1610, 0.2968]^{\mathrm{T}}$；专家 2 子准则层权重向量 $\boldsymbol{W} = [0.0379, 0.3234, 0.0943, 0.0364, 0.1504, 0.3576]^{\mathrm{T}}$；专家 3 子准则层权重向量 $\boldsymbol{W} = [0.0953, 0.1638, 0.0538, 0.0319, 0.3354, 0.3198]^{\mathrm{T}}$；专家 4 子准则层权重向量 $\boldsymbol{W} = [0.0556, 0.1416, 0.1607, 0.0401, 0.3893, 0.2126]^{\mathrm{T}}$；专家 5 子准则层权重向量 $\boldsymbol{W} = [0.0487, 0.0983, 0.3028, 0.0585, 0.3322, 0.1596]^{\mathrm{T}}$。当一致性检验通过后，同样根据加权平均的方法，得到该子准则层最终权重向量为

$$\boldsymbol{W} = [0.0575, 0.2129, 0.1448, 0.0418, 0.2737, 0.2693]^{\mathrm{T}}$$

所得子准则层-施工方因素权重结果如表 9.5 所示。

表 9.5　子准则层-施工方因素权重结果

准则层	子准则层	权重
施工方因素 A_1	从业人员素质或技术水平低下 A_{11}	0.0575
	班组配置与调度不合理 A_{12}	0.2129
	预制构件等材料管理不当 A_{13}	0.1448
	机械设备选择及养护不当 A_{14}	0.0418
	施工技术不成熟 A_{15}	0.2737
	施工组织不合理 A_{16}	0.2693

2）同理，所得子准则层-业主方因素权重结果如表 9.6 所示。

表 9.6　子准则层-业主方因素权重结果

准则层	子准则层	权重
业主方因素 A_2	资金供给不到位 A_{21}	0.4380
	项目建设手续不完善或不及时 A_{22}	0.1182
	场地准备与交通准备不到位 A_{23}	0.3115
	业主对进度或质量要求过高 A_{24}	0.1323

3）同理，所得子准则层-设计单位因素权重结果如表 9.7 所示。

表 9.7　子准则层-设计单位因素权重结果

准则层	子准则层	权重
设计单位因素 A_3	设计变更频繁 A_{31}	0.6470
	预制构件拆分设计不合理 A_{32}	0.1557
	图纸供应错误或不及时 A_{33}	0.2273

4）同理，所得子准则层-监理方因素权重结果如表 9.8 所示。

表 9.8　子准则层-监理方因素权重结果

准则层	子准则层	权重
监理方因素 A_4	施工监督工作不到位 A_{41}	0.6500
	不能协调各方矛盾 A_{42}	0.3500

5）同理，所得子准则层-环境因素权重结果如表 9.9 所示。

表 9.9　子准则层-环境因素权重结果

准则层	子准则层	权重
环境因素 A_5	气候恶劣 A_{51}	0.1680
	地震频发 A_{52}	0.3973
	物价水平上涨幅度大 A_{53}	0.1726
	政策法规改变 A_{54}	0.2621

6）最终汇总得到装配式建筑项目施工进度风险评价各评价指标权重结果如表 9.10 所示。

表 9.10　装配式建筑项目施工进度风险评价各评价指标权重结果

目标层	准则层	权重	子准则层	权重
装配式建筑项目施工进度风险评价 A	施工方因素 A_1	0.4419	从业人员素质或技术水平低下 A_{11}	0.0575
			班组配置与调度不合理 A_{12}	0.2129
			预制构件等材料管理不当 A_{13}	0.1448
			机械设备选择及养护不当 A_{14}	0.0418
			施工技术不成熟 A_{15}	0.2737
			施工组织不合理 A_{16}	0.2693

续表

目标层	准则层	权重	子准则层	权重
装配式建筑项目施工进度风险评价 A	业主方因素 A_2	0.2393	资金供给不到位 A_{21}	0.4380
			项目建设手续不完善或不及时 A_{22}	0.1182
			场地准备与交通准备不到位 A_{23}	0.3115
			业主对进度或质量要求过高 A_{24}	0.1323
	设计单位因素 A_3	0.1417	设计变更频繁 A_{31}	0.6470
			预制构件拆分设计不合理 A_{32}	0.1557
			图纸供应错误或不及时 A_{33}	0.2273
	监理方因素 A_4	0.1039	施工监督工作不到位 A_{41}	0.6500
			不能协调各方矛盾 A_{42}	0.3500
	环境因素 A_5	0.0732	气候恶劣 A_{51}	0.1680
			地震频发 A_{52}	0.3973
			物价水平上涨幅度大 A_{53}	0.1726
			政策法规改变 A_{54}	0.2621

3. 建立模糊评价隶属矩阵

根据本章所提模糊层次综合评价模型，现对本章所采用的装配式建筑项目进行模糊评价隶属矩阵的建立。隶属度评价集收集规则为某评价等级的专家人数与专家总人数的比值，通过专家打分收集数据，得到影响因素与评价集隶属关系评定结果如表 9.11 所示。

表 9.11　影响因素与评价集隶属关系评定结果

目标层	准则层	指标层	评价集				
			很严重	较严重	一般	较轻	很小
装配式建筑项目施工进度影响评价	施工方因素	从业人员素质或技术水平低下	0	0.2	0.8	0	0
		班组配置与调度不合理	0	0	0.8	0.2	0
		预制构件等材料管理不当	0	0.4	0.6	0	0
		机械设备选择及养护不当	0	0.2	0.4	0.4	0
		施工技术不成熟	0	0.6	0.4	0	0
		施工组织不合理	0	0.2	0.8	0	0
	业主方因素	资金供给不到位	0.2	0.6	0.2	0	0
		项目建设手续不完善或不及时	0	0.4	0.6	0	0
		场地准备与交通准备不到位	0	0	0.6	0.4	0
		业主对进度或质量要求过高	0	0	0.4	0.6	0
	设计单位因素	设计变更频繁	0	0.8	0.2	0	0
		预制构件拆分设计不合理	0	0.2	0.8	0	0
		图纸供应错误或不及时	0	0	0.4	0.6	0
	监理方因素	施工监督工作不到位	0	0.2	0.6	0.2	0
		不能协调各方矛盾	0	0.2	0.6	0.2	0
	环境因素	气候恶劣	0	0.6	0.4	0	0
		地震频发	0	0	0	0	1
		物价水平上涨幅度大	0	0	0.6	0.4	0
		政策法规改变	0	0	0.4	0.6	0

根据表 9.11 可分别得到各风险评价指标的模糊判别矩阵 $\boldsymbol{R}$。

1）施工方因素的模糊判别矩阵 $\boldsymbol{R}_1$：

$$\boldsymbol{R}_1=\begin{bmatrix}0 & 0.2 & 0.8 & 0 & 0\\ 0 & 0 & 0.8 & 0.2 & 0\\ 0 & 0.4 & 0.6 & 0 & 0\\ 0 & 0.2 & 0.4 & 0.4 & 0\\ 0 & 0.6 & 0.4 & 0 & 0\\ 0 & 0.2 & 0.8 & 0 & 0\end{bmatrix}$$

2）业主方因素的模糊判别矩阵 $\boldsymbol{R}_2$：

$$\boldsymbol{R}_2=\begin{bmatrix}0.2 & 0.6 & 0.2 & 0 & 0\\ 0 & 0.4 & 0.6 & 0 & 0\\ 0 & 0 & 0.6 & 0.4 & 0\\ 0 & 0 & 0.4 & 0.6 & 0\end{bmatrix}$$

3）设计单位因素的模糊判别矩阵 $\boldsymbol{R}_3$：

$$\boldsymbol{R}_3=\begin{bmatrix}0 & 0.8 & 0.2 & 0 & 0\\ 0 & 0.2 & 0.8 & 0 & 0\\ 0 & 0 & 0.4 & 0.6 & 0\end{bmatrix}$$

4）监理方因素的模糊判别矩阵 $\boldsymbol{R}_4$：

$$\boldsymbol{R}_4=\begin{bmatrix}0 & 0.2 & 0.6 & 0.2 & 0\\ 0 & 0.2 & 0.6 & 0.2 & 0\end{bmatrix}$$

5）环境因素的模糊判别矩阵 $\boldsymbol{R}_5$：

$$\boldsymbol{R}_5=\begin{bmatrix}0 & 0.6 & 0.4 & 0 & 0\\ 0 & 0 & 0 & 0 & 1\\ 0 & 0 & 0.6 & 0.4 & 0\\ 0 & 0 & 0.4 & 0.6 & 0\end{bmatrix}$$

4. 计算获得综合评价结果

本章中施工方因素的评价向量 $\boldsymbol{B}_1$ 计算如下。

$$\boldsymbol{B}_1=\boldsymbol{A}_1\cdot\boldsymbol{R}_1=(0.0575,0.2129,0.1448,0.0418,0.2737,0.2693)$$
$$\cdot\begin{bmatrix}0 & 0.2959 & 0.6448 & 0.0593 & 0\\ 0.0876 & 0.3101 & 0.3983 & 0.2040 & 0\\ 0 & 0.5487 & 0.3449 & 0.1364 & 0\\ 0 & 0.2000 & 0.6000 & 0.2000 & 0\\ 0 & 0.1008 & 0.2756 & 0.2263 & 0.3973\end{bmatrix}$$
$$=(0,0.2959,0.6448,0.0593,0)$$

同理得业主方因素的评价向量 $\boldsymbol{B}_2=(0.0876,0.3101,0.3983,0.2040,0)$，设计单位因素的评价向量 $\boldsymbol{B}_3=(0,0.5487,0.3449,0.1364,0)$，监理方因素的评价向量 $\boldsymbol{B}_4=(0,0.2000,0.6000,0.2000,0)$，环境因素的评价向量 $\boldsymbol{B}_5=(0,0.1008,0.2756,0.2263,0.3973)$。由此可得

$$\boldsymbol{R}=\left[\boldsymbol{B}_1,\boldsymbol{B}_2,\boldsymbol{B}_3,\boldsymbol{B}_4,\boldsymbol{B}_5\right]^{\mathrm{T}}=\begin{bmatrix}0 & 0.2 & 0.8 & 0 & 0\\ 0 & 0 & 0.8 & 0.2 & 0\\ 0 & 0.4 & 0.6 & 0 & 0\\ 0 & 0.2 & 0.4 & 0.4 & 0\\ 0 & 0.6 & 0.4 & 0 & 0\\ 0 & 0.2 & 0.8 & 0 & 0\end{bmatrix}$$

故最终得到综合评价向量 $\boldsymbol{B}=\boldsymbol{A}\cdot\boldsymbol{R}=(0.0210,0.3109,0.5116,0.1317,0.0291)$，其中的数值分别对应的是评价等级中（很严重，较严重，一般，较轻，很小）的取值。根据最大隶属度原则，即 0.5116 最大。因此，可以得知该项目施工进度在该评价体系下，施工进度受影响程度一般。

9.3.3 施工进度模型评价结论分析

已知在本章所建立的装配式建筑项目施工进度风险评价体系下，最终的综合评价向量 $\boldsymbol{B}=(0.0210,0.3109,0.5116,0.1317,0.0291)$，可见，本章所采用的装配式建筑项目施工进度受影响程度一般。下面将从施工方因素、业主方因素、设计单位因素、监理方因素、环境因素五个方面进行分析。

（1）施工方因素分析

来自施工方因素的评价向量 $\boldsymbol{B}_1=(0,0.2959,0.6448,0.0593,0)$ 对应（很严重，较严重，一般，较轻，很小），即对工程进度影响一般。施工方因素权重向量 $\boldsymbol{A}_1=\boldsymbol{B}_1\cdot\boldsymbol{R}_1=(0.0575,0.2129,0.1448,0.0418,0.2737,0.2693)$，分别对应从业人员素质或技术水平低下、班组配置与调度不合理、预制构件等材料管理不当、机械设备选择及养护不当、施工技术不成熟、施工组织不合理。根据权重大小分析得出该项目在施工方因素下优先考虑控制的风险因素为施工技术不成熟和施工组织不合理。

（2）业主方因素分析

来自业主方因素的评价向量 $\boldsymbol{B}_2=(0.0876,0.3101,0.3983,0.2040,0)$ 对应（很严重，较严重，一般，较轻，很小），即对工程进度影响一般。业主方因素权重向量 $\boldsymbol{A}_2=\boldsymbol{B}_2\cdot\boldsymbol{R}_2=(0.4380,0.1182,0.3115,0.1323)$，分别对应资金供给不到位、项目建设手续不完善或不及时、场地准备与交通准备不到位、业主对进度或质量要求过高。同理得出该项目在业主方因素下优先考虑控制的风险因素顺序为资金供给不到位、场地准备与交通准备不到位、业主对进度或质量要求过高、项目建设手续不完善或不及时。

（3）设计单位因素分析

来自设计单位因素的评价向量 $\boldsymbol{B}_3=(0,0.5487,0.3449,0.1364,0)$ 对应（很严重，较严重，一般，较轻，很小），即对工程进度影响较严重。设计单位因素权重向量 $\boldsymbol{A}_3=\boldsymbol{B}_3\cdot\boldsymbol{R}_3=(0.6470,0.1557,0.2273)$，分别对应设计变更频繁、预制构件拆分设计不合理、图纸供应错误或不及时。同理得出该项目在设计单位因素下优先考虑控制的风险因素顺序为设计变更频繁、图纸供应错误或不及时、预制构件拆分设计不合理。

（4）监理方因素分析

来自监理方因素的评价向量 $\boldsymbol{B}_4=(0,0.2000,0.6000,0.2000,0)$ 对应（很严重，较严重，一

般，较轻，很小)，即对工程进度影响一般。监理方因素权重向量 $\boldsymbol{A}_4 = \boldsymbol{B}_4 \cdot \boldsymbol{R}_4 = (0.6500, 0.3500)$，分别对应施工监督工作不到位、不能协调各方矛盾。同理得出该项目在监理方因素下优先考虑控制的风险因素顺序为施工监督工作不到位、不能协调各方矛盾。

（5）环境因素分析

来自环境因素的评价向量 $\boldsymbol{B}_5 = (0, 0.1008, 0.2756, 0.2263, 0.3973)$ 对应（很严重，较严重，一般，较轻，很小），即对工程进度影响一般。环境因素权重向量 $\boldsymbol{A}_5 = \boldsymbol{B}_5 \cdot \boldsymbol{R}_5 = (0.1680, 0.3973, 0.1726, 0.2621)$，分别对应气候恶劣、地震频发、物价水平上涨幅度大、政策法规改变。同理得出该项目在环境因素下优先考虑控制的风险因素依次为地震频发、政策法规改变、物价水平上涨幅度大、气候恶劣。

综上所述，通过对比风险因素权重大小可得，影响该项目施工进度的主要因素有资金供给不到位、施工技术不成熟、预制构件等材料管理不当、设计变更频繁。

9.3.4　施工进度风险控制

根据本章所采用的装配式建筑项目施工进度模型评价结果可知，影响该项目施工进度的主要因素有资金供给不到位、施工技术不成熟、预制构件等材料管理不当、设计变更频繁。为降低日后同类风险因素的影响程度，我们提出以下施工进度风险控制措施。

（1）资金供给不到位控制措施

施工方应当提前做好进度计划的资金保证措施，如相关合同的签署，根据各个阶段的详细施工进度图提出各节点的资金使用计划，同时制定严格的进度款拨付签署制度，使工程款支付得到保障。此外，施工方还应当加强与业主方的沟通，建立信任也是及时获取资金的途径。

（2）施工技术不成熟控制措施

施工方应当及时提升技术，包括设备先进性、施工方法的完善等方面，同时可以尝试学习、引入国内外新兴技术，如本章所采用的装配式建筑项目全过程应用了 BIM 作为辅助。同时，在提高和引入技术之后，同样需要对同类型技术的实际应用实例进行深层次的学习，发现当前技术存在的问题和难点并及时解决，保证在施工过程中减少出现因技术提升而衍生的其他问题。

（3）预制构件等材料管理不当控制措施

预制构件作为装配式建筑项目施工过程中的重要材料，施工方应不断完善预制构件的管理制度，如预制构件的运输路线的设置、施工现场如何堆放及调用、预制构件进场时如何进行质量检查等。同时，在施工材料质量检验时应当及时与监理方配合，及时向业主方反馈材料问题，提出材料的重新供应等措施。

（4）设计变更频繁控制措施

设计变更的提出一般来自业主方或施工方。当设计变更来自业主方时，该风险因素属于不可控因素，施工方应当及时与业主方进行充分沟通，保证资金的到位，以及及时完成变更工程，减少对施工进度的影响；当设计变更由施工方提出时，表明施工方对原设计文件理解不够充分，导致施工过程中某些工程无法实现，因此施工方应当加强前期施工图的分析管理，及时发现问题，从而在施工前提前完成设计变更，并及时提出相应解决方法。

9.4 本 章 小 结

本章针对装配式建筑项目施工进度风险因素建立评价指标体系，以调查打分法为权重获取手段，以模糊层次综合分析法确定装配式建筑项目施工进度评价模型。具体手段为：首先通过调查打分法获取工程信息、关键因素相关关系，其次基于层次分析法建立影响因素相关权重模型，然后建立评价等级和隶属度模型，最终通过模糊数学理论进行评价等级的结果获取，进而对项目进行施工进度风险综合评价分析。分析结果表明，主要的风险因素包括资金供给不到位、施工技术不成熟、预制构件等材料管理不当、设计变更频繁。结合实际装配式建筑项目案例进行施工进度风险评价，并提出应对措施对相应施工进度风险进行控制。

第 10 章　装配式建筑项目环境风险分析研究

10.1　装配式建筑项目环境影响

与传统的现场浇筑相比，装配式建筑对环境的影响一直是装配式建筑领域重点关注的研究课题，大量研究讨论了装配式建筑技术实施带来的共同好处，包括废弃物和粉尘减少与噪声减小。因此，装配式建筑项目环境风险也成了装配式建筑项目风险管控的重点。现有装配式建筑项目环境风险分析主要集中在以下几个方面。

1）物化能耗：将建筑物作为建筑工程的最终产品，在建筑物建造过程中原材料的开采、生产、运输，构件生产，施工等过程所消耗的各类能源总和，包含建材生产和建筑施工能耗。

2）运行能耗：主要包括采暖、空调、照明能耗。

3）建筑全生命周期能耗：建筑作为最终产品，在其全生命周期内所消耗的各类能耗总和，包括建材生产运输、建筑施工、建筑使用运行和建筑拆除处置能耗。

4）温室气体（碳排放）：大气中允许太阳短波辐射透入大气底层，并阻止地面和底层大气中的长波辐射逸出大气层，从而导致大气底层处（对流层）温度保持较高的气体，如水蒸气、二氧化碳、大部分制冷剂等，它们的作用是使地球表面变得更暖，类似温室截留太阳辐射，并具有加热温室内空气的作用。这种温室气体使地球变得更温暖的影响被称为“温室效应”。水汽（H_2O）、二氧化碳（CO_2）、氧化亚氮（N_2O）、氯氟烃（CFC）、甲烷（CH_4）等是地球大气中主要的温室气体。

5）建筑垃圾：建设、施工单位或个人对各类建（构）筑物、管网等进行建设、铺设、拆除、修缮过程中产生的渣土、弃土、弃料、余泥及其他废弃物。根据产生源的不同，建筑垃圾可以分为施工建筑垃圾和拆毁建筑垃圾。施工建筑垃圾是在新建、改建或扩建工程项目当中产生的固体废弃物，而拆毁建筑垃圾是在对建筑物进行拆迁、拆除时产生的建筑垃圾。

10.2　装配式建筑项目生命周期环境风险分析方法

10.2.1　生命周期评价理论

（1）生命周期评价

生命周期评价（life cycle assessment，LCA）是一种对产品、生产工艺及服务从“摇篮”到“坟墓”生命期过程的环境负荷和资源消耗进行评估的方法或工具。当从国家或区域社会的层次对产品生产进行考虑时，它也可以展示同类产品不同生产过程的能源和环境影响效果。生命周期评价的主要特点在于全面、系统地反映产品完整生命过程的影响效果，而不仅仅局限于产品生产的单个阶段。对于建筑产品，其生命周期包括原材料挖掘与生产、运输、施工建造、运行和拆除五个阶段，如图 10.1 所示。

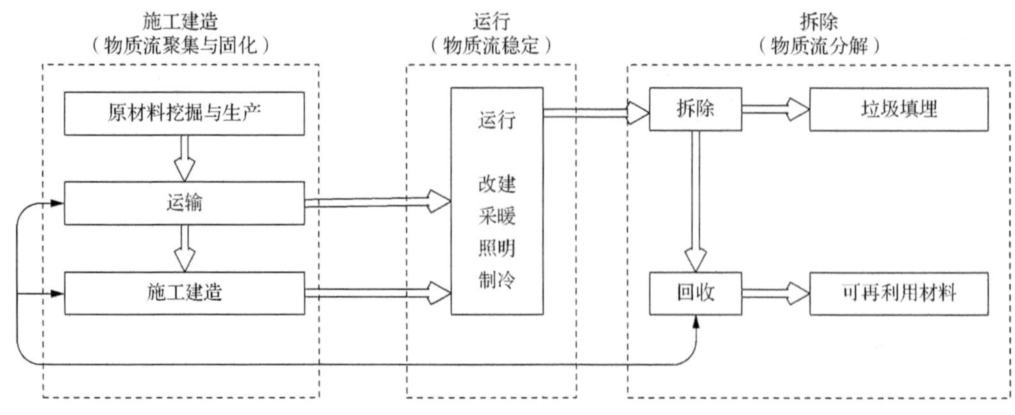

图 10.1 建筑产品生命周期

生命周期评价主要包括四个阶段：目的和范围的确定、清单分析、生命周期影响评价和结果释义。

1）目的和范围的确定。该阶段涉及对研究目标、接受人群和系统边界的确定，以满足潜在应用的要求。根据研究目的的不同，生命周期评价可分为三类：概念的、初步的和全面的产品生命周期评价。

2）清单分析（inventory analysis）。该阶段涉及对每个功能单元相关投入、产出数据的收集，这些数据主要是产品自身内部及产品与外部自然环境系统间的物质流和能量流。该步骤包括对建筑系统物质和能量投入与产出的定量计算，所得出的结果将用于生命周期能源环境影响评估。当前，生命周期清单分析的方法主要有三类，即过程生命周期清单分析、投入-产出生命周期清单分析和混合生命周期清单分析，而这三种方法也决定了生命周期评价的三种模型。

3）生命周期影响评价（life cycle impact assessment，LCIA）。该阶段主要对模型系统的潜在环境影响、资源使用和能源消耗情况进行评估和分析，说明各阶段对环境、能源影响的相对重要性，以及每个生产阶段或产品每个组成部分的环境、能源影响大小。生命周期影响评价主要包括三个要素：选择影响类型、将清单分析结果分配到影响类型中（分类）、对影响类型因子建立模型（特征化）。对清单分析结果的分类涉及将空气排放物、固体排放物和使用的资源分配到选择的影响类型中，如将大气排放物中所有能造成全球变暖的气体归为一类。特征化则是将同属一类的清单结果汇总到特征化因子的过程。特征化因子是引起某种环境影响变化的具体表现。例如，对温室效应而言，全球增温潜能值（global warming potential，GWP）通常作为该环境类型的特征化因子。同时，ISO 14040《环境管理 生命周期评价 原则与框架》中除上述三个必备要素外，还将归一化、分组、加权及数据质量评价作为可选步骤。需要注意的是，生命周期影响评价阶段存在主观性，主要表现为影响类型的选择和进行模式化及评价过程，因此在进行影响评价时，应尽量保证数据的准确性。

4）结果释义。该阶段是将清单分析和生命周期影响评价的结果形成结论与建议的过程。

（2）过程生命周期评价模型

过程生命周期评价模型是生命周期评价模型最初、最基本的形式。它将拟研究产品的生产过程分解成不同阶段，研究每个阶段与外部环境的物质、能量交换和环境影响，最后将各阶段数据归纳汇总，从而得到该产品的能源消耗和环境污染总量，以及对经济、社会的总体影响表现。需要注意的是，产品的生产过程是一个无限向外拓展的过程。例如，在房屋的建造过程中，施工机械在施工活动中产生的各种能源消耗和环境影响处于建筑产品生产过程影响源的底层。但施工机械本身的生产和制造对于建筑产品的成型与实现必不可少，因此也应被纳入建筑产品的生产过程中加以考虑。以此类推，施工机械生产所需设备的生产也属于建筑产品的生产过程，这便形成了一个无限向外拓展的关联树。由于过程数据、研究时间和经费等条件的制约，过程生命周期评价只能就系统内的有限环节在有限层次（通常为第一层）展开。因此，在进行过程生命周期评价时，研究人员需要对产品的生产系统划定边界，以使研究范围明确、可行。

过程生命周期评价模型的优点在于对产品生命期阶段的详尽划分，从而得到针对性强、精确度高的模型结果，同时方便产品之间的比较。由于建筑产品具有复杂性和独特性的特点，运用过程生命周期评价模型能够更准确地计算出建筑产品的能源和环境影响效果。但研究人员主观划分的系统边界往往干扰研究结果的客观性。同时，建筑产品是一个复杂的系统工程，所涉及的建筑材料、部品、运输车辆、施工机械等种类繁多，这便导致了相关数据的收集成为一个费时费力的过程。此外，不同建筑产品在结构设计、材料选用、施工方法方面也不尽相同，对某一建筑产品的过程生命周期评价结果难以在其他建筑中推广和复制。

（3）投入-产出生命周期评价模型

投入-产出生命周期评价是根据某一国家或地区的经济投入产出表来测算产品或服务的能源消耗和环境影响表现的过程。投入-产出（input-output，I-O）分析成功地量化了经济系统中产业部门间的关联互动效果，并因此成为分析产品或服务外部性的有效方法，如环境影响分析。投入-产出生命周期评价以国家或地区的经济系统作为研究边界，以系统内各产业部门间的关联互动关系为基础，有效地解决了过程生命周期评价中生产过程无限拓展的问题。

投入-产出生命周期评价模型主要包括三个要素：技术矩阵、卫星矩阵和总需求列向量。技术矩阵由投入产出表中的直接消耗系数组成，反映了国民生产各部门之间的经济关系。卫星矩阵是各产业部门的能源消耗强度或环境污染强度，即产业部门单位经济产出的能源消耗量或环境污染量。总需求列向量为拟研究产品的经济价值量。

在投入-产出生命周期评价模型中，最终的清单向量 $\boldsymbol{d}$ 可由以下公式计算求得：

$$\boldsymbol{d}=\boldsymbol{B}(\boldsymbol{I}-\boldsymbol{A})^{-1}\boldsymbol{C} \tag{10.1}$$

其中，$\boldsymbol{A}$ 为直接系数消耗矩阵；$\boldsymbol{I}$ 为单位矩阵；$\boldsymbol{B}$ 为卫星矩阵；$\boldsymbol{C}$ 为总需求列向量。

由于投入-产出生命周期评价模型借助公众数据，如产业部门的直接消耗系数、各产业部门的能耗量等，研究活动的时间和资金投入得以显著降低。此外，该模型的基础是产业部门间的经济关系，模型计算得出的产品或服务的能源消耗量和环境污染量反映了社会平均生产水平，因此该模型结果具有普遍性。这一特点使得投入-产出生命周期评价模型在宏观研究中应用广泛，但不适用于个例研究。该模型的缺点在于产业部门的影响数据统计与投入产出表中各部门的经济数据统计在部门划分口径方面缺乏一致性，导致对部门数据进行汇总或拆分时产生误差。同时，对部门数据的汇总或拆分加入了研究人员的主观因素，影响模型的客观性和准确度。此外，由于投入产出表无法反映产品的运行与使用，该模型仅适用于对产品物化过程各种影响效果的计算，而非产品的整个生命周期。

（4）混合生命周期评价模型

混合生命周期评价模型不仅包括产品的物化过程，还可以覆盖产品的运行与报废阶段。运用混合生命周期评价模型，可以减少过程分析中人为划定系统边界所产生的误差与干扰，实现在微观水平上对近似产品的比较。一般来讲，混合生命周期评价模型包括如下三种形式。

1）层次化混合生命周期评价（tiered hybrid LCA）模型。该模型最早由布拉德（Bullard）等人在 1978 年提出。对建筑产品而言，该模型的主要思想是，在建筑的材料运输、施工、运行及拆除阶段运用过程生命周期评价模型；而对剩余的“上游”生命期阶段，如原材料挖掘和施工机械制造阶段，运用投入-产出生命周期评价模型加以分析，从而揭示建筑产品的全生命期影响表现。在运用该模型处理具体问题时需要注意以下两个方面：一是对两种模型在生命周期评价中结合点的选择尤为重要，即对哪些阶段采用投入-产出生命周期评价模型分析，哪些阶段采用过程生命周期评价模型分析；二是在投入-产出生命周期评价模型分析和过程生命周期评价模型分析相结合时，要避免对同一活动的重复计量。

2）投入-产出混合生命周期评价（input-output-based hybrid LCA）模型。该模型根据产品具体的经济信息先对投入产出表中现有部门进行拆分或添加新的部门，再将过程分析的数据应用到投入-产出系统中。该模型可细分为六类。第一类是拟研究产品可被划分到现有投入产出表中的某个部门；第二类是在现有投入产出表中无法找到与拟研究产品相对应的部门，此时须根据产品的生产情况将其作为一个新的产业部门添加到投入产出表中进行计算；第三类是现有产业部门口径过宽，需要对该部门进行拆分，对拟研究产品单独加以考虑；第四类是根据拟研究产品较为详细的过程数据对多个产业部门进行拆分和添加；第五类和第六类是在模型中分别嵌入拟研究产品的使用和报废阶段的过程数据。

3）集成化混合生命周期评价（integrated hybrid LCA）模型。该模型的基本思想是将产品的整个生命期过程用技术矩阵进行表达。该模型的优点之一是通过建立统一的数学计算框架，避免了过程生命周期评价模型与投入-产出生命周期评价模型结合时的重复计算，同时保证了研究系统边界的全面性和完整性。该模型的不足是对数据的需求较大，研究时间较长，并且该模型的应用和操作相对复杂。

10.2.2 环境风险分析方法应用

数据是影响装配式建筑相关研究的范围、重点和准确性的核心因素。它主要包括三个子因素，即数据可用性、数据可访问性和数据质量。我国的大多数装配式建筑物仍在建设中或处于运营阶段，因此缺乏足够的拆卸相关数据进行深入分析。由于各种原因，开发商、供应商和承包商不愿在施工阶段共享详细的清单数据，这限制了公众和研究的数据可访问性。因此，案例研究方法在与预制相关的研究中占主导地位，而基于工艺的生命周期评价是主要的基础方法。然而，由于方法论假设，数据来源，以及时间、地理和技术代表性的差异，这种逐案调查方式降低了同行之间的可比性。此外，尽管装配式建筑结构强调了装配式建造工厂的精确生产，但通过整个供应链收集的数据仍存在不同程度的不确定性。因此，除定量模拟外，定性分析（如描述性故事）在装配式建筑研究中仍然起着至关重要的作用。

与装配式建筑项目环境影响相关的数据质量和可用性方面的缺陷已导致现有研究大量采用模拟仿真、生命周期评价或定性研究。迄今为止，环境风险指标主要限于能源和碳排放，可以用以下事实来解释：美国绿色建筑委员会所示的几种现有建筑可持续性评估系统，如能源与环境设计先锋（leadership in energy and environmental design，LEED），为这两个指标分配了更多权重，从而可以在现有软件工具（如 IES）中更容易地模拟这两个指标或评估标准。值得注意的是，其他一些新兴的建筑可持续性评级工具已经引起了越来越多的公众关注，如 The WELL Building Standard（健康建筑标准）。这些新兴的评级工具涵盖了其他各种指标，包括室内健康和福祉。因此，场外建筑设施的绩效指标可能会变得更加全面，尤其是涵盖与人类健康和福祉相关的指标。

尽管已对特定的预制构件及其在整个建筑物中的作用进行了充分的研究，但对容积建筑（包括容积式模块化和容积式建筑物）的详细调查仍然很少。以前大多数针对装配式建设项目碳排放的研究都局限于建造前的排放预测或建造后的定量分析，实时监控系统有限，无法捕获建筑物性能的实时数据。大多数关于装配式建筑设施环境影响的研究都是基于生命周期评价方法或计算机的模拟，但是对于捕获建筑环境风险的实时数据所做的工作有限。传统的生命周期评价或模拟方法可能会产生一定程度的不确定性，并且需要使用来自站点监控的实时数据进行验证。现有的预制建筑物缺少实际的运行数据。数据来源和相应的数据质量是准确衡量装配式建筑项目环境风险影响的主要障碍。

另外，在装配式建筑项目环境风险分析方法的基础上，建立装配式建筑项目环境风险综合指标评价体系极其重要。近年来，人们对装配式建筑项目的环境影响风险分析进行研究的势头越来越大。实际上，利益相关者关注装配式建筑项目环境风险影响的多个指标，如成本、质量和施工后的建筑性能等。现有研究尚未调查装配式建筑项目的不同环境风险指标，如能源性能、碳排放和其他工程特性。一个综合的指标体系，通过结合成本、能效、碳足迹、室内健康和福祉及其他衡量指标来评估装配式建筑项目的环境风险，基于与常规场地的比较，将有助于人们深入了解装配式建筑项目的环境风险。装配式建筑的结构形式有所不同，如木框架、预制混凝土和模块化容器。大数据方法已显示出其在建筑行业的潜力，如建筑废物管理。装配式建筑在中国仍处于起步阶段。因此，对于装配式建筑项目的环境风险影响分析而言，大数据方法可能并不立即可行。尽管如此，通过站点监视和数据收集，仍将提高大数据在装配式建筑项目绩效评估中的应用潜力。现场建立装配式建筑设施的实验方法可能是分析模拟与现场监控的实际性能之间差距的研究方法之一。近年来，新兴的“生活实验室”可以通过建立用于学术研究和公众宣传的站点，构建单元来适应装配式建筑技术，还可以通过共享现场监控的建筑性能数据在学术界和行业之间架起桥梁。该“生活实验室”允许使用适合装配式建筑技术的各种模块化建筑组件，如装配式建造基础系统、墙板和绿色屋顶板等。

鉴于较高的预制率和大量的模块化单元，从技术和管理方面来讲，立体结构对装配式建筑项目制造、物流、现场组装、操作和拆除带来了巨大的挑战。因此，亟须进行实验研究，以对该特定预制单元的生命周期环境性能进行深入分析。

在讨论了现行的环境风险分析方法的局限后，我们为未来的研究提出了一个框架（图 10.2）。该框架整合了可持续性评价、物联网、复杂性能指标系统和知识库。

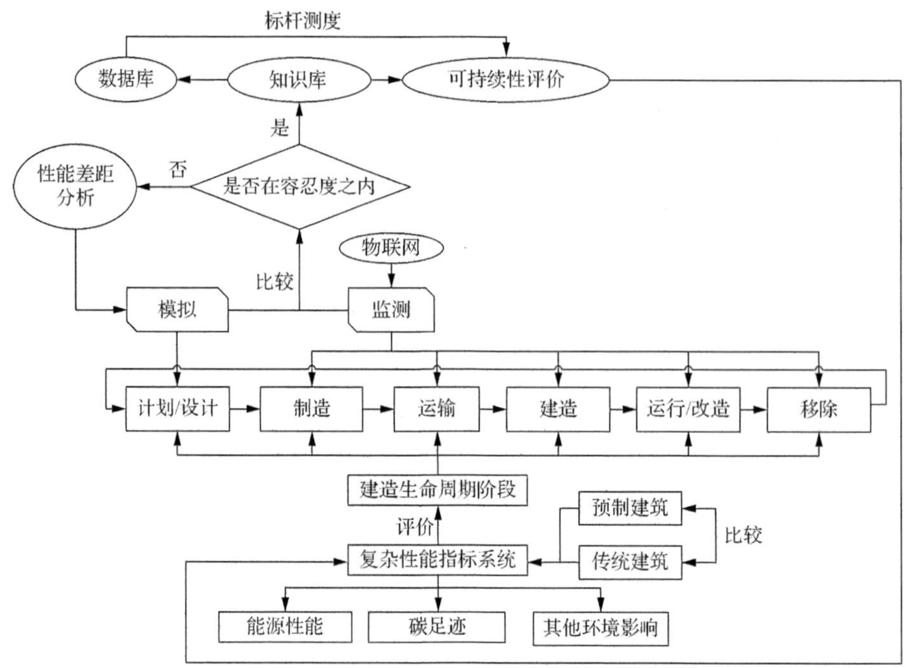

图 10.2　装配式建筑项目环境风险分析研究框架

10.3　装配式建筑项目典型预制构件的生命周期能耗分析

10.3.1　分析范围、系统边界和功能单元

本节采用投入-产出混合生命周期评价模型来分析我国典型预制构件的生命周期能耗。能量量化的系统边界涵盖了预制构件的整个生命周期，包括预制制造、运输、现场装配和拆除阶段的回收，在拆除阶段的额外加工中满足回收材料预期功能的质量和形状的物化能源也被量化。

能量量化的基本功能单位是每立方米预制构件的能耗（吉焦/米^3）。此外，为了反映采用预制构件对实际建筑项目的能源影响，本节还将详细阐述其他功能单位。首先量化每个项目所采用的预制构件中的额外能源消耗量（吉焦），然后进一步除以总建筑面积以代表每平方米增量能源消耗量（吉焦/米^2）。

10.3.2　投入-产出混合生命周期能量分析框架

（1）预制制造（E_H）

投入-产出混合生命周期评价模型用于探索在预制造过程中的物化能量消耗。这种混合模型的基本程序包括以下几个方面。

1）使用 I-O 分析计算研究产品的初始总环境负荷。

2）基于 I-O 分析确定具有重大环境影响的关键路径，分解复杂的上游过程。

3）利用基于过程库存的数量和能量强度数据修改关键路径。

4）从 I-O 模型计算的初始总环境影响中减去过程清单中表示的关键路径的相应 I-O 值。

5）将基于过程分析的修正能量路径集成到剩余的未修正的 I-O 框架中。

上述整个过程可以表示为一系列方程。从 I-O 分析得出的总能量消耗的结果可以表示为

$$E_{\text{I-O}} = F(I - \boldsymbol{A})^{-1}V \tag{10.2}$$

其中，$E_{\text{I-O}}$ 为最终需求 $V = [v_i]_{n\cdot 1}$ 的物化能耗；$F = [f_i]_{1\cdot n}$ 为每个扇区的直接能量强度的矢量；I 是单位矩阵；$\boldsymbol{A} = [a_{ij}]_{n\cdot n}$ 为行业间需求系数矩阵。

特雷洛尔（Treloar）详细讨论了分解投入产出模型和从上游过程中提取关键路径的算法。因此，通过基于流程的库存中导出的交付量和能源强度数据，对具有重要环境贡献的关键路径进一步修改。事实上，特定案例的过程数据应包括从与基础材料相关的基于过程的模型中导出的数量和能量强度信息。基础材料的修改值可以表示为

$$E_P = \sum_{i}^{k} \varepsilon_i q_i \tag{10.3}$$

其中，ε_i 为主要材料 i 的物化能强度；q_i 为生产现场使用的材料 i 的交付量；k 为基础材料的类型。

鉴于基础材料 I 的 I-O 值是相互排斥的，并且基于过程的物化能值比投入产出派生数据更准确，因此有可能将基于过程的库存数据替换为投入产出派生值，通过运行 I-O 分析，路径级别的替换可能不会导致对其余部分的 I-O 模型产生不需要的迭代效应。此外，为避免重复计算，应从初始总环境影响中减去主要物质的投入产出派生值。替代过程可以表示为

$$E_{\text{H}} = E_{\text{P}} + E_{\text{I-O}} - E_{\text{I-O}}^{\text{P}} \tag{10.4}$$

其中，E_{P} 为基础材料的基于过程的物化能值；$E_{\text{I-O}}^{\text{P}}$ 为代表基础材料的能量路径的 I-O 导出值，E_{H} 是综合考虑产品特性和系统完整性的整体方式。

（2）运输（E_{T}）

从非现场工厂到施工现场的交通是预制施工的重要过程。与传统建筑材料运输不同，预制物流需要仔细的装卸控制过程及额外的保护和固定，以避免运输过程中可能出现的损坏。根据我们进行的采访可知，高载重卡车通常被用作运输的主要车辆类型，特别是预制组件体积和重量较大时。基于文献综述，我们收集了用以评估运输过程中的物化能使用情况的二次数据。

（3）施工现场组装（E_{C}）

很多施工技术和设备已被用于促进预制组件的现场组装工作，包括相关的施工机械使用、水平和垂直运输及与预制施工过程相关的起重工作。然而，研究人员很难将建筑工地使用的总能量与预制建筑的能耗分开。因此，本书采用纯 I-O 分析来估计预制构件的现场装配工作的直接能耗。

（4）拆除阶段的重新使用和回收（E_{R}）

我国当前的研究集中在拆除过程中的能源消耗。相关研究不仅受到客户需求、承包商偏好和市场规则变化的限制，还受到公共文件和建筑拆除数据可用性的限制。与建筑物的生命周期能源使用相比，拆除建筑物相关的能源消耗相对较小。但是，回收和再利用的节能潜力

相当可观，在建筑的整个生命周期中不可忽视。因此，本节对建筑物拆除阶段的再利用和再循环活动进行了深入分析。

材料回收方法可以分为两种，即再利用和回收（表 10.1）。鉴于材料的特性和本节中使用的预制组件的属性，钢采用混合回收方法进行回收，而混凝土和铝作为原材料进行回收，并采用合适的处理方式。

表 10.1 建筑物拆除阶段的材料回收方法

回收方法	定义	材料
再利用	重复使用材料，无须进一步处理	钢
回收	用合适的回收材料作为原材料	钢、混凝土、铝

在传统上，回收过程的节能潜力可以表示为

$$E_{\mathrm{R}} = \sum_{i}^{k} \varepsilon_i q_i (\alpha_i + \beta_i) \tag{10.5}$$

其中，ε_i 为物质 i 的能量强度；q_i 为物质 i 使用的材料数量；α_i 和 β_i 分别为再利用率和回收率。

在整个生命周期（即从建造到拆除）中，回收材料必须进一步加工以满足预期功能的质量、强度、形状和尺寸要求。因此，材料拆卸和二次加工等材料回收过程需要额外的能耗。因为额外的能耗是必要的，所以用公式表示为

$$E'_{\mathrm{R}} = \sum_{i}^{k} \varepsilon_i q_i \alpha_i + q_i \beta_i (\varepsilon_i - \gamma_i) \tag{10.6}$$

其中，γ_i 为二次加工的能量强度。

在建筑拆除阶段，许多研究讨论了回收率和再利用率。相关研究指出，超过 99%的废弃材料能够被转化为可再生材料，只有少数塑料和绝缘材料最终被填埋。表 10.2 显示了以往文献研究中不同类型主要建筑材料的回收率和再利用率。根据不同情景，本节中使用的回收率列于表中的最后一行。

表 10.2 主要建筑材料的回收率和再利用率 单位：%

主要建筑材料		混凝土		钢		铝	
回收率和再利用率		回收率	再利用率	回收率	再利用率	回收率	再利用率
Thormark（2001）	参考场景	20	1	65	0	65	0
	最大回收场景	90	1	95	0	95	0
	最大再利用场景	80	10	75	20	95	0
Zhang 等（2006）	平均水平	10		90		90	
本节		60	1	80	10	80	0

虽然大多数材料的质量伴随着生命周期的回收利用而减少，但考虑到主要目标和系统边界，本节不会讨论回收频率问题。

预制组件的生命周期能量强度（兆焦/米^3）可以表示为

$$E = E_{\mathrm{H}} + E_{\mathrm{T}} + E_{\mathrm{C}} - E_{\mathrm{R}} \tag{10.7}$$

10.3.3 案例分析

1. 装配式建筑预制构件生命周期能耗分析

混合生命周期评价被用来通过 I-O 分析将主要材料的特定工艺数据与社会平均制造数据结合起来。混合生命周期评价分析在很大程度上确保了系统边界的完整性和结果的准确性。

分析详细的过程数据对于下一步研究至关重要，考虑到我国目前的生产技术和供应链条件，研究材料能源强度是必要的。然而，我国主要建筑材料生命周期能源强度的研究是有限的，特别是缺乏权威和系统的数据。四川大学开发的中国生命周期基础数据库（Chinese life cycle database，CLCD）和 eBalance 4.7 生命周期评价软件已经对建筑材料生命周期能源强度进行了计算。此外，我们还通过文献研究收集了一些主要建筑原材料能源强度的数据（表 10.3）。

表 10.3 我国建筑原材料的能源强度数据

材料	单位	Li 等（2013）	Zhang 等（2009）	Gu 等（2006）	赵平等（2004）	仲平（2005）	杨倩苗（2009）	eBalance
混凝土	吉焦/米^3	1.6			1.6	1.6	2.5	1.6
水泥	吉焦/吨	5.5	6.8	5.5	5.5	5.3	7.8	2.2
钢	吉焦/吨	29～32.8	34.5	29	29	26.5	56.6	22
玻璃	吉焦/吨	16	19.9	16	16	17.6	14.1	16
铝	吉焦/吨	180		180	180	421.7		110
聚苯乙烯	吉焦/吨			117	117		90.3	83
瓷砖	吉焦/吨	15.4		15.4	15.4	29.4		
砖	吉焦/吨	2	2.1		1.2～2	2	2	4.0

由表 10.3 可知，虽然某些类型材料的能源强度会在某些情况下波动，但结果相似性较高。对这些研究案例的详细分析进一步表明，生产技术也对能源强度值有直接影响，特别是为制造过程选择的特定生产技术。表 10.4 列出了目前研究假设的不同材料的能源强度和相应的生产技术。中国建筑材料联合会根据建筑材料管理部门和国家统计局收集的统计数据，编制了几种典型建筑材料的能源强度。

表 10.4 主要建筑材料的能源强度和生产技术

材料	单位	特点	物化能源强度/（吉焦/单位）
混凝土	立方米	C30	1.76
水泥	吨	普通硅酸盐水泥 42.5 预煅烧	3.18
玻璃	平方米	浮法玻璃 2 毫米	0.12
钢	吨	冷轧初级钢	29
聚苯乙烯	吨	通用聚苯乙烯 平均水平	117
铝	吨	平均水平	180
瓷砖	吨	平均水平	15.4
砖	吨	黏土砖 平均水平	2.0

混凝土的能源强度随着其强度的增加而增加，C30 混凝土是国内主要使用的混凝土类型，故本节使用 1.76 吉焦/米^3 作为 C30 混凝土的能源强度。选定的生产工艺和产生的水泥类型影响着水泥的能源强度。普通硅酸盐水泥 42.5 是主要使用的水泥种类，它是通过预煅烧技术生产的，其能源强度为 3.18 吉焦/吨。类似地，冷轧初级钢、2 毫米厚的浮法玻璃和通用聚苯乙烯为预制构件生产过程中使用的主要材料，相应的能源强度分别为 29 吉焦/吨、0.12 吉焦/米^2 和 117 吉焦/吨。

通过实地调查收集六种主要预制构件的材料清单可知，混凝土和钢是装配式建筑使用的主要材料，其他材料（如铝和聚苯乙烯）仅用于建造预安装窗户和隔热的外墙。六种主要预制构件的材料清单如表 10.5 所示。

表 10.5　六种主要预制构件的材料清单

材料	单位	预制外墙	预制剪力墙外墙模	楼板	阳台板	楼梯板	空调板
混凝土	立方米	0.9	0.98	0.84	0.84	0.84	0.84
钢	千克	273	240	152	316	144	186
玻璃	平方米	1.5	1.5				
铝	千克	6.51	6.51				
聚苯乙烯	千克	4.28	4.28				
瓷砖	千克	100	100				

注：预制构件材料信息通过实地调查所得的工程量清单和文件收集而来。

基于投入-产出混合生命周期评价分析，六种主要预制构件的生命周期能耗如表 10.6 所示。分析结果表明，制造过程的混合分析结果范围为 8.70～16.41 吉焦/米^3，比纯 I-O 分析结果（5.84～9.83 吉焦/米^3）高。这表明基于投入-产出混合生命周期评价分析对保证最终结果的完整性和可靠性至关重要。与其他过程相比，运输和现场施工过程中消耗的物化能可以忽略不计。回收过程显示出了巨大的节能潜力，可降低超过 50%的总物化能消耗。即使考虑二次加工的额外能量输入，在循环过程中也表现出 16%～24%的节能（物化能消耗）潜力。在实际中，通过重复使用和回收材料替代原生产品可以降低新产品制造过程中的物化能消耗，从而产生相当大的环境效益。材料回收所节省的能源占总材料能耗的 34%～50%。六种预制构件的生命周期能耗范围为从楼梯板的 7.49 吉焦/米^3 到预制剪力墙外墙模的 13.53 吉焦/米^3，其中预制外墙及预制剪力墙外墙模比其他类型的预制构件消耗更多的能量。

表 10.6　六种主要预制构件的生命周期能耗　　单位：吉焦/米^3

预制构件		预制外墙	预制剪力墙外墙模	楼板	阳台板	楼梯板	空调板
制造（I-O 分析）	初始纯 I-O 分析①	7.96	9.83	8.10	8.03	5.84	6.11
	具体的过程相关 I-O 分析②	4.41	5.44	3.82	3.84	2.79	2.92
	小计③=①-②	3.55	4.39	4.28	4.19	3.05	3.19
制造（过程分析）	特定的基于过程的结果④	12.84	12.02	5.89	10.64	5.66	6.87
	制造（混合分析③+④）	16.39	16.41	10.17	14.83	8.71	10.06

续表

预制构件	预制外墙	预制剪力墙外墙模	楼板	阳台板	楼梯板	空调板
交通⑤	0.18	0.19	0.15	0.16	0.15	0.16
现场施工⑥	0.40	0.49	0.40	0.40	0.29	0.31
回收⑦	−9.03	−8.25	−4.87	−9.15	−4.66	−5.76
回收（考虑处理）⑧	−3.96	−3.56	−1.76	−3.70	−1.66	−2.16
生命周期能耗（③+④+⑤+⑥+⑦）	7.94	8.84	5.85	6.24	4.49	4.77
生命周期能耗（考虑处理③+④+⑤+⑥+⑧）	13.01	13.53	8.96	11.69	7.49	8.37

注：运输过程中的能源强度是根据假设厂外到工地的距离为 100 千米计算的。

2. 装配式建筑与传统建筑施工方式之间的能耗分析

表 10.7 显示了六种主要建筑构件在使用装配式建筑和传统施工方式之间能耗的差异。表 10.8 为传统建筑和装配式建筑的建材废料率，用于计算减少废弃物所节省的能耗。从表 10.7 中可发现，装配式建筑生产方式可通过减少废弃物节能 0.32～0.81 吉焦/米^3。另外，装配式建筑生产方式可通过减少废弃物和易于维护获得较好的整体节能效果，占总物化能消耗量的 4%～14%。

表 10.7　装配式建筑和传统建筑施工方式之间的能耗差异

预制构件	预制外墙	预制剪力墙外墙模	楼板	阳台板	楼梯板	空调板
生命周期能耗/（吉焦/米^3）	7.94	8.84	5.85	6.24	4.48	4.77
生命周期能耗（考虑处理）/（吉焦/米^3）	13.01	13.53	8.96	11.69	7.48	8.37
原始建筑材料	砌块	砌块	钢筋混凝土	钢筋混凝土	钢筋混凝土	钢筋混凝土
原始材料的物化能耗/（吉焦/米^3）	5.23	5.00	—*	—*	—*	—*
按重量计废物减量潜力/%	10	10	7.8	7.8	7.8	7.8
减少废物的节能/（吉焦/米^3）	0. 32	0.32	0.44	0.81	0.42	0.52
易于维护的节能/（吉焦/米^3）	0.04	0.04	0.07	0.06	0.04	0.00
按体积增加的能耗/（吉焦/米^3）	2.35	3.48	−0.51	−0.87	−0.46	−0.52
按体积增加的能耗（考虑处理）/（吉焦/米^3）	7.42	8.17	−0.51	−0.87	−0.46	−0.52

*根据施工技术和材料使用的相似性，假设楼板、阳台板、楼梯板和空调板在传统施工中与在预制过程中消耗的能量相同。

表 10.8　建材废料率　　单位：%

材料	传统建筑建材废料率			装配式建筑建材废料率
	Blengini（2009）	Poon 等（2001）	Tam 等（2007）	
混凝土	7	3～5	4～7	0.5～3.5
金属棒	7	1～8	3～8	0.2～4
木材	7	5～15	4～23	0.6～12
块/砖	10	4～8	5～8	0.6～4

3. 装配式建筑预制构件对建筑物化能耗的影响

本部分将分析预制构件对建筑项目中物化能耗的影响，选取了八个案例项目，如表 10.9

所示，基本概况包括建筑类型、结构、建筑面积、采用的预制构件的类型、预制体积及预制率。案例项目的建筑类型和结构特征相同，这意味着案例项目可根据其相似性进一步进行比较。与此同时，其他可能影响预制率和其物化能耗的建筑外形的因素，如建筑尺寸和预制构件的体积等，在案例项目中有所区别。一般来说，预制率描述了所采用的预制体积与整个建筑物所用材料总体积的比例。从表 10.9 中可以看出，建筑面积从 6890 平方米到 38 352 平方米不等，预制率从 15%到 59%不等。案例项目的多样性可以进一步证明预制率变化对能耗的影响，以及预制组合的选择对每个建筑物总物化能耗的影响。在分析中，净节能是由预制制造、运输、现场施工和二次加工造成的影响之间的差异性所决定的，避免了因循环过程、原始建筑材料的替代、废弃物的减少和维护过程的简化而产生的影响。

表 10.9　八个案例项目的基本概况

案例项目		四川			上海		深圳		
		P1	P2	P3	P4	P5	P6	P7	P8
建筑物基本信息	建筑类型	R	R	R	R	R	R	R	R
	结构	FSS	FSS	FSS	FSS	FSS	FSS	FSS	FSS
	建筑面积/米^2	7770	6890	38 352	7039	9467	28 522	13 600	8000
预制技术	预制体积/米^3	933	1250	2891	804	1089	1740	1483	1254
	预制率/%	41	59	20	44	40	15	25	36
	预制外墙/米^3	850	769	0	415	0	1296	795	557
	预制剪力墙外墙模/米^3	0	0	0	0	811.2	0	0	0
	半预制楼板/米^3	0	400.5	2240	265	0	0	463	574
	预制阳台板/米^3	27.5	54.7	498	74	166.6	301	138	82
	预制楼梯板/米^3	32.0	25.9	153.4	36	89	142	87	41
	预制空调板/米^3	23.5	0	0	7	21.8	0	0	0
能耗分析	平均能耗/（吉焦/米^3）	12.7	11.5	9.4	11.3	12.7	12.3	11.3	10.9
	增量能耗/吉焦	6256.1	5442.2	−1646.2	2859.6	6430.3	9289.1	5502.7	3750.0
	平均增量能耗/（吉焦/米^3）	0.81	0.79	−0.04	0.41	0.68	0.33	0.40	0.47

注：预制率反映了根据混凝土体积测量的预制水平；FSS 代表框架剪力墙。

根据表 10.9 可知，预制构件的平均能耗在各情况下非常相似，其平均值约为 11.5 吉焦/米^3。

除案例项目 3（P3）的情形外，在其他七个案例项目中，装配式建筑在物化阶段消耗能量更多，增量范围为 2859 吉焦（0.33 吉焦/米^2）～9289 吉焦（0.81 吉焦/米^2）。进一步对比分析案例项目 3 与其他案例项目可以发现，采用半预制楼板、预制阳台板、预制楼梯板和预制空调板可以减少物化能耗，而采用预制外墙和预制剪力墙外墙模会增加建筑物的物化能耗。

通过线性回归分析，确定预制率与平均增量能耗之间的关系。如图 10.3 所示，平均增量能耗与预制率几乎呈线性相关。随着预制率的提高，平均增量能耗增加，这意味着预制率的提升对节能的影响是负面的。

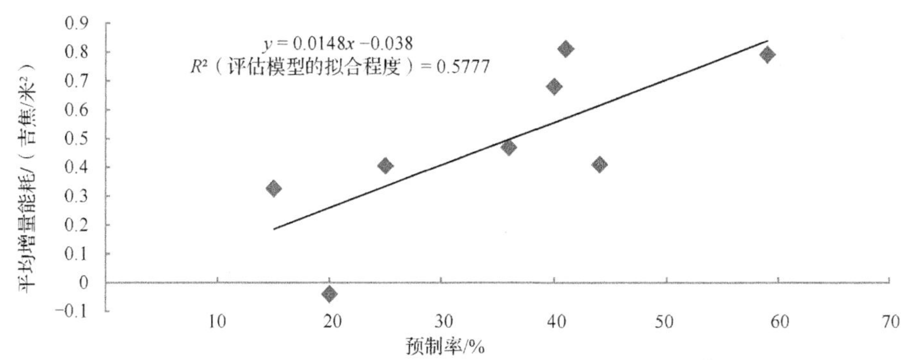

图 10.3　预制率和平均增量能耗之间的线性回归分析

为了进一步探索采用装配式技术对平均增量能耗的影响，下面将通过情景分析考查预制率和预制组合对平均增量能耗的敏感性。情景分析模拟了四种情景，情景一和情景二侧重于预制率的影响，假设预制率分别增加和减少 10%；另外两种情景研究了预制构件组合的效果，以考查不同预制类型相对比例变化的影响。情景三假设仅采用预制外墙和预制剪力墙外墙模两种构件，并且比例相等，各占 50%，以衡量采用预制围护结构导致平均增量能耗的变化情况。根据表 10.9 的讨论可知，这两种的预制构件是导致能耗增加的主要原因。情景四旨在检验其他四种预制构件的节能潜力，假设每种构件占比均为 25%。情景分析的结果如图 10.4 所示。预制率增加或减少 10%导致平均增量能耗的相对变化从 24%增加到 65%。在情景三中，平均增量能耗的相对变化范围为 16%～160%，表明预制围护结构（如预制外墙和预制剪力墙外墙模）对平均增量能耗的敏感性非常高。

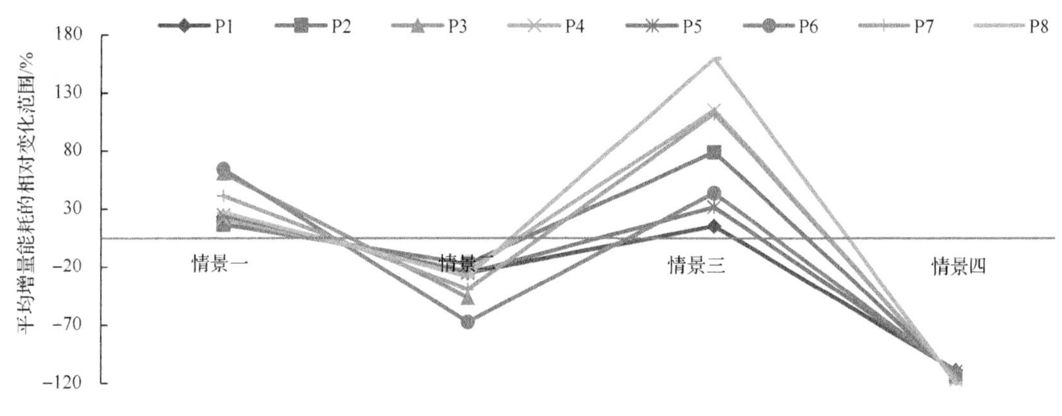

图 10.4　情景分析的结果

10.4　装配式建筑项目的生命周期能耗分析

10.4.1　分析范围、系统边界和功能单元

根据数据可用性和研究目的，本节选择采用基于过程的混合模型量化装配式建筑项目的生命周期能耗，探索装配式建筑的生命周期能源性能与当前传统建筑的能源性能之间的差

异。基于过程的混合分析系统边界涵盖了建筑物物化阶段和运行阶段的能耗。物化阶段能耗包括原材料的提取、场外制造、运输和现场施工过程所消耗的能源；运行阶段能耗包括制冷和供热负载，以及照明和设备使用所消耗的能源。

10.4.2 基于输入输出的混合生命周期能源分析框架

1. 物化阶段

物化能源消耗是指从开采和加工自然资源到制造建筑材料、运输和产品交付消耗的能源。本节采用基于过程的混合模型来评估建筑物的物化能源消耗。

某种材料的混合能源强度等同于基于过程的低阶初级生产工艺能源强度与投入产出覆盖高阶上游工艺的衍生能源强度之和。因此，在整合过程中确定界面并避免重复计算非常重要，界面的位置根据研究目的和数据资源的可用性主观确定。因为常规基于过程模型中的分割线也适用于混合分析，所以确定接口位置相对简单。防止重复计数需要从投入产出表导出的总能量消耗中减去重复的基于过程的清单数据。通过在上游供应链中进行结构路径分析（structural path analysis，SPA），将基于过程的清单数据集成到投入产出派生值中。

2. 运行阶段

传热和空气渗透是影响建筑运行能耗的两个主要因素，它们与一些建筑设计参数相关，包括形状系数、外墙中使用的特定材料、窗墙比和遮阳系数。因此，建筑物采用的具体施工技术和方法不同，其运行能耗也不同，特别是对于装配式建筑而言，其制造工艺优越，并且改善了建筑构件的质量，进一步提高了建筑物的气密性和完整性。为了进一步检验运行能耗的有效性，本节为深入分析装配式建筑运行阶段的能源使用情况建立了四种情景（表 10.10）。

表 10.10　不同情景的基本特点

情景	基本特点
情景一	装配式建筑
情景二	符合建筑物节能条例的传统建筑
情景三	砖混结构的传统建筑
情景四	符合强制性设计标准最低要求的建筑

情景一是装配式建筑，根据从案例研究中收集的实际参数模拟运行能耗。更具体地说，该装配式建筑的外墙是内部具有绝缘层的双板夹层墙。它由四个主要部分组成，分别为混凝土制成的内外板、绝缘层和部分连接件。值得注意的是，随着中国装配式建造技术的迅速发展，在连接件生产中，纤维增强复合材料（fiber reinforced polymer，FRP）被选为替代钢筋的主要材料，这进一步降低了导热系数并消除了建筑部件连接部分中的热桥，从而提高预制墙体的热效率。情景二假定目标建筑物是按照当地的建筑物节能条例、采用传统的施工方法建造的。这种假设更加贴近国内建筑施工实际情况，可用来区分砖混结构的建筑物。情景三是砖混结构的传统建筑。中国大部分现有建筑的结构都是砖混结构，这是建筑领域成本与质量之间权衡的结果，也是减少现有建筑运行能耗的长期挑战。情景四旨在分析按照当地强制性设计标准的最低要求建造建筑物的运行能源性能，为不同情景下建筑物运行能耗有效性的验证提供基准。

3. 数据来源

数据来源主要包括最新的投入产出表数据、部门直接能源消耗数据和基于过程的特定案例数据。投入产出表数据来源于国家统计局编制的中国投入产出表。部门直接能源消耗数据来源于《中国能源统计年鉴 2013》。通过对施工现场进行实地调查，获取施工图纸、工程量清单、会计凭证和来自供应商的二手数据，收集基本建筑参数和基于过程的清单数据。基于过程的特定案例数据来源于中国生命周期基础数据库。

10.4.3 案例分析

1. 案例相关背景

本案例分别选取了位于成都和深圳的两个典型装配式建筑项目。成都是四川省会城市，位于夏热冬冷气候区，受亚热带湿润气候影响，降水主要集中在温暖的月份，冬季日平均气温为 5.6℃，夏季日平均气温为 25.2℃。深圳是我国的经济特区，位于夏热冬暖气候区，受季风影响，属亚热带湿润气候，是典型的夏热冬暖地带，冬季日平均气温为 15.4℃，夏季日平均气温高达 28.9℃。两个案例项目采用的预制构件包括预制立面、半预制板、预制阳台和预制楼梯。表 10.11 总结了两个案例项目的基本概况。影响运行能量性能的主要因素是 U 值（传热系数）和气密性，它们的相互作用决定了建筑物的热性能和空气渗透性能。表 10.12 总结了四种情景下的热参数和气密性。

表 10.11 案例项目的基本概况

信息分类	概况信息	建筑 A	建筑 B
地理信息	位置	成都	深圳
	温度/℃	16	22
	气候	亚热带	亚热带
建筑信息	建筑类型	住宅	住宅
	结构	框架剪力结构	框架剪力结构
	建筑面积/米^2	6890	216 200
	地下室/层	1	2
	高度/层	11	26～28
预制技术	施工方法	半预制	半预制
	预制体积/米^3	1250	7850
	预制率/%	59	10
	预制立面	已预制	已预制
	半预制板	已预制	已预制
	预制阳台	已预制	
	预制楼梯	已预制	已预制

表 10.12 四种情景下的热参数和气密性

情景	地区	U值［瓦/（米^2·开尔文）］	气密性［米^3/（米^2·时）］	特点
一	深圳	0.738	8	内部有绝缘层的双层夹心墙 使用 FRP 作为连接器
	成都	0.738	6	
二	深圳	0.678	8	采用 200 毫米加气混凝土砌块作为保温材料 使用水泥砂浆抹灰表面
	成都	0.678	6	
三	深圳	2.226	10	使用黏土砖作为保温材料 使用水泥砂浆抹灰表面
	成都	2.226	8	
四	深圳	0.800	8	参照《深圳市居住建筑节能设计规范》
	成都	1.000	6	参照《四川省居住建筑节能设计标准》

表 10.13 列出了两个案例项目（A、B）所用的建筑材料数量及其相应的物化能耗，可以发现钢筋和混凝土消耗的数量和产生的物化能耗明显更多。

表 10.13 主要建筑材料的物化能耗情况

材料	转换率	数量		物化能耗/吉焦	
		案例项目 A	案例项目 B	案例项目 A	案例项目 B
混凝土	1.6 吉焦/米^3	4 348.9 米^3	100 587.3 米^3	6958.2	160 939.6
钢筋	29 吉焦/吨	331.8 吨	11 380.1 吨	9622.5	330 023.6
水泥	5.5 吉焦/吨	612.3 吨	13 930.9 吨	3367.8	76 620.2
铝	180 吉焦/吨	48.6 吨	175.5 吨	8746.2	31 598.0
砌块	2 吉焦/吨	334.3 吨	51 935.0 吨	668.6	103 869.9
砂	0.6 吉焦/吨	1 202.9 吨	41 792.8 吨	721.7	25 075.7
陶瓷	15.4 吉焦/吨	322.5 吨	13 628.4 吨	4966.5	209 876.6
涂料	60.2 吉焦/吨	29.9 吨	595.5 吨	1797.3	35 851.0
玻璃	16 吉焦/吨	21.4 吨	128.8 吨	342.4	2061.5

2. 物化阶段计算结果

案例项目（A、B）在物化阶段所消耗的能源如表 10.14 所示。混合分析中的扩展系统边界允许通过考虑上游生产过程中的能量输入来准确评估结果。为了进一步说明不同评估方法得出的结果之间的差异，本部分采用基于过程的模型和混合模型来模拟两个案例项目的物化能源消耗。表 10.14 显示案例项目 A 和案例项目 B 的物化能耗分别为 6.11 吉焦/米^{2}和 5.04 吉焦/米^2，分别比基于过程的模型分析结果高 13.1%和 11.8%。这一结论主要归因于：除传统的初级生产工艺外，混合模型还量化了上游生产过程的能耗，为评估建筑物化能耗提供了一个完整的系统边界。

表 10.14 案例项目在物化阶段所消耗的能源

案例项目	基于过程的模型分析结果/（吉焦/米^2）	基于过程的混合模型分析结果/（吉焦/米^2）	百分比变化/%
项目 A	5.40	6.11	13.1
项目 B	4.51	5.04	11.8

装配式建筑物化能耗需要通过比较以往研究结果进一步验证。一方面，这种比较分析可以验证最终结果的可靠性，说明所采用方法的可行性；另一方面，比较结果可以为装配式建

筑物化阶段的环境效益提供有力证据。

本部分选择了以往研究中的六个案例项目（详细信息如表 10.15 所示），所选案例项目分布在北京、河南和广东，并且均为框架剪力结构和钢筋混凝土结构的住宅建筑，使用基于过程的模型评估这六个案例项目的能耗。

表 10.15　案例项目信息

案例项目	项目 1	项目 2	项目 3	项目 4	项目 5	项目 6
来源	Gu 等（2006）	仲平（2005）	Li S 和 Li H（2005）	Li S 和 Li H（2005）	Hong 等（2013）	Hong 等（2015）
地理位置	北京	北京	河南	河南	广东	广东
建筑类型	住宅	住宅	住宅	住宅	住宅	住宅+商业
评估模型	基于过程	基于过程	基于过程	基于过程	基于过程	基于过程
能耗/（吉焦/米^2）	4.49	5.96	5.05	4.01	5.11	5.13
建筑结构	框架剪力结构	钢筋混凝土结构	钢筋混凝土结构	框架剪力结构	钢筋混凝土结构	钢筋混凝土结构
建筑面积/米^2	7000	26 717	5240	12 375	20 105	11 508

图 10.5 表明，在基于过程的评估模型下，项目 A 和项目 B 的能耗分析结果分别为 5.40 吉焦/米^2 和 4.51 吉焦/米^2，与项目 1～项目 6 的分析结果相近，表明装配式建筑在物化阶段的节能潜力不太明显。

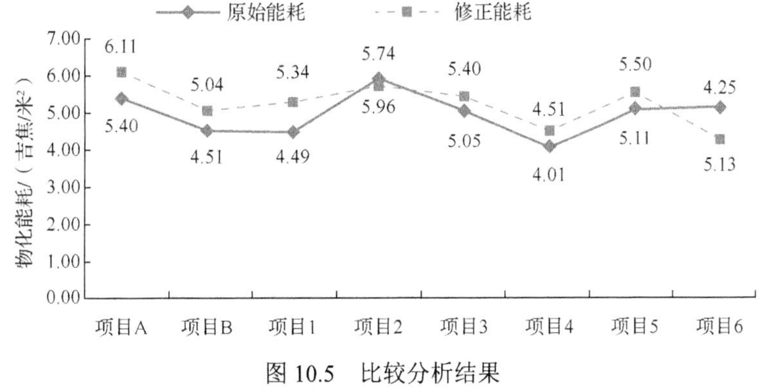

图 10.5　比较分析结果

3. 运行阶段计算结果

在运行阶段下，制热和制冷负荷为不同情景下影响运行能耗的主要因素。图 10.6 和图 10.7 展示了两个案例项目在不同情景下与基准情景（情景四）相比的运行能耗的相对变化。表 10.16 总结了不同情景下的年度运行能耗。从图表中可发现，情景三（砖混结构建筑物）比其他情景消耗更多的能源，分别比深圳和成都的基准情景（情景四）平均高出 10.2% 和 19.6%。情景一和情景二的能耗趋势相似，也与基准情景非常接近，这种相似性意味着装配式建筑和符合节能条例的建筑物的能源效率都符合当地节能标准的要求。更具体地说，深圳的案例项目在情景一下节能不太明显，虽然在供暖季节消耗的能量最低，但与传统施工方法建造的建筑物相比（情景二），这种环境效益仍然微不足道。

成都案例项目在情景三下制冷季节能耗明显最低，分别比情景一和情景二低 9.1%和 7.5%。这一结论可以用以下内容来解释，虽然最热月份（如 7 月和 8 月）的制冷能量需求相对较大，但考虑到成都在过渡季节（如 5 月、6 月、9 月和 10 月）时期气候适中、环境舒适，因此整体运行能耗仍然很小。更具体地说，在建筑运行阶段，成都案例项目可以通过自然通风等方式进一步减少制冷负荷需求。采用砖混结构的建筑物（情景三）气密性值较低，能够提高室内外环境间的传热效率，提高自然通风效果，进而降低过渡季节的运行能耗。与深圳的装配式建筑一样，成都的装配式建筑（情景一）在供暖季节消耗的运行能量较少，然而这种优势相较于总供热和制冷能源需求而言并不明显。

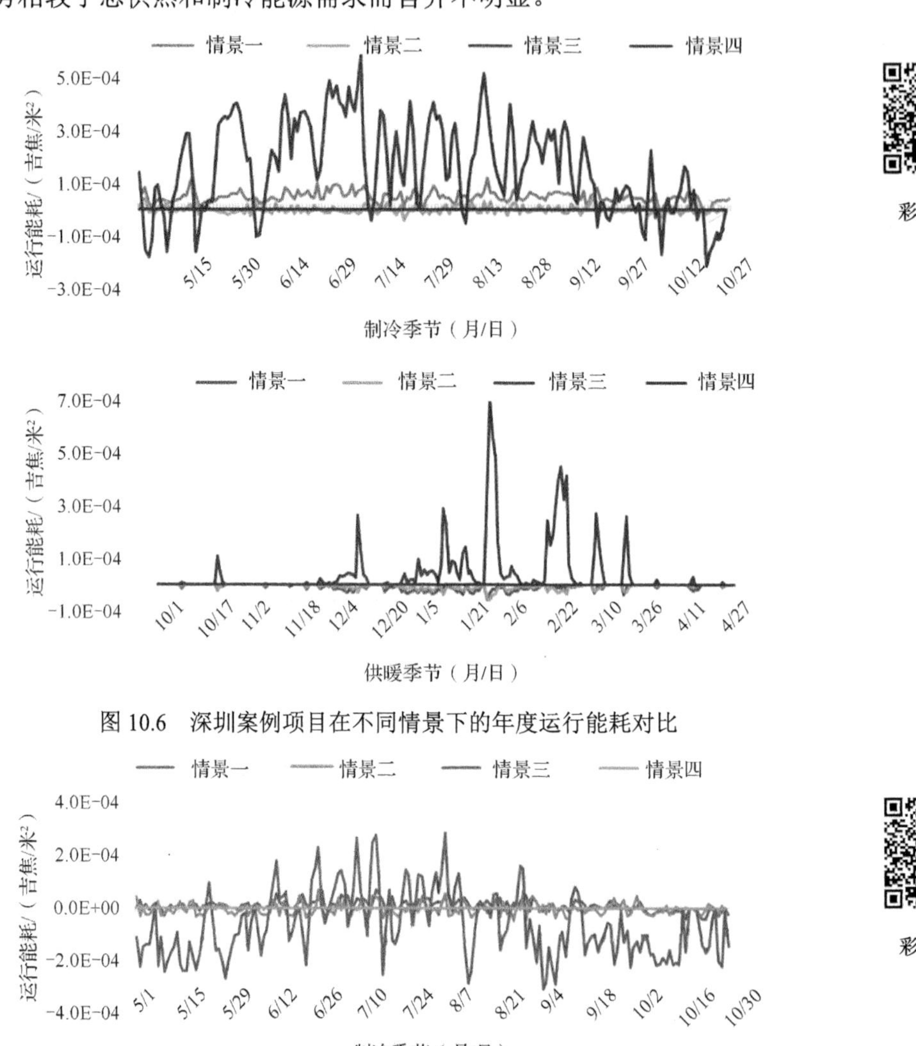

图 10.6　深圳案例项目在不同情景下的年度运行能耗对比

情景一　情景二　情景三　情景四

4.0E-04　2.0E-04　0.0E+00　-2.0E-04　-4.0E-04

运行能耗/（吉焦/米²）

5/1　5/15　5/29　6/12　6/26　7/10　7/24　8/7　8/21　9/4　9/18　10/2　10/16　10/30

制冷季节（月/日）

情景一　情景二　情景三　情景四

8.0E-04　6.0E-04　4.0E-04　2.0E-04　0.0E+00　-2.0E-04

运行能耗/（吉焦/米²）

9/1　9/22　10/13　11/3　11/24　12/15　1/5　1/26　2/16　3/9　3/30　4/20　5/11

供暖季节（月/日）

彩图 10.7

图 10.7　成都案例项目在不同情景下的年度运行能耗对比

表 10.16　不同情景下的年度运行能耗　　单位：兆焦/米^2

地区	情景	制冷使用的能源	制热使用的能源	照明和其他电器使用的能源	运行能源消耗总量
深圳	情景一	184.1	7.6	213.6	405.3
	情景二	179.4	7.9	209.9	397.2
	情景三	195.4	13.7	211.5	420.6
	情景四	179.1	8.7	211.4	399.2
成都	情景一	81.1	23.0	210.2	314.4
	情景二	79.7	22.8	207.0	309.5
	情景三	73.7	54.4	208.4	336.5
	情景四	80.1	27.0	209.8	316.9

年度运行能耗可分为制冷、制热及照明和其他电器使用的能源三个方面。假设位于成都和深圳的两个案例项目具有相同的能耗行为，排除其他运行能耗需求，位于深圳的案例项目的年度运行能耗高于位于成都的案例项目的年度运行能耗，这主要是两地气候特征的差异所致。

4. 生命周期能耗计算结果

假定装配式建筑的寿命为 50 年，计算其全生命周期能源使用情况，如图 10.8 所示。能源使用的方式分为七类，分别为材料生产、运输、服务、制冷、供暖、照明和家电及其他模式（其他经济部门消耗的能源）。可以看出，成都装配式建筑项目的物化能源使用量与深圳装配式建筑项目的物化能源使用量接近，而运行能源使用量差别较大，分别为 15.5 吉焦/米^2 和 20.5 吉焦/米^2，成都全生命周期总能源使用量为 21.6 吉焦/米^2，深圳全生命周期总能源使用量为 25.5 吉焦/米^2。产生这种差异的主要原因是深圳夏季平均气温相对较高，制冷产生的能耗较高。此外，从生命周期视角来看，材料生产、制冷及照明和家电占建筑物总能源使用量的比例较大。

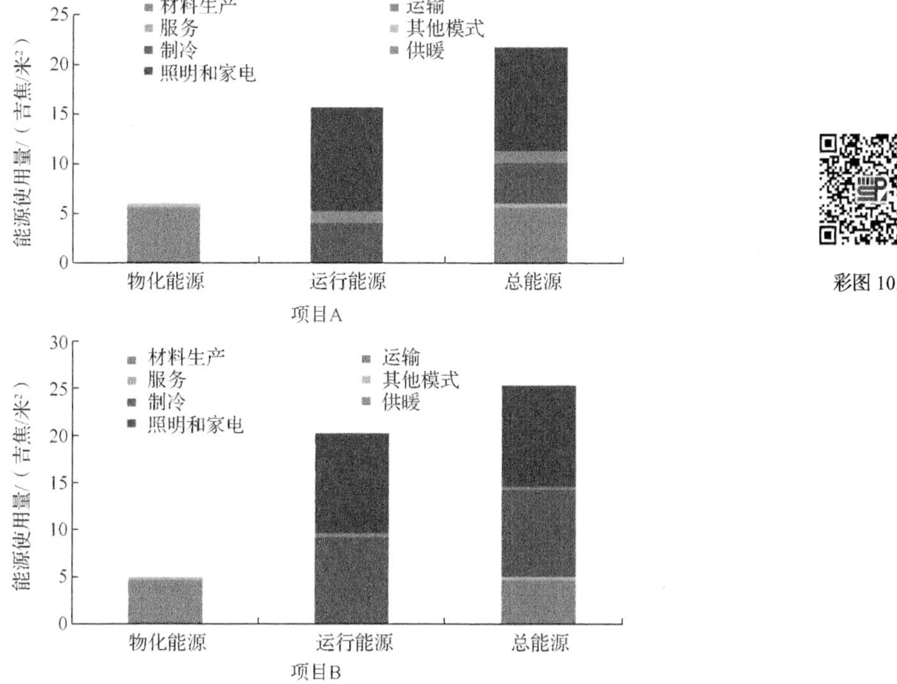

图 10.8　装配式建筑的全生命周期能源使用情况

为了进一步探索装配式建筑的全生命周期环境效益，通过回顾类似气候、温度和结构条件的研究进行比较分析。表 10.17 列出了对比建筑物的基本概况，图 10.9 显示了对比分析结果。除西班牙萨拉戈萨外，项目 A 和项目 B 的全生命周期能耗均低于其他对比建筑。图 10.9 中的线表示建筑的物化能耗与运行能耗的比例，如果该比例越高且全生命周期能耗越少，则表明建筑的绿色特征和节能优势越强。可以发现，装配式建筑与其他类别的建筑相比，其物化能耗与运行能耗的比例更高，表明可以通过采用装配式技术来减少全生命周期能耗。这是因为装配式建筑的预制构件主要通过工厂生产，可以减少模板消耗和建筑废弃物的产生，并且预制构件的质量更为可控。虽然工厂生产的方式可能增加物化阶段的能耗，但是质量更高的预制构件能提高建筑物的热性能，从而减少建筑在运行阶段由制冷和制热产生的能耗，从全生命周期的角度来看，总体能耗将会降低。

表 10.17　对比建筑物的基本概况

来源	地址	气候	最低温/℃	最高温/℃	建筑类型	建筑结构
本书	中国成都	亚热带	5.6	25.2	住宅	框剪结构
本书	中国深圳	亚热带	15.4	28.9	住宅	框剪结构
Bribián 等（2009）	西班牙萨拉戈萨	亚热带	6.1	24	住宅	砖混结构
Utama 和 Gheewala（2008）	印度尼西亚三宝垄	热带	26.5	28	住宅	砖混结构
Blengini（2009）	意大利都灵	温带	1.4	23.6	住宅	砖混结构
Verbeeck 和 Hens（2010）	比利时	温带	5.1	21.9	住宅	砖混结构
Verbeeck 和 Hens（2010）	比利时	温带	5.1	21.9	住宅	砖混结构
Verbeeck 和 Hens（2010）	比利时	温带	5.1	21.9	住宅	砖混结构
Verbeeck 和 Hens（2010）	比利时	温带	5.1	21.9	住宅	砖混结构
Rossi 等（2012）	比利时	温带	5.1	21.9	住宅	钢结构框架
Rossi 等（2012）	比利时	温带	5.1	21.9	住宅	砌体结构

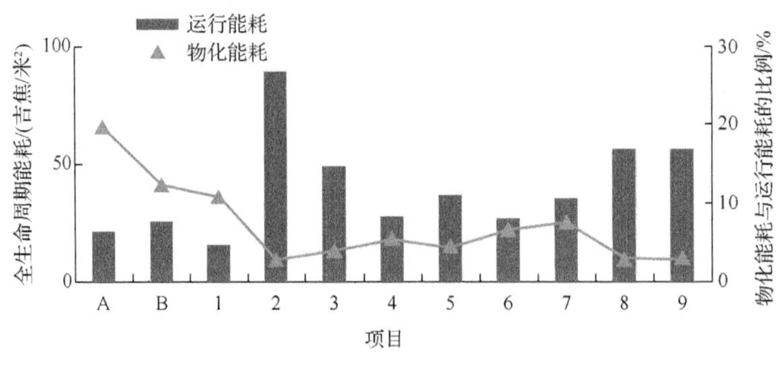

图 10.9　对比分析结果

在不同的生命周期阶段，装配式建筑的能耗行为表现出不同特征。在物化阶段，装配式施工与传统施工方法没有显著差异，对比分析的各类建筑物的物化能耗差异并不明显。在运行阶段的某些情况下，装配式建筑在制冷季节比砖混结构建筑更耗能。这是因为成都的温度相对适中，夏季自然通风频率较高，从而降低了制冷负荷的要求。从空间角度来看，成都位于中国典型的夏热冬冷地区，与位于夏热冬暖地区的深圳相比，成都冬季所需的供暖负荷较高。

10.5　本 章 小 结

本章重点探索了装配式建筑项目典型预制构件及装配式建筑项目的生命周期能耗，采用了基于投入-产出混合生命周期评价模型来保证系统边界的完整性和最终结果的准确性，考查了典型预制构件的生命周期能耗的使用情况及一些实际建筑项目对总体能耗的作用与影响，评估了装配式建筑项目的生命周期能源性能。相关结果可以帮助我们认识目前中国装配式建筑对环境的影响情况。

第 11 章　利益相关者视角下的装配式建筑项目风险分析研究

在大多数的工程项目中，风险因素常常与工程项目的利益相关者有直接或者间接的关联，利益相关者往往也在工程项目风险管理中扮演重要角色，因此，对利益相关者进行风险分析十分重要，这不仅有助于制定全面的风险识别清单，还有助于利益相关者在风险管理中的高效沟通与交流。第 8 章着重从安全风险的角度进行了分析，而本章引入社会网络分析法的“关系网络”对装配式建筑项目风险及其利益相关者进行全面的风险分析及评价，不仅仅局限于安全风险管理。

11.1　社会网络分析法相关背景

社会网络分析法是对社会网络进行分析的一种方法和理论，其发展最早可追溯到 20 世纪 30 年代的心理学和人类学研究，经过几十年的发展，已成为一种成熟的研究方法，被众多学者广泛应用于社会学、情报学、计算机科学、知识管理、建设项目工程管理等领域。社会网络是指社会行动者及其之间的关系所构成的一种社会结构，形象而言是由“点”和“边”所构成的网络结构，“点”为社会行动者，“边”为社会行动者之间的各种关系。社会行动者指各种社会实体或者事件，如具体的个人、组织单位等。社会行动者之间的联系构成网络中的关系，包括人际关系、贸易关系、国家关系、隶属关系等。社会网络分析不同于传统的抽象社会结构分析，它更注重网络关系和量化的分析。一般而言，社会网络分析法可以从个体网络和整体网络两个角度对网络进行分析，本章重点关注风险网络中各节点属性的研究，因此主要从个体网络的角度对装配式建筑项目多利益相关者风险网络进行分析。主要的测度内容包括网络密度分析、网络凝聚力分析、中心性分析、中间人分析和凝聚子群分析。通过这些测度指标揭示在多利益相关者下装配式建筑项目风险管理的复杂性和风险网络中的关键因素及作用关系。

11.2　构建装配式建筑项目风险网络模型

11.2.1　识别装配式建筑项目利益相关者及风险因素

风险网络模型构建的第一步是确定装配式建筑项目的利益相关者及风险因素。装配式建筑项目涉及多个利益相关者，通过文献综述及专家访谈梳理总结，主要的利益相关者包括业主方、设计方、总承包方、构件生产方、构件安装方、物流运输方和政府部门。

风险网络模型构建的第二步是识别与利益相关者相关的风险因素。风险识别是风险管理的首要工作，也是基础性工作，风险只有被识别才能进行后续的预防和管控，因此其重要性不言而喻。为全面识别装配式建筑项目中的风险因素，本章首先在 WOS（Web of Science）和知网数据库中检索和整理装配式建筑领域中与风险、障碍和挑战有关的文献资料，然后对这些资料进行全面的回顾，并对所收集的文献资料进行审查，以总结装配式建筑项目中与各个利益相关者相关的风险因素，获得初步的风险清单。之后邀请装配式建筑领域中具有丰富经验和专业知识背景的专家，对风险清单中的风险因素逐一进行审查和验证。专家可根据自身的经验增加初步风险清单所疏漏的风险因素，并确保已识别的风险因素在实际工程中存在。经过专家验证之后，初步风险清单删去了构件生产数量不足、起重设备起重能力不足等八个风险，增加了供应链相关信息存在差异和不一致性等四个风险。所选择专家的背景信息如表 11.1 所示。

表 11.1　所选择专家的背景信息

序号	利益相关者	工作年限/年	教育背景	职位或职称
1	业主方	6～10	硕士研究生	项目总经理
2	总承包方	6～10	硕士研究生	高级工程师
3	构件生产方	6～10	硕士研究生	实验室主任
4	研究人员	6～10	博士研究生	副教授

对装配式建筑项目中的利益相关者及风险因素进行识别之后，本章将利益相关者及与之关联的风险因素组合、编号并分类，最终得到利益相关者视角下的装配式建筑项目风险识别清单，如表 11.2 所示。表中风险编号 S_iR_j 中的 S_i 表示第 i 个利益相关者，R_j 表示第 j 个风险因素。根据风险的性质，本章结合已有文献将风险因素归类为：组织与管理风险、成本风险、进度风险、质量与技术风险、政策与标准风险、供应风险、安全风险、环境风险。

表 11.2　利益相关者视角下的装配式建筑项目风险识别清单

风险编号	利益相关者	风险因素	风险名称	风险类别
S_1R_1	业主方（S_1）	R_1	业主方工程付款延迟	组织与管理风险
S_1R_2	业主方（S_1）	R_2	业主方的资金成本过高	成本风险
S_1R_3	业主方（S_1）	R_3	工期紧张	进度风险
S_1R_4	业主方（S_1）	R_4	业主方项目资金不足	成本风险
S_1R_5	业主方（S_1）	R_5	业主方对项目总成本估算不够准确	质量与技术风险
S_2R_6	设计方（S_2）	R_6	与设计方相关的设计变更	质量与技术风险
S_2R_7	设计方（S_2）	R_7	设计方低效的设计数据转换	质量与技术风险
S_2R_8	设计方（S_2）	R_8	在设计阶段缺乏标准化设计	政策与标准风险
S_2R_9	设计方（S_2）	R_9	设计错误	质量与技术风险

续表

风险编号	利益相关者	风险因素	风险名称	风险类别
S_1R_{10}	业主方（S_1）	R_{10}	与其他利益相关者沟通不足和管理的复杂性	组织与管理风险
S_2R_{10}	设计方（S_2）			
S_3R_{10}	总承包方（S_3）			
S_4R_{10}	构件生产方（S_4）			
S_5R_{10}	构件安装方（S_5）			
S_6R_{10}	物流运输方（S_6）			
S_7R_{10}	政府部门（S_7）			
S_4R_{11}	构件生产方（S_4）	R_{11}	构件质量不达标	质量与技术风险
S_4R_{12}	构件生产方（S_4）	R_{12}	构件尺寸存在偏差	质量与技术风险
S_4R_{13}	构件生产方（S_4）	R_{13}	构件生产厂管理水平不足	组织与管理风险
S_4R_{14}	构件生产方（S_4）	R_{14}	构件生产方的质量保障体系失效	质量与技术风险
S_4R_{15}	构件生产方（S_4）	R_{15}	构件生产方/总承包方/构件安装方对工人的培训不足	组织与管理风险
S_3R_{15}	总承包方（S_3）			
S_5R_{15}	构件安装方（S_5）			
S_6R_{16}	物流运输方（S_6）	R_{16}	物流运输方未能及时将预制构件运输至现场	供应风险
S_6R_{17}	物流运输方（S_6）	R_{17}	运输车辆受损	安全风险
S_6R_{18}	物流运输方（S_6）	R_{18}	意外交通事故	安全风险
S_6R_{19}	物流运输方（S_6）	R_{19}	运输限制	供应风险
S_3R_{20}	总承包方（S_3）	R_{20}	总承包方的进度安排低效	进度风险
S_3R_{21}	总承包方（S_3）	R_{21}	天气干扰	环境风险
S_5R_{21}	构件安装方（S_5）			
S_6R_{21}	物流运输方（S_6）			
S_2R_{22}	设计方（S_2）	R_{22}	设计方/总承包方/构件生产方/物流运输方/构件安装方的项目管理人员专业知识和经验有限	组织与管理风险
S_3R_{22}	总承包方（S_3）			
S_4R_{22}	构件生产方（S_4）			
S_6R_{22}	物流运输方（S_6）			
S_5R_{22}	构件安装方（S_5）			
S_3R_{23}	总承包方（S_3）	R_{23}	总承包方/物流运输方/构件生产方/构件安装方缺少熟练的工人	组织与管理风险
S_6R_{23}	物流运输方（S_6）			
S_4R_{23}	构件生产方（S_4）			
S_5R_{23}	构件安装方（S_5）			
S_2R_{24}	设计方（S_2）	R_{24}	设计方/总承包方/构件生产方/构件安装方/物流运输方的项目参与人员的沟通不足	组织与管理风险
S_3R_{24}	总承包方（S_3）			
S_4R_{24}	构件生产方（S_4）			
S_5R_{24}	构件安装方（S_5）			
S_6R_{24}	物流运输方（S_6）			
S_4R_{25}	构件生产方（S_4）	R_{25}	构件生产方/物流运输方/构件安装方的供应链相关信息存在差异和不一致性	组织与管理风险
S_6R_{25}	物流运输方（S_6）			
S_5R_{25}	构件安装方（S_5）			
S_4R_{26}	构件生产方（S_4）	R_{26}	缺乏标准构件	组织与管理风险
S_3R_{27}	总承包方（S_3）	R_{27}	缺乏监管导致质量不达标	质量与技术风险
S_4R_{28}	构件生产方（S_4）	R_{28}	预制构件价格上涨	成本风险

续表

风险编号	利益相关者	风险因素	风险名称	风险类别
S_2R_{29}	设计方（S_2）	R_{29}	设计方/总承包方/构件安装方/构件生产方缺乏装配式建筑相关的标准和规范	政策与标准风险
S_3R_{29}	总承包方（S_3）			
S_5R_{29}	构件安装方（S_5）			
S_4R_{29}	构件生产方（S_4）			
S_4R_{30}	构件生产方（S_4）	R_{30}	构件生产方/构件安装方缺乏构件存放空间	组织与管理风险
S_5R_{30}	构件安装方（S_5）			
S_3R_{31}	总承包方（S_3）	R_{31}	施工现场的临时设施安全性和功能性不足	安全风险
S_3R_{32}	总承包方（S_3）	R_{32}	在施工阶段工人不足	组织与管理风险
S_2R_{33}	设计方（S_2）	R_{33}	设计方/构件安装方缺乏质量保证和构件连接点之间的质量控制的规范	政策与标准风险
S_5R_{33}	构件安装方（S_5）			
S_4R_{34}	构件生产方（S_4）	R_{34}	构件生产方/构件安装方构件保存维护不当	组织与管理风险
S_5R_{34}	构件安装方（S_5）			
S_3R_{35}	总承包方（S_3）	R_{35}	安全事故	安全风险
S_5R_{35}	构件安装方（S_5）			
S_4R_{35}	构件生产方（S_4）			
S_3R_{36}	总承包方（S_3）	R_{36}	总承包方在施工期间对设计变更的反应不足	组织与管理风险
S_5R_{37}	构件安装方（S_5）	R_{37}	构件安装方不能精确识别对应安装的预制构件	组织与管理风险
S_7R_{38}	政府部门（S_7）	R_{38}	政府部门对装配式建筑的政策支持力度和法规不足	政策与标准风险
S_7R_{39}	政府部门（S_7）	R_{39}	政府部门的质量验收方法和标准不足	政策与标准风险

11.2.2　确定利益相关者关联的风险因素之间的关系

现有研究大多从单个风险因素的角度出发对装配式建筑项目中的风险因素进行分析和评估，并且在实际工程中对风险的管理也很少会考虑到风险之间存在的关系。然而风险并不是全部互相独立的，某个风险的出现可能会影响到其他风险的发生。例如，构件与现浇连接节点的稳定性不足会导致建筑结构的不稳定，进而引发安全事故。实际上，风险之间往往会存在互相依赖或者依存的关系，这些关系也会直接或间接地影响到工程项目中对风险管理和项目绩效管理的效率及目标。

因此，为确定风险因素之间的关系，本部分通过与专家进行面对面访谈、邮件、电话、软件聊天等沟通方式，对利益相关者关联的风险因素之间关系的方向和影响程度进行评估。例如，调查问卷表要求利益相关者 S_i 评估风险因素 S_iR_j 对 S_mR_n 的影响程度 I（impact）和影响的可能性 L（likelihood）。为使专家访谈获得准确的数据，调查问卷表中的问题具体包括："风险因素 S_iR_j 是否对 S_mR_n 有影响？""如果风险因素 S_iR_j 对 S_mR_n 有影响，则请评估其影响的可能性和影响程度大小"。本节采用李克特量表衡量影响的可能性和影响程度（1，2，3，4，5），其中，"1"代表影响的可能性/影响程度最低，"5"则代表最高。风险因素关系填写示例见附录 3。

风险因素之间的关系强度根据影响的可能性和影响程度两个参数相乘得出。如果风险因素 S_iR_j 对 S_mR_n 影响的可能性为 2，而影响程度为 3，则可得到 S_iR_j 对 S_mR_n 的关系强度为 6。

此外，本部分进行了多轮专家访谈，从而确保相关的利益相关者就风险因素之间的关系程度达成共识。在此步骤之后，可获得利益相关者视角下的风险矩阵。表 11.3 列出了专家访谈中所涉及的相关专家背景信息。

表 11.3 专家背景信息

序号	利益相关者	教育背景	工作年限/年	职位或职称
1	业主方	硕士研究生	6～10	高级工程师
2	设计方	硕士研究生	6～10	中级工程师
3	构件生产方	本科研究生	6～10	实验室主任
4	总承包方	硕士研究生	6～10	项目经理
5	构件安装方	本科研究生	6～10	中级工程师
6	研究人员	博士研究生	6～10	教授
7	构件生产方	硕士研究生	6～10	车间经理
8	总承包方	本科研究生	6～10	中级工程师
9	业主方	硕士研究生	6～10	高级工程师

11.2.3 识别关键风险因素与风险关系

将所得到的风险矩阵数据作为一模网络数据导入社会网络分析软件 NetMiner 4 中，矩阵中的风险因素 S_iR_j 表示网络中的节点，而风险因素之间的关系表示节点间的有向连接线，每个节点都包含两个节点属性，即所属利益相关者和风险类别。NetMiner 4 可对风险矩阵数据进行可视化，形成风险网络图并通过计算网络密度、中心性等指标揭示风险网络中的关键风险因素与风险关系，为后续制定风险应对策略及措施提供基础。

11.3 分析结果及讨论

11.3.1 整体网络分析结果

通过NetMiner 4计算得出装配式建筑项目风险网络密度为0.181，网络凝聚力值为0.687，整体风险网络较为密集，并且风险网络的凝聚力值远高于网络密度，表明装配式建筑项目的风险网络更为复杂，同时也意味着风险管理较为复杂，难度较高。

图 11.1 展示了装配式建筑项目风险整体网络图，该图共有 70 个节点、805 条风险链接。其中，网络节点的形状代表不同风险类别，包括组织与管理风险、安全风险、环境风险、供应风险、进度风险、政策与标准风险、成本风险、质量与技术风险；颜色代表所属的利益相关者，包括构件生产方、设计方、业主方、总承包方、构件安装方、物流运输方、政府部门。风险节点之间的影响关系大小则由连线的粗细表示。例如，图中心的 S_3R_{20}，其形状为六边形，代表总承包方；其颜色为深灰色，代表组织与管理风险。

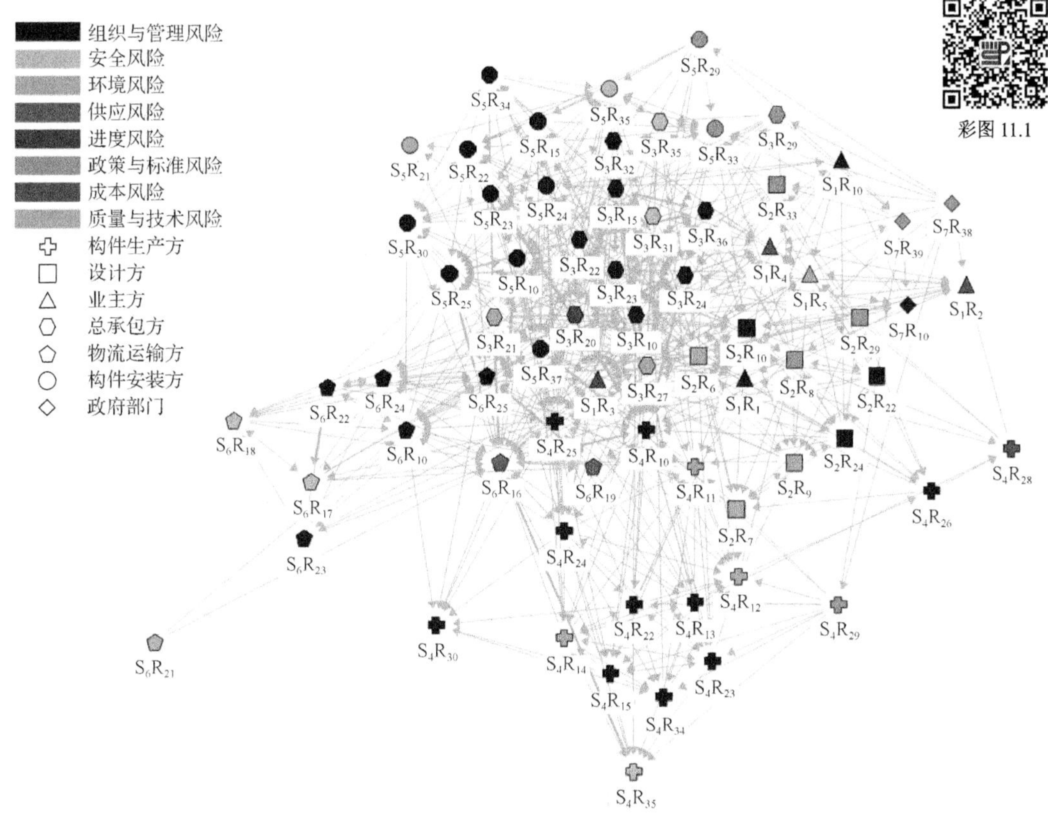

图 11.1　装配式建筑项目风险整体网络图

11.3.2　个体网络分析结果

（1）点度中心度分析

表 11.4 列出了度差排名前 10 的风险因素，度差越大，表明该风险因素对其他风险因素的直接影响越大。在这些风险因素中，出度排名第一的 S_3R_{10}（总承包方与其他利益相关者沟通不足和管理的复杂性）的出度为 212，入度为 112，度差为 100，表明该风险因素直接影响了较多的其他风险节点，同时也受到其他许多节点的影响，进而导致整体网络复杂性上升。除风险因素 S_3R_{10} 外，S_3R_{22}（总承包方的项目管理人员专业知识和经验有限）、S_3R_{21}（天气干扰）、S_2R_6（与设计方相关的设计变更）的度差分别为 112、103 和 87，位列第一、第二和第四，然而它们的入度都较小，表明其对其他风险节点的影响较大，而受到其他节点的影响较小。

表 11.4　度差排名前 10 的风险因素

排序	风险因素	入度	出度	度差
1	S_3R_{22}	53	165	112
2	S_3R_{21}	14	117	103
3	S_3R_{10}	112	212	100
4	S_2R_6	53	140	87

续表

排序	风险因素	入度	出度	度差
5	S_3R_{15}	61	137	76
6	S_3R_{24}	104	179	75
7	S_5R_{15}	32	83	51
8	S_3R_{23}	80	129	49
9	S_2R_{24}	20	69	49
10	S_4R_{25}	81	127	46

（2）中介中心性分析

表 11.5 展示了具有较高中介中心值的前 10 个风险因素。对比表 11.4 和表 11.5 可知，尽管 S_3R_{27}（缺乏监管导致质量不达标）的度差靠后，远低于其他风险，但其在风险因素中具有较高（排序第二）的中介中心值，被视为连接众多风险因素的枢纽。由表 11.5 可知，与该风险因素相关的三个最重要的链接包括 $S_3R_{27}\rightarrow S_7R_{10}$、$S_5R_{35}\rightarrow S_3R_{27}$ 和 $S_3R_{27}\rightarrow S_4R_{13}$。此外，$S_4R_{25}$（构件生产方的供应链相关信息存在差异和不一致性）和 S_6R_{16}（物流运输方未能及时将预制构件运输至现场）虽然对其他风险因素没有较大的直接影响，但是在建立风险之间的联系方面发挥重要作用。

表 11.5　具有较高中介中心值的前 10 个风险因素

排序	风险因素	点度中介中心性	来源	目标	赋值	线中介中心性
1	S_3R_{10}	0.139	S_7R_{10}	S_7R_{38}	4	141.6
2	S_3R_{27}	0.108	S_3R_{27}	S_7R_{10}	1	100.5
3	S_4R_{25}	0.107	S_5R_{35}	S_3R_{27}	1	86.4
4	S_6R_{16}	0.075	S_4R_{30}	S_4R_{34}	6	82.2
5	S_2R_6	0.065	S_3R_{31}	S_2R_6	4	80.7
6	S_5R_{37}	0.051	S_3R_{10}	S_7R_{10}	4	80.4
7	S_2R_{10}	0.048	S_7R_{38}	S_4R_{29}	2	80
8	S_3R_{20}	0.044	S_3R_{27}	S_4R_{13}	1	78.1
9	S_3R_{24}	0.042	S_6R_{16}	S_3R_{10}	4	76
10	S_3R_{23}	0.042	S_6R_{10}	S_3R_{10}	1	68.1

（3）自我中心网络分析和外地位中心性分析

表 11.6 从自我中心网络规模和外地位中心性得分的角度列出了排名前 10 的风险因素。从外地位中心性排序可以看出，S_3R_{10}（总承包方与其他利益相关者沟通不足和管理的复杂性）是最突出的风险因素，其值为 2.35，表明其对整个网络具有非常大的影响。此外，风险因素 S_5R_{37}（构件安装方不能精确识别对应安装的预制构件）、S_3R_{20}（总承包方的进度安排低效）根据其自我中心网络规模排序被识别为关键风险因素。

表 11.6　自我中心网络和外地位中心性排名前 10 的风险因素

排序	风险因素	自我中心网络	风险因素	外地位中心性
1	S_3R_{27}	43	S_3R_{10}	2.35
2	S_3R_{10}	42	S_3R_{24}	2.02
3	S_4R_{25}	39	S_3R_{22}	1.96

续表

排序	风险因素	自我中心网络	风险因素	外地位中心性
4	S_5R_{37}	38	S_3R_{15}	1.72
5	S_3R_{20}	34	S_3R_{23}	1.66
6	S_6R_{16}	34	S_2R_6	1.48
7	S_3R_{24}	33	S_3R_{20}	1.41
8	S_3R_{23}	33	S_4R_{25}	1.33
9	S_3R_{21}	32	S_3R_{21}	1.28
10	S_2R_6	32	S_3R_{27}	1.09

图 11.2 给出了所有风险因素的外地位中心图。在图中，风险因素越处于中心位置，对网络连通的影响就越大。可以发现，总承包方（S_3）利益相关者群体在图中占据更为中心的位置，说明该群体对协调装配式建筑项目风险因素的关系起到关键作用。同时也表明总承包方是风险网络中的主要风险来源，对整个网络的连通有着重要作用。

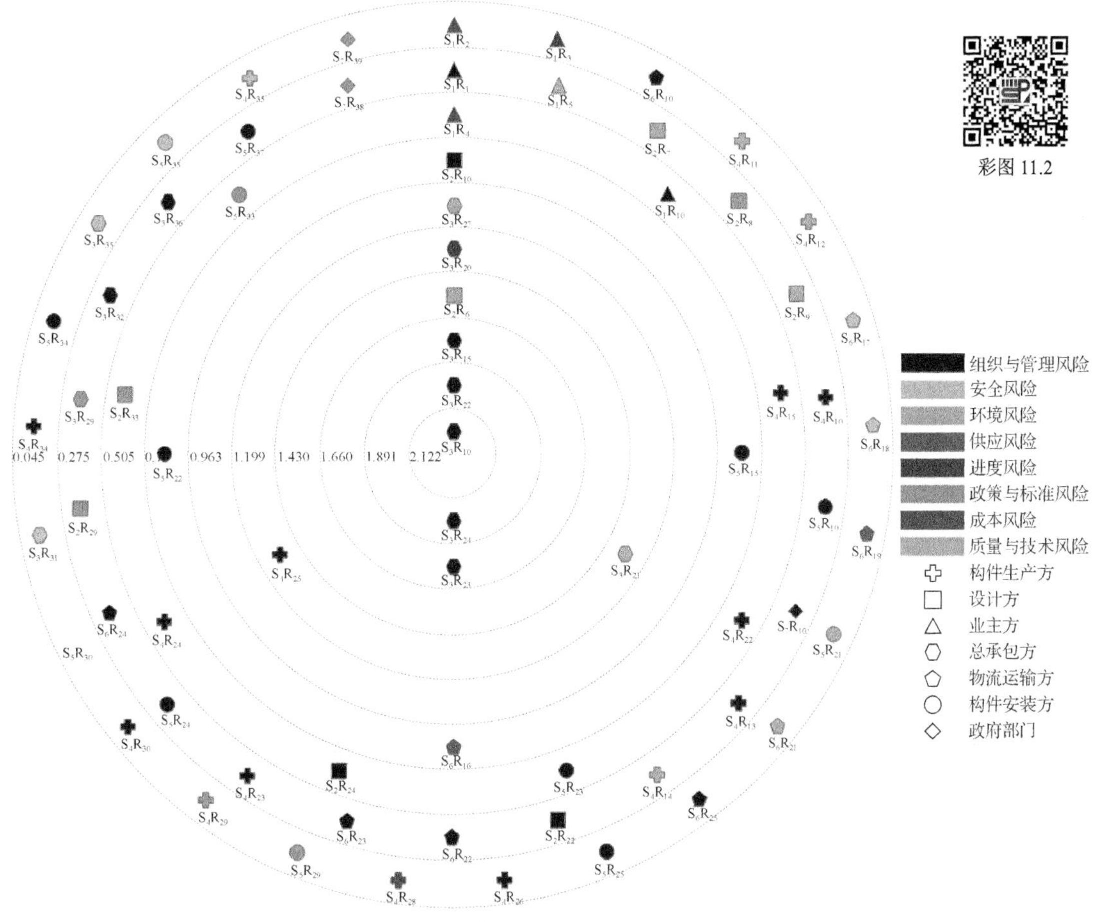

图 11.2　外地位中心图

（4）中间人分析

表 11.7 根据中间人角色代理值确定了排名前 10 的风险因素。首先，在 NetMiner 4 中选择利益相关者类别作为划分向量，对风险因素进行分类；其次，对各个节点在不同群体间所

扮演的角色次数进行统计。需要指出的是，具有高代理值的风险因素在连接不同利益相关者类别中至关重要，因此也应被识别为关键风险因素。可以发现，S_3R_{10}（总承包方与其他利益相关者沟通不足和管理的复杂性）的联络人和总角色代理值远远超过了排名第二的 S_4R_{25}（构件生产方的供应链相关信息存在差异和不一致性），因此被再次确定为最关键的风险因素。此外，大多数风险因素与总承包方相关，这表明总承包方在联结不同的利益相关者群体中发挥了重要作用。

表 11.7 代理值排名前 10 的风险因素

风险因素	协调人	守门人	代理人	咨询人	联络人	总计
S_3R_{10}	31	127	158	24	296	636
S_4R_{25}	10	153	96	13	192	464
S_3R_{27}	15	98	103	24	224	464
S_3R_{20}	11	89	57	15	140	312
S_3R_{24}	19	64	72	13	116	284
S_6R_{16}	3	44	98	15	119	279
S_2R_6	10	25	105	14	87	241
S_3R_{23}	15	69	40	12	96	232
S_5R_{37}	13	68	40	6	81	208
S_1R_3	1	63	17	9	77	167

社会网络分析指标从较为全面的角度出发，帮助研究人员从点度中心度、中介中心性、自我中心网络、外地位中心性和中间人的角度了解关键的风险因素和联系。因为各指标对风险网络的分析角度各不相同，所以指标间的风险排序所代表的重要性无法等同。基于此，本部分筛选了以上风险排序列表中的前五个风险因素作为关键风险因素。同时，考虑到风险节点在网络中的多重影响，在排名列表中重复出现三次以上的风险因素也被确定为关键风险因素。此外，根据表 11.5 中的线中介中心性排序，可确定排序前 10 的关键风险关系。

经过梳理总结，共计得到 12 个关键风险因素和 10 个关键风险关系。可以发现，大多数关键风险因素都与总承包方相关，这说明总承包方是主要风险来源，也再次表明它在风险网络中发挥的关键作用。装配式建筑项目关键风险因素和关键风险关系如表 11.8 所示。

表 11.8 装配式建筑项目关键风险因素和关键风险关系

风险节点	利益相关者	关键风险因素	关键风险关系
S_6R_{16}	物流运输方（S_6）	物流运输方未能及时将预制构件运输至现场	S_6R_{16}→S_3R_{10}
S_5R_{37}	构件安装方（S_5）	构件安装方不能精确识别对应安装的预制构件	S_4R_{30}→S_4R_{34}
S_4R_{25}	构件生产方（S_4）	构件生产方的供应链相关信息存在差异和不一致性	
S_3R_{27}	总承包方（S_3）	总承包方缺乏监管导致质量不达标	S_3R_{27}→S_4R_{13} S_3R_{27}→S_7R_{10} S_5R_{35}→S_3R_{27}

续表

风险节点	利益相关者	关键风险因素	关键风险关系
S_3R_{24}	总承包方（S_3）	总承包方的项目参与人员的沟通不足	$S_7R_{38}\to S_4R_{29}$
S_3R_{23}	总承包方（S_3）	总承包方缺少熟练的工人	
S_3R_{22}	总承包方（S_3）	总承包方的项目管理人员专业知识和经验有限	
S_3R_{21}	总承包方（S_3）	天气干扰	
S_3R_{20}	总承包方（S_3）	总承包方的进度安排低效	
S_3R_{15}	总承包方（S_3）	总承包方对工人的培训不足	
S_3R_{10}	总承包方（S_3）	总承包方与其他利益相关者沟通不足和管理的复杂性	$S_3R_{10}\to S_7R_{10}$ $S_6R_{10}\to S_3R_{10}$ $S_7R_{10}\to S_7R_{38}$
S_2R_6	设计方（S_2）	与设计方相关的设计变更	$S_3R_{31}\to S_2R_6$

11.4 风险应对策略

11.4.1 装配式建筑项目风险管理所面临的主要挑战及风险应对策略

通过风险分析、测度和仿真结果，本节首先总结现阶段装配式建筑项目风险管理所面临的主要挑战，如表 11.9 所示。

表 11.9 装配式建筑项目风险管理所面临的主要挑战

主要挑战	关键风险因素	利益相关者	风险节点	关键风险关系
预制构件无法及时交付到现场	物流运输方未能及时将预制构件运输至现场	物流运输方（S_6）	S_6R_{16}	$S_6R_{16}\to S_3R_{10}$
	总承包方的进度安排低效	总承包方（S_3）	S_3R_{20}	$S_4R_{30}\to S_4R_{34}$
供应链关键信息传递过程中出现丢失和冲突现象	构件安装方不能精确识别对应安装的预制构件	构件安装方（S_5）	S_5R_{37}	$S_7R_{38}\to S_4R_{29}$
	构件生产方的供应链相关信息存在差异和不一致性	构件生产方（S_4）	S_4R_{25}	
产部品质量管控不足	总承包方缺乏监管导致质量不达标	总承包方（S_3）	S_3R_{27}	$S_5R_{35}\to S_3R_{27}$ $S_3R_{27}\to S_4R_{13}$ $S_3R_{27}\to S_7R_{10}$
从业人员专业化和职业化素质参差不齐	总承包方缺少熟练的工人	总承包方（S_3）	S_3R_{23}	
	总承包方对工人的培训不足	总承包方（S_3）	S_3R_{15}	
	总承包方的项目管理人员专业知识和经验有限	总承包方（S_3）	S_3R_{22}	
利益相关者和参与人员之间沟通低效与信息孤岛	总承包方与其他利益相关者沟通不足和管理的复杂性	总承包方（S_3）	S_3R_{10}	$S_3R_{10}\to S_7R_{10}$ $S_6R_{10}\to S_3R_{10}$ $S_7R_{10}\to S_7R_{38}$
	总承包方的项目参与人员的沟通不足	总承包方（S_3）	S_3R_{24}	
	与设计方相关的设计变更	设计方（S_2）	S_2R_6	$S_3R_{31}\to S_2R_6$
其他	天气干扰	总承包方（S_3）	S_3R_{21}	

针对表 11.9 中的关键风险因素和主要挑战，同时通过对已有研究的应对措施进行分析，本节给出了风险应对策略，具体如下。

（1）挑战 1：预制构件无法及时交付到现场

施工延误是建筑工程项目管理中的常见问题。与传统建筑方式相比，建筑产部品预制生产的方式缩短了工期，受外界因素的干扰较少，同时也减少了延误的可能性。但是，其中影响装配式建筑项目进度延迟的关键环节在于将预制构件交付给施工现场。导致预制构件无法及时交付的原因包括资源调度效率低下致使规划延迟、预制构件生产系统故障、道路交通拥挤、恶劣天气导致无法运输、预制构件受损等。本节的研究结果也识别出了总承包方的进度安排低效和物流运输方未能及时将预制构件运输至现场两个关键风险因素。预制构件交付延迟将会对装配式建筑项目的进度和成本产生不利影响，导致人工、租赁设备和时间成本增加，这与装配式建筑项目节约成本和时间的优点相冲突。

应对策略：引入供应链准时制（just in time，JIT）理念，提升供应链管理，确保预制构件及时交付。

JIT 理念最早在 1953 年由丰田汽车公司（以下简称丰田）提出，以适应多类别、小批量、高品质、高效低成本的生产要求，以丰田为代表的日本汽车工业因此取得巨大经济效益。JIT 理念随后被推广到世界各国，包括欧美等发达国家。在我国，汽车工业、电子工业、家电制造业等流水线生产企业率先引入 JIT 管理模式，其中代表企业包括中国第一汽车制造厂、上海大众汽车有限公司、青岛海信电器股份有限公司、东风汽车公司等。JIT 的宗旨在于以高质量、无浪费的方式迅速满足客户需求。随着装配式建筑的推广，大批预制构件生产厂投资落地，但是欠缺对其运营管理的重视。由于市场份额增长有限，预制构件市场竞争激烈，许多预制构件生产厂日常运营难以为继，前期巨额投入难以回收。JIT 理念的引入能有效提高预制构件生产厂的效率，以精益化管理的思想精简流程、减少浪费、提高构件质量和生产效率，从而促进装配式建筑产业链的发展和供应链的有效管理。

装配式建筑供应链从业主有效需求出发，以承包商为核心，通过企业对信息流、物流和资金流的控制，将利益相关者连成一个整体的建设网络。该网络包括决策、设计、生产加工、施工装配和销售五个部分。项目管理人员可以通过提升装配式建筑供应链的协同管理来缓解“预制构件无法及时交付到现场”对装配式建筑项目各环节产生的影响。“预制构件无法及时交付到现场”主要归结于预制构件厂生产安排、构件运输等因素，通过契约执行、优先供货、加强管理、共享库存等方式减小这些不确定因素的发生概率，从而促进供应链各方效益的提升，实现供应链的协同管理，确保预制构件及时交付到施工现场，保证工程如期完成。

此外，已有研究通过信息技术对预制构件供应链进行深入管理。已有学者将射频识别（radio frequency identification，RFID）芯片在生产阶段埋入预制构件中，通过 RFID 芯片实现对预制构件的信息读写、实时追踪和管理，并将 RFID 系统与 BIM 技术结合，实现对预制构件从生产和运输到装配的全过程进行可视化和实时的管理，从而提高对装配式建筑供应链的绩效管理。

（2）挑战 2：供应链关键信息传递过程中出现丢失和冲突现象

装配式建筑供应链各环节之间相互依赖，供应链各环节和利益相关者之间有效整合需要充分的沟通和信息共享，因此提高信息传递效率和安全性，确保项目构件在设计、生产、施工中各类关键信息的正确性、可靠性和一致性至关重要，防止重要信息丢失、遗漏等情况发生，否则可能导致装配式建筑项目的严重延期。例如，在装配式建筑供应链中，如果构件设计图纸出现错误或有多个版本导致信息冲突，则将会导致下游的构件生产方和安装方随之出现各种错误。此外，相关学者对香港某装配式建筑住宅案例项目进行研究，发现低效的设计数据转换、信息设计师和制造商之间的差距、物流信息不一致和企业资源规划系统之间的互操作性低等风险会导致 200～300 分钟的最小延迟。考虑到紧张的进度计划和高额的装配设备租用费用，这种延迟将会造成大量额外成本。

应对策略：区块链与装配式建筑供应链的有机结合，确保信息可溯源、有效。

区块链是一种创新的计算机技术应用模型，其本质是一个分布式数据库，具有去中心化、点对点传输、共识机制、永久保存和加密算法的特点。区块链中“区块+链”的结构确保其数据的连续性和完整性，更使其具有可追溯且不可篡改的优势。区块链与装配式建筑供应链的结合是当前研究热点之一。目前装配式建筑供应链面临信息孤岛、供应链各环节信息追溯困难、信息可靠性不高等难题，区块链具有的特点和优势为突破装配式建筑供应链困局提供了可靠的解决方案。Li 等（2021）开发了一个面向服务的智能平台，并通过实际案例论证了该平台的有效性，该平台采用了智能产品服务系统，将区块链技术与物联网、信息物理系统、建筑信息建模等包容性新型信息技术结合，形成装配式建筑全过程智能管控平台，开发智能建筑新模式。此外，已有学者围绕装配式建筑建立了基于自适应区块链的监管模型。该模型包含两层区块链：第一层是项目参与者的自适应私有区块链；第二层是所有参与者之间进行交流和“交易”的主要区块链。得益于独特的自适应结构，该模型可以避免主区块链篡改操作记录，并促使参与者快速发布其操作记录，而不会造成隐私泄露。同时，有学者还通过开发系统原型评估模型的性能。结果表明，该模型在可接受的等待时间水平上提高了隐私性并降低了存储成本。

（3）挑战 3：产部品质量管控不足

在实际工程中，装配式建筑产部品生产工序一般包括钢筋笼捆扎、金属模具组装、灌浆、压实、拆模和养护。在生产预备阶段，金属模具的尺寸和平整性等质量指标使用卷尺或靠尺等仪器检测；在生产过程阶段，保护层厚度、钢筋间距等指标使用卷尺测量，水泥的坍塌度等指标通过实验室试样检测；在生产成品阶段，构件的尺寸、预埋件的位置使用卷尺测量，表面平整度使用靠尺和水平尺等仪器测量，接合面的粗糙度（粘接现浇部件）通过照片目测，钢筋到构件表面的距离（防水需求）使用小型金属探测雷达测量。在大量的手动测量过程中，仪器、时间和人力成本较大，同时这些质量检测目前仅限于抽查采样或新产品的试制过程。可见，现阶段在装配式建筑项目建造过程中，主要依靠人工质检，由此所导致的生产返工、资源浪费、质量无法保证等问题不能完全满足新型建筑工业化的发展需求。

装配式建筑产部品的质量问题总体上可以归纳为钢混构件在生产、运输及安装过程中的几何信息（如尺寸、位置、裂缝、缺角）和非几何信息（如锚固力、挠度、粘接强度）与实际设计是否匹配的问题。这些质量问题降低了生产厂商的良品率，限制了生产线的效率，延长了供货时间，进而变相抬高了单位产品成本；另外，低品质产品导致的漏水、隔热隔音效果差等质量问题会进一步诱发社会问题，对装配式建筑推广带来不利的公众影响。

应对策略：借助信息化技术和设备提高质量检测和管控效率。

目前装配式建筑所面临的各类质量问题和低效的质监方法主要归结于目前装配式建筑产部品质量管控工具缺乏和管控机制不足。随着信息化技术不断发展，现阶段汽车、飞机、精密仪器的生产等高端制造业和智慧制造中早已借助信息化技术（三维模拟、激光雷达、高精度点云技术等）实现高精度、高效率和更为可靠的质量管控手段，在很大程度上取代了传统工艺中耗时费力的人工建模和质检环节，在理论和实践上都显著提高了生产质量和效率。在建筑领域，随着智慧工地、智慧建造等概念的提出，三维激光扫描和高精度点云设备被逐步用于代替人工进行测量工作，压缩了大量检测时间，能够快速完成大型复杂结构的建模和质检。例如，李理等（2015）通过三维激光扫描得到点云数据，然后对隧道横断面进行拟合，分析地铁隧道形变状况；北京大兴国际机场的施工采用了三维扫描+BIM 模型的方式对其主体钢结构进行精密测量和碰撞分析，完成了对传统测量手段而言难度极高的质量检测。虽然目前这些信息化技术的应用取得了一定成果，但是国内在装配式建筑质检方面的应用较少，仅有少数面向特定预制构件的质检产品有所涉及，并且数据处理耗时。未来装配式建筑质检方法的信息化、智能化程度还有待提升，以期提高质检的效率、精度和可靠性。

（4）挑战 4：从业人员专业化和职业化素质参差不齐

本部分研究结果得到三个关键风险因素：缺少熟练的工人、对工人的培训不足和项目管理人员专业知识和经验有限。这表明装配式建筑从业人员素质亟待提高。虽然近些年来装配式建筑发展迅速，但大部分从业人员是由传统现浇建筑行业转型到装配式建筑行业的，承包商和预制构件生产厂的技术管理人员素质参差不齐，相关资质标准不规范，导致专业化技术和产业化实施能力不足，严重影响产业化项目的实施效果。人们应当认识到，装配式建筑的推广和发展离不开整体从业人员素质的提高和工程管理的项目实践。

应对策略：为项目管理人员和施工工人提供相关培训课程，增加其职业知识，增强其职业技能。加强施工或生产企业人力资源管理，特别是培训认证及晋级管理；完善相关资质标准，形成系统规范的装配式建筑从业资格证书体系，提高从业门槛，进而提高从业人员整体素质水平。

（5）挑战 5：利益相关者和参与人员之间沟通低效与信息孤岛

项目利益相关者和参与人员之间的协同合作需要有效的沟通和信息共享。装配式建筑涉及立项、设计、生产、运输、储存、现场装配和后期运营等阶段，其中业主方、设计方、总承包商、物流运输方和装配分包商等利益相关者之间存在多层次的相互依赖关系。例如，设计相关的信息需要在设计方（建筑师或结构工程师）和构件生产商之间及时共享，以确保生产的预制构件严格符合设计规范和变更要求，否则可能会导致预制构件无法安装。在项目早期需要尽早整合设计和施工团队，设计团队与施工团队应及早开始技术交底，避免出现偏差。设计和后勤团队则需要与运输团队密切合作，以确保预制构件的尺寸和重量符合运输规范。利益相关者之间错综复杂的关系导致装配式建筑项目中利益相关者管理的复杂性，而装配式建筑项目中参与人员的不同利益、价值体系的协调不足和管理不善，可能会导致项目工期延误、利益冲突和额外成本。

同时，不同阶段和利益相关者之间存在一定的不一致性，体现在人员和组织的构成、对装配式建筑的理解、相关的技术标准和技术体系、管理方法和手段等多个方面。这些不一致性为项目的各环节管控带来多种问题，如无法实现信息有效传输与协同共享、数据碎片化、操作不连续、数据传递格式不一，使得项目的各个环节及其利益相关者成了一个个信息孤岛。进一步地，这些信息孤岛导致信息的多向采集和重复录入，使数据资源分散、冗余，甚至互相冲突，无法有效提供跨区域、跨部门、跨系统的综合性信息，无法对项目的决策提供有力支撑，削弱了项目管理人员的管控效力。

应对策略：利用 BIM 信息枢纽的作用，构建 BIM 系统平台，实现项目信息集成和共享，提高信息交互效率，改善协同关系，推动项目利益相关者之间的沟通和紧密合作，并打破信息孤岛。实践证明，一方面，BIM 技术利用数字建模软件，能提高项目设计、建造和运营管理的效率，极大地提高装配式建筑的建造效率，进而使装配式建造业成为更具竞争性又持续对经济贡献价值的行业。另一方面，项目管理人员在应用 BIM 系统平台实现信息交互和共享的同时，可以融合其他信息技术（物联网技术、大数据、点云技术、区块链技术等），扩展形成更为智能化、信息化的装配式建筑管控模式和利益相关者合作模式，为装配式建筑发展带来新的变革。

11.4.2　移除关键风险因素后的风险网络状况

在实施了本节中提出的风险应对策略后，通过重新计算关键的社会网络分析指标，对利益相关者视角下的装配式建筑项目风险网络进行分析。其中需要说明的重要前提是，所有提议的策略均得到有效实施，并且消除了相应的关键风险因素和关系。该分析可为测试风险应对策略的有效性提供重要参考，并预测降低网络复杂性的潜力。

在移除了 11.3 节中已识别的关键风险因素和关系后，风险网络的节点和风险链接分别减少至 58 和 352，如图 11.3 所示。通过对比图 11.3 和图 11.1 的风险网络，可以得出以下结果：①通过移除关键风险因素和关系，明显可以发现风险网络的风险链接减少，网络凝聚性降低；②单向影响的节点数量增加，意味着可以单独处理更多风险因素而不会导致风险的传播效应增加；③风险链接大幅减少，可以更容易地处理风险节点的二元交互作用，风险网络的管理复杂性降低。

网络复杂性的降低还可以通过网络分析指标值来反映。图 11.3 中的网络密度和网络凝聚力值分别为 0.106 和 0.381，与原始网络密度 0.181 和网络凝聚力值 0.687 相比，分别降低了 41.4%和 44.5%。此外，从中介中心性指标出发，将移除关键风险因素和关系后的中介中心性指标变化情况（表 11.10）与表 11.5 的指标值进行对比，可以发现风险和链接的中介性中性值明显降低，点度中介中心性指标降低幅度最大可达到 71.43%。根据分析结果，采用所提出的风险应对策略可有效降低风险网络的复杂性，从而提高利益相关者进行风险管理的有效性。同时需要指出的是，当从实际的角度评估应对策略的有用性时，项目管理人员需要对风险网络的动态进行定期审查，以监测风险网络。

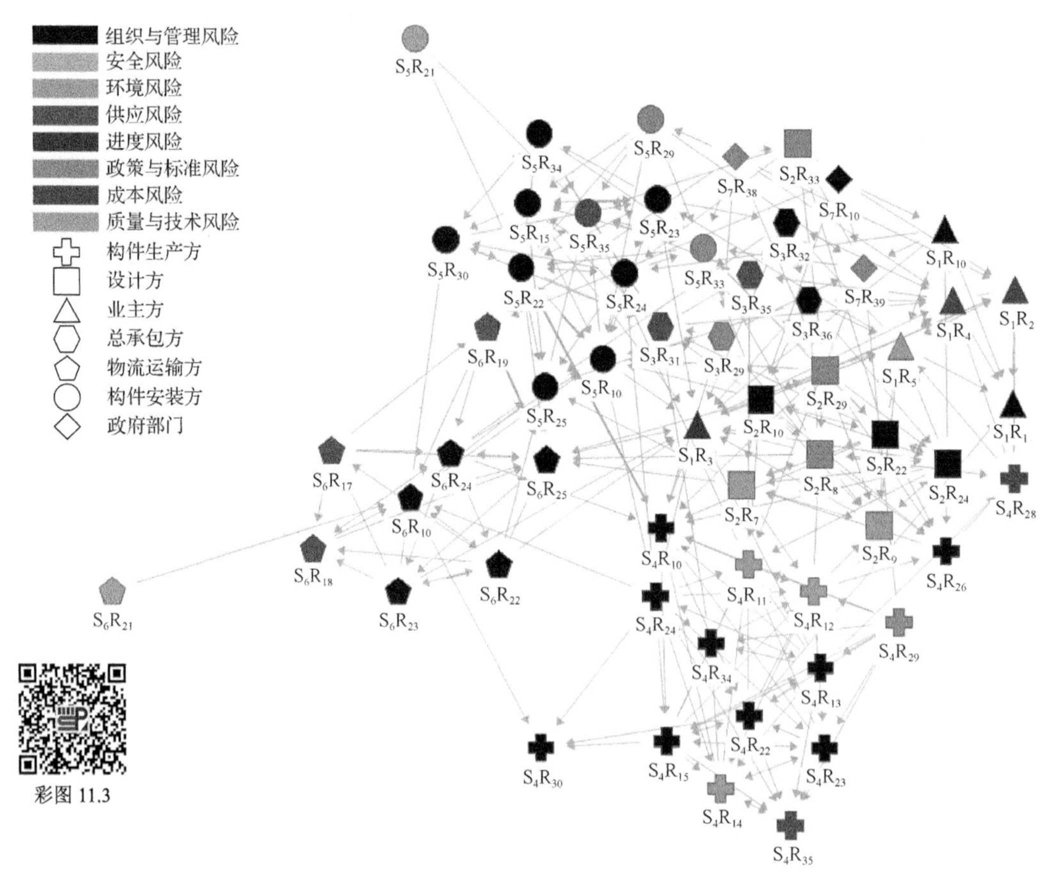

图 11.3 移除关键风险因素和关系后的风险网络图

表 11.10 移除关键风险因素和关系后的中介中心性指标变化情况

排序	点度中介中心性指标			线中介中心性指标		
	初始网络	移除后	变化率/%	初始网络	移除后	变化率/%
1	0.139	0.085	−38.85	141.6	116.1	−18.01
2	0.108	0.073	−32.41	100.5	85.6	−14.83
3	0.107	0.064	−40.19	86.4	77.1	−10.76
4	0.075	0.039	−48.00	82.2	70.3	−14.48
5	0.065	0.033	−49.23	80.7	67.5	−16.36
6	0.051	0.022	−56.86	80.4	65.7	−18.28
7	0.048	0.020	−58.33	80	64.2	−19.75
8	0.044	0.017	−61.36	78.1	63.5	−18.69
9	0.042	0.015	−64.29	76	60.8	−20.00
10	0.042	0.012	−71.43	68.1	59.4	−12.78

11.5　基于智能工作包的装配式建筑项目管控系统框架

进一步地，本节围绕目前装配式建筑项目所面临的主要挑战和风险因素，并结合应对策略，提出了基于智能工作包（smart work packages，SWP）的装配式建筑项目全过程管控系统框架，帮助项目管理人员实现对项目的实时管控与决策，确保项目顺利交付。该系统框架基于 BIM 和智能工作包，借助信息化技术和各类智能设备（BIM、物联网技术、三维激光扫描、区块链技术），并结合精益建造理论，提出智能管控系统框架。该系统框架旨在从装配式建筑的设计、生产、运输、施工阶段到运营阶段实现全过程实时追踪和管控，为项目管理人员及各利益相关者提供项目决策与管控的基础，实现进度、安全、成本、质量管控的项目管理四大目标。

工作包模式属于精益建造理念的实现方式之一，是一种具有计划性和可执行性的工作流程模式，该模式通过工作量大小和标准性策略将装配式建筑项目的工作范围分解为不同且可以管理的细分部分。每个工作包需要分配独立的监管单元来保障他们能处理每个工作包中的内容。因此，所有的工作任务需要分解成细小的工作块（如将某项任务的工作量设定为 500～2000 工时），同时保障由此产生的收益可以超过额外的项目行政管理所带来的负担，以精简工作流程，减少浪费，提高工作效率。工作包设计中最常用的标准包括预制产品类型、工作面、具体的物理位置及工作流程，不同工作包中工作任务的依存关系和交互关系也需要仔细考量。一般而言，工作分解结构和产品分解结构（product breakdown structure，PBS）被广泛应用于分解建筑或系统工程的标准框架，而对于装配式建筑，其在设计方面可以通过具有层级的产品体系（如材料、构件、模块、单元）分解为一系列建筑子系统（如结构、围护、分隔、设施及设备系统），能为装配式建筑项目工作包分解提供高效的参考框架。智能工作包则尝试利用新一代信息技术提升工作包的智能性。例如，Isaac 等（2017）开发了基于 BIM 的一套算法集成设计结构矩阵和领域映射矩阵，以实现对需要安装的预制产品和对应的安装工序自动化标记。

智能工作包模式下的装配式建筑项目管控系统框架如图 11.4 所示，该系统框架由应用层、平台层和基础层组成。从项目起始的立项、设计，最终到项目交付运营，应用层为项目管理人员及各利益相关者提供项目决策与管控服务，包含八个子模块：设计和生产管理、供应链管理、进度管理、质量和成本管理、安全管理、资源管理、风险管理和运营管理。模块之间通过 BIM 集成数据库实现信息共享。应用层提供的服务包括项目资源管理、项目进度调整、实时数据汇报、三维可视化、构件追踪等。平台层则涉及多个智能工作包，智能工作包有其对应的编号和负责的具体工作内容。工作包之间存在依存、组合或信息传递的关系，协同工作，为应用层模块功能提供支持。位于系统框架底部的是基础层，包含了三维激光扫描、RFID 芯片、监控摄像头、各类传感器等信息技术和设备，将现实世界中的事物（预制构件、各类材料、机械设备等）数字化映射为虚拟世界中的各类组成要素，从而为实现数字化和智能化管理提供基础。

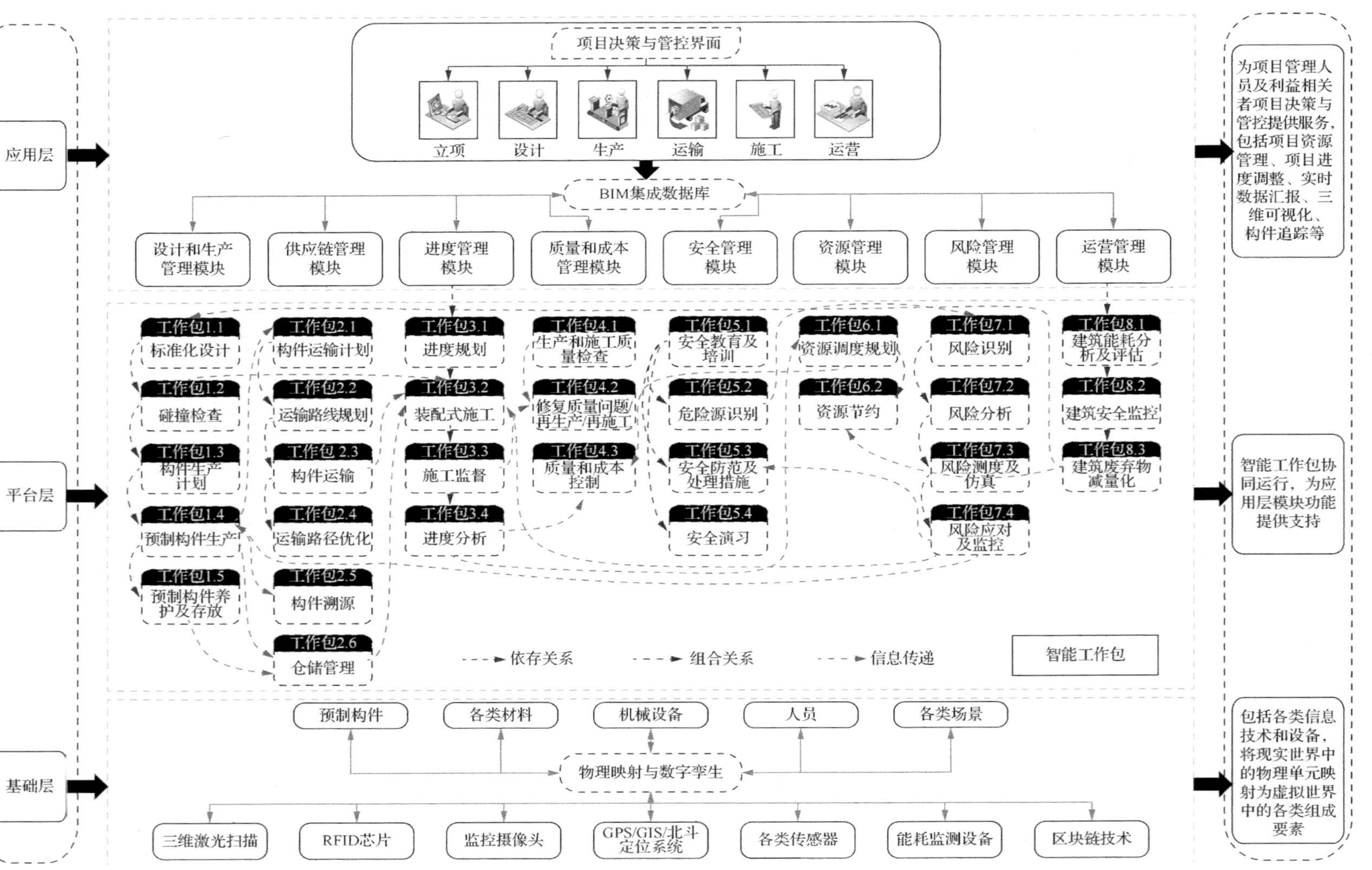

图 11.4　智能工作包模式下的装配式建筑项目管控系统框架

11.6 本章小结

本章全面识别和分析了装配式建筑项目所面临的 39 个风险因素与涉及的七个主要利益相关者，将风险因素与利益相关者进行关联组合后共计得到了 70 个与利益相关者关联的风险。首先，通过专家访谈收集模型数据后构建装配式建筑项目风险网络模型，并借助社会网络分析法，对风险因素进行多方面的分析，梳理总结识别出 12 个关键风险因素和 10 个关键风险关系。这些风险因素大多与总承包方有关，意味着该利益相关者是主要的风险来源。其次，将关键风险因素和关系进行梳理，总结了五个装配式建筑项目所面临的主要挑战，并与之对应地提出了风险应对策略。最后，进一步制定了智能工作包模式下的装配式建筑项目管控系统框架，为类似装配式建筑项目的管控和决策提供参考与借鉴。

第 12 章　基于系统动力学与离散事件系统仿真的装配式建筑项目风险管理研究

12.1　问题提出及研究方案

虽然已有装配式建筑项目风险管理的研究取得了一定成绩，但随着装配式建筑项目的不断推广，其建设复杂程度将会不断提高，传统的研究方法（如层次分析法、模糊综合评价法、灰色聚类分析法、熵权法等）难以处理风险间的互相作用与关系、风险的不确定性及风险仿真。同时，复杂性科学理论的发展为装配式建筑项目风险管理的分析与研究提供了新的途径，包括社会网络分析、系统动力学、离散事件仿真、基于主体建模、混合仿真建模等研究理论和方法。规模日渐扩大和管理难度愈发上升的装配式建筑项目与复杂系统视角的研究理论和方法具有较高的契合度。

基于以上背景，本章提出在现阶段装配式建筑风险管理过程中，借助复杂系统性分析的理论和手段克服传统风险分析方法的不足之处，并在风险分析过程中重点分析风险相互作用机理、不确定性特点及动态变化过程，对风险作用机理进行模型仿真，探索风险因素对项目绩效的影响，以提高装配式建筑项目的风险管理水平和管理绩效。

研究流程：①确定系统模型边界；②构建系统动力学模型；③系统动力学模型封装，并与离散事件系统仿真模型结合构建混合模型；④结合实际案例进行模型结构和行为检验；⑤将关键风险因素导入混合模型中进行情景分析。

研究方法：系统动力学理论及方法、专家访谈、离散事件系统仿真、蒙特卡洛模拟法。

阶段性研究成果：获得系统动力学-离散事件系统仿真混合模型和风险因素对项目绩效的影响情况。

混合模型构建流程框架如图 12.1 所示，分五个步骤进行构建。

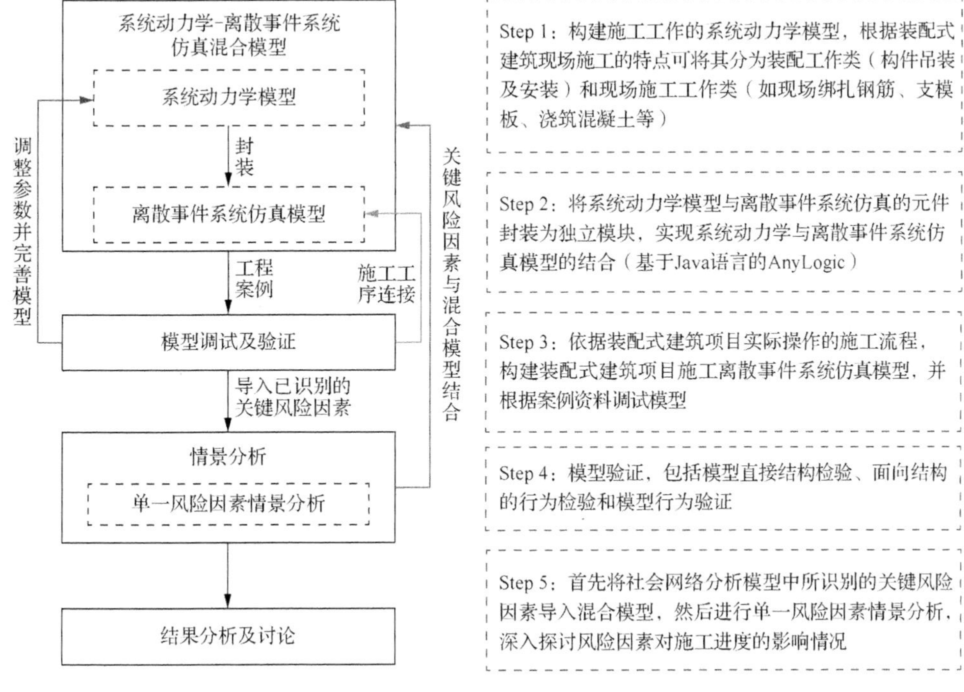

图 12.1　混合模型构建流程框架

12.2　系统动力学建模

一般而言，系统动力学模型开发主要有以下几步：确定系统模型边界和总体结构；表达系统中各个变量之间的关系并绘图；绘制存量流量图，建立模型；模型检验，提高所开发模型的可信度，确保模型行为贴合工程实际。本节内容将详细介绍系统动力学模型的构建过程。第 5 章已对系统动力学相关理论做了详细介绍，因此本章不再赘述。

12.2.1　系统模型边界

系统模型边界是人为划分的界线，涵盖建模目的所考虑的内容，并将系统内部与外部环境区分开来。与研究目的和问题相关的变量应当划分到系统内部，反之则不予考虑，集中对内部变量进行分析。在确定系统模型边界时，需要遵循以下几个原则：明确建模的目的，在厘清所要解决的问题后，需要清晰地说明建模目的，从而确定模型结构及边界；聚焦研究问题，而不是整个系统。此外，系统动力学适用于解决随时间而变化或反馈结构的问题。

根据已有研究，系统动力学模型边界具体而言又可由内生变量、外生变量和不考虑因素进行描述。其中，内生变量是指在系统中随时间不断发生变化的变量；外生变量则是指在仿真过程中保持不变的变量；不考虑因素是指系统边界外的影响因素，如项目现金流、气温影响等。因此，本节首先明确模型构建目的，然后以上述三种变量为基础描述模型边界。其中某些变量的数值具有不确定性且服从某种概率分布，如错误率、检查效率等。

模型主要实现以下目的：从系统的视角构建各项装配式建筑项目施工工作任务系统动力学模型，描述装配式建筑项目施工过程中工作流、物质流、信息流，以及各因素之间的反馈结构和关系，揭示其中的相互制约和影响机理，然后用于封装并模拟某一项施工任务工作持续状态。

系统动力学模型中所涉及的变量如表 12.1 所示。

表 12.1 系统动力学模型中所涉及的变量

类型	变量名称
内生变量	装配速率、再生产速率、重安装速率、构件生产错误速率、构件安装错误速率、检查速率、构件运输率、工作熟练度、工作压力、工作时间、工人疲劳程度、进度延后、工人数量、其他机械设备数量、塔吊数量、新增工作量、塔吊效率、拥堵程度、工作完成率、工人平均工作效率、平均检查效率、构件总安装数量、预制构件待重装、预制构件待运输、预制构件待安装、已完成安装的预制构件、已完成检查的预制构件、工作过程中增加的工程量、待重新生产的预制构件、初始机械设备数量
外生变量	工人数量增加比例、构件缺陷率、基础检查率、基础错误率、工人基础效率、塔吊基础效率、基础运输率、工人工作空间、机械设备平均工作空间、构件占用空间、塔吊占用空间、施工总工作面大小、构件生产率、计划工作时间、其他机械设备需求量、初始工人数量、初始工作量、初始机械设备数量、工作开始时间
不考虑因素	现场工作条件、项目现金流、环保目标、气温影响

12.2.2 模型总体结构

为使所构建的系统动力学模型尽可能全面，在参考相关研究文献并综合分析的基础上，本节将装配式建筑项目建设系统划分为五个子系统，包括装配子系统（assembled subsystem）、资源子系统（resource subsystem）、效率子系统（efficiency subsystem）、进度子系统（schedule performance subsystem）和范围子系统（scope subsystem）。各个子系统具体涵盖的内容如下。

1. 装配子系统

装配子系统是所构建的系统动力学模型的主要构成部分，起到连接其他子系统的作用，包含了预制构件的不同状态和装配过程中的主要工作及流程，如等待装配的预制构件、已完成装配的预制构件和已完成检查的预制构件。

2. 资源子系统

资源子系统主要包括人工、材料（如预制构件）和机械设备（如塔吊）三个方面。在项目中，只有满足一定的资源条件才能确保预制构件的安装效率，以实现施工方案中既定的进度。资源不足会直接导致施工效率降低，从而导致项目实际进度的滞后，进而导致为了追赶进度花费更多的资源。

3. 效率子系统

效率子系统主要包括工人效率、吊装机器效率和构件运输效率，其中工人效率主要被疲劳程度、熟练度、进度压力、专业知识等因素所影响。这些效率会直接影响装配施工的速度和项目进度。同时，考虑到需要通过塔吊大量运输预制构件或其他施工材料，这对施工效率起到关键作用，因此将单独讨论塔吊的效率，以区分其他相关的机械设备效率。

4. 进度子系统

进度子系统包括实际进度与预期进度两个方面。通过将实际进度与预期进度进行对比，可以发现工程进度提前或延期，一旦出现延期，系统将会调用更多的资源（人工、材料和机械设备）并提高效率以赶工。在赶工的过程中可能导致装配错误或质量不达标等问题的增多。

5. 范围子系统

范围子系统定义了项目工作的任务数量，其会直接影响到资源子系统所需投入的资源数量。范围子系统主要涵盖三个方面：项目初始范围、变更因素所增加的范围和质量问题返工造成工程量增加的范围。项目初始范围即工程项目所计划的工程量。在项目建设过程中，不可避免地会出现设计变更或质量问题，从而引发返工等问题，工作范围在建设过程中会不断增加。

五个子系统之间互相制约平衡，系统动力学模型结构框架如图 12.2 所示。图中左上角的进度子系统包括项目计划进度和项目实际进度，一旦施工实际进度滞后，便会调用资源子系统增加资源投入量，从而提高施工效率。同时，现场工人工作时间过长，疲劳度增加，将会导致施工效率降低。

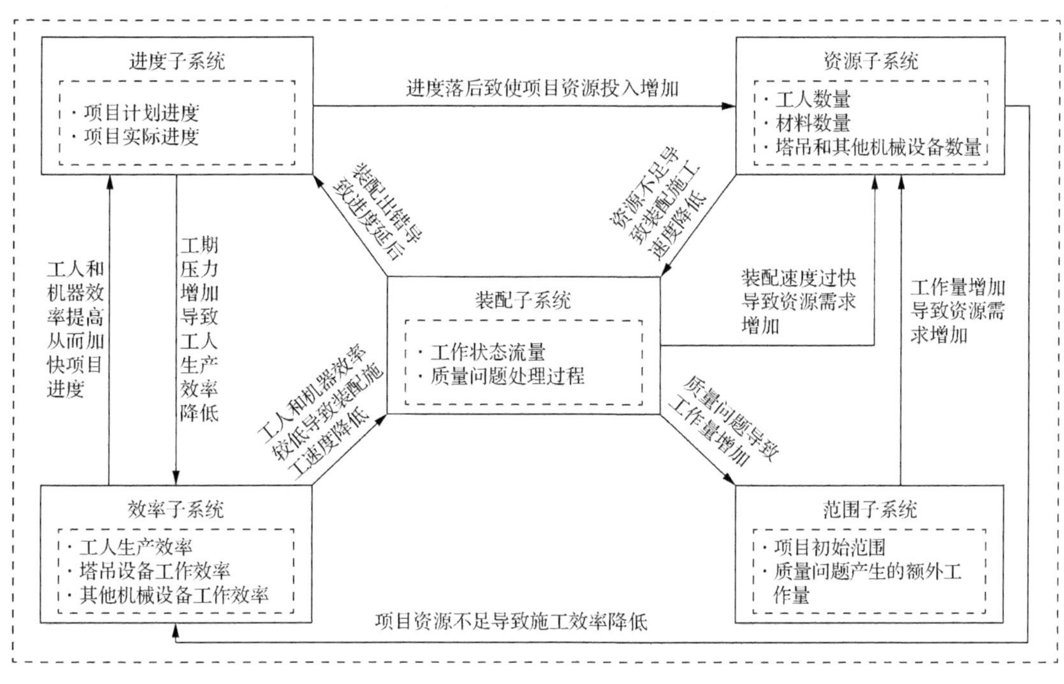

图 12.2　系统动力学模型结构框架

12.2.3　装配子系统

装配子系统中的三个主要存量，即等待装配的预制构件、已完成装配的预制构件和已完成检查的预制构件。等待装配的预制构件表示已运输至施工现场等待吊装工作的预制构件，在系统存量流量图中，其属于存量，并通过流量安装率指向存量已完成装配的预制构件。具体而言，其含义为：某一预制构件（如预制梁）被运送至施工区域，等待吊装，一旦吊装完成即认为该构件已完成装配。吊装完成后的预制构件需要经过现场质量检测管理人员的检查，通过检查过程的预制构件即被认为已完成检查，该流程反映在系统存量流量图中是由存量已完成装配的预制构件通过流量检查率指向存量已完成检查的预制构件，通过检查后的预制构件则表明该部分工作任务已完成。除了上述存流量，还有等待运输的预制构件、运输率、等待通过的设计变更、安装错误率、重安装率、重生产率等，其他辅助变量包括工人人数、塔吊数量、错误率等存流量。

系统动力学装配子系统如图 12.3 所示。

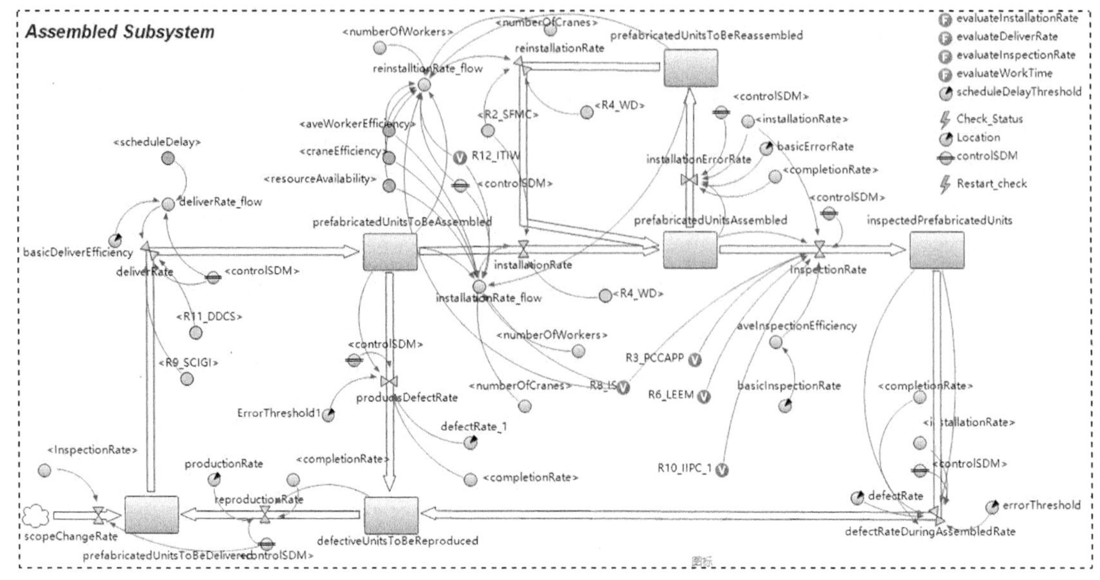

图 12.3　系统动力学装配子系统

12.2.4　资源子系统

资源子系统涵盖了人工、材料、机器和工作空间四个方面。系统动力学资源子系统如图 12.4 所示，主要包括工人数量、塔吊数量、工作空间和区域等相关变量。在人工方面主要受其工人数量和效率所影响，而实际工人数量主要取决于最大工人数量和初始工人数量。最大工人数量是指在有限的施工空间内所允许施工的工人人数，初始工人数量是指预先计划投入的工人数量。此外，在进度拖延的情况下，当项目经理想要加快进度时，需要加派额外的工人班组以满足进度需求，这部分增加的工人被称为“额外工人数量”。材料方面主要包括材料数量和所需材料变量；机器方面主要包括塔吊数量、塔吊效率、塔吊基本效率、其他所需机械设备等变量；工作空间方面主要包括工作空间和缓冲区、拥堵程度等变量。考虑到实际工程中的施工工作空间和缓冲区都是有限的，不可能无限制地增加机器设备和人工资源，因此施工现场的工人数量和机器数量不能超过理论上的最大数量。此外，天气等因素也会影响项目现场的工人和机器效率，进而影响现场施工装配完成速度。

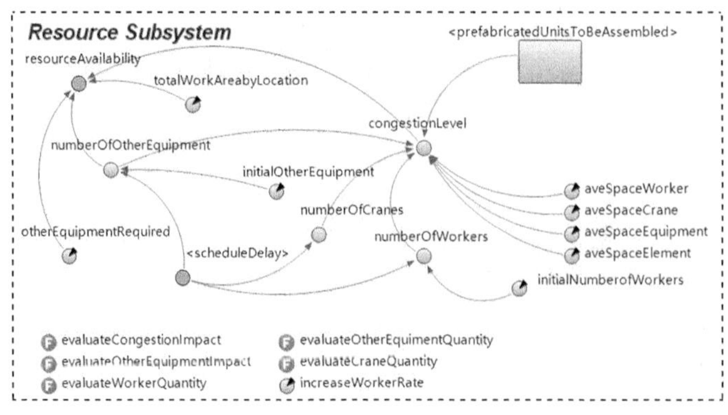

图 12.4　系统动力学资源子系统

12.2.5　效率子系统

效率子系统主要考虑工人生产效率和吊装机器效率。工人生产效率主要取决于工人进度压力、疲劳程度和工人熟练程度，吊装机器效率则主要由塔吊基础效率、进度安排、项目人员沟通不足等因素决定。根据文献回顾，已有研究对工人生产效率与熟练程度和疲劳程度之间的关系进行研究。

一般而言，工人生产效率与进度压力之间的关系呈倒 U 形关系，即适当的压力有助于提高工作效率，压力过大或者过小都会导致工作效率降低。借助已有研究可知，工人生产效率与进度压力之间的关系可以定义为倒 U 形函数。当剩余的工作任务等于计划工作任务时，进度压力为 1，影响程度也为 1。进度压力与工人生产效率关系在系统动力学中将以表函数的形式体现，如图 12.5 所示。

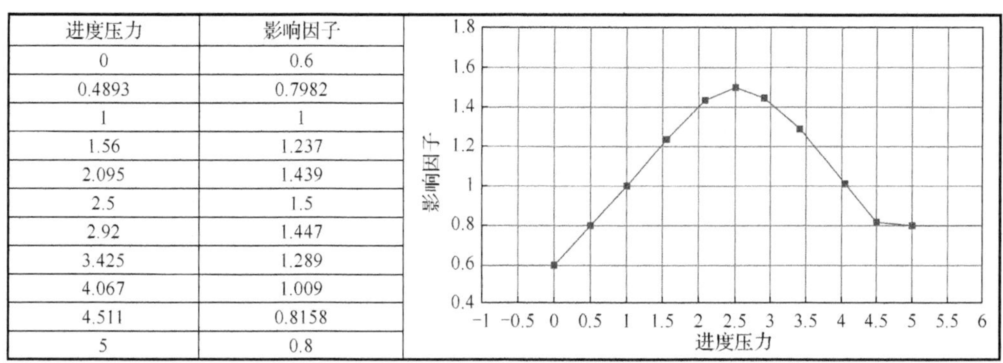

进度压力	影响因子
0	0.6
0.4893	0.7982
1	1
1.56	1.237
2.095	1.439
2.5	1.5
2.92	1.447
3.425	1.289
4.067	1.009
4.511	0.8158
5	0.8

图 12.5　进度压力对工人生产效率的影响

疲劳程度与工人生产效率之间的关系用表函数的形式展示，如图 12.6 所示，其中横坐标为疲劳程度，具体含义为实际工作时间与计划工作时间的比值（8 小时工作制），区间为 [1,2]，即工人实际工作时间最高为 16 小时。由图可知，两者关系呈 S 形衰减曲线，随着疲劳程度的增加，工人生产效率将不断下降，降低至一定程度后趋于平缓，最终降至原生产效率的 75%。

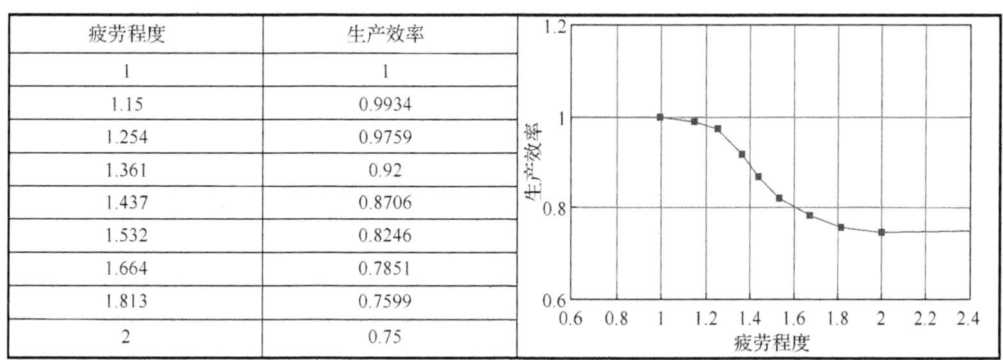

疲劳程度	生产效率
1	1
1.15	0.9934
1.254	0.9759
1.361	0.92
1.437	0.8706
1.532	0.8246
1.664	0.7851
1.813	0.7599
2	0.75

图 12.6　疲劳程度对工人生产效率的影响

同样地，熟练程度与工人生产效率之间的关系也可以在系统动力学中用表函数表示，如图 12.7 所示。熟练程度大小由任务完成比例（已完成装配和检查的预制构件之和与总装配工作任务之比）决定。从图 12.7 中可以看出，两者之间的关系呈 S 形上升曲线，横坐标表示熟练程度，纵坐标表示对生产效率的影响程度。当项目开始时，现场工人对项目的熟悉程度较低，导致生产效率不高，随着已完成任务比例增加，工人生产效率也不断提高并最终趋于平稳。系统动力学效率子系统如图 12.8 所示。

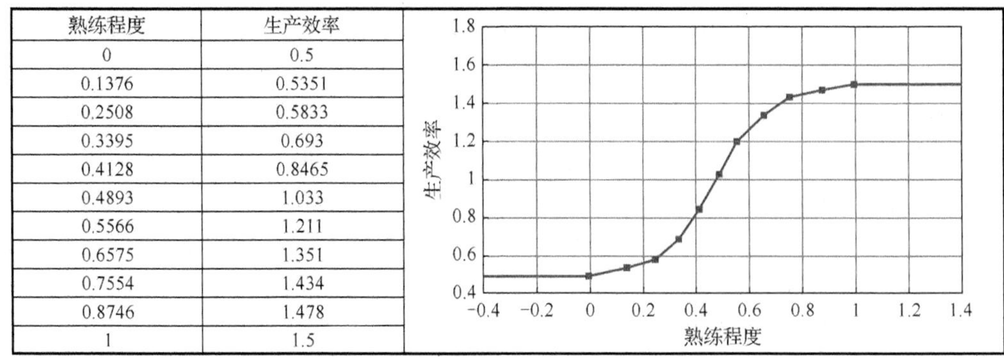

熟练程度	生产效率
0	0.5
0.1376	0.5351
0.2508	0.5833
0.3395	0.693
0.4128	0.8465
0.4893	1.033
0.5566	1.211
0.6575	1.351
0.7554	1.434
0.8746	1.478
1	1.5

图 12.7 熟练程度对工人生产效率的影响

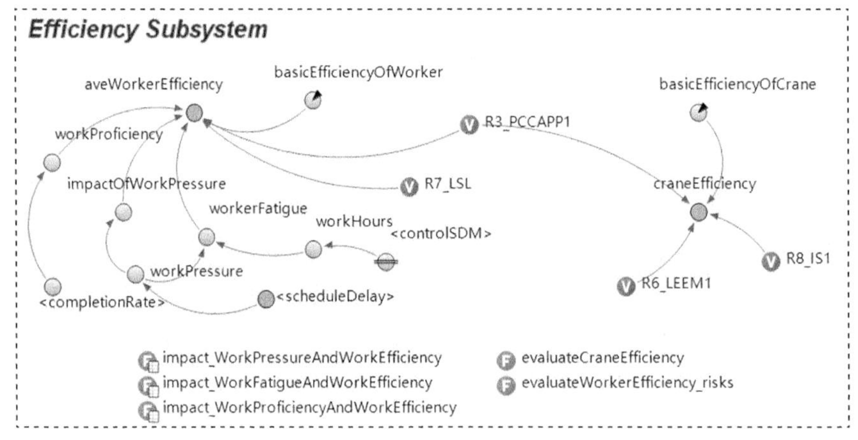

图 12.8 系统动力学效率子系统

12.2.6 进度子系统

在项目建设过程中，可能会出现项目资源不足以满足施工进度需求、质量问题返工或设计变更导致工作量增加、极端恶劣天气或其他因素导致停工等现象，这些现象的发生会致使项目实际进度计划滞后。一旦进度出现滞后，势必需要采取措施增加资源投入以赶工（如增加工人或塔吊数量、延长工作时间等）。为了量化项目进度，我们在系统中加入了计划完成率（planned rate of completion，PRC）和实际完成率（actual rate of completion，ARC）两个变量。

计划完成率的计算公式为

$$\text{PRC} = \text{PAU}/\text{TQA} \tag{12.1}$$

实际完成率的计算公式为

$$\text{ARC} = \text{IPU}/\text{TQA} \tag{12.2}$$

其中，PAU（planned assembled and inspected prefabricated units）为计划完成装配和检查的预制构件；TQA（total quantity to be assembled）为需要装配的预制构件总数量；IPU（inspected prefabricated units）为已确定安装完成的预制构件。

同时，进度延迟（schedule delay，SD）的计算公式为

$$SD = (IPU - PAU)/(TQA \cdot IR) \tag{12.3}$$

其中，IR（installation rate）为安装完成率。

系统动力学进度子系统如图 12.9 所示。

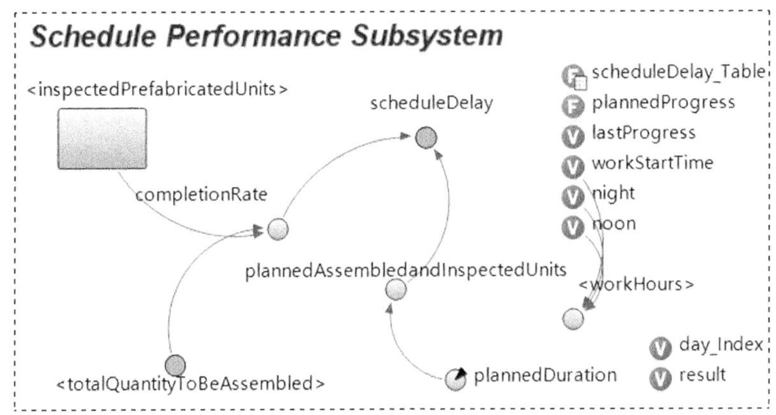

图 12.9 系统动力学进度子系统

12.2.7 范围子系统

传统的项目管理方法一般以静态的项目范围为基础进行管理，然而在实际工程中的项目范围是不断发生变化的，这就导致传统的项目管理难以量化工作范围随时间动态变化的情况，因此其制订的资源分配和投入计划、进度计划等应对措施往往效果不佳。在项目建设过程中，质量问题或工程变更等原因会导致工程任务增加，从而使项目范围随着时间的推进发生动态变化。系统动力学范围子系统如图 12.10 所示。其中“R_1_DC”和“R_5_LQDLAS”为引入的风险因素，后续将会在情景分析中起到作用，导致工程项目范围变动，对系统动力学模型运算产生影响。

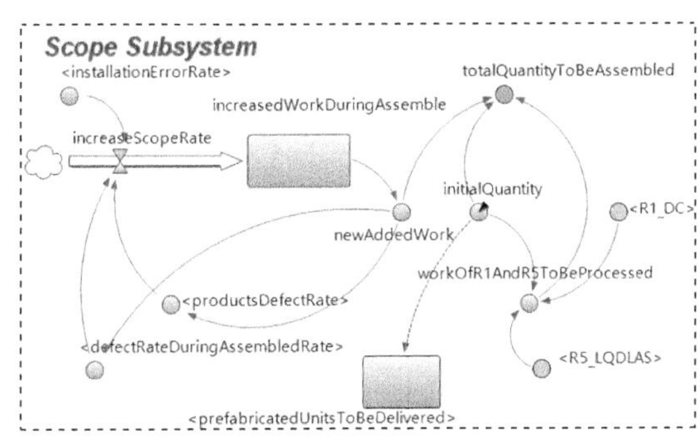

图 12.10 系统动力学范围子系统

12.2.8 系统动力学总模型

对子系统之间的关系进行梳理后，装配工作类系统动力学总模型如图 12.11 所示。由于基于 Java 语言的 AnyLogic 软件支持用户自定义函数功能，本节所构建的系统动力学模型使用大量自定义函数，以使模型更为简洁、结构划分清晰。系统动力学总模型共分为五个部分，即装配子系统、资源子系统、效率子系统、进度子系统和范围子系统。图 12.3、图 12.4、图 12.8、图 12.9、图 12.10、图 12.11、图 12.12 中所涉及的变量均可在表 12.2 或表 12.3 中找到。

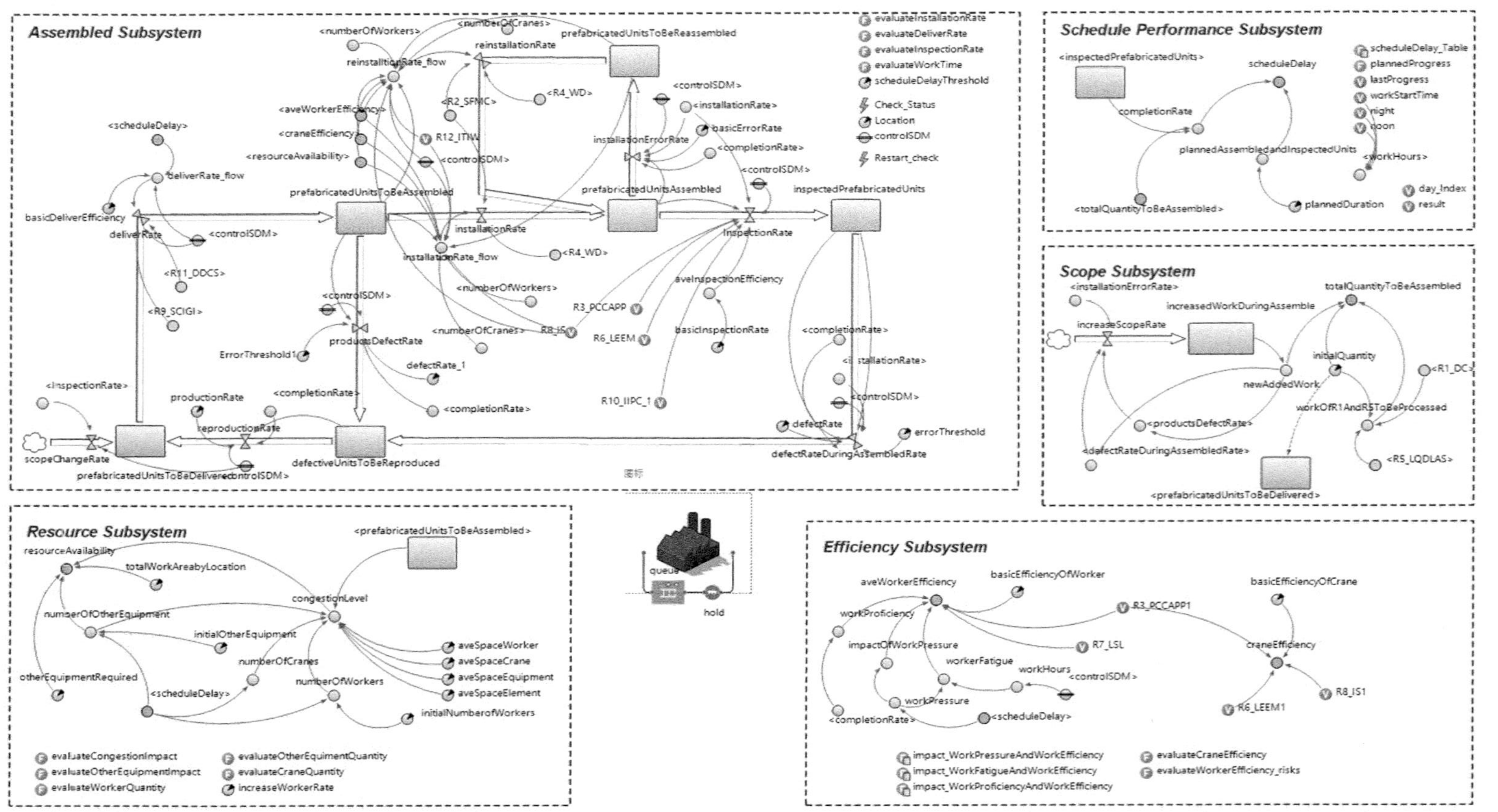

图 12.11　装配工作类系统动力学总模型

表 12.2　装配工作类系统动力学模型中的变量

序号	变量名称	类别
1	installation rate（装配速率）	流量
2	reproduction rate（再生产速率）	流量
3	reinstallation rate（重安装速率）	流量
4	products defect rate（构件生产错误速率）	流量
5	installation error rate（构件安装错误速率）	流量
6	inspection rate（检查速率）	流量
7	increase scope rate（工作范围增长速率）	流量
8	deliver rate（构件运输率）	流量
9	defect rate during assembled rate（安装完成后出现错误率）	流量
10	scope change rate（范围变化速率）	流量
11	work proficiency（工作熟练度）	动态变量
12	work pressure（工作压力）	动态变量
13	work hours（工作时间）	动态变量
14	worker fatigue（工人疲劳度）	动态变量
15	schedule delay（进度延后）	动态变量
16	planned assembled and inspected units（计划进度）	动态变量
17	number of workers（工人数量）	动态变量
18	number of other equipment（其他机械设备数量）	动态变量
19	number of cranes（塔吊数量）	动态变量
20	new added work（新增工作）	动态变量
21	impact of work pressure（工作压力影响）	动态变量
22	crane efficiency（塔吊效率）	动态变量
23	congestion level（拥堵程度）	动态变量
24	completion rate（工作完成率）	动态变量
25	ave_worker efficiency（工人平均工作效率）	动态变量
26	ave_inspection efficiency（平均检查效率）	动态变量
27	total quantity to be assembled（构件总安装数量）	动态变量
28	prefabricated units to be reassembled（预制构件待重装）	存量
29	prefabricated units to be delivered（预制构件待运输）	存量
30	prefabricated units to be assembled（预制构件待安装）	存量

续表

序号	变量名称	类别
31	prefabricated units assembled（已完成安装的预制构件）	存量
32	inspected prefabricated units（已完成检查的预制构件）	存量
33	increased work during assemble（工作过程中增加的工程量）	存量
34	defective units to be reproduced（待重新生产的预制构件）	存量
35	total work area by location（施工总工作面大小）	参数
36	production rate（生产率）	参数
37	planned duration（计划工作时间）	参数
38	other equipment required（其他机械设备需求量）	参数
39	initial number of workers（初始工人数量）	参数
40	location（施工区域）	参数
41	initial quantity（初始工作量）	参数
42	initial other equipment（初始机械设备数量）	参数
43	increase worker rate（工人数量增加比例）	参数
44	defect rate（构件缺陷率）	参数
45	basic inspection rate（基础作业检查效率）	参数
46	basic error rate（施工基础错误率）	参数
47	basic efficiency of worker（工人基础效率）	参数
48	basic efficiency of crane（塔吊基础效率）	参数
49	basic deliver efficiency（基础运输率）	参数
50	ave space worker（工人工作空间）	参数
51	ave space equipment（机械设备平均工作空间）	参数
52	ave space element（构件占用空间）	参数
53	ave space crane（塔吊占用空间）	参数
54	work start time（工作开始时间）	参数
55	installation rate flow（安装速率流程）	动态变量
56	resource availability（资源可用性）	动态变量

在参照装配工作类系统动力学模型框架的基础上，我们进一步构建了现浇工作类系统动力学模型，如图 12.12 所示。

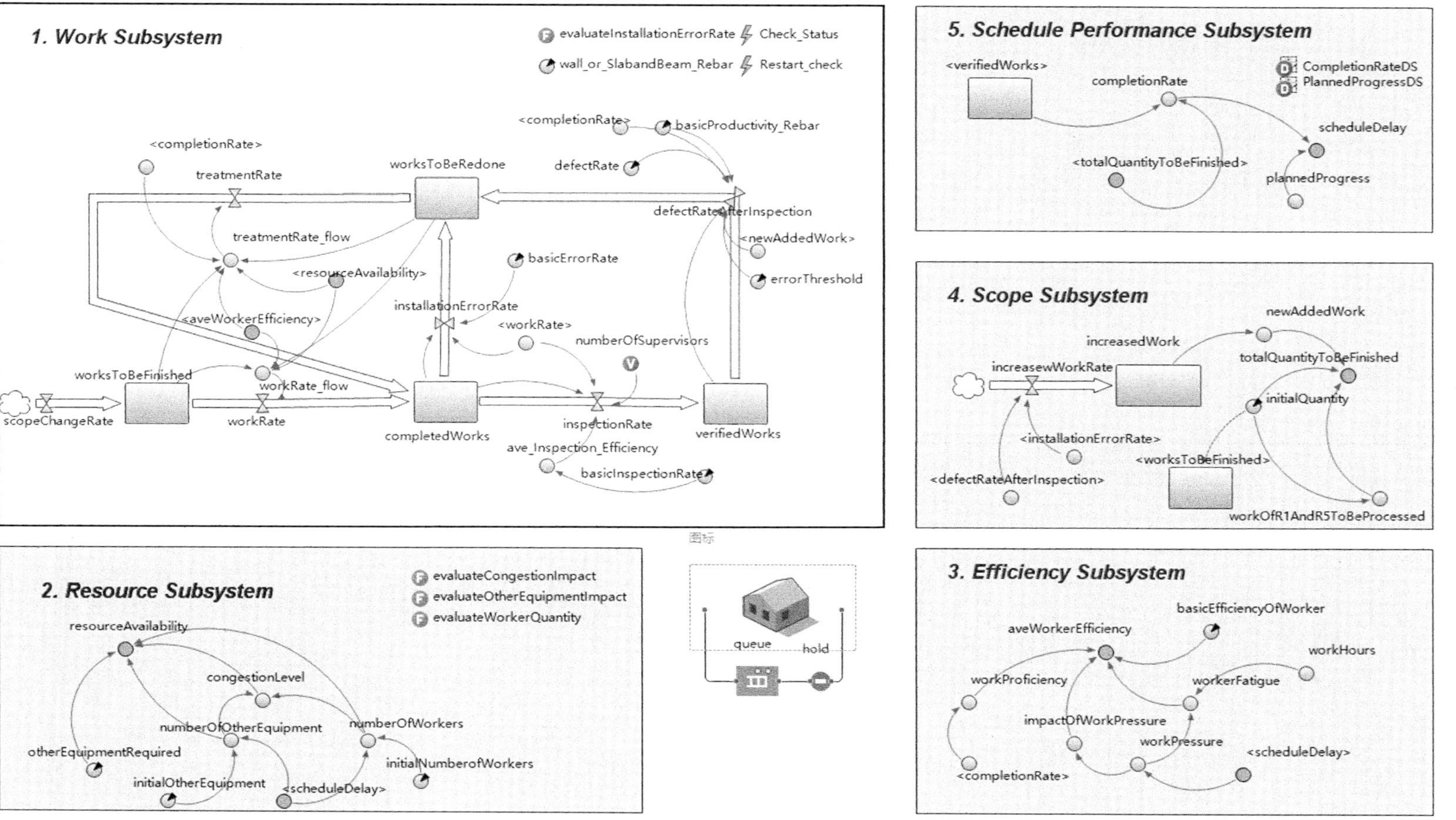

图 12.12　现浇工作类系统动力学模型

同样地，表 12.3 详细列出了现浇工作类系统动力学模型中的变量。

表 12.3　现浇工作类系统动力学模型中的变量

序号	变量名称	类别
1	work rate（工作速率）	流量
2	reinstallation rate（处理速率）	流量
3	installation error rate（工作错误速率）	流量
4	inspection rate（检查速率）	流量
5	increase workrate（工作量增长速率）	流量
6	defect rate after inspection（完成后检查错误率）	流量
7	scope change rate（范围变化速率）	流量
8	work proficiency（工作熟练度）	动态变量
9	work pressure（工作压力）	动态变量
10	work hours（工作时间）	动态变量
11	worker fatigue（工人疲劳度）	动态变量
12	schedule delay（进度延后）	动态变量
13	planned progress（计划进度）	动态变量
14	number of workers（工人数量）	动态变量
15	number of other equipment（其他机械设备数量）	动态变量
16	new added work（新增工作）	动态变量
17	impact of work pressure（工作压力影响）	动态变量
18	congestion level（拥堵程度）	动态变量
19	completion rate（工作完成率）	动态变量
20	ave_worker efficiency（工人平均工作效率）	动态变量
21	ave_inspection efficiency（平均检查效率）	动态变量
22	total quantity to be finished（总计工作量）	动态变量
23	work to be finished（待完成工作）	存量
24	completed works（已完成工作）	存量
25	verified works（已通过检查后的工作）	存量
26	increased work（工作过程中增加的工程量）	存量
27	total work area by location（施工总工作面大小）	参数
28	planned duration（计划工作时间）	参数
29	other equipment required（其他机械设备需求量）	参数
30	initial number of workers（初始工人数量）	参数
31	initial quantity（初始工作量）	参数
32	initial other equipment（初始机械设备数量）	参数
33	increase worker rate（工人数量增加比例）	参数
34	defect rate（工作完成后出错率）	参数
35	basic inspection rate（基础作业检查效率）	参数
36	basic error rate（基础错误率）	参数
37	basic efficiency of worker（工人基础效率）	参数
38	ave space worker（工人工作空间）	参数
39	ave space equipment（机械设备平均工作空间）	参数
40	ave space element（构件占用空间）	参数

12.3　离散事件系统仿真建模

12.3.1　模型封装原理与结合

离散事件系统仿真模型因具有模拟和表达离散事件系统操作顺序和细节的特点且聚焦于项目执行过程中的具体细节问题而被广泛应用于物流、医疗、制造业等领域。在装配式建筑项目中，由于施工过程的离散性，可以用离散事件系统仿真模型来模拟施工建设流程，如构件吊运安装流程。模拟分析项目进度及效率属于微观层次的分析，支持工程项目操作层面的进度控制。但是离散事件系统仿真模型只关注过程之间的连接细节，缺乏系统内部的交互动态分析，缺乏对工程质量问题、资源调整等宏观层面影响因素的考虑，无法从战略层面出发提供决策和支持。系统动力学侧重于系统内部结构与动态行为的关系，属于宏观层次，可以弥补离散事件系统仿真模型的局限。因此，两个系统之间的结合可以形成互补，实现从项目宏观层面和实际施工工作操作层面对装配式建筑项目进行分析和模拟仿真。

为实现模型结合，本节通过封装原理，首先将系统动力学模型封装为独立的模块，然后形成离散事件系统仿真模型中的具体工作流程，从而将两者结合成为一个整体模型。系统动力学用于分析施工工作之间的反馈效应和变量对装配过程的影响，而施工具体工作任务之间的连接关系由离散事件系统仿真负责。为了方便读者理解，我们将对相关原理和概念做简单介绍。

类和对象：在面向对象的程序设计中，类和对象是两个核心概念。类是对现实世界中某一事物的描述，是抽象的、概念上的定义；对象则是实际存在的该类事物的个体，因此也可称之为实例。以汽车为例，汽车的设计图纸就是类，由图纸所设计出来的汽车就是按照该类产生的对象。换而言之，类是对象的模板，对象是类的实例，而同一个类可以对应多个对象。

封装：在程序设计中，封装是指将一个数据和与这个数据有关的操作集合放在一起，形成一个能动的实体-对象的过程。用户不必知道对象行为的具体实现细节，只须根据对象提供的外部特性接口访问对象即可。因此，从外部来看，用户仅需要输入指定的信息，即能完成对应的功能并输出结果或实现某种行为。

Java 是一种纯面向对象的程序设计语言，而基于 Java 语言的 AnyLogic 仿真软件能非常便捷地实现用户自定义类和封装功能，为仿真模型的构建提供便利。针对装配式建筑项目施工过程的特点，本节将构建两种工作类：装配工作类和现浇工作类。两种工作类中都包含了对应的系统动力学模型。装配工作类对应的工作包括安装预制外墙板；现浇工作类对应的工作包括钢筋绑扎、模板支撑、混凝土浇筑等。

本节采用封装原理将已构建的系统动力学模型与离散事件系统仿真“Queue”和“Hold”元件封装为独立模块，如图 12.13 所示。其中，装配工作类和现浇工作类实现了两种模型的连接；Queue 代表的是某一项施工工作所要花费的时间；Hold 为暂停元件，让实体停留在独立模块中，以确保封装的系统动力学模型运行完成后实体才可进入下一流程，从而决定了该实体在流程过程中所花费的时间。

独立模块连接方式需要参照实际工程中的各项施工流程和连接关系，连接方式包括三种：一对一、一对多和多对一。其中，一对一即工序相邻的两项紧前紧后工作，前项工作完成后即可开始后一项工作；一对多则是由一对一扩充而来的，紧前工作完成需要开展多项后续工作；只有满足多项紧前工作完工的条件后才能开展后续工作，即为多对一。图 12.13 展示了模型连接示意图，由 Source 元件产生实体流，控制离散事件系统仿真开始，随后实体分开流入独立模块中，首先进入封装的系统动力学模型。只有当系统动力学模型运行完成后，实体才能被释放，进入下一个工作进程。所有工作任务完成后，实体汇聚流入 Sink 元件中，模型仿真结束。

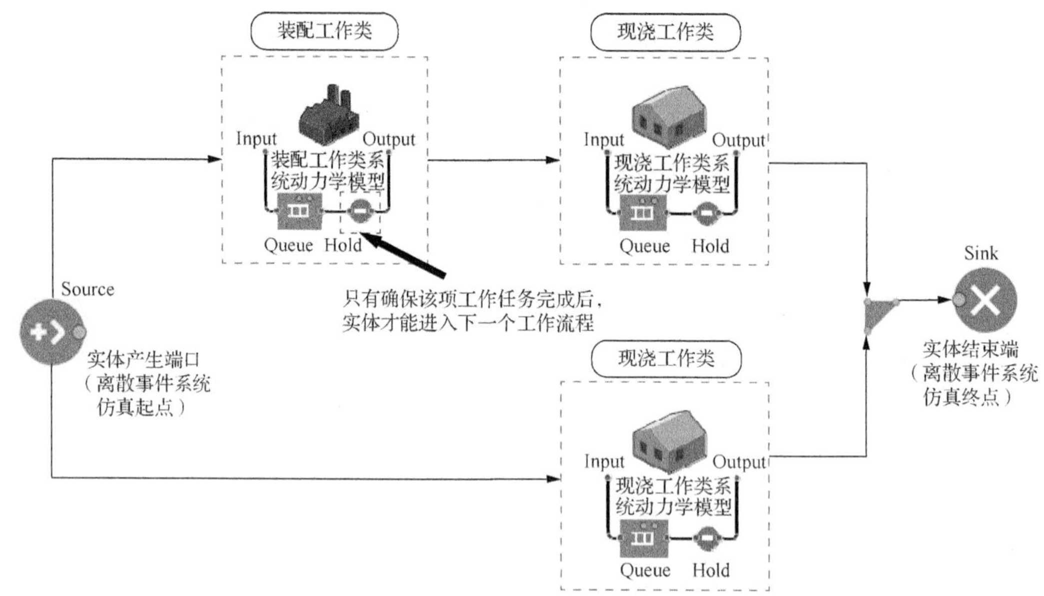

图 12.13　系统动力学模型封装及模型连接

12.3.2　模型展示

根据施工的特点，装配式建筑项目施工工作内容可分为两类：装配工作类（prefabricated task）和现场工作（in-situ task）。装配工作类和预制工作类的系统动力学模型都已在 12.2 节中进行了详细描述。本节选取深圳市某装配式建筑项目为案例，结构类型为装配式建筑剪力墙结构，采用的预制构件主要为预制外墙板和楼梯，地上 27 层，地下 2 层。其中，2 层以上为装配式标准层，计划以 6 天 1 层的进度循环施工，分为两个施工区域进行流水施工，标准层计划总工期为 162 天。基于该工程案例，我们确定了施工工序之间的逻辑和连接关系，并据此构建离散事件系统仿真模型，如图 12.14 所示。该工程案例分为 A、B 两个施工区域流水施工，其中，Pre_facade_stair_B 表示 B 区的预制外墙板和楼梯的吊运及安装工作；Wall_Rebar_B 代表 B 区的现浇墙柱钢筋绑扎工作；Lift_Platform_B 表示搭设上升平台；Wall_Column_Framework_B 表示现浇墙柱模板安装和检查；Slab_Beam_Rebar_B 表示梁和板钢筋绑扎和检查；Slab_and_Beam_Framework_B 表示梁和板模板安装和检查；Concrete_A 表示浇筑混凝土；Hold 用于控制施工工序之间的逻辑关系，确保各项工作顺利开展；Combine 用于确保只有两项平行工作完成后才能开展下一项工作。在图 12.14 中，下方的图表方框展示了随着模型运行的标准层实时进度；上方的事件元件用于控制各项工作开始时间和风险发生；数据库元件则用于读取模型参数数据并将运行数据写入模型日志中，方便收集数据。

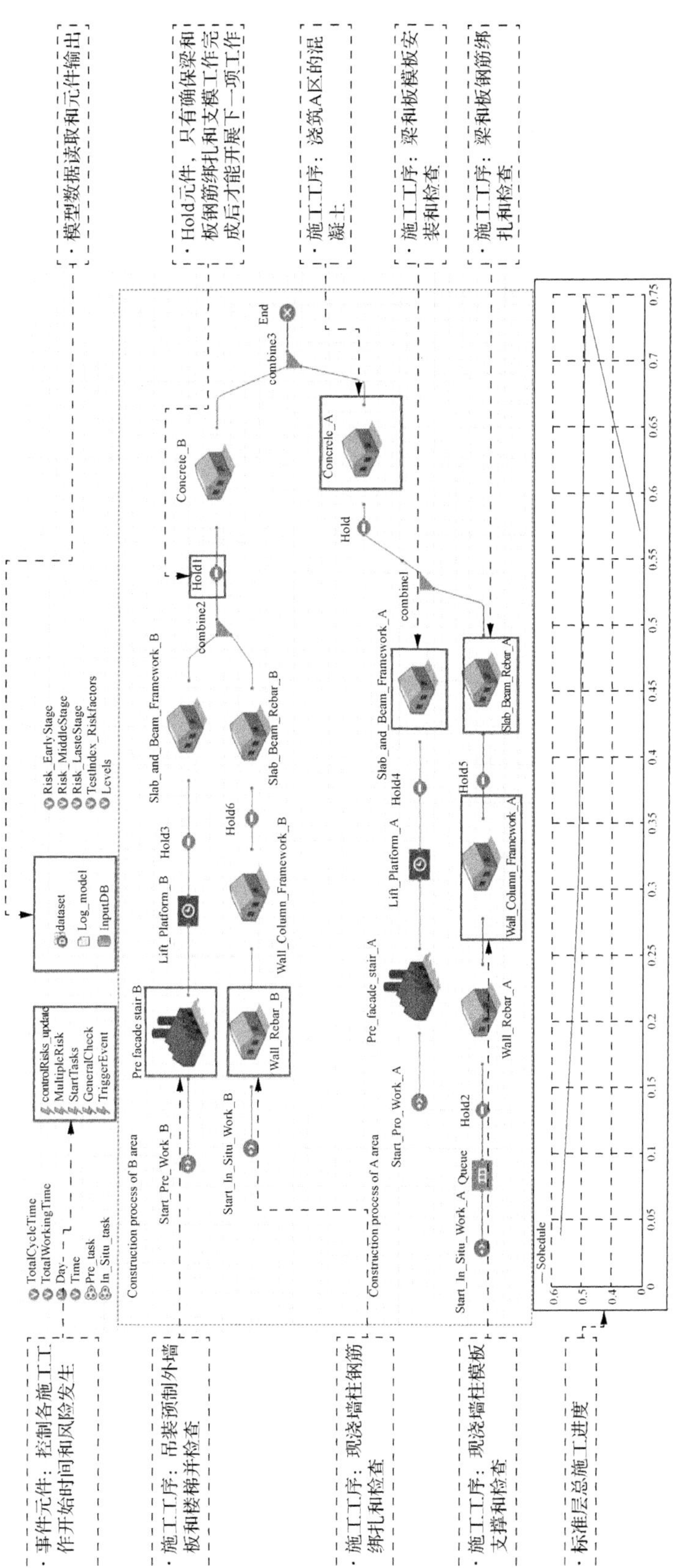

图 12.14　离散事件系统仿真模型

12.3.3 模型参数与数据库连接

得益于 AnyLogic 8.5 版本中的数据库功能模块，离散事件系统仿真模型可以通过较为便捷的连接方式读取数据库中的给定数据，避免了数据手动输入烦琐和易错的情形，同时免去了数据库模块读取和写入的编程工作量。混合模型每次运行都会重新从数据库中读取所需要的参数，以便对模型进行调试和验证。如图 12.15 所示，本节将模型与 Microsoft Access 数据库连接，其中包含了每项工作的持续时间、工人基础效率、检查效率、塔吊效率等参数数据，这些参数数据将会根据实际案例项目资料和专家访谈收集结果被调整及完善。模型仿真的输出结果也通过代码写入数据库中，方便查阅和分析。

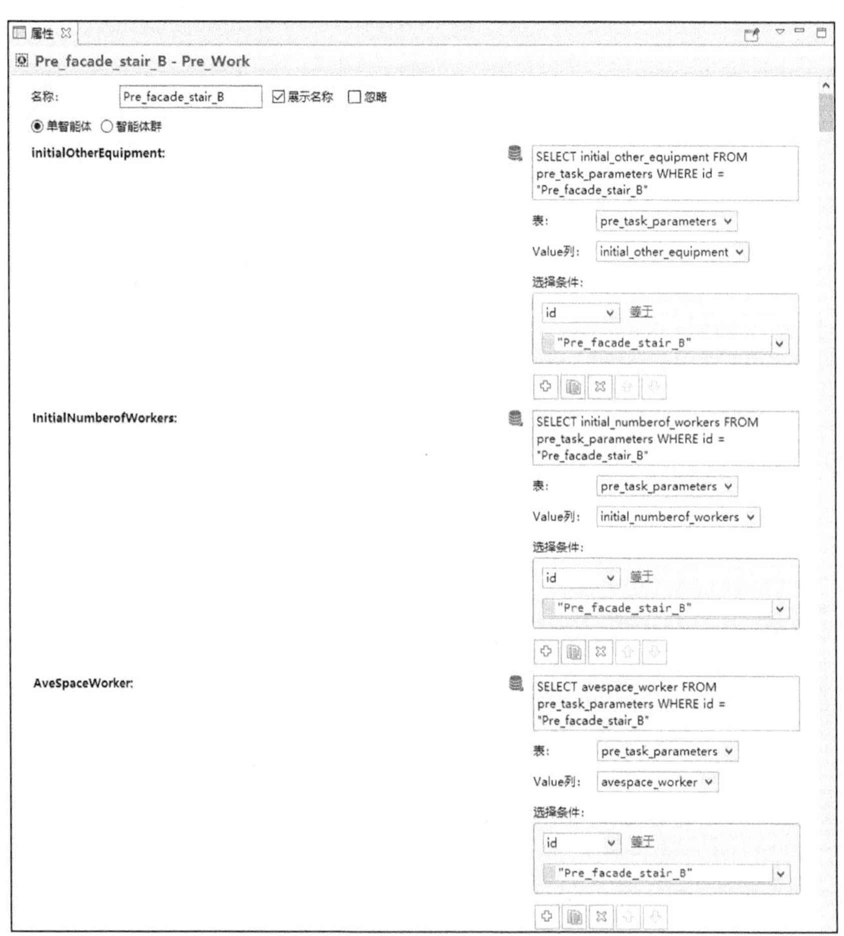

图 12.15　AnyLogic 软件中的数据库参数调用示意图

12.4 模 型 检 验

模型构建完成后，为确保模型的有效性和准确性且符合工程的实际情况，需要对模型进行测试。在实际工程中，装配式建筑项目施工系统复杂多变，而模型的构建是以理想假设为前提的，因此模型是在一定假设下对现实世界的抽象，需要对其进行检验，确保模型的正确性、有效性和可信度。因此，本节以巴拉斯（Barlas）的模型验证框架研究为依据，检验内容包括模型直接结构测试、面向结构的行为检验和模型行为检验三个部分。

12.4.1　模型直接结构测试

模型直接结构测试用于验证模型的结构是否与要建模的实际系统相符，主要包含以下几个方面。

（1）结构评价检验

模型的结构评价是依据实际系统的经验及理论知识对模型中建立的因果关系、反馈结构、连接关系等进行比较的过程。结构评价检验是一个长期的过程。首先，我们对装配式建筑施工项目或企业进行了现场踏勘和调研，包括中山大学深圳校区人才保障性住房（一期）项目、龙岗区保障性住房 2016 年 EPC 项目、中国海龙建筑科技有限公司、深圳市建工集团股份有限公司、深圳市鹏城建筑集团有限公司、艾伯资讯（深圳）有限公司等，认识到项目管理中进度滞后、工人素质偏低、项目管理人员无法有效整合并共享项目信息、利益相关者之间的信息孤岛等亟待解决的问题，也对项目实际工作流程和内容有了深刻认识，设定了一系列模型假设条件。其次，我们参考已有相关文献，对模型的结构、假设条件和相关理论基础进行了补充和完善，所选的文献包括工程项目硕博论文和收录在 WOS 核心数据库的期刊论文，具有较强的可靠性。此外，经过专家、项目管理人员和工程师等工作人员的确认，能够保证模型结构的可靠性。

（2）参数估计检验

参数估计有助于检查模型方程的参数一致性，确保没有无效参数，是将真实系统中的常量进行概念评价和量化评价的过程。本模型将根据具体案例项目信息确定参数的取值，主要包括两类：确定性参数和不确定性参数。在模型运行过程中，确定性参数的取值是不变的，如工作任务、初始工人数量等，当模型中所有参数都是确定性参数时，模型的输出结果唯一，不会发生变化。一旦出现不确定性参数，模型输出结果就会随之不同，在这种情况下，需要通过蒙特卡洛模拟，得出模型输出的可能区间范围。本节中的参数取值将会根据项目的特征、环境、文本资料、历史数据进行估计，并随着研究进展不断优化调整，提高模型的可信度。

（3）量纲一致性检验

量纲一致性检验主要用来评估模型中方程左右两边量纲的一致性，确保变量是有实际意义的。8.5 版本下的 AnyLogic 具有量纲一致性检验功能，因此我们在模型运行前进行了量纲一致性检验，并辅以人工检验，结果显示量纲一致性检验通过。量纲一致性检验结果如图 12.16 所示。

（4）模型边界检验

模型边界检验能够确保建模目的的实现，检验模型中的变量是否囊括了研究问题，确保所有关键变量均与研究目标保持一致。本节的系统动力学模型被划分为五个子系统，即装配子系统、资源子系统、效率子系统、进度子系统和范围子系统，包含了实际工程中的主要因素和变量，均建立在前人已有成熟研究模型和结果的基础上，也得到了业内专家人员的认同，能够确保建模目的的实现。此外，在专家访谈过程中，专家指出风险与约束之间的区别，认为约束更为具体和确定。例如，“现场施工空间有限”对内地来说很少发生，其可能性较低，但是对于香港这类高密度、空间狭小的城市来说属于约束。约束是知道发生的结果且知道发生的概率，风险是不知道发生的结果但知道发生的概率，不确定性是不知道发生的结果也不知道发生的概率，所以筛选风险因素、分析影响，需要明确其本质和概念。总体而言，本模型边界选择是合理的。

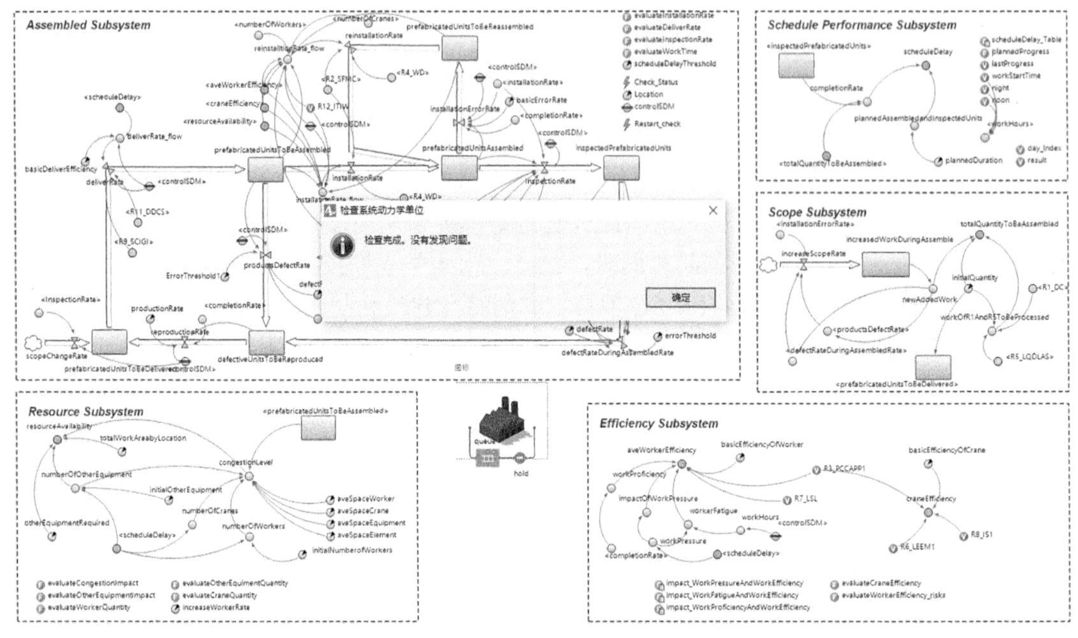

图 12.16　量纲一致性检验结果

12.4.2　面向结构的行为检验

面向结构的行为检验涉及定量模拟，其主要用于检验所构建的模型行为是否与过去某个时候建模的系统的行为相匹配。它是一种定量测试，研究模型生成的行为模式，以发现潜在的结构缺陷。具体的检验内容包括极端条件检验、敏感性检验和积分误差检验。为验证这一检验模式，本节选取哈尔滨工业大学深圳校区某一栋 29 层的装配式宿舍项目为案例，其中装配式建筑标准层为 27 层，进度计划为 6 天 1 层，标准层预期工期共计 162 天。

（1）极端条件检验

极端条件检验用于证明模型在极端条件下是否合理。根据实际工程中的极端事件，将模型中的相关参数值设为极值，分析对比模型行为与实际工程情况，从而进行极端条件检验。根据项目资料和已有研究得知，工程质量和工程变更的发生会对工程进度产生显著影响，因此该情景作为极端条件检验基础之一。现假设两种极端情景进行检验：①假设案例工程施工过程中未发生风险，所有工作内容均按计划完成，没有出现延期；②假设案例工程施工过程中多项工作发生重大变更和质量问题，导致施工工作延期。标准层计划工期为 6 天 1 层，换算成分钟为 8640 分钟。在极端条件下，最长完工时长为 9 天（12 960 分钟）左右。极端条件检验结果如表 12.4 所示，从表中可以发现模型输出结果对比计划工期的误差率均小于 10%，满足信度要求，与实际情况较为符合，模型通过极端条件检验。

表 12.4　极端条件检验结果

标准层（楼层）	计划工期/分钟	无风险条件下的模拟工期/分钟	误差率/%	极端条件下的计划工期/分钟	极端条件下的模拟工期/分钟	误差率/%
2	8640	8650	0.116	12 960	12 580	−2.93
3	8640	8620	−0.231	12 960	12 250	−5.48
4	8640	8660	0.231	12 960	12 700	−2.01
5	8640	8640	0.000	12 960	12 840	−0.93
6	8640	8630	−0.116	12 960	12 860	−0.77
7	8640	8610	−0.347	12 960	13 690	5.63
8	8640	8650	0.116	12 960	12 610	−2.70
9	8640	8590	−0.579	12 960	13 000	0.31
10	8640	8580	−0.694	12 960	12 850	−0.85
11	8640	8610	−0.347	12 960	12 580	−2.93
12	8640	8650	0.116	12 960	12 240	−5.56
13	8640	8650	0.116	12 960	13 610	5.02
14	8640	8670	0.347	12 960	13 680	5.56
15	8640	8590	−0.579	12 960	13 300	2.62
16	8640	8560	−0.926	12 960	13310	2.70
17	8640	8600	−0.463	12 960	12 720	−1.85
18	8640	8620	−0.231	12 960	12 970	0.08
19	8640	8620	−0.231	12 960	13 670	5.48
20	8640	8630	−0.116	12 960	12 560	−3.09
21	8640	8620	−0.231	12 960	13 550	4.55
22	8640	8650	0.116	12 960	12 670	−2.24
23	8640	8690	0.579	12 960	12 830	−1.00
24	8640	8620	−0.231	12 960	13 660	5.40
25	8640	8660	0.231	12 960	13 130	1.31
26	8640	8600	−0.463	12 960	12 630	−2.55
27	8640	8670	0.347	12 960	12 940	−0.15
28	8640	8600	−0.463	12 960	13 570	4.71
29	8640	8650	0.116	12 960	12 910	−0.39

（2）敏感性检验

敏感性检验通过对系统动力学中的变量参数进行一定范围内的调整，验证模型行为变化是否符合实际情况，同时敏感性越大的指标意味着其对模型行为的影响越大，因此需要进行更为精确的取值。本节选取了七个关键参数进行敏感性检验，如表 12.5 所示。本节对模型的每项工作内容所涉及的参数逐一进行调整，每次调整幅度为 20%，并以标准层各项施工任务工作时间总和（4770 分钟）作为度量指标，能更为直观地体现参数波动对模型行为的敏感性。

表 12.5　敏感性检验参数模型行为数据

检验参数	参数变化范围/%	标准层总施工任务工作时间/分钟	差异程度/%	差异程度范围/%
施工基础错误率（basic error rate）	−20/0/20	4740/4770/4820	−0.63/ 1.05	1.68
基础作业检查效率（basic inspection rate）	−20/0/20	5190/4770/4340	8.81/ −9.01	17.82
工人基础效率（basic efficiency of worker）	−20/0/20	5234/4770/4332	9.73/ −9.18	20.28

续表

检验参数	参数变化范围/%	标准层总施工任务工作时间/分钟	差异程度/%	差异程度范围/%
构件缺陷率（defect rate）	−20/0/20	4700/4770/4870	−1.47/ 2.05	3.52
基础运输率（basic deliver efficiency）	−20/0/20	5010/4770/4550	5.03/ −4.84	9.87
塔吊基础效率（basic efficiency of crane）	−20/0/20	4880/4770/4630	2.31/ −3.02	5.33
安装完成后出现错误率（defect rate during assembled rate）	−20/0/20	4730/4770/4830	−0.84/ 1.24	2.08

从表 12.5 中可以看出，工人基础效率和基础作业检查效率参数的敏感度较高，尤其是工人基础效率参数在±20%的波动下差异范围可达到 20%以上，因此在取值时需要重点关注。同时，从参数变化的规律中也可以看出模型行为与实际情况较为符合。

（3）积分误差检验

本节采用四阶龙格–库塔（Runge-Kutta）数值方法进行积分误差验证，该方法属于一种高精度单步算法，在工程项目中得到了广泛应用。模型分别以 0.5、0.25、0.125 和 0.0625 四种时间步长进行验证，对应的模拟总工期分别为 162.42 天、162.89 天、163.33 天、163.82 天，误差在可接受范围内，表明该模型通过积分误差检验。

12.4.3 模型行为检验

模型行为检验主要通过项目历史数据验证模型行为是否贴合实际情况，并通过在模型生成的行为模式上使用某些行为测试发现潜在的结构缺陷。本节将案例项目施工计划任务和标准层计划工期作为检验标准进行验证。本节选取哈尔滨工业大学深圳校区扩建工程项目中某宿舍楼为案例项目，主体结构类型为剪力墙结构，采用的预制构件主要为预制外墙板和楼梯，地上 29 层，结构高度为 97.80 米，其中 2 层以上为标准层，计划以 6 天 1 层的进度循环施工，标准层的计划总工期为 162 天，共计 648 个预制构件，预制率可达到 30%以上。混合模型参数取值及来源如表 12.6 所示。

表 12.6 混合模型参数取值及来源

序号	参数	取值	单位	来源
1	施工总工作面大小	320（A 区）; 280（B 区）	平方米	案例项目资料或访谈
2	生产速率	0.006	个/分钟	
3	计划工作时间	360（吊装工作）	分钟	
4	初始工人数量	6（吊装工作）	人	
5	施工区域	1 代表施工区域 A; 2 代表施工区域 B	无量纲	
6	初始工作量	12（A 区）; 12（B 区）	个/每层	
7	初始机械设备数量	12	台数	
8	构件缺陷率	1.5	%	
9	基础检查速率	0.12	个/分钟	
10	基础错误率	2.5	%	
11	工人初始熟练度	0.8	无量纲	
12	工人基础效率	0.0058	个/分钟	

续表

序号	参数	取值	单位	来源
13	塔吊基础效率	30	分钟/个	案例项目资料或访谈
14	基础运输率	0.08	个/分钟	
15	工人工作空间	5	平方米	
16	机械设备平均工作空间	2	平方米	
17	构件占用空间	4.5	平方米	
18	塔吊占用空间	10	平方米	

表 12.6 展示了无风险条件下的各标准层模型行为输出结果。从表 12.7 中的各项工作任务对比分析中可以发现，模型仿真输出工作时间与计划工作时间的误差值均在±7%范围内，也低于±10%的范围。根据已有研究，模型行为误差小于 10%表明模型输出较为合理。因此，构建的混合动力模型符合模型信度检验的要求。

表 12.7　模型行为与项目行为分析

施工任务	计划工作时间/分钟	模拟仿真输出工作时间/分钟	误差率/%
吊运和安装 A 区预制构件	360	350	−2.78
吊运和安装 B 区预制构件	360	370	2.78
浇筑 A 区混凝土	200	210	5.00
浇筑 B 区混凝土	170	180	5.88
板和梁模板搭设 A 区	630	660	4.76
板和梁模板搭设 B 区	720	710	−1.39
板和梁绑扎钢筋 A 区	360	380	5.56
板和梁绑扎钢筋 B 区	330	350	6.06
墙柱模板搭设 A 区	450	440	−2.22
墙柱模板搭设 B 区	390	370	−5.13
墙柱钢筋绑扎 A 区	420	440	4.76
墙柱钢筋绑扎 B 区	380	400	5.26

12.5　单一风险因素情景分析

本节将继续以案例项目为基础，模拟单一风险因素对项目进度的影响。仿真结果可以通过考虑装配式建筑标准层建筑过程中不同时间点的各种风险场景进行数据可视化，也可以为预测构件装配进度提供决策支持。

在第 11 章中，我们已通过社会网络分析原理及方法对装配式建筑项目风险管理中的关键风险因素进行了总结和梳理，得出共计 12 个关键风险因素：物流运输方未能及时将预制构件运输至现场；总承包方的进度安排低效；构件安装方不能精确识别对应安装的预制构件；构件生产方的供应链相关信息存在差异和不一致性；总承包方缺乏监管导致质量不达标；总承包方缺少熟练的工人；总承包方对工人的培训不足；总承包方的项目管理人员专业知识和经验有限；总承包方与其他利益相关者沟通不足和管理的复杂性；总承包方的项目参与人员的沟通不足；设计变更；天气干扰。本节将这些关键风险因素结合至模型中，在不同风险因素发生情形下，分别对这 12 个关键风险因素进行单一风险因素情景分析，通过蒙特卡洛模型，风险参数按照概率分布随机取值，从而得到风险影响下的项目进度绩效概率分布密度数据，探索各风险因素发生在同一时间点后对施工进度的影响，以便进一步深入评价和分析风险因素。

在实际工程中，装配式建筑项目风险的具体数据较难获取，项目管理人员也未能及时收集项目相关历史数据，这给获取风险因素概率分布造成极大困难。为简化研究难度，本节将用三角分布函数假设风险发生的概率分布。主要原因有两个方面：一方面，与工期相关的风险大多服从三角分布的特点；另一方面，三角分布的数据获取较为便捷，有利于获得风险分布情况。因此，本节首先假设风险发生概率服从三角概率分布，然后借助德尔菲法和专家访谈法确定关键风险因素概率发生的极值和最可能值。风险因素及概率分布如表 12.8 所示。

表 12.8　风险因素及概率分布

序号	风险因素	风险因素说明	概率分布	来源
1	设计变更	本节用工作范围变化量和工程量增加的百分比表示设计变更的发生	triangular(0, 0.8, 0.2)	访谈和案例项目
2	总承包方与其他利益相关者沟通不足和管理的复杂性	利益相关者之间的沟通不足和管理的复杂性会导致停工或窝工，本节用停工和窝工时长（分钟）表示该风险的发生	triangular(0, 360, 120)	
3	总承包方的项目参与人员的沟通不足	导致工人效率、塔吊效率、工作检查效率的降低	triangular(0.65, 0.80, 0.70)	
4	天气干扰	恶劣天气会导致构件无法吊装或现场施工，本节设置天气干扰的可能性为 5%，即每天有 5%的可能性不适合施工	random True(0.95)	
5	总承包方缺乏监管导致质量不达标	质量问题会导致返工，本节用返工比例表示该风险的发生	triangular(0, 0.5, 0.1)	
6	总承包方的项目管理人员专业知识和经验有限	专业知识和经验有限会导致工作检查任务效率和塔吊运输效率降低	triangular(0.7, 1, 0.80)	
7	总承包方缺少熟练的工人	缺少熟练的工人导致工作效率降低，本节用工人效率降低（x）表示该风险的发生	triangular(0.8, 1, 0.85)	
8	总承包方的进度安排低效	进度安排低效导致构件运输速度、塔吊运输效率和工作检查速度降低，本节用系数（x）表示该风险的发生	triangular(0.50, 0.90, 0.80)	
9	构件生产方的供应链相关信息存在差异和不一致性	导致构件运输延迟，本节用运输延迟时长表示该风险的发生	triangular(0, 720, 240)	
10	构件安装方不能精确识别对应安装的预制构件	该风险的发生会减缓构件安装速度和检查效率	triangular(0.5, 1, 0.75)	
11	物流运输方未能及时将预制构件运输至现场	本节用运输延迟时长（小时）表示该风险的发生	triangular(120, 720, 300)	
12	总承包方对工人的培训不足	对工人的培训不足会导致安装效率降低，本节用安装效率降低率（x）表示该风险的发生	triangular(0.75, 0.9, 0.85)	

12.5.1　各风险因素对工程进度的影响分析

1. 设计变更风险

设计变更风险一旦发生，就会导致施工内容工作量的变化，在不考虑设计变更中决策延迟、沟通不足或冲突的情况下，工作量减少不会导致进度延期，因此本节不考虑工作量减少的情况，并采用施工工作内容可能增加的比例大小表示该风险的发生。不同时期设计变更风险的发生对工程项目的进度影响情况不尽相同，因此本节首先将装配式建筑标准层施工周期划分为三个阶段，定义为前期（第 200 分钟）、中期（第 3000 分钟）和后期（第 6500 分钟），风险发生后会对所有工作任务（特别是关键线路上的工作内容）随机造成一定程度的影响，从而导致项目整体进度滞后。对模型进行 400 次蒙特卡洛模拟仿真后，仿真结果如图 12.17 所示。图中依次展示了风险作用下的前、中、后期项目进度直方图和分布拟合曲线。图中的纵坐标表示概率密度，横坐标表示时间长度，柱状条表示概率密度大小，曲线则表示分布拟合曲线。概率分布曲线的拟合算法为 kernel smoothing（核平滑），是一种适用于非参数统计的平滑算法，即在一组数据总体分布情况未知或虽已知却无法通过有限参数描述的情况下能有效拟合分布曲线的算法，能够较好地体现概率密度分布情况。

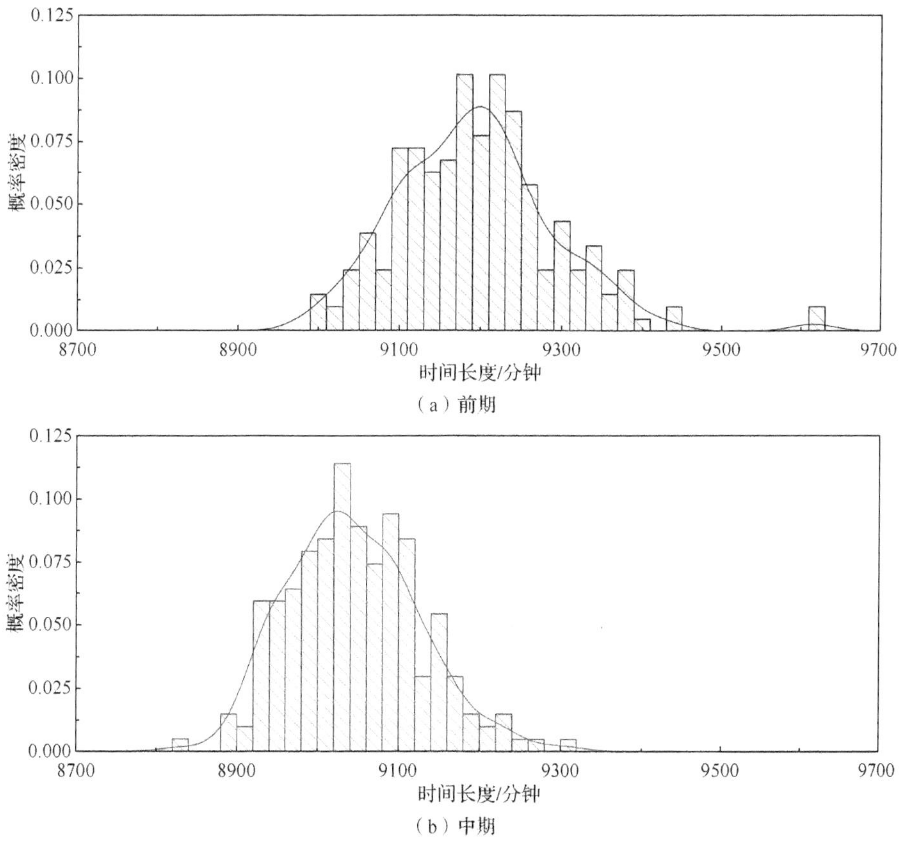

图 12.17　设计变更风险对工程进度的影响直方图

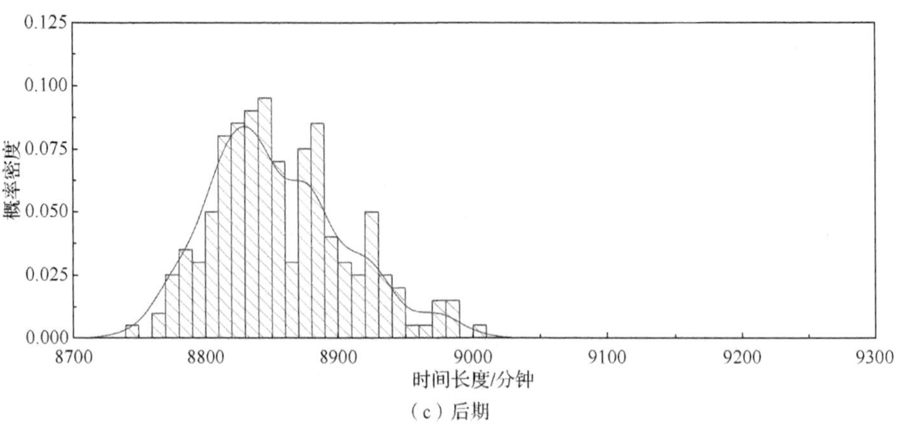

（c）后期

图 12.17（续）

从图 12.17 中可以发现，前、中、后期的密度分布情况各有一个峰值，分别在 9200 分钟、9040 分钟和 8840 分钟附近。从概率分布的角度分析，当风险发生在前期时，95%以上的概率分布在 9000～9360 分钟内；当风险发生在中期时，95%以上的概率分布在 8830～9190 分钟内；当风险发生在后期时，95%以上的概率分布在 8740～8940 分钟内。概率大致呈现对称分布情况。设计变更风险仿真输出统计数据如表 12.9 所示。

表 12.9　设计变更风险仿真输出统计数据　　单位：分钟

阶段	平均数	中位数	标准差	最大值	最小值
前期	9193.48	9190	99.12	9620	8990
中期	9042.87	9040	80.52	9310	8830
后期	8853.10	8840	50.44	9000	8740

从表 12.9 中可以发现，前、中、后期平均数之间的差距分别为 150.61 分钟和 189.77 分钟，中位数之间的差距分别为 150 分钟和 200 分钟；标准差数值呈现递减趋势，意味着分布逐渐趋向集中；在前期设计风险的作用下，标准层最长完成时间为 9620 分钟，较预计工作完成时间延长了 980 分钟（16.3 小时）。因此，当风险发生后，如果没有采取相应措施缓解风险带来的影响，随着施工任务的发生，延迟时间则会不断增加，并且风险发生在前期较中、后期的影响程度更大。

2. 总承包方与其他利益相关者沟通不足和管理的复杂性风险

总承包方与其他利益相关者沟通不足和管理的复杂性风险会导致利益相关者之间的冲突，致使施工任务无法正常进行，本节通过停工时长表示该风险的发生。同样的，该风险发生在项目的不同阶段对项目进度影响各不相同，因此分别模拟风险发生在项目施工过程中的前、中、后期，分析风险因素在项目不同阶段发生后对进度的影响状况。

图 12.18 展示了该风险在前、中、后期对项目标准层施工进度影响的概率密度分布情况。由图可知，前期密度分布情况有两个峰值，分别位于 9250 分钟、9930 分钟附近；中期密度分布情况有一个峰值，位于 9250 分钟附近；后期密度分布情况有两个峰值，分别位于 8950 分钟、9260 分钟附近。当风险发生在前期时，95%以上的概率分布在 8910～9940 分钟内；当风险发生在中期时，95%以上的概率分布在 8760～9620 分钟内；当风险发生在后期时，95%以上的概率分布在 8680～9260 分钟内。概率呈现不对称分布情况。总承包方与其他利

益相关者沟通不足和管理的复杂性风险仿真输出统计数据如表 12.10 所示。

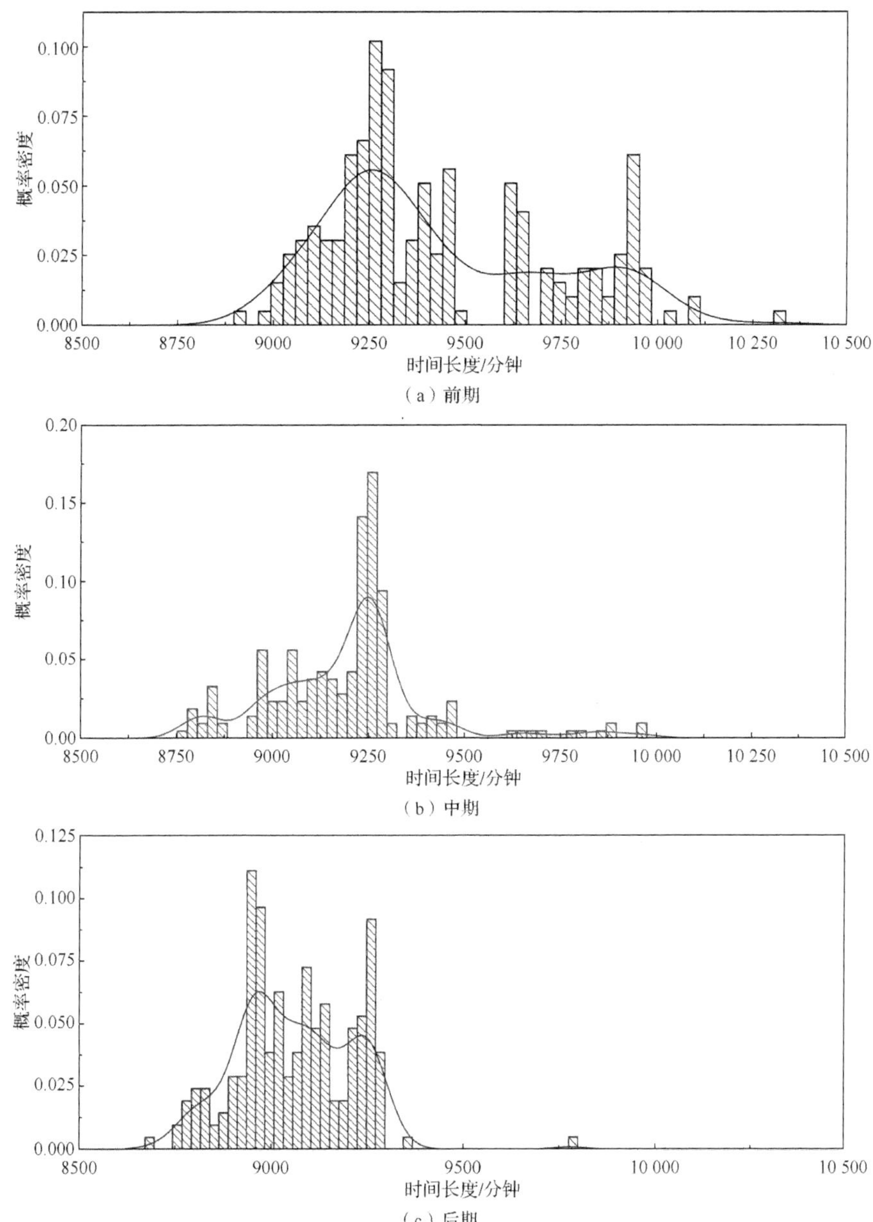

图 12.18　总承包方与其他利益相关者沟通不足和管理的复杂性风险对工程进度的影响直方图

表 12.10　总承包方与其他利益相关者沟通不足和管理的复杂性风险仿真输出统计数据　单位：分钟

阶段	平均数	中位数	标准差	最大值	最小值
前期	9428.67	9320	295.80	10 320	8920
中期	9195.09	9220	208.61	9970	8770
后期	9060.10	9050	151.54	9780	8690

通过对比前、中、后期分布情况可知，平均数差距为 233.58 分钟和 134.99 分钟，中位数差距为 100 分钟和 170 分钟，特别是在前、中期风险作用下，其峰值在 9260 分钟附近有

所重合，影响程度的差异不是很明显。同样地，由标准差数值可以看出分布情况趋于集中。此外，在前期风险影响的作用下，最长完工时间为 10 320 分钟。

3. 总承包方的项目参与人员的沟通不足风险

总承包方的项目参与人员的沟通不足会导致工人、塔吊运输、工作检查效率的降低。该风险一旦发生将会持续对工程项目进度造成影响。本节继续选取模型仿真的前、中、后期作为测试时间点，模拟该风险对工程进度的持续影响程度。如图 12.19 所示，前、中期分布曲线峰值分别位于 9200 分钟和 9100 分钟附近，而后期分布曲线峰值位于 8830 分钟和 8900 分钟附近。在风险作用下，标准层工期最可能在这些峰值附近。

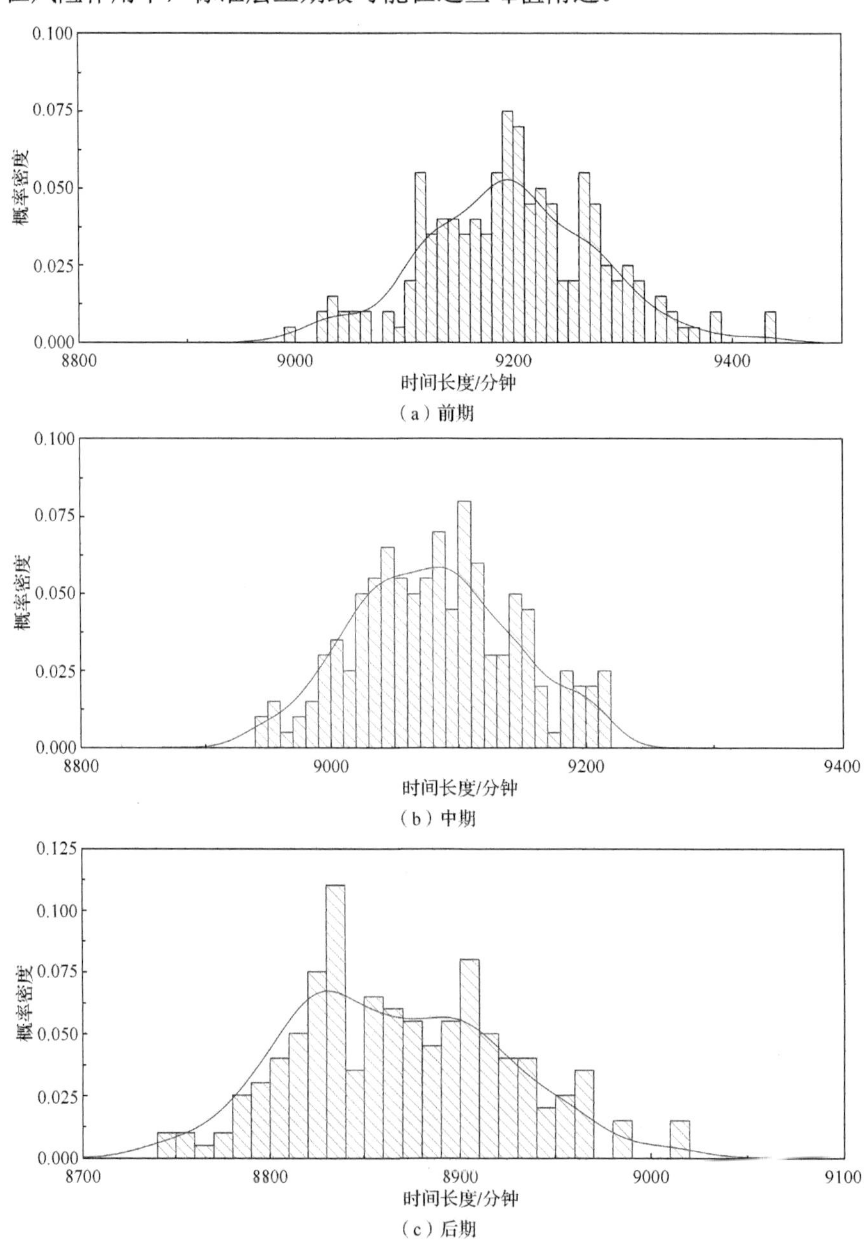

(a) 前期

(b) 中期

(c) 后期

图 12.19 总承包方的项目参与人员的沟通不足风险对工程进度的影响直方图

在前期风险因素的作用下，如果未及时采取应对措施，则风险将持续影响。由表 12.11 可知，标准层施工完工时间最长可达到 9430 分钟（6.55 天），延期 11.6 小时。通过对比不同阶段的影响情况可得，平均数差距为 115.95 分钟和 214.7 分钟，中位数差距为 110 分钟和 220 分钟，影响程度的差距增加，前期风险因素的发生仍然影响程度最大。

表 12.11 总承包方的项目参与人员的沟通不足风险仿真输出统计数据 单位：分钟

阶段	平均数	中位数	标准差	最大值	最小值
前期	9195.70	9190	78.65	9430	8990
中期	9079.75	9080	62.16	9210	8940
后期	8865.05	8860	55.55	9010	8740

4. 天气干扰风险

在不考虑其他风险因素的情况下，所有施工工作任务都会受到恶劣天气的影响，即所有施工阶段都可能发生该风险。天气干扰风险对工程进度的影响直方图如图 12.20 所示。在该风险的作用下，数据分区呈现两个峰值，标准层工期首先最可能出现在 8650～8750 分钟内，即峰值在 8700 分钟附近，其次最可能出现在 9230 分钟附近。当风险发生后，有 5.53%的可能性标准层能按时或提前完工，最长工期为 9270 分钟，延期 10.5 小时。平均数为 8735.54 分钟，中位数为 8700 分钟。天气干扰较其他风险因素作用程度影响较小。

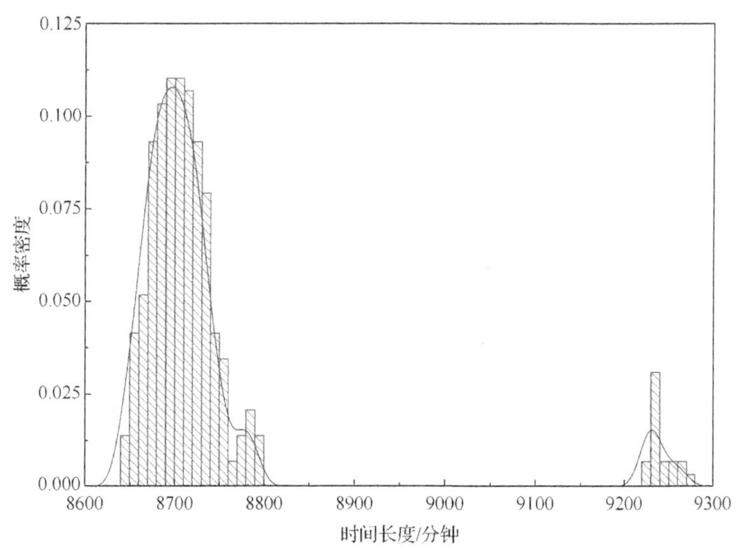

图 12.20 天气干扰风险对工程进度的影响直方图

5. 总承包方缺乏监管导致质量不达标风险

总承包方缺乏监管会导致质量问题增加，从而增加工程返工工作量。同样地，本节选取模型仿真的前、中、后期作为测试时间点，模拟该风险对工程进度的持续影响程度。由图 12.21 可发现，当风险发生在前期时，标准层工期最可能出现在 8900～9090 分钟内，即峰值附近，工期最长为 9210 分钟，较计划工期延迟 570 分钟（9.5 小时）；当风险发生在中期时，标准层工期最可能出现在 8800～9000 分钟内，即峰值 8920 分钟附近；当风险发生在后期时，标准层工期在区间 8750～8850 分钟内的可能性较高。

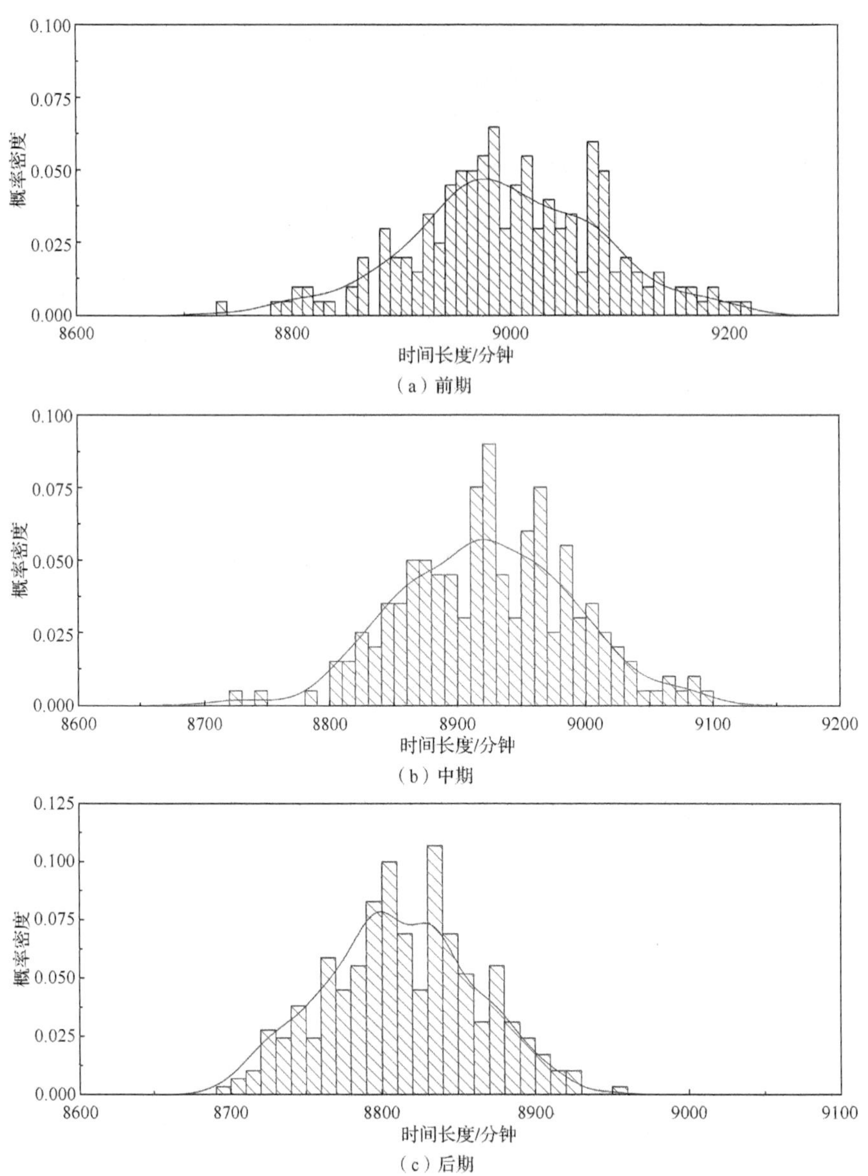

（a）前期

（b）中期

（c）后期

图 12.21 总承包方缺乏监管导致质量不达标风险对工程进度的影响直方图

对比前、中、后期的差异可以发现，前、中、后期之间的平均数差距为 72.25 分钟和 111.31 分钟，中位数差距为 70 分钟和 110 分钟，表明风险发生在不同阶段对工期的影响程度之间的差异较小，并且分布较为对称。总承包方缺乏监管导致质量不达标风险仿真输出统计数据如表 12.12 所示。

表 12.12 总承包方缺乏监管导致质量不达标风险仿真输出统计数据 单位：分钟

阶段	平均数	中位数	标准差	最大值	最小值
前期	8993.70	8990	86.99	9210	8730
中期	8921.45	8920	66.12	9090	8720
后期	8810.14	8810	49.08	8950	8690

6. 总承包方的项目管理人员专业知识和经验有限风险

总承包方的项目管理人员专业知识和经验有限会导致工作检查任务效率和塔吊的运输效率降低。图 12.22 展示了仿真模型在前、中、后期测试时间点下对工程进度的影响直方图。当风险发生在前期时，标准层工期最可能出现在 8900～9300 分钟内，工期最长为 9470 分钟，较计划工期延迟 830 分钟（13.8 小时）；当风险发生在中期时，标准层工期最可能出现在 8800～9200 分钟内，即峰值 9000 分钟附近；当风险发生在后期时，标准层工期在峰值 8800 分钟附近完工的可能性较高。相关统计数据如表 12.13 所示。

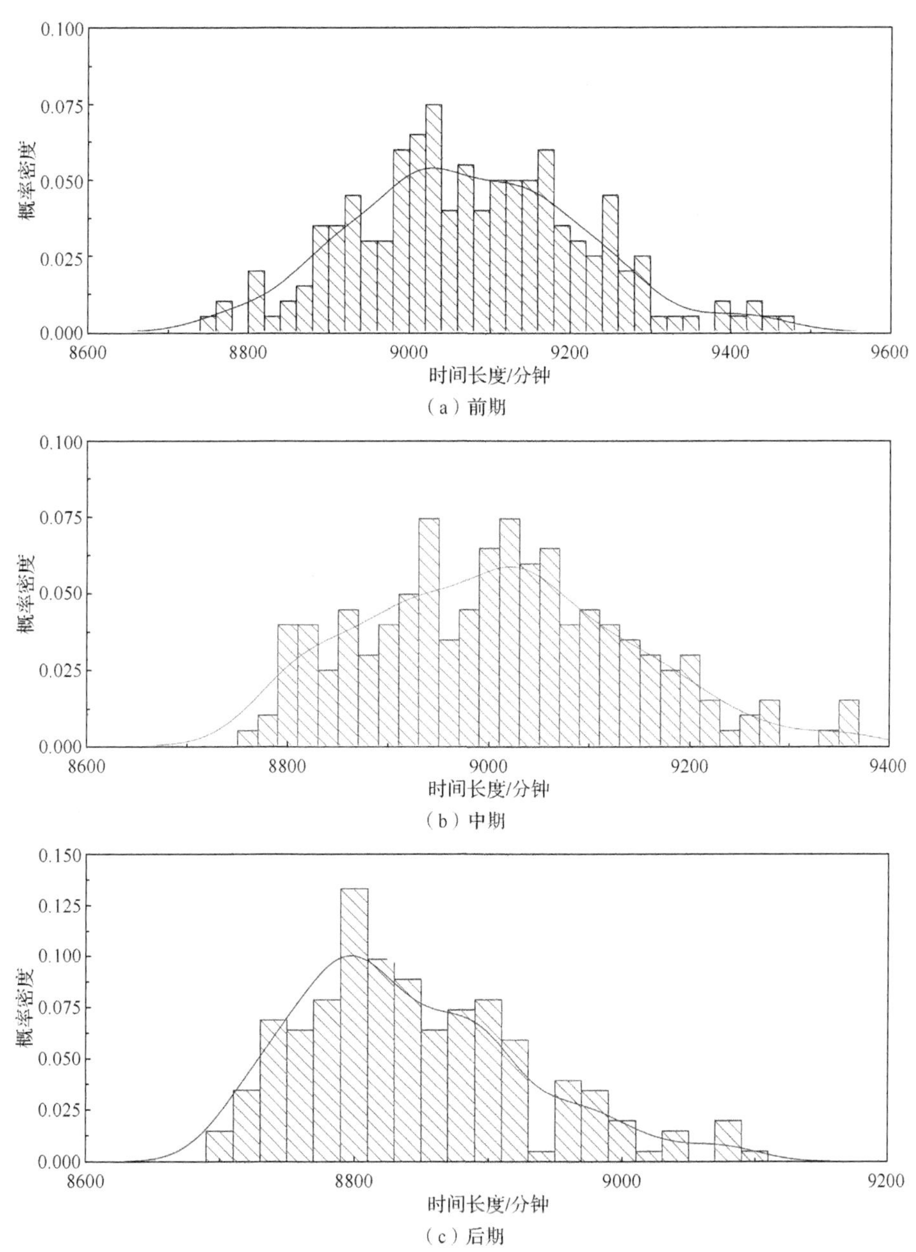

（a）前期

（b）中期

（c）后期

图 12.22　总承包方的项目管理人员专业知识和经验有限风险对工程进度的影响直方图

表 12.13　总承包方的项目管理人员专业知识和经验有限风险仿真输出统计数据　单位：分钟

阶段	平均数	中位数	标准差	最大值	最小值
前期	9073.94	9070	141.20	9470	8750
中期	9006.45	9010	130.25	9360	8760
后期	8841.33	8830	84.48	9100	8700

7. 总承包方缺少熟练的工人风险

总承包方缺少熟练的工人会导致工作检查任务效率和塔吊的运输效率降低。图 12.23 展示了总承包方缺少熟练的工人风险在系统仿真前、中、后期测试时间点下对工程进度的影响直方图。由图可发现，当风险发生在前期时，标准层工期最可能出现在 8800～8900 分钟内，即峰值 8830 分钟附近，工期最长为 8940 分钟，较计划工期延迟 300 分钟（5 小时）；当风险发生在中期时，标准层工期最可能出现在 8750～8850 分钟内，即峰值 8000 分钟附近；当风险发生在后期时，标准层工期在峰值 8720 分钟附近完工的可能性较高。相关统计数据如表 12.14 所示。根据对比分布情况可以发现，平均数差距为 38.51 分钟和 56.71 分钟，中位数差距为 40 分钟和 50 分钟，差值小于 1 小时，表明风险发生在不同阶段对工期影响程度的差异非常小，标准差数值表明数据部分较为集中。

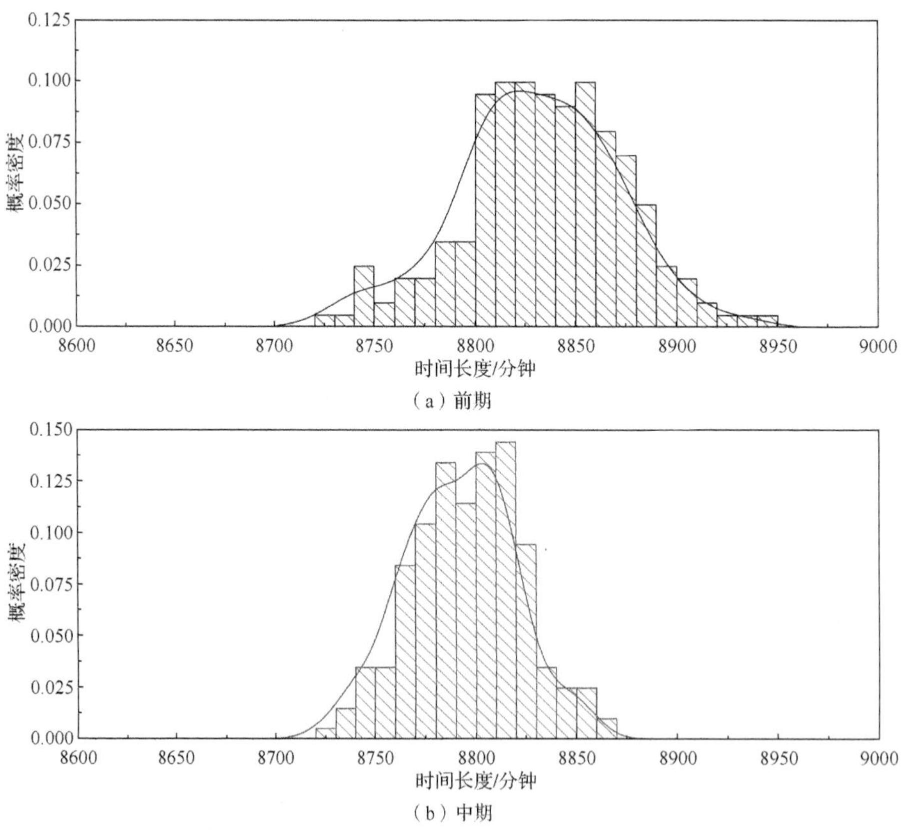

图 12.23　总承包方缺少熟练的工人风险对工程进度的影响直方图

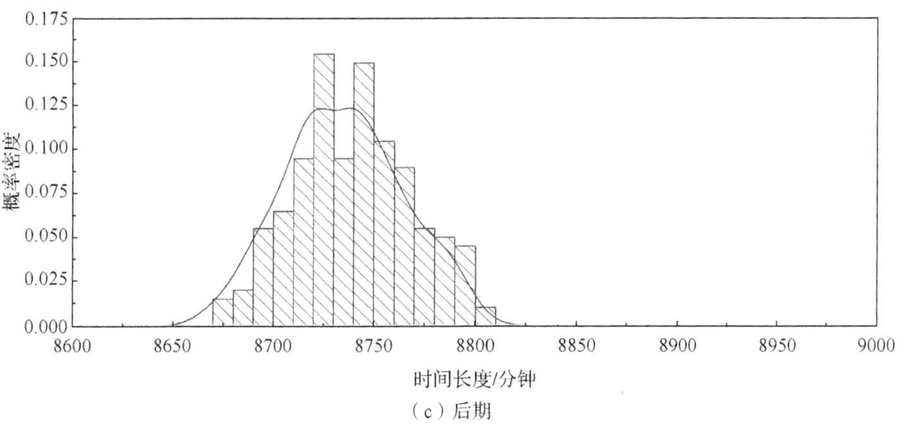

（c）后期

图 12.23（续）

表 12.14　总承包方缺少熟练的工人风险仿真输出统计数据　　单位：分钟

阶段	平均数	中位数	标准差	最大值	最小值
前期	8830.10	8830	39.74	8940	8720
中期	8791.59	8790	27.62	8860	8720
后期	8734.88	8740	28.95	8800	8670

8. 总承包方的进度安排低效风险

同样地，总承包方的进度安排低效会导致构件运输至现场速度、塔吊运输效率和工作检查速度降低。图 12.24 展示了总承包方的进度安排低效风险在系统仿真前期、中期和后期测试时间点下对工程进度的影响直方图。当风险发生在前期时，标准层工期最可能出现在峰值 9000 分钟附近，工期最长为 9200 分钟，较计划工期延迟 560 分钟（9.3 小时）；当风险发生在中期时，标准层工期最可能出现在峰值 8900 分钟附近；当风险发生在后期时，标准层工期在峰值 8750 分钟或 8800 分钟附近完工的可能性较高。相关统计数据如表 12.15 所示。

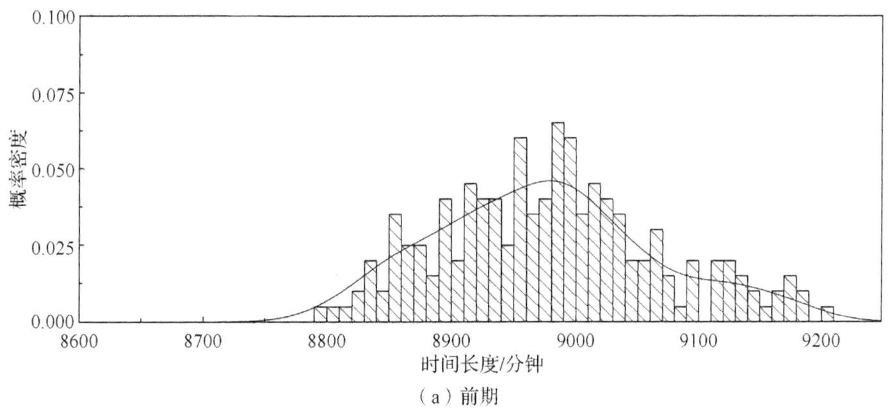

（a）前期

图 12.24　总承包方的进度安排低效风险对工程进度的影响直方图

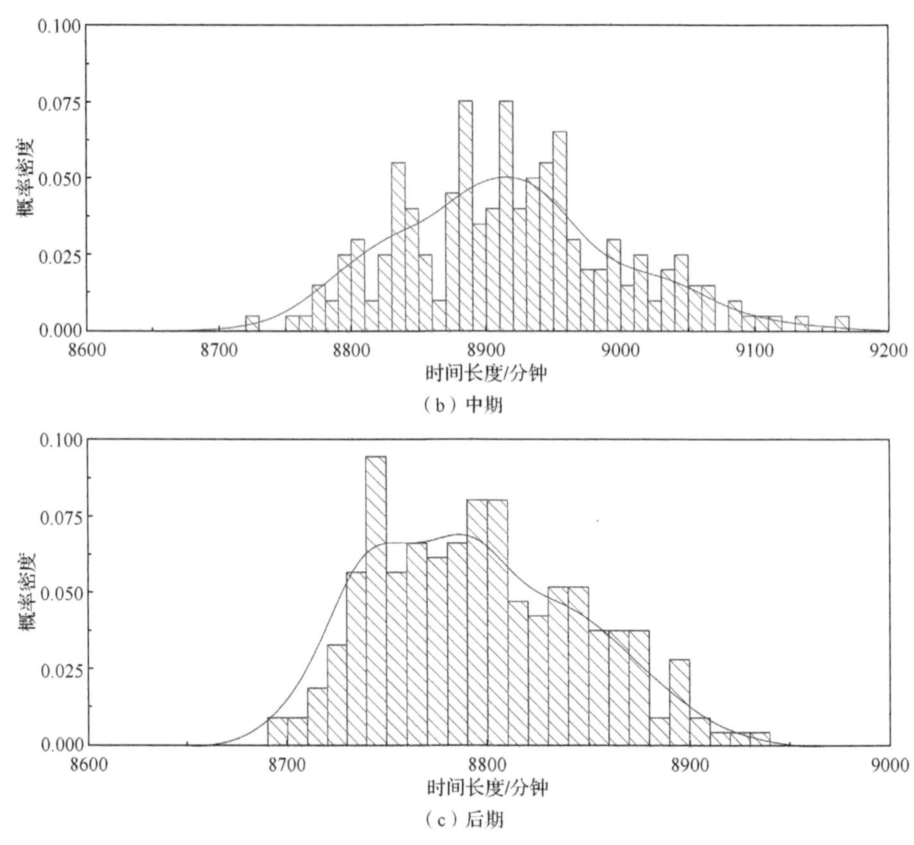

（b）中期

（c）后期

图 12.24（续）

表 12.15　总承包方的进度安排低效风险仿真输出统计数据　　单位：分钟

阶段	平均数	中位数	标准差	最大值	最小值
前期	8975.75	8975	88.13	9200	8790
中期	8914.20	8910	80.92	9160	8720
后期	8792.31	8790	51.21	8930	8690

9. 构件生产方的供应链相关信息存在差异和不一致性风险

构件生产方的供应链相关信息存在差异和不一致性风险的发生会导致构件运输延迟，本节用运输延迟时长表示该风险。该风险主要针对构件运输过程，因此本节设置其发生在构件安装工作中。构件生产方的供应链相关信息存在差异和不一致性风险对工程进度的影响直方图如图 12.25 所示。在该风险的作用下，模型仿真输出数据分布在 8700 分钟附近呈现一个峰值，表明标准层工期最可能出现在 8700 分钟附近，并且 95%以上的概率是分布在 8650～9100 分钟内，最长工期为 9810 分钟，延期 19.5 小时。平均数为 8744.55 分钟，中位数为 8700 分钟，该风险对项目进度的影响略高于天气干扰风险对项目进度的影响。

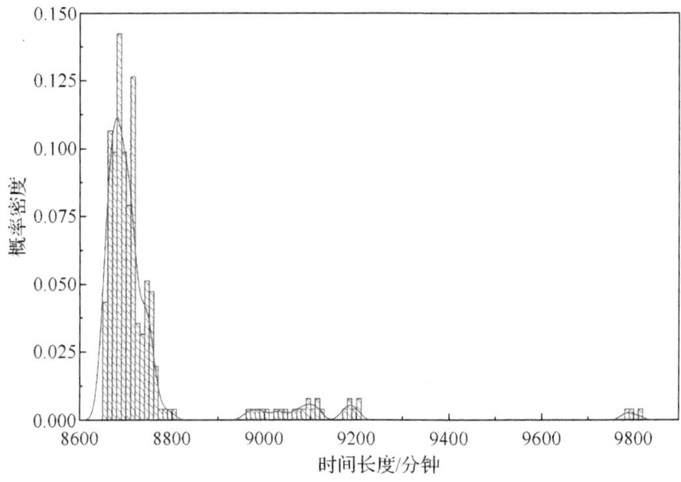

图 12.25　构件生产方的供应链相关信息存在差异和不一致性风险对工程进度的影响直方图

10. 构件安装方不能精确识别对应安装的预制构件风险

构件安装方不能精确识别对应安装的预制构件风险的发生将会导致构件安装和检查速度降低，通过设置效率降低三角函数，分析该风险对进度的影响，与构件生产方的供应链相关信息存在差异和不一致性风险相同，该风险将直接作用于构件吊装工作任务中。构件安装方不能精确识别对应安装的预制构件风险对工程进度的影响直方图如图 12.26 所示，在该风险的影响下，模型仿真输出数据分布在 8690 分钟附近出现一个峰值，表明标准层工期最可能出现在该峰值附近，并且 95%以上的概率分布在 8650～10 090 分钟内，最长工期为 10 590 分钟，延期了 32.5 小时。平均数为 8949.80 分钟，中位数为 8735 分钟，该风险对项目进度影响的程度较高，标准差为 438.02，样本总体离散程度最高。

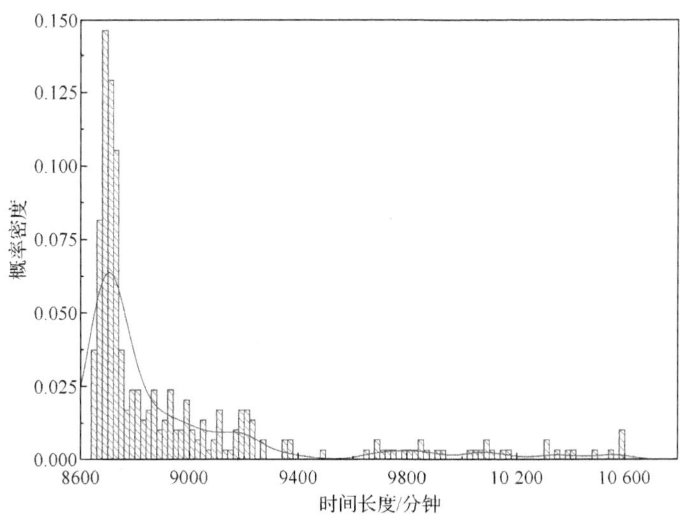

图 12.26　构件安装方不能精确识别对应安装的预制构件风险对工程进度的影响直方图

11. 物流运输方未能及时将预制构件运输至现场风险

物流运输方未能及时将预制构件运输至现场风险的发生将会导致构件吊装工作无法开

展，进而导致工程整体进度延后，可以通过延长时长表示该风险的发生。在本节中，构件吊装工作任务分别在第一天和第三天上午进行，该风险的发生将会导致工作的延迟，影响效果如图 12.27 所示。同样地，在该风险的作用下，项目标准层工期最可能落在 8700 分钟附近，即 8650～8800 分钟内，最长工期为 9920 分钟，延期了 21.3 小时。平均数为 8813.79 分钟，中位数为 8710 分钟，标准差为 275.37，样本总体较为离散。

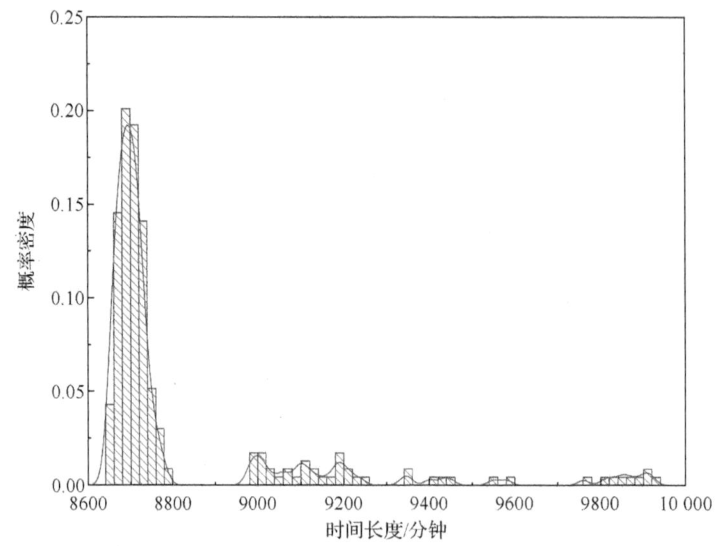

图 12.27　物流运输方未能及时将预制构件运输至现场风险对工程进度的影响直方图

12. 总承包方对工人的培训不足风险

总承包方对工人的培训不足会导致工人工作效率降低。图 12.28 展示了总承包方对工人的培训不足风险在系统仿真前期、中期和后期测试时间点下对工程进度的影响直方图。当风险发生在前期时，标准层工期最可能出现在区间 8850～8950 分钟内，即峰值 8900 分钟附近，工期最长为 8960 分钟，较计划工期延迟 320 分钟（5.3 小时）；当风险发生在中期时，标准层工期最可能出现在峰值 8810 分钟附近，即区间 8780～8860 分钟内；当风险发生在后期时，标准层工期在峰值 8730 分钟附近，即在区间 8700～8780 分钟内完工的可能性较高。相关统计数据如表 12.16 所示。

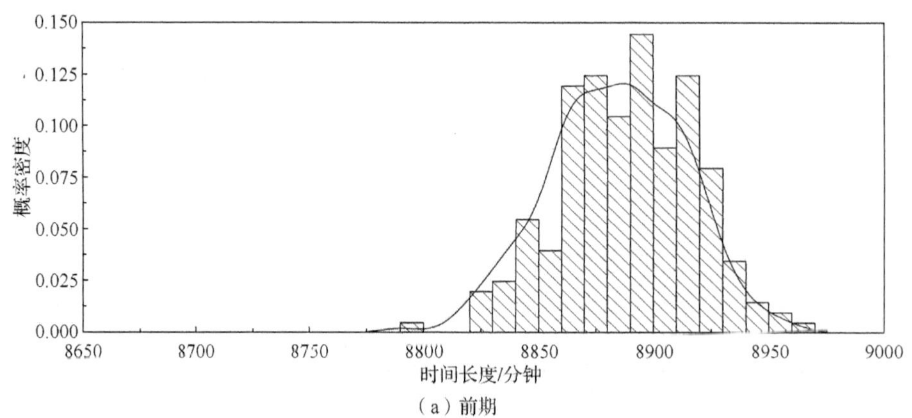

（a）前期

图 12.28　总承包方对工人的培训不足风险对工程进度的影响直方图

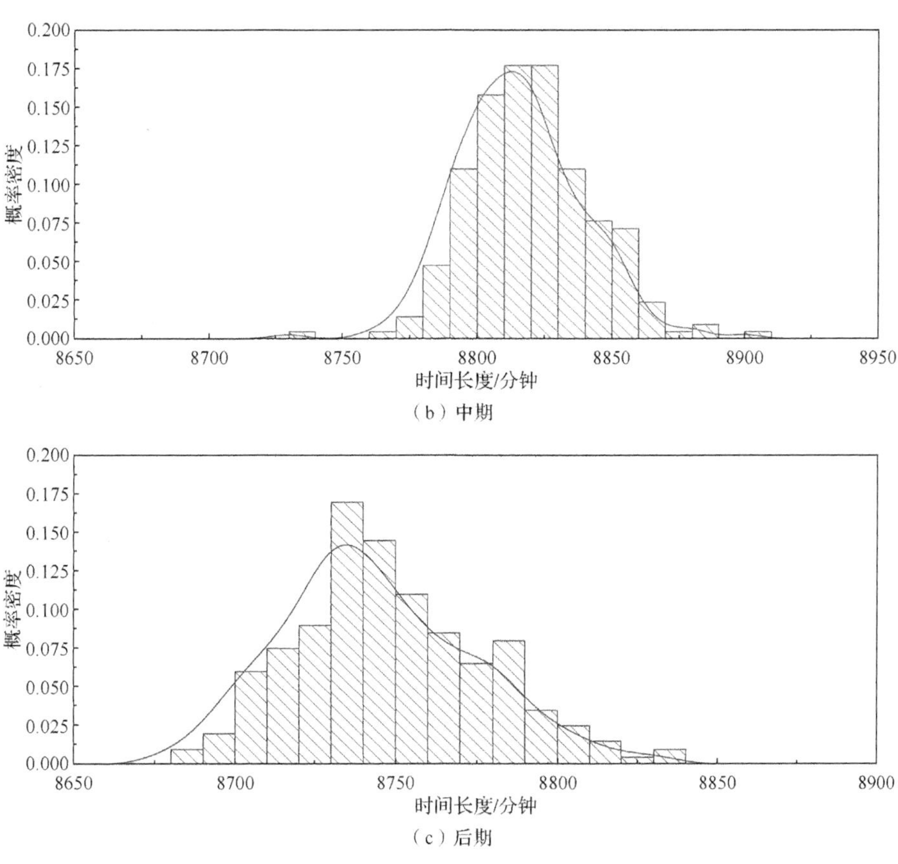

（b）中期

（c）后期

图 12.28（续）

表 12.16　总承包方对工人的培训不足风险仿真输出统计数据　　单位：分钟

阶段	平均数	中位数	标准差	最大值	最小值
前期	8884.00	8890	29.27	8960	8790
中期	8815.34	8810	23.47	8900	8730
后期	8743.80	8740	29.72	8830	8680

12.5.2　单一风险因素对工程进度的影响情况对比分析

已识别出的 12 个关键风险因素对工程进度的影响分布情况已分析完成，除构件安装方不能精确识别对应安装的预制构件、物流运输方未能及时将预制构件运输至现场、构件生产方的供应链相关信息存在差异和不一致性和天气干扰外，其他八个风险因素分别安排在项目的前期、中期和后期发生。基于研究结果，本节对风险因素的影响程度进行对比分析，分析角度主要包括平均数、中位数、标准差、总体分布情况等。风险因素影响程度排序汇总情况如表 12.17～表 12.20 所示。

表 12.17　风险因素发生在前期阶段影响程度排序　　单位：分钟

排序	风险因素	平均数	中位数	标准差	最大值	最小值
1	总承包方与其他利益相关者沟通不足和管理的复杂性	9428.67	9320	295.80	10320	8920
2	总承包方的项目参与人员的沟通不足	9195.70	9190	78.65	9430	8990
3	设计变更	9193.48	9190	99.12	9620	8990
4	总承包方的项目管理人员专业知识和经验有限	9073.94	9070	141.20	9470	8750
5	总承包方缺乏监管导致质量不达标	8993.70	8990	86.99	9210	8730
6	总承包方的进度安排低效	8975.75	8975	88.13	9200	8790
7	总承包方对工人的培训不足	8884.00	8890	29.27	8960	8790
8	总承包方缺少熟练的工人	8830.10	8830	39.74	8940	8720

表 12.18　风险因素发生在中期阶段影响程度排序　　单位：分钟

排序	风险因素	平均数	中位数	标准差	最大值	最小值
1	总承包方与其他利益相关者沟通不足和管理的复杂性	9195.09	9220	208.61	9970	8770
2	总承包方的项目参与人员的沟通不足	9079.75	9080	62.16	9210	8940
3	设计变更	9042.87	9040	80.52	9310	8830
4	总承包方的项目管理人员专业知识和经验有限	9006.45	9010	130.25	9360	8760
5	总承包方缺乏监管导致质量不达标	8921.45	8920	66.12	9090	8720
6	总承包方的进度安排低效	8914.20	8910	80.92	9160	8720
7	总承包方对工人的培训不足	8815.34	8810	23.47	8900	8730
8	总承包方缺少熟练的工人	8791.59	8790	27.62	8860	8720

表 12.19　风险因素发生在后期阶段影响程度排序　　单位：分钟

排序	风险因素	平均数	中位数	标准差	最大值	最小值
1	总承包方与其他利益相关者沟通不足和管理的复杂性	9060.10	9050	151.54	9780	8690
2	总承包方的项目参与人员的沟通不足	8865.05	8860	55.55	9010	8740
3	设计变更	8853.10	8840	50.44	9000	8740
4	总承包方的项目管理人员专业知识和经验有限	8841.33	8830	84.48	9100	8700
5	总承包方缺乏监管导致质量不达标	8810.14	8810	49.08	8950	8690
6	总承包方的进度安排低效	8792.31	8790	51.21	8930	8690
7	总承包方对工人的培训不足	8743.80	8740	29.72	8830	8680
8	总承包方缺少熟练的工人	8734.88	8740	28.95	8800	8670

表 12.20 其他风险因素影响程度排序 单位：分钟

排序	风险因素	平均数	中位数	标准差	最大值	最小值
1	构件安装方不能精确识别对应安装的预制构件	8949.80	8735	438.02	10 590	8640
2	物流运输方未能及时将预制构件运输至现场	8813.79	8710	275.37	9920	8650
3	构件生产方的供应链相关信息存在差异和不一致性	8744.55	8700	164.38	9810	8650
4	天气干扰	8735.54	8700	133.21	9270	8640

图 12.29 风险因素影响程度分布箱型图（1）包含了八个关键风险因素分别在项目前、中、后期发生时的影响情况，图 12.30 风险因素影响程度分布箱型图（2）则展示了其余四个关键风险因素。箱型图可以很好地展示出数据中的值的分布情况，具有占用较少空间的优势，在对比多组数据或数据集之间的分布情况时优势更为明显。图 12.29 和图 12.30 中纵坐标为数据分布范围，即标准层一层总的循环工作时间，横坐标为各个关键风险因素，箱型图范围为 5%～95%的样本数量。箱型图中的横向代表中位线，平均数用方形小点表示，其余离散点用圆形小点表示。

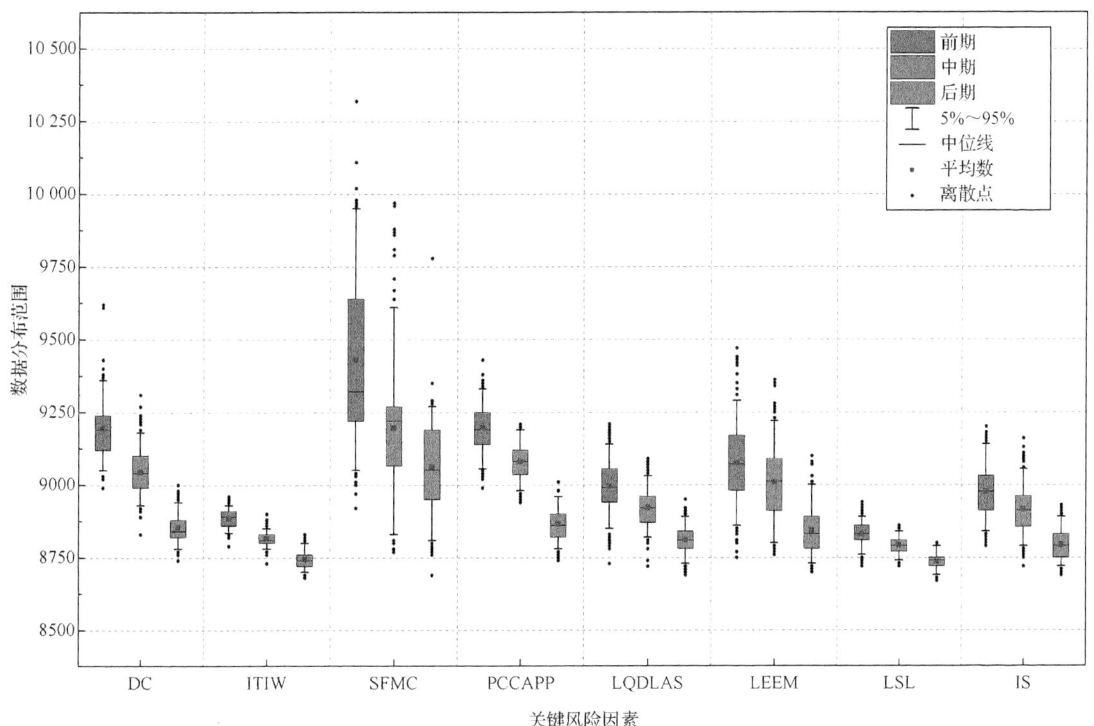

DC—设计变更；ITIW—总承包方对工人的培训不足；SFMC—总承包方与其他利益相关者沟通不足和管理的复杂性；PCCAPP—总承包方的项目参与人员的沟通不足；LQDLAS—总承包方缺乏监管导致质量不达标；LEEM—总承包方的项目管理人员专业知识和经验有限；LSL—总承包方缺少熟练的工人；IS—总承包方的进度安排低效。

图 12.29 风险因素影响程度分布箱型图（1）

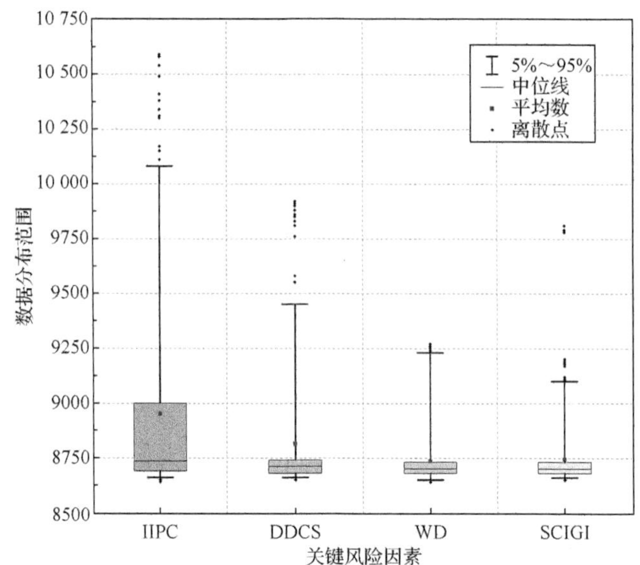

IIPC—构件安装方不能精确识别对应安装的预制构件；DDCS—物流运输方未能及时将预制构件运输至现场；WD—天气干扰；SCIGI—构件生产方的供应链相关信息存在差异和不一致性。

图 12.30 风险因素影响程度分布箱型图（2）

由图 12.29 可以发现，总承包方与其他利益相关者沟通不足和管理的复杂性风险对项目进度的影响程度最高，在同阶段的情况下，平均数和中位数都高于其他风险因素，标准层工期最长为 10 320 分钟，延迟了 1680 分钟（28 小时）。另外，从箱型图的范围来看，该风险的影响分布较为分散，对项目进度影响的波动性最大。总承包方缺少熟练的工人风险对项目进度的影响程度最小，在同阶段的情况下，工期平均数和中位数都小于其他风险因素，箱型图的范围偏窄，分布较为集中，对项目进度影响的波动性较小。

对比风险发生在项目不同阶段（前期、中期和后期）的输出结果，在没有对风险的发生及时采取应对措施以消除风险的情况下，可以明显发现风险发生在项目前期对项目施工进度的影响远大于中期和后期，充分说明风险的影响大小随时间而变化，这是符合实际工程情况的。

由图 12.30 可以发现，在图中所展示的四个风险中，构件安装方不能精确识别对应安装的预制构件风险对项目进度的影响程度最大，波动程度也最高，项目延期最高可达 1950 分钟（32.5 小时），远高于其他三个风险因素。图中四个风险因素的工期分布明显呈现不对称分布，主要原因可归结于其中某些工作内容并不在关键线路上，或是因项目赶工而缓解风险的影响作用所致，从而确保工程按时完工或延期时间较短。

12.6 本 章 小 结

本章在模型验证通过的基础上，将已识别的关键风险因素导入模型中进行了单一风险因素情景分析，分别将风险因素安排在项目的不同阶段发生，探究了在风险不确定性作用下项目进度动态变化情况，取得了以下结果和结论：①风险发生在不同阶段对项目的影响程度是不同的；②在没有对风险采取措施的情况下，早期影响大于后期影响；③已识别的关键风险因素在项目的不同阶段被导入混合模型并进行了 400 次以上的蒙特卡洛模拟，根据输出结果得出总承包方与其他利益相关者沟通不足和管理的复杂性风险的影响程度最大，并总结了各风险影响下的项目进度最可能完工的区间；④随着风险影响程度的降低，工期分布会呈现集中趋势，表明工期分布范围变狭窄，更可能在峰值处发生。

参考文献

丁彦，田元福，2019．装配式建筑施工质量与安全风险评价研究[J]．建筑经济，40（9）：80-84．

贾磊，2016．基于系统动力学的装配式建筑项目成本控制研究[D]．青岛：青岛理工大学．

蒋勤俭，2010．国内外装配式混凝土建筑发展综述[J]．建筑技术，41（12）：1074-1077．

李理，卢小平，朱宁宁，等，2015．基于激光点云的隧道断面连续提取与形变分析方法[J]．测绘学报，44（9）：1056-1062．

李强年，王乔乔，2020．基于 NB-IoT 技术的装配式建筑吊装安全风险管理[J]．工程管理学报，34（6）：113-118．

李思堂，李惠强，2005．住宅建筑施工初始能耗定量计算[J]．华中科技大学学报（城市科学版），22（4）：54-57．

LI S T, LI H Q, 2005. Quantitative calculation of construction initial energy use in residential building[J]. Journal of Huazhong University of Science and Technology (Urban Science Edition), 22(4): 54-57.

刘占坤，2020．基于系统动力学的装配式建筑施工风险评价研究[D]．锦州：辽宁工业大学．

梅江钟，2018．装配式建筑施工安全风险管理研究[D]．西安：西安建筑科技大学．

齐宝库，朱娅，范伟阳，2016．装配式建筑全寿命周期风险因素识别方法[J]．沈阳建筑大学学报（社会科学版），18（3）：257-261．

沈楷程，李小冬，曹新颖，等，2020．装配式建造过程返工风险管理体系研究[J]．工程管理学报，34（6）：101-106．

汤彦宁，2015．基于系统动力学的装配式住宅施工安全风险研究[D]．西安：西安建筑科技大学．

王红春，刘红云，吴丹丹，2019．基于多层次模糊评价法的装配式建筑供应链风险评价研究[J]．北京建筑大学学报，35（4）：83-88，95．

王江华，2019．装配式建筑供应链风险动态反馈管理研究[D]．青岛：青岛理工大学．

王凯，2017．基于贝叶斯网络的装配式住宅施工安全风险研究[D]．青岛：山东科技大学．

王乾坤，王亚珊，2018．基于 ANP 的装配式建筑多项目战略风险评价研究[J]．武汉理工大学学报，40（4）：76-79，96．

王柔佳，王成军，2019．基于 SNA 的装配式建筑项目关键风险识别与对策[J]．山东农业大学学报（自然科学版），50（2）：247-250．

王宇，2018．基于贝叶斯网络的装配式住宅项目施工安全风险研究[D]．青岛：青岛理工大学．

王越，刘冠权，奚浩，等，2020．基于 TFAHP 的装配式建筑预制构件生产质量风险评估[J]．黑龙江工程学院学报，34（5）：47-52．

王志强，司曼曼，邱倩倩，等，2019．基于改进 FMEA 法的装配式混凝土建筑建造质量风险评价[J]．工程管理学报，33（4）：132-137．

吴溪，常春光，严昕，2019．基于粒子群算法的装配式建筑施工安全风险决策[J]．科学技术与工程，19（27）：304-310．

徐娜娜，2020．基于 EPC 模式的装配式建筑项目风险管理研究[D]．徐州：中国矿业大学．

杨倩苗，2009．建筑产品的全生命周期环境影响定量评价[D]．天津：天津大学．

杨主张，2019．装配式建筑多空间施工安全风险耦合研究[D]．武汉：武汉理工大学．

张宏，裴耘，2019．基于 PPP 模式的装配式建筑项目风险评估与分析[J]．工程研究：跨学科视野中的工程，11（4）：379-389．

赵平，同继锋，马眷荣，2004．建筑材料环境负荷指标及评价体系的研究[J]．中国建材科技，13（6）：1-7．

仲平，2005．建筑生命周期能源消耗及其环境影响研究[D]．成都：四川大学．

BLENGINI G A, 2009. Life cycle of buildings, demolition and recycling potential: a case study in Turin, Italy[J]. Building and environment, 44(2): 319-330.

BRIBIÁN I Z, USÓN A A, SCARPELLINI S, 2009. Life cycle assessment in buildings: state-of-the-art and simplified LCA methodology as a complement for building certification[J]. Building and environment, 44(12): 2510-2520.

BURT R S, 1976. Positions in networks[J]. Social forces, 55(1): 93-122.

GU D J, ZHU Y, GU L, 2006. Life cycle assessment for China building environment impacts[J]. Journal-Tsinghua University, 46(12): 1953-1956.

HONG J, SHEN G Q, FENG Y, 2013. Life cycle assessment of green buildings: a case study in China[C]. Reston: The American Society of Civil Engineers.

HONG J, SHEN G Q, FENG Y, et al., 2015. Greenhouse gas emissions during the construction phase of a building: a case study in China[J]. Journal of cleaner production, 103(15): 249-259.

ISAAC S, CURRELI M, STOLIAR Y, 2017. Work packaging with BIM[J]. Automation in construction, 83: 121-133.

JIAO L, LI X D, 2018. Application of prefabricated concrete in residential buildings and its safety management[J]. Archives of civil engineering, 64(2): 21-35.

LEE J S, KIM Y S, 2017. Analysis of cost-increasing risk factors in modular construction in Korea using FMEA[J]. KSCE journal of civil engineering, 21(6): 1999-2010.

LI C Z, CHEN Z, XUE F, et al., 2021. A blockchain- and IoT-based smart product-service system for the sustainability of prefabricated housing construction[J]. Journal of cleaner production, 286: 125391.

LI C Z, HONG J, FAN C, et al., 2018. Schedule delay analysis of prefabricated housing production: a hybrid dynamic approach[J]. Journal of cleaner production, 195(10): 1533-1545.

LI C Z, HONG J, XUE F, et al., 2016. Schedule risks in prefabrication housing production in Hong Kong: a social network analysis[J]. Journal of cleaner production, 134: 482-494.

LI D Z, CHEN H X, HUI E, et al., 2013. A methodology for estimating the life-cycle carbon efficiency of a residential building[J]. Building and environment, 59: 448-455.

LI H X, AL-HUSSEIN M, LEI Z, et al., 2013. Risk identification and assessment of modular construction utilizing fuzzy analytic hierarchy process (AHP) and simulation[J]. Canadian journal of civil engineering, 40(12): 1184-1195.

LI X, WU L, ZHAO R, et al., 2021. Two-layer adaptive blockchain-based supervision model for off-site modular housing production[J]. Computers in industry, 128(3): 103437.

LI X-J, 2020. Research on investment risk influence factors of prefabricated building projects[J]. Journal of civil engineering and management, 26(7): 599-613.

LUO L, SHEN G Q, XU G, et al., 2019. Stakeholder-associated supply chain risks and their interactions in a prefabricated building project in Hong Kong[J]. Journal of management in engineering, 35(2): 94-107.

POON C S, YU A T W, NG L H, 2001. A guide for managing and minimizing building and demolition waste[D]. Hong Kong: Hong Kong Polytechnic University.

RAUSCH C, NAHANGI M, HAAS C, et al., 2019. Monte carlo simulation for tolerance analysis in prefabrication and offsite construction[J]. Automation in construction, 103: 300-314.

ROSSI B, MARIQUE A-F, GLAUMANN M, et al., 2012. Life-cycle assessment of residential buildings in three different European locations, basic tool[J]. Building and environment, 51(5): 395-401.

TAM V, TAM C M, ZENG S X, et al., 2007. Towards adoption of prefabrication in construction[J]. Building and environment, 42(10): 3642-3654.

THORMARK C, 2001. Conservation of energy and natural resources by recycling building waste[J]. Resources, conservation and recycling, 33(2): 113-130.

UTAMA A, GHEEWALA S H, 2008. Life cycle energy of single landed houses in Indonesia[J]. Energy and buildings, 40(10): 1911-1916.

VERBEECK G, HENS H, 2010. Life cycle inventory of buildings: a contribution analysis[J]. Building and environment, 45(4): 964-967.

WANG Z L, SHEN H C, ZUO J, 2019. Risks in prefabricated buildings in China: importance-performance analysis approach[J]. Sustainability, 11(12): 3450.

WU P, XU Y, JIN R, et al., 2019. Perceptions towards risks involved in off-site construction in the integrated design & construction project delivery[J]. Journal of cleaner production, 213(10): 899-914.

WUNI I Y, SHEN G Q P, MAHMUD A T, 2019. Critical risk factors in the application of modular integrated construction: a systematic review[J]. International journal of construction management, 22(2): 133-147.

ZHANG X, WANG J, HUANG Z, 2009. Life cycle assessment on energy consumption of building materials production[C]. Sendai: Air Infiltration and Ventilation centre.

ZHANG Z, WU X, YANG X, et al., 2006. BEPAS: a life cycle building environmental performance assessment model[J]. Building and environment, 41(5): 669-675.

附　　录

附录 1　装配式建筑项目质量风险因素指标之间的相对重要性调查问卷

尊敬的专家您好：

为了对装配式建筑项目从设计、施工阶段到竣工验收阶段中可能存在的质量风险因素进行评估，本调查问卷希望各位专业人员根据 1-9 比例标度表（附表 1.1）对装配式建筑项目质量风险因素指标进行评价打分，进而能梳理出质量风险因素指标两两之间的重要性对比。您的评价打分十分重要，在此，非常感谢您能在百忙之中抽空协助完成调查问卷。

附表 1.1　1-9 比例标度表

标度	含义
1	两个因素进行对比，它们拥有同等程度的重要性
3	两个因素进行对比，其中一个因素相比另一个因素显得明显重要
5	两个因素进行对比，其中一个因素相比另一个因素显得稍微重要
7	两个因素进行对比，其中一个因素相比另一个因素显得强烈重要
9	两个因素进行对比，其中一个因素相比另一个因素显得极端重要
2、4、6、8	两个因素进行对比，其中一个因素相比另一个因素重要性程度在 1 与 3、3 与 5、5 与 7、7 与 9 之间
1-9 的倒数	假设因素 i 与 j 之间的重要性对比为 a_{ij}，那么因素 j 与 i 之间的重要性对比则为 $a_{ji}=1/a_{ij}$

请根据 1-9 比例标度表对以下指标（附表 1.2）进行打分。

附表 1.2　评价打分表

指标 i	指标 j	相对重要性分值
构件供应风险（B_1）	人员与机械操作风险（B_2）	
	施工准备风险（B_3）	
	管理风险（B_4）	
人员与机械操作风险（B_2）	施工准备风险（B_3）	
	管理风险（B_4）	
施工准备风险（B_3）	管理风险（B_4）	
构件设计不合理风险（C_1）	构件质量不合格风险（C_2）	
	构件质量检验不当风险（C_3）	
	构件运输措施不当风险（C_4）	
	构件堆放不当风险（C_5）	
构件质量不合格风险（C_2）	构件质量检验不当风险（C_3）	
	构件运输措施不当风险（C_4）	
	构件堆放不当风险（C_5）	

续表

指标 i	指标 j	相对重要性分值
构件质量检验不当风险（C_3）	构件运输措施不当风险（C_4）	
	构件堆放不当风险（C_5）	
构件运输措施不当风险（C_4）	构件堆放不当风险（C_5）	
工人技术不熟练风险（C_6）	缺乏质量教育风险（C_7）	
	施工机械操作不佳风险（C_8）	
	不熟悉装配式建筑相关规范风险（C_9）	
	缺乏对关键部位的关注风险（C_{10}）	
缺乏质量教育风险（C_7）	施工机械操作不佳风险（C_8）	
	不熟悉装配式建筑相关规范风险（C_9）	
	缺乏对关键部位的关注风险（C_{10}）	
施工机械操作不佳风险（C_8）	不熟悉装配式建筑相关规范风险（C_9）	
	缺乏对关键部位的关注风险（C_{10}）	
不熟悉装配式建筑相关规范风险（C_9）	缺乏对关键部位的关注风险（C_{10}）	
缺乏规划风险（C_{11}）	图纸会审不到位风险（C_{12}）	
	施工方案不完善风险（C_{13}）	
	施工基础设施不完善风险（C_{14}）	
	施工人员不到位风险（C_{15}）	
图纸会审不到位风险（C_{12}）	施工方案不完善风险（C_{13}）	
	施工基础设施不完善风险（C_{14}）	
	施工人员不到位风险（C_{15}）	
施工方案不完善（C_{13}）	施工基础设施不完善风险（C_{14}）	
	施工人员不到位风险（C_{15}）	
施工基础设施不完善风险（C_{14}）	施工人员不到位风险（C_{15}）	
项目组织结构不完善风险（C_{16}）	缺乏专业质量管理人员风险（C_{17}）	
	验收工作不到位风险（C_{18}）	
	设计变更未处理好风险（C_{19}）	
	分包商管理不佳风险（C_{20}）	
缺乏专业质量管理人员风险（C_{17}）	验收工作不到位风险（C_{18}）	
	设计变更未处理好风险（C_{19}）	
	分包商管理不佳风险（C_{20}）	
验收工作不到位风险（C_{18}）	设计变更未处理好风险（C_{19}）	
	分包商管理不佳风险（C_{20}）	
设计变更未处理好风险（C_{19}）	分包商管理不佳风险（C_{20}）	

附录 2　装配式建筑项目质量风险因素指标等级评价调查问卷

尊敬的专家您好：

为了对装配式建筑项目从设计、施工、竣工验收阶段到运维阶段中可能存在的质量风险因素进行评估，本调查问卷希望各位专业人员根据自身对装配式建筑及其质量风险管理的专业性了解，评价下列装配式建筑项目质量风险因素指标（附表 2.1）的风险等级。您的评价十分重要，在此，非常感谢您能在百忙之中抽空协助完成调查问卷。

附表 2.1　质量风险因素指标等级评分表

目标层 A（总风险）	准则层 B（风险类型）	指标层 C（风险可能因素）	评价集				
			极低风险	较低风险	普通风险	较高风险	极高风险
装配式建筑施工质量风险（A）	构件供应风险（B_1）	构件设计不合理风险（C_1）					
		构件质量不合格风险（C_2）					
		构件质量检验不当风险（C_3）					
		构件运输措施不当风险（C_4）					
		构件堆放不当风险（C_5）					
	人员与机械操作风险（B_2）	工人技术不熟练风险（C_6）					
		缺乏质量教育风险（C_7）					
		施工机械操作不佳风险（C_8）					
		不熟悉装配式建筑相关规范风险（C_9）					
		缺乏对关键部位的关注风险（C_{10}）					
	施工准备风险（B_3）	缺乏规划风险（C_{11}）					
		图纸会审不到位风险（C_{12}）					
		施工方案不完善风险（C_{13}）					
		施工基础设施不完善风险（C_{14}）					
		施工人员不到位风险（C_{15}）					
	管理风险（B_4）	项目组织结构不完善风险（C_{16}）					
		缺乏专业质量管理人员风险（C_{17}）					
		验收工作不到位风险（C_{18}）					
		设计变更未处理好风险（C_{19}）					
		分包商管理不佳风险（C_{20}）					

附录 3　风险因素关系填写示例

附图 3.1 用于评估与利益相关者关联的风险因素之间的关系，包括两个指标：影响程度（图中用 *I* 表示）和影响的可能性（图中用 *L* 表示）。请用“1、2、3、4、5”五个尺度衡量图中风险关系的影响程度和影响的可能性大小，“1”表示“影响最小/可能性最小”，“5”表示“影响最大/可能性最大”。若没有影响或影响的可能性，则可填入“0”。

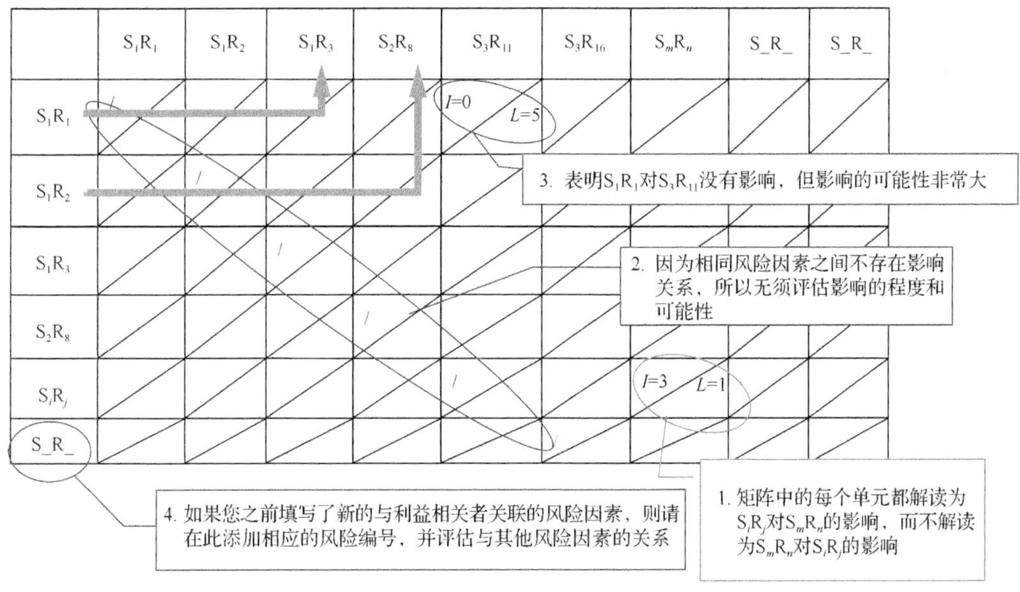

附图 3.1　风险因素关系填写示例

填写注意事项：

1）*I* 表示某一风险因素对另一风险因素的影响程度；*L* 表示某一风险因素对另一风险因素影响的可能性。

2）影响程度和影响的可能性用于描述两个与利益相关者关联的风险因素之间的关系。当两个风险因素相关时，影响程度是指风险因素 S_iR_j 对风险因素 S_mR_n 产生的影响的程度，而不是指单个风险因素所产生的影响的程度；同样的，影响的可能性是指风险因素 S_iR_j 与风险因素 S_mR_n 之间的关系发生的可能性，而不是指单个风险因素发生的可能性。